普通高等教育"十二五"部委级规划教材（本科）

化学纤维概论

（第3版）

肖长发　主编

尹翠玉　副主编

中国纺织出版社

内 容 提 要

本书分别从基本概念、制备方法、结构与性能、应用等几个方面对化学纤维的主要品种进行了比较系统且扼要的介绍。全书内容深入浅出,通俗易懂,既注重系统性,又兼顾近年来化学纤维的新技术和新品种。

本书可作为本科和高等职业院校相关专业的教材,也可供有关科研人员或工程技术人员参考。

图书在版编目(CIP)数据

化学纤维概论/肖长发主编 . --3 版 . --北京:中国纺织出版社,2015.6 (2025.5重印)

普通高等教育"十二五"部委级规划教材 . 本科

ISBN 978-7-5180-1495-8

Ⅰ.①化… Ⅱ.①肖… Ⅲ.①化学纤维—高等学校—教材 Ⅳ.①TQ34

中国版本图书馆 CIP 数据核字(2015)第 067610 号

责任编辑:范雨昕　责任校对:寇晨晨　责任设计:何　建
责任印制:何　建

中国纺织出版社出版发行
地址:北京市朝阳区百子湾东里 A407 号楼　邮政编码:100124
销售电话:010—67004422　传真:010—87155801
http://www.c-textilep.com
E-mail:faxing@ c-textilep.com
中国纺织出版社天猫旗舰店
官方微博 http://weibo.com/2119887771
北京虎彩文化传播有限公司印刷　各地新华书店经销
2025 年 5 月第 19 次印刷
开本:787×1092　1/16　印张:17.5
字数:351 千字　定价:40.00 元

第三版前言

化学纤维是重要的高分子材料,也是新材料技术的产业基础,关系到人民生活、经济发展和社会进步等方方面面。2012 年世界纤维产量接近 8000 万吨,其中化学纤维产量约为天然纤维的 3 倍。纵观纤维产业的发展历史,从天然纤维到粘胶纤维,进而到合成纤维,乃至近几十年来相继出现的各种高新技术纤维,表明纤维材料紧密伴随着人类文明社会的进步,而现代科学与技术的发展也离不开化学纤维工业的不断创新。

经过几十年来的不断探索和努力,我国化学纤维工业持续快速发展,综合竞争力明显提高,有力推动和支撑了纺织工业和相关产业的发展。"十二五"时期是化学纤维行业和纤维材料领域加快转变经济发展方式和创新发展的攻坚时期,也是我国由化学纤维生产大国转变为强国的重要阶段。

为介绍化学纤维方面的科学与技术知识,笔者在《化学纤维概论》第二版的基础上对其内容进行了适当的修改和完善,仍从化学纤维的基本概念、主要品种及制备方法、纤维结构与性能以及应用等几个方面进行介绍,力求做到深入浅出,使其既可作为高等院校等相关专业的教材,也可供有关科技人员参考。

由于编者水平所限,书中不足或不妥之处在所难免,敬请读者批评指正。

肖长发

2014 年 6 月

第一版前言

1984 年世界纤维总产量已达 3500 万吨左右,其中化学纤维与天然纤维约各占一半,标志着人类已开始进入有能力用自己的智慧和力量完成从分子设计到纤维生产全过程的时代。目前,化学纤维的品种和规格多种多样,除作为传统的纺织原料用于衣物外,在产业、铺饰等方面的用量也在不断增加。为了使读者在较短的时间内对化学纤维的基本概念、生产方法、结构与性能及其用途等有一比较全面的了解,我们在原教学讲义的基础上,经过修改和充实编写了《化学纤维概论》一书。

全书共分十章。第一章第一节、第七章和第九章由安树林编写;第一章第二节~第五节和第五章由尹翠玉编写;第二章和第六章由程博文编写;第三章和第四章由张华编写;第八章由张瑞文、程博文、尹翠玉编写;第十章和附录由肖长发编写。

全书由肖长发统稿。

由于编者水平所限,书中不足或不妥之处在所难免,敬请读者批评指正。

编 者
1996 年 9 月

第二版前言

化学纤维是一类具有特殊形态的重要高分子材料,已有百年的发展历史。进入 20 世纪以后,随着化学纤维(粘胶、醋酯、聚酰胺、聚酯等纤维)的不断出现和发展,新型纤维材料不仅可以满足服饰变化的需求,而且在产业、装饰等方面也逐步发挥其技术特性。纤维最早主要被用于制作渔网、渔线和绳索等,随着汽车工业的迅速兴起,需要大量的轮胎帘子线,从而促进了化学纤维,特别是合成纤维工业的发展。例如,提高纤维的耐热性(耐硫化温度)以及改进纤维与橡胶之间的粘结性等,都是纤维材料领域较早的研究课题;用于增强汽车轮胎的帘子线,1900~1935 年以棉纤维为主,从 1935~1955 年以粘胶纤维为主,其后又逐渐发展形成以聚酰胺纤维、聚酯纤维和钢丝为主的格局。纺织纤维的发展经历了由天然纤维到再生纤维,进而又出现合成纤维的过程。随着纤维材料在产业、航空航天及军事等方面用途的不断扩大,各种高性能纤维应运而生,如芳香族聚酰胺纤维、芳香族聚酯纤维、芳香族杂环类聚合物纤维、高性能聚烯烃纤维和碳纤维等。目前,化学纤维在服饰、装饰、产业用纺织品方面有着十分广泛的应用。

为介绍化学纤维方面的科学与技术知识,我们在《化学纤维概论》第一版的基础上对内容进行了完善与修改,增加了有关新的内容,仍从化学纤维的基本概念、主要品种及制备方法、纤维结构与性能以及应用等几个方面进行论述,力求做到深入浅出,使该书既适于作为高等职业和中等职业教育院校相关专业的教材,也可供有关科研人员或工程技术人员参考。

全书共分十章。第一章第一节、第七章第一节~第三节和第九章由安树林编写;第一章第二节~第五节和第五章由尹翠玉编写;第二章由程博文编写;第三章和第四章由张华编写;第六章由吴世臻编写;第八章由尹翠玉、宋会芬编写;第七章第四节和第十章由肖长发编写。全书由肖长发统稿。

由于编者水平所限,书中不足或不妥之处在所难免,敬请读者批评指正。

编 者
2005 年 3 月

目录

第一章 总论 ……………………………………………………………………… 1

第一节 化学纤维的发展概况 …………………………………………………… 1

一、化学纤维的分类 …………………………………………………………… 1

二、世界化学纤维工业的发展概况 …………………………………………… 3

三、我国化学纤维工业的发展概况 …………………………………………… 5

第二节 化学纤维的常用基本概念 ……………………………………………… 6

一、长丝 ………………………………………………………………………… 6

二、短纤维 ……………………………………………………………………… 6

三、丝束 ………………………………………………………………………… 7

四、异形纤维 …………………………………………………………………… 7

五、复合纤维 …………………………………………………………………… 7

六、变形纱 ……………………………………………………………………… 8

七、超细纤维 …………………………………………………………………… 9

八、差别化纤维 ………………………………………………………………… 9

九、特种纤维 …………………………………………………………………… 9

第三节 化学纤维的主要质量指标 ……………………………………………… 9

一、线密度 ……………………………………………………………………… 9

二、断裂强度 …………………………………………………………………… 10

三、断裂伸长率 ………………………………………………………………… 11

四、初始模量 …………………………………………………………………… 11

五、燃烧性能 …………………………………………………………………… 11

六、吸湿性 ……………………………………………………………………… 12

七、染色性 ……………………………………………………………………… 13

八、卷曲度 ……………………………………………………………………… 13

九、沸水收缩率 ………………………………………………………………… 14

第四节 化学纤维的生产方法概述 ……………………………………………… 14

一、原料制备 …………………………………………………………………… 14

二、熔体或溶液的制备 ………………………………………………………… 15

三、化学纤维的纺丝成形 …………………………………………………………… 17

四、化学纤维的后加工 ……………………………………………………………… 19

第五节 化学纤维的鉴别 ……………………………………………………………… 20

一、显微镜法 ………………………………………………………………………… 20

二、燃烧法 …………………………………………………………………………… 21

三、溶解法 …………………………………………………………………………… 21

四、着色法 …………………………………………………………………………… 21

思考题 ………………………………………………………………………………… 22

主要参考文献 ………………………………………………………………………… 23

第二章 再生纤维素纤维 ……………………………………………………………… 24

第一节 概述 …………………………………………………………………………… 24

第二节 生产纤维素纤维的基本原料 ………………………………………………… 26

一、植物纤维的原料来源及其化学成分 …………………………………………… 26

二、纤维素的结构与性能 …………………………………………………………… 27

三、纤维素浆粕的制造及质量要求 ………………………………………………… 29

第三节 粘胶原液的制备 ……………………………………………………………… 31

一、碱纤维素的制备 ………………………………………………………………… 31

二、纤维素黄原酸酯的制备 ………………………………………………………… 33

三、纤维素黄原酸酯的溶解和混合 ………………………………………………… 34

四、粘胶的纺前准备 ………………………………………………………………… 34

五、粘胶的质量指标及分析方法 …………………………………………………… 36

第四节 普通粘胶短纤维 ……………………………………………………………… 37

一、凝固浴的组成和作用 …………………………………………………………… 37

二、纺丝成形工艺 …………………………………………………………………… 37

三、粘胶短纤维的后处理 …………………………………………………………… 39

第五节 普通粘胶长丝 ………………………………………………………………… 40

一、粘胶的制备特点 ………………………………………………………………… 40

二、粘胶长丝的成形工艺 …………………………………………………………… 41

三、粘胶长丝的后处理及加工 ……………………………………………………… 41

第六节 其他类型粘胶纤维 …………………………………………………………… 42

一、粘胶强力纤维 …………………………………………………………………… 42

二、波里诺西克纤维——富强纤维 ………………………………………………… 43

三、高湿模量纤维 …………………………………………………………………… 44

四、改性及功能粘胶纤维 …………………………………………………………… 44

第七节 环境友好型纤维素纤维的生产技术 ………………………………………… 47

一、LiCl/DMAc 体系生产纤维素纤维 …………………………………………………… 47

二、NMMO 溶剂法生产莱赛尔（Lyocell）纤维 …………………………………………… 48

三、蒸汽闪爆法生产纤维素纤维 ……………………………………………………… 50

四、纤维素氨基甲酸酯（CC）法生产纤维素纤维 ………………………………………… 51

五、离子液体增塑纺丝法生产纤维素纤维 ………………………………………………… 53

思考题 …………………………………………………………………………………… 54

主要参考文献 …………………………………………………………………………… 54

第三章　聚酯纤维 ………………………………………………………………………… 55

第一节　概述 …………………………………………………………………………… 55

第二节　聚对苯二甲酸乙二酯 …………………………………………………………… 56

一、对苯二甲酸乙二酯的制备 ………………………………………………………… 56

二、聚对苯二甲酸乙二酯的生产 ……………………………………………………… 60

三、聚对苯二甲酸乙二酯的结构与性能 ………………………………………………… 61

第三节　聚酯切片的干燥 ………………………………………………………………… 63

一、聚酯切片干燥的目的和要求 ……………………………………………………… 63

二、聚酯切片干燥的工艺控制 ………………………………………………………… 63

三、聚酯切片干燥设备 ………………………………………………………………… 64

第四节　聚酯纤维的纺丝 ………………………………………………………………… 67

一、纺丝熔体的制备 …………………………………………………………………… 68

二、纺丝机的基本结构 ………………………………………………………………… 69

三、纺丝过程中的主要工艺参数 ……………………………………………………… 69

四、聚酯短纤维的纺丝工艺 …………………………………………………………… 71

五、聚酯长丝的纺丝工艺 ……………………………………………………………… 72

第五节　聚酯纤维的高速纺丝 …………………………………………………………… 75

一、短纤维高速纺丝 …………………………………………………………………… 75

二、长丝高速纺丝 ……………………………………………………………………… 77

第六节　聚酯纤维的后加工 ……………………………………………………………… 78

一、聚酯短纤维的后加工 ……………………………………………………………… 78

二、聚酯长丝的后加工 ………………………………………………………………… 80

三、假捻变形丝的加工 ………………………………………………………………… 81

四、网络丝的加工 ……………………………………………………………………… 82

五、空气变形丝的加工 ………………………………………………………………… 83

第七节　聚酯纤维的改性和新型聚酯纤维 ……………………………………………… 83

一、聚酯纤维的改性 …………………………………………………………………… 84

二、新聚酯纤维 ………………………………………………………………………… 87

　　思考题 ……………………………………………………………………………… 88

　　主要参考文献 …………………………………………………………………… 89

第四章　聚酰胺纤维 …………………………………………………………… 90

　第一节　概述 ……………………………………………………………………… 90

　第二节　聚酰胺的生产 …………………………………………………………… 91

　　一、聚己二酰己二胺的制备 …………………………………………………… 92

　　二、聚己内酰胺的制备 ………………………………………………………… 94

　　三、聚酰胺的结构与性能 ……………………………………………………… 96

　第三节　聚酰胺的纺丝 …………………………………………………………… 98

　　一、聚己内酰胺的纺前处理及切片干燥 ……………………………………… 98

　　二、聚酰胺的纺丝工艺及特点 ………………………………………………… 98

　　三、聚酰胺高速纺丝—拉伸一步法工艺 ……………………………………… 100

　第四节　聚酰胺纤维的后加工 …………………………………………………… 101

　　一、聚酰胺短纤维的后加工 …………………………………………………… 102

　　二、聚酰胺长丝的后加工 ……………………………………………………… 102

　　三、聚酰胺弹力丝的后加工 …………………………………………………… 104

　　四、聚酰胺帘子线的生产特点及后加工 ……………………………………… 105

　　五、聚酰胺膨体长丝的生产 …………………………………………………… 106

　第五节　聚酰胺纤维的性能、用途及其改性 …………………………………… 107

　　一、聚酰胺纤维的性能 ………………………………………………………… 107

　　二、聚酰胺纤维的主要用途 …………………………………………………… 109

　　三、聚酰胺纤维改性及新品种 ………………………………………………… 109

　　思考题 …………………………………………………………………………… 111

　　主要参考文献 …………………………………………………………………… 112

第五章　聚丙烯纤维 …………………………………………………………… 113

　第一节　概述 ……………………………………………………………………… 113

　　一、聚丙烯纤维的发展概况 …………………………………………………… 113

　　二、聚丙烯纤维的性能和用途 ………………………………………………… 114

　第二节　等规聚丙烯的制备及其性能 …………………………………………… 115

　　一、等规聚丙烯的合成 ………………………………………………………… 115

　　二、等规聚丙烯的结构和性能 ………………………………………………… 118

　　三、成纤聚丙烯的性能特点和质量要求 ……………………………………… 120

　第三节　聚丙烯纤维的生产 ……………………………………………………… 120

　　一、常规聚丙烯纤维 …………………………………………………………… 121

二、聚丙烯短程纺丝技术 122

三、聚丙烯膨体长丝 123

四、聚丙烯膜裂纤维 124

五、纺粘法非织造布 126

六、熔喷法非织造布 126

第四节 聚丙烯纤维的改性及新品种 127

一、可染聚丙烯纤维 127

二、细旦及超细旦聚丙烯纤维 127

三、阻燃聚丙烯纤维 127

四、远红外聚丙烯纤维 128

五、三维卷曲中空聚丙烯纤维 128

六、其他改性聚丙烯纤维 128

思考题 129

主要参考文献 129

第六章 聚丙烯腈纤维 130

第一节 聚丙烯腈的制备及其性能 130

一、单体及其他基本原料 130

二、丙烯腈的聚合 131

三、聚丙烯腈的性能 136

第二节 聚丙烯腈纤维的生产 137

一、纺丝原液的制备 137

二、湿法纺丝 139

三、干法纺丝 140

四、冻胶纺丝 142

五、干湿法纺丝 143

六、后加工 144

第三节 改性和新型聚丙烯腈纤维 149

一、抗静电聚丙烯腈纤维 149

二、高吸湿吸水聚丙烯腈纤维 149

三、阻燃聚丙烯腈纤维 150

四、抗起球聚丙烯腈纤维 150

五、高收缩聚丙烯腈纤维 151

六、其他改性聚丙烯腈纤维 152

思考题 153

主要参考文献 153

第七章 聚乙烯醇纤维 …………………………………………………………………… 154
　　第一节 概述 …………………………………………………………………………… 154
　　　　一、聚乙烯醇纤维的发展概况 ……………………………………………………… 154
　　　　二、聚乙烯醇纤维的性能 …………………………………………………………… 154
　　　　三、聚乙烯醇纤维的用途 …………………………………………………………… 155
　　第二节 聚乙烯醇的制备及其性能 ……………………………………………………… 156
　　　　一、醋酸乙烯的聚合 ………………………………………………………………… 156
　　　　二、聚乙烯醇的制备 ………………………………………………………………… 158
　　　　三、聚乙烯醇的性质 ………………………………………………………………… 159
　　第三节 聚乙烯醇纤维的生产 …………………………………………………………… 161
　　　　一、纺丝原液的制备 ………………………………………………………………… 161
　　　　二、纺丝成形 ………………………………………………………………………… 162
　　　　三、后加工 …………………………………………………………………………… 165
　　第四节 水溶性聚乙烯醇纤维 …………………………………………………………… 167
　　　　一、水溶性聚乙烯醇纤维的原料 …………………………………………………… 167
　　　　二、水溶性聚乙烯醇纤维的制备方法 ……………………………………………… 168
　　　　三、水溶性聚乙烯醇纤维的应用 …………………………………………………… 169
　　第五节 高强度聚乙烯醇纤维 …………………………………………………………… 169
　　　　一、高强度聚乙烯醇纤维的制备方法 ……………………………………………… 169
　　　　二、高强度聚乙烯醇纤维的应用及发展前景 ……………………………………… 171
　　思考题 …………………………………………………………………………………… 172
　　主要参考文献 …………………………………………………………………………… 172

第八章 聚氯乙烯纤维 …………………………………………………………………… 173
　　第一节 概述 …………………………………………………………………………… 173
　　　　一、聚氯乙烯纤维的发展概况 ……………………………………………………… 173
　　　　二、聚氯乙烯纤维的性能和用途 …………………………………………………… 173
　　第二节 聚氯乙烯的制备及其性能 ……………………………………………………… 174
　　　　一、氯乙烯的制备 …………………………………………………………………… 174
　　　　二、氯乙烯的聚合 …………………………………………………………………… 175
　　　　三、聚氯乙烯的结构和性能 ………………………………………………………… 176
　　第三节 聚氯乙烯纤维的生产 …………………………………………………………… 177
　　　　一、氯纶 ……………………………………………………………………………… 177
　　　　二、配采-U …………………………………………………………………………… 178
　　　　三、罗维尔 …………………………………………………………………………… 178
　　　　四、天美纶 …………………………………………………………………………… 178

　　五、新品种聚氯乙烯纤维 ·· 179

　　六、改性聚氯乙烯纤维 ·· 180

　思考题 ·· 183

　主要参考文献 ·· 183

第九章　聚氨酯弹性纤维 ·· 184

　第一节　概述 ·· 184

　　一、聚氨酯弹性纤维的发展概况 ·· 184

　　二、聚氨酯弹性纤维的结构和性能 ·· 185

　　三、聚氨酯弹性纤维的用途 ·· 186

　第二节　聚氨酯的合成 ·· 187

　　一、主要单体及合成 ·· 187

　　二、聚氨酯嵌段共聚物的制备 ·· 188

　第三节　聚氨酯弹性纤维的生产 ·· 189

　　一、纺丝成形 ·· 189

　　二、后加工 ·· 193

　第四节　聚氨酯弹性纤维的新品种 ·· 194

　　一、耐高温聚氨酯弹性纤维 ·· 195

　　二、耐氯、耐水解聚氨酯弹性纤维 ·· 195

　　三、耐潮、耐菌的聚氨酯弹性纤维 ·· 195

　　四、具有良好低温性能的聚氨酯弹性纤维 ·· 196

　思考题 ·· 196

　主要参考文献 ·· 196

第十章　高性能纤维 ·· 197

　第一节　概述 ·· 197

　第二节　芳香族聚酰胺纤维 ·· 202

　　一、聚对苯二甲酰对苯二胺纤维 ·· 203

　　二、特克诺拉 ·· 206

　　三、聚间苯二甲酰间苯二胺纤维 ·· 207

　　四、应用及发展前景 ·· 208

　第三节　芳香族聚酯纤维 ·· 209

　　一、制备方法 ·· 210

　　二、纤维结构与性能 ·· 213

　　三、用途及发展前景 ·· 217

　第四节　芳杂环类聚合物纤维 ·· 218

一、聚对亚苯基苯并双噁唑纤维 …………………………………………………… 218

二、聚亚苯基吡啶并咪唑纤维 ……………………………………………………… 222

三、聚苯并咪唑纤维 ………………………………………………………………… 230

第五节　超高相对分子质量聚乙烯纤维 …………………………………………… 236

一、概述 ……………………………………………………………………………… 236

二、制备方法 ………………………………………………………………………… 236

三、纤维结构与性能 ………………………………………………………………… 238

四、应用及发展前景 ………………………………………………………………… 246

第六节　碳纤维 ……………………………………………………………………… 248

一、概述 ……………………………………………………………………………… 248

二、制备方法 ………………………………………………………………………… 248

三、纤维结构与性能 ………………………………………………………………… 257

四、应用及发展趋势 ………………………………………………………………… 260

思考题 ………………………………………………………………………………… 264

主要参考文献 ………………………………………………………………………… 264

第一章 总论

第一节 化学纤维的发展概况

一、化学纤维的分类

纺织纤维可分为两大类:一类是天然纤维(属生物质原生纤维),指自然界存在和动植物生长过程中形成的纤维,如棉、麻、毛、丝及矿物纤维等;另一类是化学纤维(Chemical fibers,Manufactured fiber,Manmade fiber)是以天然或合成高分子化合物为原料经化学处理和机械加工制得的纤维。根据原料来源的不同,化学纤维又可分为生物质纤维和合成纤维。

1. 生物质纤维

生物质是指利用大气、水、土壤等通过光合作用而产生的各种有机体,包括植物、动物和微生物等。生物质纤维是以生物质或其衍生物为原料制得的化学纤维的总称。除生物质原生纤维外,生物质纤维(Biofiber)还包括:生物质再生纤维和生物质合成纤维:

(1)生物质再生纤维,指以生物质或其衍生物为原料制备的化学纤维,如再生纤维素及纤维素酯纤维(粘胶纤维、铜氨纤维、醋酸纤维等)、蛋白质纤维、海藻纤维、甲壳素纤维以及直接溶剂法纤维素纤维(如 Lyocell 莱赛尔纤维)等。

(2)生物质合成纤维,指采用生物质材料并利用生物合成技术制备的化学纤维,如聚乳酸类纤维、聚丁二酸丁二醇酯纤维、聚对苯二甲酸丙二醇酯纤维等。

2. 合成纤维

以煤、石油、天然气等为原料,经反应制成合成高分子化合物(成纤高聚物),经化学处理和机械加工制得的纤维。

化学纤维的分类如下:

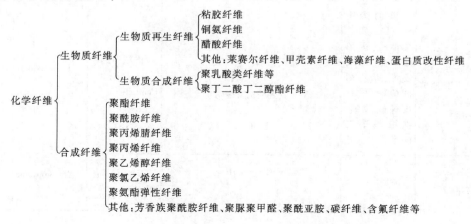

目前世界上生产的化学纤维品种很多,不下几十种,但得到重点发展的只有几大品种,如再生纤维中的粘胶纤维,合成纤维中的聚酯纤维、聚酰胺纤维、聚丙烯腈纤维、聚丙烯纤维以及聚乙烯醇纤维、聚氯乙烯纤维、聚氨酯弹性纤维等。特种用途的纤维,如功能纤维、高性能纤维等,生产量虽然不大,但在越来越多的领域中发挥着重要作用。表1-1所示为化学纤维的主要品种。

表1-1　化学纤维的主要品种

类别	学名	单体	主要重复单元的化学结构式	商品名称	英文名称	英文缩写
聚酯纤维	聚对苯二甲酸乙二酯纤维	对苯二甲酸或对苯二甲酸二甲酯、乙二醇或环氧乙烷	$-\overset{\text{O}}{\underset{}{\text{C}}}-\text{C}_6\text{H}_4-\overset{\text{O}}{\underset{}{\text{C}}}-\text{O}-(\text{CH}_2)_2-\text{O}-$	涤纶、Terylene	Polythylene terephthalate fiber	PET
	聚对苯二甲酸丙二酯纤维	对苯二甲酸或对苯二甲酸二甲酯、1,3-丙二醇	$-\overset{\text{O}}{\underset{}{\text{C}}}-\text{C}_6\text{H}_4-\overset{\text{O}}{\underset{}{\text{C}}}-\text{O}-(\text{CH}_2)_3-\text{O}-$	Corterra	Polytrimethylene terephthalate fiber	PTT
	聚对苯二甲酸丁二酯纤维	对苯二甲酸或对苯二甲酸二甲酯、1,4-丁二醇	$-\overset{\text{O}}{\underset{}{\text{C}}}-\text{C}_6\text{H}_4-\overset{\text{O}}{\underset{}{\text{C}}}-\text{O}-(\text{CH}_2)_4-\text{O}-$	Finecell、Sumola	Polybutylene terephthalate fiber	PBT
脂肪族聚酰胺纤维	聚己内酰胺纤维	己内酰胺	$-\text{HN}-(\text{CH}_2)_5-\text{CO}-$	锦纶6、尼龙6、Kapron、Perlon	Polyamide fiber	PA6
	聚己二酰己二胺纤维	己二胺、己二酸	$-\text{HN}(\text{CH}_2)_6\text{NHOC}-(\text{CH}_2)_4\text{CO}-$	锦纶66、尼龙66、Nylon		PA66
芳香族聚酰胺纤维	聚间苯二甲酰间苯二胺纤维	间苯二胺、间苯二甲酸	$-\overset{\text{O}}{\underset{}{\text{C}}}-\text{C}_6\text{H}_4-\overset{\text{O}}{\underset{}{\text{C}}}-\overset{}{\underset{\text{H}}{\text{N}}}-\text{C}_6\text{H}_4-\overset{}{\underset{\text{H}}{\text{N}}}-$	芳纶1313、Nomex	Aramid fiber	PA1313
	聚对苯二甲酰对苯二胺纤维	对苯二胺、对苯二甲酸	$-\overset{\text{O}}{\underset{}{\text{C}}}-\text{C}_6\text{H}_4-\overset{\text{O}}{\underset{}{\text{C}}}-\overset{}{\underset{\text{H}}{\text{N}}}-\text{C}_6\text{H}_4-\overset{}{\underset{\text{H}}{\text{N}}}-$	芳纶1414、Kevlar		PA1414
聚丙烯腈纤维	聚丙烯腈纤维(系丙烯腈与15%以下其他单体的共聚物纤维)	除丙烯腈外,第二、第三单体有:丙烯酸甲酯、醋酸乙烯、苯乙烯磺酸钠、甲基丙烯磺酸钠、次甲基丁二酸等	$-\text{CH}_2-\underset{\text{CN}}{\text{CH}}-$ (共聚结构未表明)	腈纶、Cashmilan、Orlon、Courtelle	Polyacrylonitrile fiber	PAN
聚烯烃纤维	聚丙烯纤维	丙烯	$-\text{CH}_2-\underset{\text{CH}_3}{\text{CH}}-$	丙纶、Pylen、Meraklon	Polypropylene fiber	PP

续表

类别	学名	单体	主要重复单元的化学结构式	商品名称	英文名称	英文缩写
聚烯烃纤维	聚乙烯纤维	乙烯	$—CH_2—CH_2—$	Spectra 900、Dyneema	Polyethylene fiber	PE
聚乙烯醇纤维	聚乙烯醇缩甲醛纤维	醋酸乙烯酯	$—CH_2—CH—$ $\qquad\quad\;\; OH$	维纶、维尼纶、Kuralon、Mewlon	Polyvinylalc-ohol fiber	PVA
聚氯乙烯纤维	聚氯乙烯纤维	氯乙烯	$—CH_2—CH—$ $\qquad\quad\;\; Cl$	氯纶、Leavil、Rhovyl	Polyvinyl chl-oride fiber	PVC
弹性纤维	聚氨酯弹性纤维	聚酯、聚醚、芳香族二异氰酸酯、脂肪族二胺	$—HN(CH_2)_2NHOCNH—$ $R—NH—COO—X—$ $OOCNH—R—NHCO—$ R:芳基;X:聚酯或聚醚	氨纶、Lycra、Dorlustan、Vair-in	Polycarbaminate fiber	PU
再生纤维	粘胶纤维	天然高分子化合物		粘胶纤维、Courtaulds、Modal	Viscose fiber	
	铜氨纤维				Cuprene fiber	
	醋酸纤维素酯纤维				Acetate fiber	
	莱赛尔纤维			天丝	Lyocell fiber	

二、世界化学纤维工业的发展概况

早在 17 世纪就有人提出,人类可以模仿食桑蚕吐丝生产纺织纤维。经过二百多年的探索,1884 年,法国人查尔德内特(H. B. Chardonnet)将硝酸纤维素溶解在乙醇或乙醚中制成黏稠液,再用细管冲到空气中凝固而形成细丝,制得最早的化学纤维——硝酸酯纤维,并于 1891 年在法国建厂进行工业生产。虽然因硝酸酯纤维易燃、生产中使用的溶剂易爆、纤维质量差而未能使之大量发展,但从此开始了化学纤维工业的历史。

1901 年,人们采用纤维素的铜氨溶液为纺丝液,经化学处理和机械加工制得铜氨纤维并实现工业化生产。这种纤维手感柔软,富有光泽,可用于织造纺织品,但生产成本较高。1905 年,采用二硫化碳与碱纤维素作用,得到溶解性纤维素黄原酸酯,再经纺丝及后加工制成粘胶纤维并实现工业化生产。由于粘胶纤维的原料来源丰富,辅助化工原料价廉,织物穿着性能优良,所以发展成生物质纤维中最主要的品种。继粘胶纤维之后,醋酯纤维、海藻纤维、甲壳素纤维和聚乳酸纤维以及蛋白质改性纤维等生物质纤维也相继实现了工业化生产。

此后，由于再生纤维原料受到自然条件的限制，人们试图以合成聚合物为原料，并试图制得性能更好的纤维。1935年，卡洛泽斯（Carothers）以己二胺、己二酸为原料合成聚酰胺66，再经熔融纺丝制成聚己二酰己二胺纤维，并在美国实现工业化生产。1941年，由德国人施莱克（Schlack）发明的聚己内酰胺纤维在德国实现了工业化生产。1946年，德国又开始了聚氯乙烯纤维的工业化生产。20世纪50年代初期，聚丙烯腈纤维、聚乙烯醇缩甲醛纤维、聚酯纤维等相继实现了工业化生产。1960年，聚烯烃纤维中的主要产品聚丙烯纤维在意大利实现了工业化生产。随后，因石油化学工业的迅猛发展促进了合成纤维工业的发展。世界合成纤维的产量于1962年超过了羊毛产量，1967年又超过了生物质纤维产量。2013年世界化纤总产量57615万吨，在全球纺织用纤维总量的8450万吨中占68%，化学纤维已成为主要纺织原料。我国和世界化学纤维的历年产量如表1-2所示。

表1-2　我国和世界化学纤维产量　　　　　　　　单位：千吨

年份	中国（大陆）			世　界		
	总量	合成纤维	再生纤维	总量	合成纤维	再生纤维
1960	10.6	0.2	10.4	3310	702	2608
1965	50.1	5.2	44.9	5396	2052	3338
1970	100.9	36.2	64.7	8136	4700	3436
1975	154.8	65.7	89.1	10311	7352	2959
1980	450.5	314.3	136.2	13818	10476	3342
1985	947.9	770.6	177.3	15420	12489	2931
1990	1648.0	1357.0	216.0	17715	14869	2846
1995	2885.3	2449.9	435.4	20646	18197	2449
2000	6711	6103	608	28159	25886	2273
2005	16292	15065	1227	37900	34600	3300
2010	30698	28524	2174	53800	50200	3600
2013	41219	37315	3904	57615	52706	4909

随着科学技术的不断进步，人们开始利用化学改性和物理改性手段，通过分子设计，制成具有特定性能的第二代化学纤维，即"差别化纤维"。特别是进入20世纪70年代以后，随着化学纤维产量的迅速增长，市场竞争加剧，常规化学纤维的经济效益不断下降；同时人们对纺织纤维的需求范围越来越广，性能要求越来越高，特殊功能纤维的应用领域不断扩展，致使世界各大化学纤维制造厂商逐步开始注重差别化纤维的研究与开发，以使化学纤维的染色、光热稳定、抗静电、防污、阻燃、抗起球、蓬松手感和吸湿等性能都有较大改进。各种仿毛、仿丝、仿麻和仿棉的改性产品也在逐步开发，并投入生产。差别化纤维在化学纤维中的比例迅速增加，如日本差别化纤维的产量已占其全部合成纤维的50%以上。其中，原液着色、异形和复合纤维，在近年开发的高附加值织物中被大量采用。涤纶仿真丝产品由于外观、手感、悬垂性和穿着舒适性等大为改善，在国际市场上也受到青睐。

随着化学纤维应用领域的不断扩大，一些具有特殊性能的第三代化学纤维不断问世。例如，强度为 19~22dN/tex、模量为 460~850dN/tex 的高强度、高模量纤维——聚对苯二甲酰对苯二胺纤维；在 304℃下连续加热 1000h 强度仍保持 64%、在火焰中难燃、具有自熄性的耐高温纤维——聚间苯二甲酰间苯二胺纤维；伸长率为 500%~600% 时，弹性回复率为 97%~98% 的弹性纤维——聚氨酯弹性纤维；在纤维中化学稳定性最优异的高温耐腐蚀纤维——聚四氟乙烯纤维；在 175℃热空气中稳定、耐超高电压 500kV 以上的电绝缘纤维——聚 2,6-二苯基对苯醚纤维；水溶温度为 10~95℃、不同规格的水溶性纤维等。另外，还有在大分子中引入磺酸基、羧基和氨基等活性基团，使纤维具有离子交换、捕捉重金属离子功能的离子交换纤维；采用折射率不同的两种透明高分子材料，通过特殊复合技术制成的光导纤维；具有多微孔结构，表面有很强吸附特性的活性碳纤维；具有微孔结构，在压力差、浓度差或电位差的推动下，进行反渗透、超滤和透析用中空纤维膜等。

在化学纤维中，粘胶纤维是生物质纤维的主要产品，在 20 世纪 70 年代以前，曾是化学纤维的第一大品种。后来，随着合成纤维工业技术的高速发展，它不仅在化学纤维中的相对比例减少，而且绝对产量也有所下降。但是近两年来，由于市场需求量大，而且工业污染较小的新型"生物质纤维"的研制和投产不断取得成功，粘胶纤维的产量出现了新的增长势头。在合成纤维中，占主导地位的是聚酯纤维、聚酰胺纤维和聚丙烯腈纤维等三大品种，尤其是作为后起之秀的聚酯纤维在化学纤维中居于遥遥领先的地位。聚丙烯纤维由于原料成本低，在纤维改性和应用研究方面不断取得进展，产量不断增加。

三、我国化学纤维工业的发展概况

我国的化学纤维工业是新中国成立后发展起来的，发展历程可以大致分为四个阶段。

第一阶段，即起步阶段（1956~1965 年）。从粘胶纤维起步，引进东欧国家的技术和设备，同时通过消化和吸收建设了一批粘胶纤维生产厂，并为发展化学纤维工业打下了基础。20 世纪 60 年代初，又从日本、英国分别引进了聚乙烯醇缩甲醛纤维（维纶）和聚丙烯腈纤维（腈纶）的成套生产设备。

第二阶段，即奠基阶段（1966~1980 年）。随着我国石油工业的发展，化学纤维原料开始转向石油化工路线。我国相继建成了一批维纶厂，特别是在上海、辽阳、天津和四川引进四套大型石油化纤联合企业的成套设备，相应配套发展了一批合成纤维纺丝厂，为我国化学纤维工业的更大发展奠定了基础。

第三阶段，即发展阶段（1981~1995 年）。20 世纪 80 年代，我国建设了特大型化纤企业——江苏仪征化纤；完成了上海石化公司的二期工程，并在广东新会、佛山和河南平顶山以及辽宁抚顺等地建成多个技术先进的涤纶、锦纶和腈纶厂；90 年代又完成了仪征化纤三期工程和辽化二期工程。

第四阶段，即持续增长阶段（1996 年至今）。自 20 世纪 90 年代中期以来，我国化学纤维产量持续大幅度增长，特别是近年来我国化纤发展更是突飞猛进，产量已占世界化学纤维产量的 60% 以上，远远高于其他主要化纤生产国，成为世界上化学纤维第一生产大国。我国化学纤维产量持续增长的主要原因是:第一,国内对衣着、装饰、产业用纺织品的消费增长推动了化纤工业的持续发展;第二,化纤下游纺织品及服装出口的不断扩大,为国内化纤工业的持续发展提供了有利的支撑;第三,国外投资的不断增加,先进技术的积极引进,大大提高了我国化纤产品的竞争力。

目前,我国化纤工业的生产规模和产品质量及生产成本具有越来越强的竞争能力,化纤的出口量已远大于进口量,在世界化纤工业领域中的地位越来越重要。

为适应我国纺织工业发展的需要,在化纤工业迅速发展的同时,我国也十分重视差别化纤维的研究与开发,化纤新品种不断出现。例如,有色纤维、网络丝、低线密度丝、高强低伸缝纫线等;还有高收缩纤维、异形纤维、涤纶阳离子可染改性纤维、三维立体卷曲涤纶、空气变形丝、远红外纤维、中空仿羽绒纤维、超细纤维、抗静电纤维等;以及高强高模维纶、高吸水涤纶、PBT 弹性聚酯纤维、PTT 新型聚酯纤维、阻燃纤维、复合腈纶、导电纤维、水溶性纤维、低熔点纤维、抗起毛起球纤维、莱赛尔(Lyocell)纤维、大豆蛋白改性纤维、甲壳素纤维等。总之,今后我国化纤工业将不断由产量快速增长向高技术、高质量和多品种方向转化,进一步提高集约化程度,迈向国际先进水平。

第二节　化学纤维的常用基本概念

一、长丝

在化学纤维制造过程中,纺丝流体(熔体或溶液)经纺丝成形和后加工工序后,得到的连续不断的、长度以千米计的纤维称为长丝(Filament yarn)。长丝包括单丝、复丝和帘线丝。

(1)单丝:指一根连续单纤维。较粗的合成纤维单丝(直径 0.08～2mm)称为鬃丝,用于制作绳索、毛刷、日用网袋、渔网或工业滤布等。

(2)复丝:由多根单纤维组成的丝条。绝大多数的服用织物均采用复丝织造,因为由多根单纤维组成的复丝比同样直径的单丝柔顺性好。化学纤维的复丝一般由 8～100 根单纤维组成。

(3)帘线丝:用于织造轮胎帘子布的丝条,俗称帘线丝。一般由一百多根至几百根单纤维组成。

二、短纤维

化学纤维经切断而成一定长度的纤维,称其为短纤维(Staple fiber)。根据切断长度的不同,短纤维可分为棉型、毛型和中长型纤维。

(1)棉型短纤维(Cotton-type fiber):长度为 25～38mm,纤维较细(线密度 1.3～1.7dtex),类似棉纤维,主要用于与棉纤维混纺,例如,用棉型聚酯短纤维(涤纶)与棉混纺得到的织物称"涤/棉"织物。

(2)毛型短纤维(Wool-type fiber):长度为 70～150mm,纤维较粗(线密度 3.3～7.7dtex),类似

羊毛,主要用于与羊毛混纺,例如,用涤纶毛型短纤维与羊毛混纺得到的织物称"毛/涤"织物。

（3）中长纤维（Mid-length fiber）:长度为51~76mm,纤维的线密度为2.2~3.3dtex,介于棉型短纤维和毛型短纤维之间,主要用于织造中长纤维织物。

短纤维除可与天然纤维混纺外,还可与其他化学纤维的短纤维混纺,由此得到的混纺织物具有良好的综合性能。另外,短纤维也可进行纯纺。

三、丝束

丝束（Tow）是由大量单纤维汇集而成。用来切断成短纤维的丝束由几万根至几百万根纤维组成,以提高短纤维的生产能力;烟用丝束由6000根聚丙烯纤维组成,用于生产香烟过滤嘴。

四、异形纤维

在合成纤维成形过程中,采用异形喷丝孔纺制的、具有非圆形截面的纤维或中空纤维,称为异形截面纤维,简称异形纤维（Shaped fiber, Profiled fiber）。图1-1所示为几种制造异形纤维所用喷丝孔的形状（a）和相应的纤维横截面形状（b）。

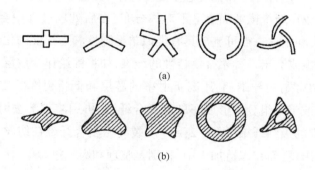

图1-1 几种非圆形喷丝孔形状及相应纤维横截面形状

需要说明的是,采用圆形喷丝孔湿纺所得纤维（如粘胶纤维和腈纶等）的横截面也并非正圆形,可能呈锯齿形、腰子形或哑铃形。尽管如此,它们并不能称为异形纤维。

异形纤维具有特殊的光泽,并具有蓬松性、耐污性和抗起球性,纤维的回弹性与覆盖性也可得到改善。例如,三角形横截面的涤纶或锦纶与其他纤维的混纺织物有闪光效应;十字形横截面的锦纶回弹性强;五叶形横截面的聚酯长丝有类似真丝的光泽,抗起球性、手感和覆盖性良好;扁平、带状、哑铃形横截面的合成纤维具有麻、羚羊毛和兔毛等纤维的手感与光泽;中空纤维的保暖性和蓬松性优良,某些中空纤维还具有特殊用途,如制作反渗透膜,用于制造人工肾脏,并可用于海水淡化、污水处理、硬水软化、溶液浓缩等。

五、复合纤维

在纤维横截面上存在两种或两种以上高分子化合物,这种化学纤维称为复合纤维（Bicomponent fiber, Composite fiber）,或称双组分纤维。

复合纤维的品种很多,有并列型、皮芯型、海岛型、裂离型和共混型等,纤维横截面形状如图1-2所示。

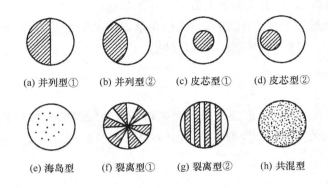

(a) 并列型①　　(b) 并列型②　　(c) 皮芯型①　　(d) 皮芯型②

(e) 海岛型　　(f) 裂离型①　　(g) 裂离型②　　(h) 共混型

图 1-2　复合纤维的几种主要形状

根据不同聚合物的性能及其在纤维横截面上分配的位置,可以得到许多不同性质和用途的复合纤维。例如,并列型复合纤维和偏皮芯型复合纤维[见图1-2(a)、(b)、(c)、(d)],由于两种聚合物热塑性不同或在纤维横截面上呈不对称分布,在后处理过程中会产生收缩差,从而使纤维产生螺旋状卷曲,利用这一点可制成具有类似羊毛弹性和蓬松性的化学纤维。皮芯型纤维是兼有两种聚合物特性或突出一种聚合物特性的纤维,如将锦纶作为皮层,涤纶作为芯层,可制得染色性好、手感柔中有刚的纤维;利用高折射率的芯层和低折射率的皮层可制成光导纤维。若利用岛组分连续分散于海组分中形成海岛型复合纤维,再用溶剂溶去海组分,剩下连续的岛组分,就可得到非常细的极细纤维[图1-2(e)]。裂离型复合纤维在纺丝成形和后加工过程中均以较粗的长丝形态出现,而在织造加工中,特别是整理和磨毛过程中,由于两组分的相容性和界面黏结性差,每一根较粗的长丝分裂成许多根丝。复合形式不同,裂离后纤维的横截面形状和粗细也不同,如图1-2(f)所示为橘瓣型复合纤维,裂离后纤维横截面为三角形,图1-2(g)为裂片型复合纤维,裂离后成为扁丝。裂离型复合纤维生产技术在超细纤维的制造中已被广泛采用。图1-2(h)所示为共混型复合纤维横截面,它是由两种或多种聚合物充分混合后纺制而成的,聚合物共混纺丝是化学纤维改性的重要方法。

六、变形纱

变形纱(Textured filament,Textured yarn)包括所有经过变形加工的丝和纱,如弹力丝和膨体纱都属于变形纱。

(1)弹力丝(Stretch yarn):即变形长丝,可分为高弹丝和低弹丝两种。弹力丝的伸缩性、蓬松性好,其织物在厚度、重量、不透明性、覆盖性和外观特征等方面接近毛织品、丝织品或棉织品。涤纶弹力丝多数用于衣着,锦纶弹力丝宜于制造袜子,丙纶弹力丝则多数用于家用织物及地毯。其变形方法主要有假捻法、空气喷射法、热气流喷射法、填塞箱法和赋形法等。

(2)膨体纱(Bulk yarn):即利用聚合物的热可塑性,将两种收缩性能不同的合成纤维毛条按比例混合,经热处理后,高收缩性的毛条迫使低收缩性的毛条卷曲,从而使混合毛条具有伸缩性和蓬松性,类似毛线。目前以腈纶膨体纱产量最大,用于制作针织外衣、内衣、毛线和毛毯等。

七、超细纤维

由于单纤维的粗细对于织物的性能影响很大,所以化学纤维可按单纤维的粗细(线密度)分类,一般分为常规纤维、细旦纤维、超细纤维(Superfine fiber)和极细纤维。

涤纶常规纤维的线密度为 1.4~7.0dtex;细旦纤维的线密度为 0.55~1.4dtex,主要用于仿真丝类的轻薄型或中厚型织物;超细纤维的线密度为 0.11~0.55dtex,可以用双组分复合裂离法生产,主要用于高密度防水透气织物和人造皮革、仿桃皮绒织物等;极细纤维的线密度在 0.11dtex 以下,可通过海岛纺丝法生产,主要用于人造皮革和医学滤材等特殊领域。

八、差别化纤维

差别化纤维(Differential fiber)系外来语,来源于日本,一般泛指通过化学改性或物理变形使常规化学纤维品种有所创新或被赋予某些特性的服用化学纤维。

在聚合及纺丝工序中改性的有:共聚、超有光、超高收缩、异染、易染、速染、抗静电、抗起毛起球、防霉、防菌、防污、防臭、吸湿、吸汗、防水、荧光变色等纤维;在纺丝、拉伸和变形工序中形成的有:共混、复合、中空、异形、异缩、异材、异色、细旦、超细、特粗、粗细节、三维卷曲、网络、混纤、混络、皮芯、并列、毛圈喷气变形以及各种竹节、疙瘩、结子、链条、辫子、夹色、混色、包覆、起毛起绒的花色丝、纱或纤维条等。

这些都属于差别化纤维的范畴,这类纤维主要用于服装及装饰织物,可提高经济效益,优化工序,节约能源,减少污染以及增加纺织新产品。

九、特种纤维

特种纤维(Special fiber)一般指具有特殊物理化学结构、性能和用途的化学纤维,如高性能纤维、功能纤维等,主要用于产业、生物医药及尖端技术等领域。

(1)高性能纤维(High performance fiber):指具有高强度、高模量和耐高温、耐腐蚀、耐辐射、耐化学药品等性能的纤维。

(2)功能纤维(Function fiber):泛指在一般纤维具有的力学性能基础上,具有某种特殊功能和用途的纤维,如具有反渗透、导光、导电、抗静电、保暖、阻燃等特性的纤维,生物医学上使用的人工可吸收缝合线、各种人工脏器纤维材料和其他辅助材料等。

第三节　化学纤维的主要质量指标

一、线密度

在法定计量单位中,线密度(Linear density)为纤维单位长度的质量,是表示纤维粗细程度的量,旧称"纤度"。

线密度的单位名称为特克斯(简称为特),特克斯(tex)为每千米长纤维所具有的重量克数,单位符号为 tex,其 1/10 简称为分特,单位符号为 dtex。

过去使用的纤度单位旦尼尔(Denier,简称旦)和公制支数(简称公支)为非法定计量单位,今后不单独使用。旦尼尔数为9000m 长纤维重量的克数。公支为单位重量纤维的长度,即 1公支=1m/g。它们与特数之间的换算关系如下:

$$特克斯数 = \frac{1000}{公制支数}$$

$$特克斯数 \approx 0.11 \times 旦尼尔数$$

单纤维越细,手感越柔软,光泽柔和且易变形加工。

二、断裂强度

常用单位线密度的断裂强力表示化学纤维的断裂强度(Breaking Strength),即纤维在连续增加负荷的作用下,直至断裂所能承受的最大负荷与纤维的线密度之比。单位为牛[顿]/特[克斯](N/tex)、厘牛/特(cN/tex)、厘牛/分特(cN/dtex)。

断裂强度是反映纤维质量的一项重要指标。断裂强度高,纤维在加工过程中不易断头、绕辊,最终制成的纱线和织物的牢度也高;但断裂强度太高,纤维刚性增加,手感变硬。

纤维在干燥状态下测定的强度称干强度;纤维在润湿状态下测定的强度称湿强度。回潮率较高的纤维,湿强度比干强度低,如一般粘胶纤维的湿强度要比干强度低 30%~50%。大多数合成纤维的回潮率很低,湿强度接近或等于干强度。表 1-3 为主要纺织纤维的断裂强度。

表 1-3　主要纺织纤维的断裂强度

纤维			断裂强度/cN·dtex⁻¹	
			干态	湿态
粘胶纤维	短纤维	普通	2.2~2.7	1.2~1.8
		强力	3.1~4.7	2.2~3.7
	长丝	普通	1.5~2.1	0.8~1.1
		强力	3.1~4.7	2.3~3.8
涤纶	短纤维		4.1~5.7	4.1~5.7
	长丝	普通	3.8~5.3	3.8~5.3
		强力	5.6~7.9	5.6~7.9
锦纶 6	短纤维		4.2~5.9	3.4~5.0
	长丝	普通	4.4~5.7	3.7~5.2
		强力	5.7~7.7	5.2~6.5
锦纶 66	普通长丝		4.9~5.7	4.0~5.3
	强力丝		5.7~7.7	4.9~6.9
腈纶	短纤维		2.2~4.8	1.7~3.9
	长丝		2.8~5.3	2.6~5.3

续表

纤维			断裂强度/cN·dtex^{-1}	
			干态	湿态
维纶（短纤维）	短纤维	普通	4.0~4.4	2.8~4.6
		强力	6.0~8.8	4.7~7.5
	长丝	普通	2.6~3.5	1.8~2.8
		强力	5.3~8.4	4.4~7.5
丙纶		短纤维	4.0~6.6	4.0~6.6
		长丝	4.0~6.6	4.0~6.6
氨纶（长丝）			0.6~1.2	0.6~1.2
棉			2.6~4.3	2.9~5.7
羊毛			0.9~1.5	0.7~1.4
蚕丝			2.6~3.5	1.9~2.5
麻		亚麻	4.9~5.6	5.1~5.8
		苎麻	5.7	6.8

三、断裂伸长率

纤维的断裂伸长率（Elongation at break）一般用断裂时的相对伸长率，即纤维断裂时的伸长与其初始长度之比，以百分率表示。

纤维的断裂伸长率是决定纤维加工条件及其制品使用性能的重要指标之一。断裂伸长率大的纤维手感比较柔软，在纺织加工时可以缓冲所受到的力，毛丝、断头较少；但断裂伸长率也不宜过大，否则织物易变形。普通纺织纤维的断裂伸长率为 10%~30%，对于工业用强力丝则一般要求断裂强度高、断裂伸长率低，使其最终产品不易变形。

四、初始模量

纤维的初始模量（Initial modulus）即弹性模量（或杨氏模量）是指纤维受拉伸而当伸长为原长的 1% 时所需的应力。

初始模量表征纤维对小形变的抵抗能力，在衣着上则反映纤维对小的拉伸作用或弯曲作用所表现的硬挺度。纤维的初始模量越大，越不易变形，亦即在纤维制品的使用过程中形状的改变越小。例如，在主要的合成纤维品种中，以涤纶的初始模量为最大，其次为腈纶，锦纶则较小，因而涤纶织物挺括，不易起皱，而锦纶织物则易起皱，保形性差。

五、燃烧性能

纤维的燃烧性能是指纤维在空气中燃烧的难易程度。为了测定和表征纤维及其制品的燃烧性能，国际规定采用"限氧指数"（Limiting Oxgen Index，简称 LOI）法。所谓限氧指数，就是使着了火的纤维离开火源，而纤维仍能继续燃烧时环境中氮和氧混合气体内所含氧的最低百分率。

在空气中,氧的体积分数为21%,故若纤维的LOI<21%,就意味着空气中的氧气足以维持纤维继续燃烧,这种纤维就属于可燃性或易燃性纤维;若LOI>21%,就意味着这种纤维离开火焰后,空气中的氧不能满足使纤维继续燃烧的最低条件,会自行熄灭,这种纤维属于难燃性或阻燃性纤维。当纤维的LOI>26%时,称为阻燃纤维。表1-4为部分纤维的限氧指数。

表1-4 部分纤维的限氧指数

纤维	LOI/%	纤维	LOI/%
腈纶	18.2	锦纶	20.1
醋酯纤维	18.6	涤纶	20.6
丙纶	18.6	羊毛	25.2
维纶	19.7	芳纶(Nomex)	28.2
粘胶纤维	19.7	氯纶	37.1
棉	20.1	偏氯纶	45~48

由表1-4可见,几种主要化学纤维的LOI都小于21%,属可燃或易燃纤维。而对于床上用品、儿童及老年人睡衣、室内装饰织物、消防用品和飞机、汽车、轮船的内仓用品等,很多国家都有阻燃要求,因此,对化学纤维的阻燃处理,国内外进行过大量研究,主要是采用共聚、共混和表面处理等方法,在纤维或织物中引入有机膦化合物、有机卤素化合物或两者并用。

六、吸湿性

纤维的吸湿性是指在标准温湿度(20℃、65%相对湿度)条件下纤维的吸水率,一般采用回潮率(Moisture regain)和含水率(Moisture content)两种指标表示:

$$回潮率 = \frac{试样所含水分的重量}{干燥试样重量} \times 100\%$$

$$含水率 = \frac{试样所含水分的重量}{未干燥试样重量} \times 100\%$$

各种纤维的吸湿性有很大差异,同一种纤维的吸湿性也因环境温湿度的不同而有很大变化。为了计重和核价的需要,必须对各种纺织材料的回潮率做出统一规定,称公定回潮率。各种纤维在标准状态下的回潮率和我国所规定的公定回潮率如表1-5所示。

表1-5 纤维在20℃、65%相对温度下的回潮率和我国所规定的公定回潮率

纤维	标准状态下回潮率/%	公定回潮率/%	纤维	标准状态下回潮率/%	公定回潮率/%
蚕丝	9	11.0	维纶	3.5~5.0	5.0
棉	7	8.5	锦纶	3.5~5.0	1.5
羊毛	16	16.0	腈纶	1.2~2.0	2.0
亚麻	7~10	12.0	涤纶	0.4~0.5	0.1
苎麻	7~10	12.0	氯纶	0	0
粘胶纤维	12~14	13.0	丙纶	0	0
醋酯纤维	6~7	7.0	乙纶	0	0

从表 1-5 可见,天然纤维和再生纤维的回潮率较高,合成纤维的回潮率较低,其中丙纶、氯纶等回潮率为零。

吸湿性影响纤维的加工性能和使用性能。吸湿性好的纤维,摩擦和静电作用减小,穿着舒适。对于吸湿性差的合成纤维,利用化学改性的方法,在聚合物大分子链上引入亲水性基团,可使其吸湿性有所提高。但实践证明,利用物理改性的方法,在纤维中产生无数有规律的毛细孔或进行适宜的表面处理,以改变纤维的表面结构,对于改善其吸水性也是有效的。

七、染色性

染色性是纺织纤维的一项重要性能,它包含的内容主要有:可采用的合适染料、可染得的色谱是否齐全及深浅程度、染色工艺实施的难易、染色均匀性以及染色后的各项染色牢度等。

染色均匀性反映纤维结构的均匀性,它与纤维生产的工艺条件(特别是纺丝、拉伸和热定型条件)密切相关。染色均匀性是化学纤维长丝的重要质量指标之一。

为了简化化学纤维的染色工艺并提高染色牢度,在化学纤维生产中可采用纺前染色的方法,如色母粒染色法、纺前注色法等,使聚合物切片、熔体或纺丝溶液着色,由此可制得有色的化学纤维。

八、卷曲度

普通合成纤维的表面比较挺直光滑,纤维之间的抱合力较小,不利于纺织加工。对纤维进行化学、物理或机械卷曲变形加工,赋予纤维一定的卷曲,可以有效地改善纤维的抱合性,同时增加纤维的蓬松性和弹性,使其织物具有良好的外观和保暖性。

可采用下列指标表征短纤维的卷曲度:

$$卷曲数(\text{Crimp frequency}) = \frac{弯折点个数 \times \frac{1}{2}}{L_0}(个/\text{cm})$$

$$卷曲率(\text{Crimp percentage}) = \frac{L_1 - L_0}{L_0} \times 100\%$$

$$卷曲回复率(\text{Crimp recovery percentage}) = \frac{L_1 - L_2}{L_1} \times 100\%$$

$$卷曲弹性回复率(\text{Crimpelastic recovery percentage}) = \frac{L_1 - L_2}{L_1 - L_0} \times 100\%$$

式中:L_0——预加张力为 1.26×10^{-3} dN/tex 时的纤维长度;

L_1——加负荷 8.8×10^{-2} dN/tex 并保持 1min 后测得的纤维长度;

L_2——除去负荷使纤维松弛 2min 后,再加预张力测得的纤维长度。

卷曲数和卷曲率反映纤维卷曲的程度,其数值越大,表示卷曲波纹越细密,这主要由卷曲加工条件来控制。卷曲率一般为 6%~18%,与它相对应的卷曲数为 3~7 个/cm。通常,棉型短纤维要求高卷曲数(4~5.5 个/cm),毛型短纤维要求中卷曲数(3.5~5 个/cm)。卷曲回复率和卷曲弹性回复率反映纤维在受力或受热时的卷曲稳定性,用来衡量卷曲的坚牢度,其值越大,表示卷曲波纹越不易消失,这主要由热定型来强化并巩固。

九、沸水收缩率

将纤维放在沸水中煮沸30min后,其收缩的长度对初始长度的百分率,称为沸水收缩率(Shrinkage in boiling water)。

沸水收缩率是反映纤维热定型程度和尺寸稳定性的指标。沸水收缩率越小,纤维的结构稳定性越好,纤维在加工和服用过程中遇到湿热处理(如染色、洗涤等)时尺寸越稳定而不易变形,同时力学性能和染色性能也越好。纤维的沸水收缩率主要由纤维的热定型工艺条件来控制。

第四节　化学纤维的生产方法概述

化学纤维的品种繁多,原料及生产方法各异,其生产过程可概括为以下四个工序。

(1)原料制备:高分子化合物的合成(聚合)或天然高分子化合物的化学处理和机械加工。

(2)纺前准备:纺丝熔体或纺丝溶液的制备。

(3)纺丝:纤维的成形。

(4)后加工:纤维的后处理。

一、原料制备

1. 成纤高聚物的基本性质

用于化学纤维生产的高分子化合物,称为成纤高聚物或成纤聚合物。成纤聚合物有两大类:一类为天然高分子化合物,用于生产再生纤维;另一类为合成高分子化合物,用于生产合成纤维。作为化学纤维的生产原料,成纤聚合物的性质不仅在一定程度上决定纤维的性质,而且对纺丝、后加工工艺也有重大影响。

对成纤聚合物一般要求如下:

(1)成纤聚合物大分子必须是线型的、能伸直的分子,支链尽可能少,没有庞大侧基。

(2)聚合物分子之间有适当的相互作用力,或具有一定规律性的化学结构和空间结构。

(3)聚合物应具有适当高的相对分子质量和较窄的相对分子质量分布。

(4)聚合物应具有一定的热稳定性,其熔点或软化点应比允许使用温度高得多。

化学纤维的纺丝成形普遍采用聚合物的熔体或浓溶液进行,前者称为熔体纺丝,后者称为溶液纺丝。所以,成纤聚合物必须在熔融时不分解,或能在普通溶剂中溶解形成浓溶液,并具有充分的成纤能力和随后使纤维性能强化的能力,保证最终所得纤维具有一定的良好综合性能。几种主要成纤聚合物的热分解温度和熔点如表1-6所示。

由表1-6可见,聚乙烯、等规聚丙烯、聚己内酰胺和聚对苯二甲酸乙二酯的熔点低于热分解温度,可以进行熔体纺丝;聚丙烯腈、聚氯乙烯和聚乙烯醇的熔点与热分解温度接近,甚至高于热分解温度,而纤维素及其衍生物则观察不到熔点,像这类成纤聚合物只能采用溶液纺丝方法成形。

表 1-6 几种主要成纤聚合物的热分解温度和熔点

聚合物	热分解温度/℃	熔点/℃	聚合物	热分解温度/℃	熔点/℃
聚乙烯	350~400	138	聚己内酰胺	300~350	215
等规聚丙烯	350~380	176	聚对苯二甲酸乙二酯	300~350	265
聚丙烯腈	200~250	320	纤维素	180~220	—
聚氯乙烯	150~200	170~220	醋酸纤维素酯	200~230	—
聚乙烯醇	200~220	225~230			

2. 原料制备

再生纤维的原料制备过程,是将天然高分子化合物经一系列化学处理和机械加工,除去杂质,并使其具有能满足再生纤维生产的物理和化学性能。例如,粘胶纤维的基本原料是浆粕(纤维素),它是将棉短绒或木材等富含纤维素的物质,经备料、蒸煮、精选、脱水和烘干等一系列工序制备而成的。

合成纤维的原料制备过程,是将有关单体通过一系列化学反应聚合成具有一定官能团、一定相对分子质量和相对分子质量分布的线型聚合物。由于聚合方法和聚合物性质不同,合成的聚合物可能是熔体状态或溶液状态。将聚合物熔体直接送去纺丝,这种方法称为直接纺丝法;也可将聚合得到的聚合物熔体经铸带、切粒等工序制成"切片",再以切片为原料,加热熔融成熔体进行纺丝,这种方法称为切片纺丝法。直接纺丝法和切片纺丝法在工业生产中都有应用。溶液纺丝也有两种方法,将聚合后的聚合物溶液直接送去纺丝,这种方法称一步法;先将聚合得到的溶液分离制成颗粒状或粉末状的成纤聚合物,然后溶解制成纺丝溶液,这种方法称为二步法。

在化学纤维原料制备过程中,可采用共聚、共混、接枝和加添加剂等方法,生产某些改性化学纤维。

二、熔体或溶液的制备

1. 纺丝熔体的制备

切片纺丝法需要在纺丝前将切片干燥,然后加热至熔点以上、热分解温度以下,将切片制成纺丝熔体。

(1)切片干燥:经铸带和切粒后得到的成纤聚合物切片在熔融之前,必须先进行干燥。切片干燥的目的是除去水分,提高聚合物的结晶度与软化点。

切片中含有水分会给最终纤维的质量带来不利影响。因为在切片熔融过程中,聚合物在高温下易发生热裂解、热氧化裂解和水解反应,使聚合物相对分子质量明显下降,大大降低所得纤维的质量。另外,熔体中的水分汽化,会使纺丝断头率增加,严重时使纺丝无法正常进行。在涤纶和锦纶的生产中必须对切片进行干燥。干燥后切片的含水率,视纤维品种而异。例如,对于聚酰胺 6 切片,要求干燥后含水率一般低于 0.05%;对于聚酯切片,由于在高温下聚酯中的酯键极易水解,故对干燥后切片含水率要求更为严格,一般应低于 0.01%;对于聚丙烯切片,由于其本身不吸湿,回潮率为零,所以不需干燥。

切片干燥的同时,也使聚合物的结晶度和软化点提高,这样的切片在输送过程中不易因碎裂而产生粉末,也可避免在螺杆挤出机中过早地软化黏结而产生"环结阻料"现象。

(2)切片的熔融:它是在螺杆挤出机中完成的。切片自料斗进入螺杆,随着螺杆的转动被强制向前推进,同时螺杆套筒外的加热装置将切片加热熔融,熔体以一定的压力被挤出而输送至纺丝箱体中进行纺丝。

与切片纺丝相比,直接纺丝法省去了铸带、切粒、干燥切片及再熔融等工序,这样可大大简化生产流程,减少车间面积,节省投资,且有利于提高劳动生产效率和降低成本。但是,利用聚合后的聚合物熔体进行直接纺丝,对于某些聚合过程(如己内酰胺的聚合)留存在熔体中的一些单体和低聚物难以去除,这不仅影响纤维质量,而且恶化纺丝条件,使生产线的工艺控制也比较复杂。因此,对产品质量要求比较高的品种,一般采用切片纺丝法。

切片纺丝法的工序较多,但具有较强的灵活性,产品质量也较高,另外还可以使切片进行固相聚合,进一步提高聚合物的相对分子质量,生产高黏度切片,以制取高强度的纤维。目前,对于生产产品质量要求较高的帘子线或长丝以及不具备聚合生产能力的企业,大多采用切片纺丝法。

2. 纺丝溶液的制备

目前,在采用溶液纺丝法生产的主要化学纤维品种中,只有腈纶既可采用一步法又可采用二步法纺丝,其他品种的成纤聚合物无法采用一步法生产工艺。虽然采用一步法省去了聚合物的分离、干燥和溶解等工序,可简化工艺流程,提高劳动生产率,但制得的纤维质量不稳定。

采用二步法时,需要选择合适的溶剂将成纤聚合物溶解,所得溶液在送去纺丝之前还要经过混合、过滤和脱泡等工序,这些工序总称为纺前准备。

(1)成纤聚合物的溶解:线型聚合物的溶解过程是先溶胀后溶解,即溶剂先向聚合物内部渗入,聚合物的体积不断增大,大分子之间的距离增加,最后大分子以分离的状态进入溶剂,从而完成溶解过程。

用于制备纺丝溶液的溶剂必须满足下列要求:

①在适宜温度下具有良好的溶解性能,并能使所得聚合物溶液在尽可能高的浓度下具有较低的黏度;

②沸点不宜太低,也不宜过高。如沸点太低,溶剂挥发性太强,会增加溶剂损耗并恶化劳动条件;沸点太高,不易进行干法纺丝,且溶剂回收工艺比较复杂;

③有足够的热稳定性和化学稳定性,并易于回收;

④应尽量无毒和无腐蚀性,并不会引起聚合物分解或发生其他化学变化。

合成纤维生产中常用的纺丝溶剂如表1-7所示。

在纤维素纤维生产中,由于纤维素不溶于普通溶剂,所以,通常是将其转变成衍生物(纤维素黄原酸酯、纤维素醋酸酯等)之后,再溶解制成纺丝溶液,进行纺丝成形及后加工。采用新溶剂(N-甲基吗啉-N-氧化物)纺丝工艺时,纤维素可直接溶解在溶剂中制成纺丝溶液。

纺丝溶液的浓度根据纤维品种和纺丝方法的不同而异。通常,用于湿法纺丝的纺丝溶液浓度为12%~25%;用于干法纺丝的纺丝溶液浓度则高一些,一般为25%~35%。

表 1-7　合成纤维生产中常用的纺丝溶剂

成纤聚合物	溶　剂
聚丙烯腈	二甲基甲酰胺、二甲基乙酰胺、二甲基亚砜、硫氰酸钠、硝酸或氯化锌的水溶液等
聚乙烯醇	水
聚氯乙烯	丙酮与二硫化碳、丙酮与苯、环己酮、四氢呋喃、二甲基甲酰胺、丙酮
聚对苯二甲酰对苯二胺	浓硫酸、含有 LiCl 的二甲基亚砜

（2）纺丝溶液的混合、过滤和脱泡：

①混合的目的是使各批纺丝溶液的性质（主要是浓度和黏度）均匀一致。

②过滤的目的是除去杂质和未溶解的高分子化合物。纺丝溶液的过滤一般采用板框式压滤机，过滤材料选用能承受一定压力、具有一定紧密度的各种织物，一般要连续进行 2~4 道过滤。后一道过滤所用滤材应比前一道的更致密，这样才能达到应有的效果。

③脱泡是为了除去留存在纺丝溶液中的气泡。这些气泡会在纺丝过程中造成断头、毛丝和气泡丝而降低纤维质量，甚至使纺丝无法正常进行。脱泡过程可在常压或真空状态下进行。在常压下静置脱泡，因气泡较小，气泡上升速度很慢，脱泡时间很长；在真空状态下脱泡，真空度越高，液面上压力越小，气泡会迅速胀大，脱泡速度可大大加快。

三、化学纤维的纺丝成形

将成纤聚合物熔体或浓溶液，用纺丝泵（或称计量泵）连续、定量且均匀地从喷丝头（或喷丝板）的毛细孔中挤出，成为液态细流，再在空气、水或特定凝固浴中固化成为初生纤维的过程，称作"纤维成形"，或称"纺丝"，这是化学纤维生产过程的核心工序。调节纺丝工艺条件，可以改变纤维的结构和力学性能。

化学纤维的纺丝方法主要有两大类：熔体纺丝法和溶液纺丝法。在溶液纺丝法中，根据凝固方式不同又可分为湿法纺丝和干法纺丝。化学纤维生产绝大部分采用上述三种纺丝方法。此外，还有一些特殊的纺丝方法，如乳液纺丝、悬浮纺丝、干湿法纺丝、冻胶纺丝、液晶纺丝、相分离纺丝和反应纺丝法等，用这些方法生产的纤维量很少。下面着重介绍三种常用的纺丝方法。

1. 熔体纺丝

熔体纺丝是切片在螺杆挤出机中熔融后或由连续聚合制成的熔体，送至纺丝箱中的各个纺丝部位，再经纺丝泵定量压送至纺丝组件，过滤后从喷丝板的毛细孔中压出而成为细流，并在纺丝甬道中冷却成形的工艺过程。初生纤维被卷绕成一定形状的卷装（对于长丝）或均匀落入盛丝桶中（对于短纤维）。图 1-3 为熔体纺丝示意图。

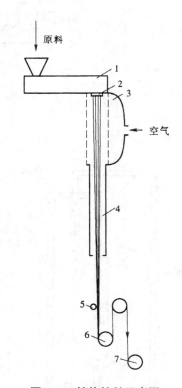

图 1-3　熔体纺丝示意图

1—螺杆挤出机　2—喷丝板　3—吹风窗

4—纺丝甬道　5—给油盘

6—导丝盘　7—卷绕装置

由于熔体细流在空气介质中冷却,传热和丝条固化速度快,而丝条运动所受阻力很小,所以熔体纺丝的纺丝速度要比湿法纺丝高得多,目前熔体纺丝一般纺速为 1000~3500m/min 或更高。为加速冷却固化过程,一般在熔体细流离开喷丝板后与丝条垂直的方向进行冷却吹风,吹风形式有侧吹和环吹等,吹风窗的高度一般在 1m 左右。纺丝甬道的长短视纺丝设备和厂房楼层的高度而定,一般为 3~5m。

2. 湿法纺丝

湿法纺丝是纺丝溶液经混合、过滤和脱泡等纺前准备后,送至纺丝机,通过纺丝泵计量,经烛形过滤器、鹅颈管进入喷丝头(帽),从喷丝头毛细孔中挤出的溶液细流进入凝固浴,溶液细流中的溶剂向凝固浴扩散,浴中的凝固剂向细流内部扩散,于是聚合物在凝固浴中析出,形成初生纤维的工艺过程。湿法纺丝中的扩散和凝固不仅是一般的物理及化学过程,对某些化学纤维如粘胶纤维同时还发生化学变化,所以,湿法纺丝的成形过程比较复杂。受溶剂和凝固剂的双扩散、凝固浴的流体阻力等因素限制,纺丝速度比熔体纺丝低得多。图 1-4 为湿法纺丝示意图。

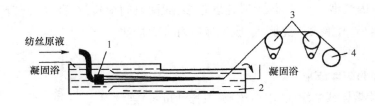

图 1-4　湿法纺丝示意图

1—喷丝头　2—凝固浴　3—导丝盘　4—卷绕装置

采用湿法纺丝时,必须配备凝固浴的配制、循环及回收设备,工艺流程复杂,厂房建筑和设备投资费用都较大,纺丝速度低,成本高且对环境污染较严重。目前,腈纶、维纶、氯纶、粘胶纤维以及某些由刚性大分子构成的成纤聚合物都需要采用湿法纺丝。

3. 干法纺丝

干法纺丝是从喷丝头毛细孔中挤出的纺丝溶液不进入凝固浴,而进入纺丝甬道;通过甬道中热空气的作用,使溶液细流中的溶剂快速挥发,并被热空气流带走;溶液细流在逐渐脱去溶剂的同时发生浓缩和固化,并在卷绕张力的作用下伸长变细而成为初生纤维的工艺过程。图 1-5 为干法纺丝示意图。

采用干法纺丝时,首要的问题是选择溶剂,因为纺丝速度主要取决于溶剂的挥发速度。所以选择的溶剂应使溶液中聚合物的浓度尽可能高,而溶剂的沸

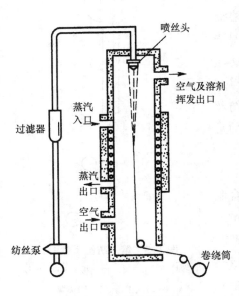

图 1-5　干法纺丝示意图

点和蒸发潜热应尽可能低,这样就可减少在纺丝溶液转化为纤维过程中所需挥发的溶剂量,降低热能消耗,并提高纺丝速度。除技术经济要求外,还应考虑溶剂的可燃性,以保证达到安全防护要求。最常用的干法纺丝溶剂为丙酮、二甲基甲酰胺等。

目前,干法纺丝速度一般为 200~500m/min,高者可达 1000~1500m/min,但受溶剂挥发速度的限制,纺速还是比熔体纺丝低,而且还需要设置溶剂回收等工序,故辅助设备比熔体纺丝多。干法纺丝一般适宜纺制化学纤维长丝,主要生产品种有腈纶、醋酯纤维、氯纶和氨纶等。

四、化学纤维的后加工

纺丝成形后得到的初生纤维其结构还不完善,力学性能较差,如断裂伸长率过大、断裂强度过低、尺寸稳定性差,不能直接用于纺织加工,必须经过一系列的后加工。后加工随化纤的品种、纺丝方法和产品要求而异,其中主要的工序是拉伸和热定型。

1. 拉伸

拉伸的目的是提高纤维的断裂强度,降低断裂伸长率,提高耐磨性和对各种形变的疲劳强度。拉伸的方式有多种,按拉伸次数分,有一道拉伸和多道拉伸;按拉伸介质分,有干拉伸、蒸汽拉伸和湿拉伸,相应拉伸介质分别是空气、水蒸气和水浴、油浴或其他溶液;按拉伸温度又可分为冷拉伸和热拉伸。总拉伸倍数是各道拉伸倍数的乘积,一般熔体纺丝纤维的总拉伸倍数为 3.0~7.0 倍;湿法纺丝纤维可达 8~12 倍;生产高强度纤维时,拉伸倍数更高,甚至高达数十倍。

2. 热定型

热定型的目的是消除纤维的内应力,提高纤维的尺寸稳定性,并且进一步改善其力学性能。热定型可以在张力下进行,也可以在无张力下进行,前者称为紧张热定型,后者称为松弛热定型。热定型的方式和工艺条件不同,所得纤维的结构和性能也不同。

3. 上油

在化学纤维生产过程中,无论是纺丝还是后加工都需进行上油。上油的目的是提高纤维的平滑性,柔软性和抱合力,减少摩擦和静电的产生,改善化学纤维的纺织加工性能。上油的形式有:油槽或油辊上油及油嘴喷油。不同品种和规格的纤维需采用不同的专用油剂。

除上述工序外,在用溶液纺丝法生产纤维和用直接纺丝法生产锦纶的后处理过程中,都要有水洗工序,以除去附着在纤维上的凝固剂和溶剂或混在纤维中的单体及低聚物。在粘胶纤维的后处理工序中,还需设脱硫、漂白和酸洗工序。在生产短纤维时,需要进行卷曲和切断。在生产长丝时,需要进行加捻和络筒。加捻的目的是使复丝中各根单纤维紧密地抱合,避免在纺织加工时发生断头或紊乱现象,并使纤维的断裂强度提高。络筒是将丝筒或丝饼退绕至锥形纸管上,形成双斜面宝塔形筒装,以便运输和纺织加工。生产强力丝时,需要进行变形加工。生产网络丝时,在长丝后加工设备上加装网络喷嘴,经喷射气流的作用,单丝相互缠结呈周期性网络点。网络加工可改进合成纤维长丝的极光效应和蜡状感,又可提高其纺织加工性能,免去上浆、退浆,代替加捻或并捻。为赋予纤维某些特殊性能,还可以在后加工中进行某些特殊处理,如提高纤维的抗皱性、耐热水性和阻燃性等。

随着合成纤维生产技术的发展,纺丝和后加工技术已从间歇式的多道工序发展为连续、高速一步法的联合工艺,如聚酯全拉伸丝(FDY)可在纺丝—牵伸联合机上生产,而利用超高速纺丝(纺丝速度5500m/min以上)生产的全取向丝(FOY),则不需进行后加工便可直接用作纺织原料。

第五节　化学纤维的鉴别

在分析织物的纤维组成、配比以及对未知纤维进行剖析、研究和仿制时,都需要对纤维进行鉴别。纤维鉴别就是利用各种纤维的外观形态和内在性质的差异,采用物理、化学等方法将其区分开来。纤维鉴别通常采用的方法有显微镜法、燃烧法、溶解法、着色法和熔点法等。对一般纤维,用上述方法就可以比较准确、方便地进行鉴别,但对组成、结构比较复杂的纤维,如接枝共聚、共混纤维等,则需借助适当的仪器进行鉴别,如差热分析仪、红外光谱仪、气相色谱仪、X射线衍射仪和电子显微镜等。

一、显微镜法

显微镜法是利用显微镜观察纤维的纵向外观和横截面形状来鉴别纤维的方法。这种方法对鉴别天然纤维和生物质纤维,尤其是对异形纤维和复合纤维的观察、分析,不仅方便而且直观。但对外观特征相近的纤维,如涤纶、丙纶、锦纶等就必须借助其他鉴别方法。常见纤维的横截面形状及外观形态特征如表1-8所示。

表1-8　常见纤维的横截面形状及外观形态特征

纤维	横截面形状	纵向外观
棉	腰子形,有空腔	扭曲的扁平带状
亚麻	多角形,有空腔	有竹节状横节及条纹
苎麻	扁圆形,有空腔	有竹节状横节及条纹
羊毛	不规则圆形	有鳞片状横纹
蚕丝	三角形、圆角	表面光滑
粘胶纤维	锯齿形	有条纹
醋酯纤维	三叶形或豆形	有1~2根条纹
维纶	腰子形	有粗条纹
腈纶	哑铃形	有条纹
涤纶	圆形	表面光滑
锦纶	圆形	表面光滑
丙纶	圆形	表面光滑

二、燃烧法

燃烧法是根据不同纤维的燃烧特性来鉴别纤维的方法。燃烧特性包括燃烧速度、火焰的颜色和形状、燃烧时散发的气味、燃烧后灰烬的颜色和形状及硬度等。燃烧法简便易行，不需要特殊设备和试剂，但只能区别大类纤维，对混纺纤维、复合纤维和经阻燃处理的纤维等不能用此法鉴别。常见纤维的燃烧特性见表1-9。

表1-9　常见纤维的燃烧特性

纤维	燃烧情况	气味	灰烬颜色及形状
棉	易燃，黄色火焰	有烧纸气味	灰烬少，灰末细软，浅灰色
麻	易燃，黄色火焰	有烧纸气味	灰烬少，灰末细软，浅灰色
粘胶纤维	易燃，黄色火焰	有烧纸气味	灰烬少，灰末细软，浅灰色
羊毛	徐徐冒烟起泡并燃烧	有烧毛发臭味	灰烬少，黑色块状，质脆
蚕丝	燃烧慢	有烧毛发臭味	易碎的黑褐色小球
醋酯纤维	缓缓燃烧	有醋酸刺激味	黑色硬块或小球
涤纶	一边熔化，一边缓慢燃烧	有芳香族物气味	易碎，黑褐色硬块
锦纶	一边熔化，一边缓慢燃烧	有特殊臭味	坚硬褐色小球
丙纶	一边收缩，一边熔化燃烧	有烧蜡臭味	黄褐色硬块
腈纶	一边熔化，一边燃烧	有鱼腥臭味	易碎，黑色硬块
维纶	缓慢燃烧	有特殊臭味	易碎，褐色硬块

三、溶解法

溶解法是利用各种纤维在不同化学试剂中的溶解性能不同来鉴别纤维的方法。这种方法操作简单，试剂准备容易，准确性较高，且不受混纺、染色等影响，应用范围较广。对于混纺纤维，可用一种试剂溶去一种组分，从而可进行定量分析。由于一种溶剂能溶解多种纤维，所以，必要时需进行几种溶剂的溶解试验，才能确认纤维的种类。

常见纤维的溶解性能见表1-10。

四、着色法

着色法是利用纤维在着色剂中着色后的颜色不同来鉴别纤维的方法。所用着色剂是根据各种纤维适用的染料配制而成的专用着色剂，如酸性染料是羊毛、蚕丝等蛋白质纤维的专用着色剂。着色剂也可由多种染料混合调制而成，成为能使不同纤维呈现不同颜色的通用着色剂。例如，将不同的纤维在通用着色剂HI-1中煮沸1min，取出洗净晾干后，各种纤维的颜色见表1-11。

着色法比较简便易行且比较准确，但对于有色纤维、复合纤维、涂层或经化学处理的纤维，就需借助其他方法进行鉴别。

表 1-10　常见纤维的溶解性能

试剂	5%氢氧化钠	20%盐酸	35%盐酸	60%硫酸	70%硫酸	40%甲酸	冰醋酸	铜氨溶液	65%硫氰酸钾	次氯酸钠	80%丙酮	100%丙酮	二甲基甲酰胺	四氢呋喃	苯:环己烷=2:1	苯酚:四氯乙烷=6:4
温度/℃	沸	室温	室温	23~35	23~35	沸	沸	18~22	70~75	23~25	23~25	23~25	40~45	23~25	40~50	40~50
样品　时间/min	15	15	15	20	10	15	20	30	10	20	30	30	20	10	30	20
棉纤维	×	×	×	×	√	×	×	√	×	×	×	×	×	×	×	×
麻	×	×	×	×	√	×	×	√	×	×	×	×	×	×	×	×
蚕丝	√	×	√	√	√	×	×	√	×	×	×	×	×	×	×	×
羊毛	√	×	×	—	√	×	×	×	×	√	×	×	×	×	×	×
粘胶纤维	×	×	√	√	√	×	×	√	×	×	×	×	×	×	×	×
醋酯纤维	×	×	√	√	√	√	√	○	×	√	√	√	√	×	×	√
锦纶	×	√	√	√	√	√	×	√	×	×	×	×	√	×	×	√
维纶	×	√	√	√	√	×	×	√	×	×	×	×	√	×	×	×
涤纶	×	×	×	×	×	×	×	×	×	×	×	×	×	×	×	√
腈纶	×	×	×	×	×	×	×	√	○	×	×	×	√	×	×	×
氯纶	×	×	×	×	×	×	—	×	×	×	×	○	√—○	√	√	○—×
偏氯纶	×	×	×	×	×	×	×	×	×	×	×	×	×	○	○	×

（纤维）

注　1. √表示溶解,○表示部分溶解,×表示不溶。
　　2. 表中"%"均为相应物质的质量分数。

表 1-11　不同纤维经通用着色剂 HI-1 处理后的颜色

棉纤维	粘胶纤维	羊毛	腈纶	涤纶	锦纶	维纶	丙纶
蓝灰	蓝绿	红莲	桃红	红玉	朱红	橘红	无色

☞思考题

1. 什么是化学纤维、生物质纤维、合成纤维?

2. 试述化学纤维的分类及主要品种。

3. 什么是长丝、短纤维、异形纤维、复合纤维、变形丝、差别化纤维、高性能纤维、功能纤维?

4. 什么是线密度? 其单位有哪几种?

5. 纤维的断裂强度、断裂伸长率如何计算?

6. 纤维的初始模量的物理意义及与纤维性能有什么关系?

7. 化学纤维生产过程包括哪四个工序？

8. 什么叫纺丝？有几种纺丝方法？

9. 化学纤维后加工的目的是什么？

主要参考文献

[1]肖长发,等 . 化学纤维概论[M] . 北京:中国纺织出版社,1997.

[2]沈新元 . 高分子材料加工原理[M] . 北京:中国纺织出版社,2000.

[3]董纪震,等 . 合成纤维生产工艺学[M] . 北京:中国纺织出版社,1993.

[4]陈稀,黄象安 . 化学纤维实验教程[M] . 北京:纺织工业出版社,1988.

[5]吴仁 . 世界化学纤维行业的现状和展望[J] . 人造纤维,2015,45(1):34-35.

第二章 再生纤维素纤维

第一节 概述

纤维素是自然界赐予人类最丰富的天然高分子物质,它不仅来源丰富,而且是可再生的资源。自古以来,人们就懂得用棉花织布及用木材造纸,但直到 1838 年,法国科学家安斯姆佩恩(Anselme Payen)对大量植物细胞经过详细分析发现它们都具有相同的一种物质,他把这种物质命名为纤维素(Cellulose)。据科学家估计,自然界通过光合作用每年可产生几千亿吨的纤维素,然而,只有大约 60 亿吨的纤维素被人们所使用。纤维素可以广泛应用于人类的日常生活中,与人类生活和社会文明息息相关。利用纤维素生产再生纤维素纤维是纤维素应用较早和非常成功的应用实例。早在 1891 年,克罗斯(Cross)、贝文(Bevan)和比德尔(Beadle)等首先制成了纤维素黄酸钠溶液,由于这种溶液的黏度很大,故命名其为"粘胶"。粘胶遇酸后,纤维素又重新析出,1893 年由此发展成为一种最早制备化学纤维的方法。1905 年穆勒(Mueller)等发明了稀硫酸和硫酸盐组成的凝固浴,使粘胶纤维的性能得到较大改善,从而实现了粘胶纤维的工业化生产。这种方法得到的再生纤维素纤维就是人们至今一直应用的粘胶纤维。

目前,再生纤维素纤维的生产方法具体有以下几种:

(1)粘胶法:粘胶纤维。

(2)溶剂法:铜氨纤维、莱赛尔(Lyocell)纤维等。

(3)纤维素氨基甲酸酯法(CC 法):纤维素氨基甲酸酯(Cellulose Carbamate)纤维。

(4)闪爆法:新纤维素纤维。

(5)熔融增塑纺丝法:新纤维素纤维。

环境友好并可工业化生产的有生产第三代纤维素纤维的 N-甲基吗啉-N-氧化物(NMMO)法和 CC 法。但是,目前纤维素纤维的主要生产方法还是以粘胶法为主,产量占 90% 以上。所以,本书主要介绍粘胶纤维。

粘胶纤维是一类历史悠久、技术成熟、产量巨大、用途广泛的化学纤维,据其结构和性能划分的品种如表 2-1 所示。

据有关统计,1972~1973 年,世界粘胶纤维产量达到 324 万吨/年,到 2002 年降至 200 多万吨,随着绿色工艺生产的莱赛尔(Loyocell)纤维的出现,使得纤维素纤维又一次受到人们的重视,2005 年纤维素纤维总产量又回复到 330 万吨,约占化学纤维总产量的 10%,2012 年世界纤维素纤维(含醋酯长丝和铜氨长丝)的生产量为 352 万吨,占世界纤维总生产量的 4.59%。新中国成立后,粘胶纤维的生产才刚刚起步,随后得到迅速发展,先后建成了近50家中小型粘胶纤维厂,遍及全国20多个省、市、自治区,进入21世纪,由于受环境和规模经济效益等问题的影响,一些小厂相继关闭,生产企业减少,生产规模扩大,并大量向西部地区(新疆)转移,其产量又得到较大发展,到2005年粘胶纤维总产量达到110多万吨,2010年后产能进一步扩大,2012年产能达到200多万吨,产量一直位居世界第一,在粘胶纤维中,短纤维的产量约占80%,其余是粘胶长丝。除普通品种外,改性粘胶纤维也有生产。在改进生产设备及生产工艺方面,都取得了明显成就。

表 2-1 粘胶纤维的品种

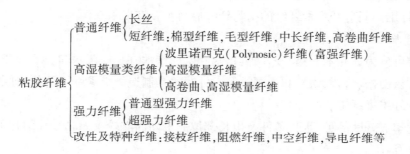

20世纪70年代,由于合成纤维的兴起及自身"三废"问题的影响,粘胶纤维的发展处于停滞状态,但因它与合成纤维具有各自的优缺点,故在化学纤维中仍占有不可忽视的地位。粘胶纤维虽然湿强低,织物易变形产生褶皱,但其具有吸湿性好、透气性强、染色性好、穿着舒适、易于纺织加工和可以生物降解等优良性能,恰好可以弥补合成纤维的不足。所以,粘胶纤维与合成纤维按一定比例混纺或交织,可相互取长补短,提高织物的服用性能。

合成纤维的主要原料是不同地质时期形成的石油、煤、天然气,这些原料的储藏量虽然很大,但消耗量大,而且实际上是难以再生的。据专家预测,地球上的石油资源到本世纪中叶将要耗尽。而粘胶纤维的原料——纤维素来自植物资源,储备量很大,而且有巨大的再生量(100亿~1000亿吨/年)。只要有阳光和水,树木和含有丰富纤维素的植物及农作物就能不断生长,这些原料目前只有极少一部分被粘胶纤维工业所利用。随着科学技术的发展,可被利用的植物将逐步增多。因此,粘胶纤维原料的丰富、易得,为其发展提供了可靠的保障。

通过各种方法对粘胶纤维进行改性,可以制得兼有粘胶纤维、合成纤维优良性能和特殊功能的纤维素纤维,从而又促进了粘胶纤维的进一步发展。

此外,开发环境友好型非粘胶法纤维素纤维绿色生产工艺受到国内外专家的普遍关注,如寻找少毒或无毒纺丝工艺;建立完善的回收体系;对"三废"进行综合治理;改造生产设备,提高生产自动化、连续化。这些可使纤维素纤维的生产更具活力。其中,溶剂直接溶解纤维素、纺制纤维素纤维的研究,从根本上改革粘胶体系并解决"三废"污染问题,这一生产工艺已在国外实现了工业化,这将是纤维素纤维工业的发展方向,也是纤维素纤维工业的重大变革。

第二节　生产纤维素纤维的基本原料

一、植物纤维的原料来源及其化学成分

植物纤维是制造纤维素浆粕的原料,纤维素浆粕是生产再生纤维素纤维的原料。所谓植物纤维是植物的一种细胞,由细胞膜、细胞壁、细胞质和细胞核组成。在植物细胞的形成过程中,首先是在原生质体的外表面形成细胞膜,细胞膜很快生长加厚形成细胞壁。当细胞壁形成后,原生质体消失,在细胞的中心形成细胞腔,其中充满水和空气,这时细胞已变成中空细长的形态,称为植物纤维。制造纤维素纤维的植物纤维原料主要有以下来源。

1. 木材纤维

木材纤维可分为针叶木和阔叶木两类。阔叶木如桦木、白杨、栗木和山毛榉等,针叶木如落叶松、鱼鳞松、云南松、云杉、铁杉和马尾松等。针叶木是制造纤维素纤维的优质原料,阔叶木也可以用于制造纤维素纤维。

木材的化学成分因品种、生长条件及生长部位的不同而有较大差异。我国几种木材的化学成分如表 2-2 所示。

表 2-2　几种木材的化学成分

成分 ＼ 品种		针叶木				阔叶木	
		鱼鳞松	冷杉	马尾松	云南松	白杨	桦木
水分/%		9.32	11	8.17	11.60	13.35	—
灰分/%		0.31	0.99	0.50	0.34	1.43	0.33
抽出物/%	冷水	0.96	1.92	2.50	—	1.52	—
	热水	2.35	4.56	2.80	3.39	3.19	2.61
	1%NaOH	10.68	14.51	14.67	14.43	—	25.06
有机溶剂抽出物/%		0.89	0.21	3.06	3.95	3.59	3.93
蛋白质/%		0.59	0.72	—	—	0.51	—
果胶质/%		1.28	1.08	—	—	—	—
木质素/%		29.12	31.65	27.79	27.94	23.84	23.84
戊糖/%		11.45	10.79	11.40	10.41	17.31	—
α-纤维素/%		48.45	45.93	58.79	46.54	46.79	44.58
全纤维素/%		—	—	58.79	—	60.33	59.97

2. 棉纤维

棉纤维属种子纤维,附着在棉籽壳上的短纤维为棉短绒,它不能直接作为纺织原料,而是制造纤维素纤维的优质原料。

棉短绒和棉纤维的化学成分无多大差异,只是纤维素的含量稍低,灰分等杂质较多,如表 2-3 所示。

表2-3 一般成熟棉纤维和棉短绒的化学成分

成分	纤维素/%	脂肪和蜡/%	氮/%	果胶质和戊糖/%	木质素/%	灰分/%
棉纤维	95~97	0.5~0.6	1.0~1.1	1.2		1.14
棉短绒	90~91	0.5~1.0	0.2~0.3	1.9	3	1.0~1.5

3. 禾本科植物纤维

禾本科植物包括竹、芦苇、麦秆、甘蔗渣、高粱秆、玉米秆和棉秆等，这些也可以作为制造纤维素纤维的原料。目前，我国已有将甘蔗渣、竹子浆粕用作粘胶纤维的原料。

甘蔗渣的化学成分与甘蔗的品种、生长时间和榨蔗工艺条件有关，同一根甘蔗各部位的化学成分也有差异。甘蔗渣的化学成分如表2-4所示。

表2-4 甘蔗渣化学成分分析

成分\名称	灰分/%	热水抽出物/%	1%NaOH抽出物/%	木质素/%	树脂/%	戊糖/%	全纤维素/%	铁质/ mg·kg⁻¹
未除髓	2.47	2.74	33.73	20.12	1.68	27.13	43.31	168
除髓(45%)	1.49	2.57	31.59	20.01	1.63	27.60	43.58	127
蔗髓	4.67	2.84	39.31	19.53	2.22	26.89	38.15	483

注 全纤维素为已扣除灰分数据。

二、纤维素的结构与性能

1. 纤维素的结构

纤维素是一种由大量葡萄糖残基彼此按照一定的联接原则，即通过第一个、第四个碳原子用 β 键连接起来的不溶于水的直链状大分子化合物。其分子通式为 $(C_6H_{10}O_5)_n$，n 为聚合度。纤维素结构包括纤维素分子链结构及纤维素聚集态结构两个方面。纤维素的化学结构式如下：

纤维素的聚集态结构和其他固体高聚物一样，是十分复杂的。早期的微胞结构理论认为，纤维素分子聚集成微胞，每个微胞都有严格整齐的界面，像砖块堆砌起来一样，而现代观点则认为这是不确切的。在此基础上发展而形成的缨状微胞结构和缨状原纤结构理论，是目前普遍采用的结构观点。

缨状微胞结构理论认为，纤维素结构存在两个相态，即所谓的结晶区和无定形区。纤维素的结构是许多大分子形成的连续结构，在大分子致密的地方，它们平行排列，定向良好，并构成纤维素的高序部分；当致密度较小时，大分子彼此之间的结合程度亦较弱，有较大的空隙部分，分子链分布也不完全平行，构成纤维素的无定形部分。缨状微胞结构理论认为，纤维素结构中包含结晶部分和无定形部分,这是目前普遍被承认的。但对结晶部分和无定形部分的分布,则没有一致的观点。

例如,有人认为无定形部分是由结晶部分伸出来的分子链所组成,结晶部分和无定形部分之间由分子链贯穿,而两者之间没有严格的界面,如图2-1所示。有人则认为结晶部分是由折叠链构成的,如图2-2所示。缨状微胞结构是普通粘胶纤维的结构形式。

缨状原纤结构理论和缨状微胞结构理论都认为纤维素结构中包含结晶部分和无定形部分,但两者的区别是,缨状微胞结构理论认为结晶区较短;缨状原纤结构理论认为结晶区较长,晶区是由长链分子的小片段构成的,长链分布依次地通过结晶的原纤和它们中间的非晶区,如图2-3所示。天然纤维素纤维、波里诺西克纤维、高湿模量纤维和莱赛尔(Lyocell)纤维都具有缨状原纤结构。

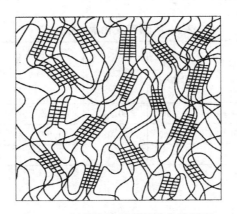

图2-1 纤维素的缨状微胞结构模型

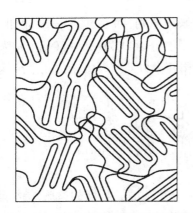

图2-2 修正的缨状微胞结构模型

图2-3 纤维素的缨状原纤结构模型

2. 纤维素的分类

纤维素不是一种均一的物质,而是一种不同相对分子质量的混合物。在工业上分为:α-纤维素、β-纤维素、γ-纤维素,后两种纤维素统称为半纤维素。

α-纤维素是植物纤维素在特定条件下不溶于20℃的17.5%(质量分数)NaOH溶液的部分,溶解的部分称为半纤维素。β-纤维素是以上溶解部分用醋酸中和又重新沉淀分离出来的那一部分纤维素,不能沉淀的部分为 γ-纤维素。

聚合度越低,纤维素越易溶解,显然,α-纤维素的聚合度高于半纤维素的聚合度。α-纤维素的聚合度一般在 200 以上,β-纤维素为 140～200,而 γ-纤维素则为 10～140。浆粕的 α-纤维素含量越高越好。

3. 纤维素的物理性质

纤维素是白色、无味、无臭的物质,密度为 1.50～1.56g/cm³,比热容为 1.34～1.38J/(g·℃),不溶于水、稀酸、稀碱和一般的有机溶剂,但能溶解在浓硫酸和浓氯化锌溶液中,同时发生一定程度的分子链断裂,使聚合度降低。纤维素能很好地溶解在铜氨溶液和复合有机溶液体系中。

纤维素对金属离子具有交换吸附能力。纤维素含杂质如木质素及半纤维素越多,对金属离子的吸附能力越强。纤维素对金属离子的交换吸附能力与溶液的 pH 有关,pH 越高,交换吸附能力越强。

纤维素一般具有良好的对水或其他溶液的吸附性,吸附性的强弱与纤维素结构及毛细管作用有关。

纤维素在 200℃ 以下热稳定性尚好;当温度高于 200℃ 时,纤维素的表面性质发生变化,聚合度下降。影响纤维素裂解的因素除温度和时间外,水分和空气的存在亦有很大关系。

4. 纤维素的化学性质

在纤维素分子结构中,每个葡萄糖残基含有三个羟基(—OH)及一个末端醛基,在某些化学试剂的作用下,纤维素可发生一系列化学反应。

(1)氧化反应:纤维素对氧化剂十分敏感。受氧化剂作用时,纤维素分子中的部分羟基被氧化成羧基(—COOH)或醛基(—CHO),同时分子链发生断裂,聚合度降低。

(2)与酸反应:纤维素与酸作用时,在适当的条件下会发生酸性水解。这是由于纤维素大分子的配糖连接对酸不稳定性引起的。纤维素的酸性水解可分为单相及多相水解。多相水解时,水解后的纤维素形态仍保持固态,并不溶解,这种不溶解的纤维素称为水解纤维素,水解后,纤维素聚合度降低。单相水解时,纤维素首先溶解,然后发生水解,聚合度下降。如条件剧烈,则水解的最终产物为葡萄糖。

(3)与碱反应:纤维素与碱作用时,在适当条件下发生配糖连接、碱性降解及端基的"剥皮"反应,导致纤维素的聚合度降低。纤维素与浓 NaOH 溶液作用,生成碱纤维素。碱纤维素是制备纤维素酯或醚的中间产物。

(4)酯化反应:纤维素与各种无机酸和有机酸反应,生成各种酯化物,如硝化纤维素、醋酸纤维素酯、纤维素黄原酸酯等。

(5)醚化反应:纤维素与卤代烷、卤代酸或硫酸酯作用生成纤维素醚,比较重要的有:纤维素甲基醚、纤维素乙基醚及羧甲基纤维素(CMC)等,它们有着广泛的用途。

三、纤维素浆粕的制造及质量要求

1. 纤维素浆粕的制造

纤维素浆粕的生产过程与造纸工业的制浆过程区别不大,但对浆粕的化学纯度及反应性能要求严格,对机械强度等物理性质无特殊要求,因而生产工艺与造纸工业有所不同。其生产工艺流程如图2-4所示。

(1)备料:制浆原料要进行预处理。甘蔗渣原料要经过开松和除髓,除去其中的蔗髓及其他机械杂质;棉短绒则要进行开松、除尘,除去沙粒和矿物性杂质以及棉籽壳等;木材原料则要经过剥皮、除节、切片等处理。

甘蔗渣
棉短绒 →备料→蒸煮→漂前精选→漂白→漂后精选→抄浆→脱水、烘干→ 浆粕
木材

图2-4 浆粕生产流程示意图

(2)蒸煮:植物原料经过以上的预处理后与蒸煮药剂混合,在规定的温度与压力下进行蒸煮成为浆料。蒸煮工序是制浆中重要的工序之一。根据蒸煮药剂的不同,粘胶纤维浆粕的生产方法一般可分为三种,即亚硫酸盐法、预水解硫酸盐法及苛性钠法。其中,亚硫酸盐法适用于结构紧密的纤维原料,如针叶木等;预水解硫酸盐法适用于树脂和多缩戊糖含量高的植物纤维原料,如落叶松、阔叶树及甘蔗渣等;苛性钠法适用于棉短绒制浆。对于禾本科植物原料,也有采用预水解苛性钠法和亚硫酸盐法制浆。

在蒸煮过程中,纤维细胞发生膨润,初生壁被破坏,浆粕反应性能提高,大部分半纤维素及其他非纤维素化合物得以除去,浆粕的聚合度降低。蒸煮条件视纤维原料的种类、化学组成、密度、水分、成熟程度及浆粕品质要求不同而异。

(3)精选:蒸煮后的浆料要经过洗涤、打浆、筛选、除沙和浓缩等过程,以提高其纯度和反应性能。

(4)漂白:除去浆料中的有色杂质和残存的木质素、灰分、铁质,进一步提高纤维素的反应性能,并最终调节纤维素的聚合度。

漂白精选后的浆料送至抄浆机,在此成形、脱水、烘干、整理并成包,即为成品浆粕。

2. 粘胶纤维浆粕的质量要求

由于浆粕生产原料不同,纤维素纤维的品种及制造方法、工艺、设备不同,所以对纤维素浆粕的质量要求也不尽相同,但均应具有纯度高、碱化及黄化时能与化学试剂迅速而均匀地反应、纤维素酯在碱溶液中扩散及溶解性能良好等特点,并且有良好的过滤性能,以保证纺丝顺利进行。浆粕的理想质量如表2-5所示。

表2-5 浆粕的理想质量

指标	理想要求	指标	理想要求
纤维素含量	越高越好	反应性能	优良
杂度	越低越好	纤维长度分布	均匀
聚合度分布	均匀一致,分布带越窄越好	浆粕成分均一性	好

α-纤维素含量高、半纤维素含量低,标志着浆粕纯度高,在纤维生产中浆粕及 CS_2 的单位消耗低,也容易进行碱的回收。

浆粕中的杂质包括 SiO_2、铁、镁等,它们使粘胶的黏度增高,并能与酸生成不溶性盐,如 $CaSO_4$、$MgSO_4$,从而降低酸浴的透明度或堵塞喷丝头。杂质中的铁、铜、锰等能加速碱纤维素的老成降解,使工艺不稳定,最终影响粘胶纤维的强度和色泽。杂质中的木质素具有特殊的结构及反应基团,可降低浆粕的润湿能力,延缓老成速度,在漂白时生成有色物质,使纤维产生色斑。木质素含量过高,最终会导致粘胶纤维的柔软性变差。

纤维品种和生产方法的不同,对浆粕聚合度有不同的要求,但都要求聚合度分布均匀,聚合度高于 1200 及低于 200 的部分越少越好。较高聚合度的部分过多,浆粕反应性能差,并影响过滤性能;聚合度低于 200 的部分过多,则成丝质量低劣,纤维品质差。

浆粕的反应性能实质是一种综合指标,对粘胶纤维的生产具有重要意义。反应性能好,NaOH 和 CS_2 的消耗量少,溶解性能和过滤性能好,所得粘胶的可纺性好。浆粕的反应性能包括:纤维素大分子的均一性,纤维素的形态结构,即纤维长度、纤维初生壁破坏程度以及植物纤维的生长条件等。

另外,若吸碱性能差,则浆粕浸渍时易上浮,浆粥浓度不易均匀,不利于生产工艺的控制。浆粕中的树脂含量少,则有利于过滤;树脂含量多,则影响黄化反应的均匀性,并容易堵塞喷丝头。

第三节 粘胶原液的制备

粘胶纤维的原料和成品,其化学组成都是纤维素,仅仅是形态、结构以及力学性能发生了变化。粘胶纤维的生产,就是通过化学和机械的方法,将浆粕中很短的纤维制成各种形态并具有所要求品质、适合各种用途的纤维成品。各种粘胶纤维的生产都必须经过下列四个过程:

(1)粘胶的制备。

(2)纺前准备。

(3)纤维成形。

(4)纤维的后处理。

其具体生产工艺流程如图 2-5 所示。

$\boxed{浆粕}$→浸渍→压榨→粉碎→$\boxed{碱纤维素}$→老成→黄化→纤维素黄原酸钠→溶解→$\boxed{粘胶}$→混合→过滤→熟成→脱泡→纺丝→后处理→水洗、脱硫、漂白、酸洗、上油、烘干→$\boxed{粘胶纤维}$

图 2-5 粘胶纤维的工艺流程示意图

一、碱纤维素的制备

1. 浆粕的准备

浆粕的生产一般是分批进行的,各批浆粕的品质往往存在着一定的差异,特别是当浆粕的原料品种或质量变化较大以及生产工艺控制出现波动时,就会对粘胶生产产生很大影响。为减小各批浆粕之间的品质差异,通常采用多批混合的方法。在混合时,各批浆粕的品质差异应有一定的允许范围。品质差异太大,特别是相对分子质量分布差异太大的浆粕不能相混。

浆粕的含水率直接影响粘胶生产工艺。但含水率的高低并不是重要因素,只要相应地改变工艺条件亦可制得符合工艺要求的碱纤维素,重要的是浆粕含水率的均匀性。含水率波动,则浸渍时渗透到浆粕内的碱液被稀释的浓度不同,浆粕的膨润不均匀,碱纤维素的生成也不均匀,从而使以后的老成和黄化反应不均匀,制得的粘胶过滤性能变差,成品纤维的品质下降。所以,含水率的波动应控制在±2%范围内,在使用时,应根据浆粕含水率的不同适当调整浸渍工艺,以制得符合要求的碱纤维素。

2. 纤维素浸渍

(1)浸渍过程中化学及物理化学变化:浸渍是粘胶纤维原液制备的重要工序。碱与纤维素的相互作用通常可分为两个阶段,首先生成碱纤维素,纤维素结构单元反应如下:

$$C_6H_{10}O_5 + NaOH + nH_2O \Longleftrightarrow C_6H_{10}O_5 \cdot NaOH \cdot nH_2O$$

碱纤维素还可进一步形成纤维素钠盐,纤维素结构单元反应如下:

$$C_6H_{10}O_5 + NaOH \cdot nH_2O \Longleftrightarrow C_6H_9O_4ONa + (n+1)H_2O$$

这一过程进行得极快,只需数分钟。生成的碱纤维素的 γ 值在 100 左右,即平均二个葡萄糖残基结合一分子的氢氧化钠,其结合形式既有可能是醇钠形式 $C_6H_9O_4ONa$,又有可能出现分子化合物的形式 $C_6H_{10}O_5 \cdot NaOH \cdot nH_2O$。一般在纤维素大分子上酸性较强的仲羟基有可能生成醇钠,而在酸性较弱的伯羟基上则生成分子化合物。

纤维素在浸渍过程中除发生以上的化学变化外,还要发生溶胀和部分低分子溶出,纤维素的聚合度有所降低。纤维素的形态结构受到破坏,超分子结构也发生了变化;纤维素对各种化学试剂的反应能力有所提高,从而有利于黄化反应的进行。

(2)影响纤维素溶胀作用的因素:浆粕的膨润作用,包含了纤维间毛细管水的凝聚作用和纤维素分子上羟基的溶剂化作用。纤维素大分子的溶剂化程度受溶液中离子的水化能力和水化层厚度的影响。如果升高温度,使水化层中水分子的热运动加剧,破坏水化层的稳定性而使其减薄,将导致纤维素的溶胀度减小。提高碱浓度会使结合到纤维素大分子上的离子数增加,溶胀度增大。但当碱浓度超过一定限度时,溶胀度反而减小,这是由于碱液中自由离子数大量增加,对结合到纤维素大分子上的水产生了竞争,使离子水化层变薄,则溶胀度反而减小。

如果碱液中含有能降低钠离子水化作用的各种盐类,同样也会削弱纤维素的膨润效果。所以,碳酸钠、氯化钠等杂质存在对纤维素的浸渍是不利的。

(3)浸渍过程的工艺参数:

①碱液浓度:理论上,常温下当碱液中碱的质量分数为 10%~12% 时,纤维素的溶胀最剧烈。实际生产中,还必须考虑碱化过程中产生的水分和浆粕中的水分。因此,通常浸渍碱的质量分数控制在 18%~20%。

②浸渍时间:生成碱纤维素的反应时间很短,但浆粕从湿润到碱液逐步向纤维素内部渗透达到均匀的程度,需要一定的时间,而半纤维素的溶出则需要更长的时间。浸渍时间的长短主要取决于浆粕的结构形式、浸渍方式以及浸渍工艺。通常,古典法需要 45~60min,连续法需要 15~20min,五合机法需要 30min。

③浸渍温度:碱化反应是放热反应,低温有利于溶胀和使半纤维素充分溶出。升高温度会使碱纤维素发生水解反应。因此,浸渍温度不宜太高。对于不同的浆粕原料和设备,浸渍温度有较大的差异。一般,古典法为 20℃左右,连续法为 40~60℃,五合机法为 30~60℃。

④浸渍浴比:浆粕的绝对干燥重量和碱液体积之比,称为浴比。增大浴比,可以增加碱液与纤维素的接触机会,提高浸渍碱的均匀性。但浴比过大,会影响单机生产能力,反而会造成碱化不匀。一般,连续法为(1∶20)~(1∶40),五合机法为(1∶2)~(1∶3)。

3. 碱纤维素的压榨与粉碎

浆粕经过浸渍以后,必须与过剩的碱液分离,因为过量的水和碱会直接影响黄化反应的正常进行,还会发生多种副反应,消耗大量的二硫化碳。所以,浸渍后的纤维素需要进行压榨,使 α-纤维素含量控制在 28%~30%,NaOH 含量控制在 16%~17%。

经过压榨后的碱纤维素非常致密,表面积减小,所以必须进行粉碎,使其成为细小的松屑粒状,从而增加碱纤维素反应的表面积,使以后各工序中的反应能够更加均匀地进行。

4. 碱纤维素的老成

老成是借空气中的氧化作用,使碱纤维素分子链断裂,聚合度下降,以达到适当调整粘胶黏度的目的。

碱纤维素老成的程度,主要通过调节老成时间、老成温度及采用氧化剂或催化剂来控制。延长老成时间,可以增加碱纤维素氧化降解的程度;提高老成温度,可以加快碱纤维素氧化降解反应进行的速度,但是温度过高,裂解剧烈,纤维素分子链分布均匀性变差。因此,低温长时间老成比高温老成效果好。实际的老成温度应根据生产的纤维品种和设备而定。另外,如含锰、钴等化合物能明显加速碱纤维素降解,缩短老成时间。

二、纤维素黄原酸酯的制备

1. 碱纤维素的黄化反应

黄化是粘胶制造工艺中非常重要的一步,在此工序中,使难溶解的纤维素变成可溶性的纤维素黄原酸酯。纤维素结构单元反应过程如下:

$$C_6H_9O_4ONa+CS_2 \rightleftharpoons C_6H_9O_4OCS_2Na$$

或

$$C_6H_{10}O_5NaOH \cdot nH_2O+CS_2 \rightleftharpoons C_6H_9O_4OCS_2Na+(n+1)H_2O$$

黄化反应首先发生在纤维素大分子的无定形区及结晶区表面,并逐步向结晶区内部渗入。与此同时,碱纤维素的超分子结构受到破坏,从而提高其溶解性。

2. 黄化时的副反应

在黄化时,碱纤维素中存在的大量游离碱与二硫化碳可发生一系列的副反应:

$$2CS_2 + 4NaOH \longrightarrow Na_2CS_3 + Na_2CO_3 + H_2S\uparrow + H_2O$$

$$2CS_2 + 6NaOH \longrightarrow Na_2S + Na_2CO_3 + Na_2CS_3 + 3H_2O$$

$$3CS_2 + 6NaOH \longrightarrow 2Na_2CS_3 + Na_2CO_3 + 3H_2O$$

$$CS_2 + 4NaOH \longrightarrow Na_2CO_3 + 2NaHS + H_2O$$

副反应产物三硫代碳酸钠(Na_2CS_3)是一种油状橘红色物质,它使黄原酸酯着色。由于黄化反应中主、副反应是同时进行的,所以,根据体系色泽的变化可以判断黄化反应的终点。

3. 黄化反应的机理

黄化反应主要是气固相反应,反应过程包括二硫化碳蒸气按扩散机理从碱纤维素表面向内部渗透的过程以及二硫化碳在渗透部分与碱纤维素上的羟基进行反应的过程。黄化反应是放热反应,所以低温有利于黄化反应,而较高温度则容易生成更多的副产物。

黄化反应是可逆反应,主要取决于烧碱和二硫化碳的浓度。二硫化碳对碱纤维素的渗透,在无定形区易于进行,而结晶区的二硫化碳主要在微晶表面进行局部化学反应。在溶解过程中,甚至在以后的粘胶溶液中,二硫化碳继续向微晶内部渗透,称之为"后黄化"。因此,二硫化碳的扩散和吸附对反应起着重要作用。

三、纤维素黄原酸酯的溶解和混合

1. 纤维素黄原酸酯的溶解

纤维素黄原酸酯与溶剂接触,首先黄酸基团会发生强烈的溶剂化作用,纤维素开始溶胀,大分子之间的距离增大。当有足够量的溶剂存在时,纤维素黄原酸酯就大量吸收溶剂分子而无限溶胀,纤维素的晶格彻底破坏,大分子不断分散,直至形成均相的粘胶溶液。

纤维素黄原酸酯的溶解过程在带搅拌的溶解釜内进行。块状分散的纤维素黄原酸酯在其中经连续搅拌和循环研磨,逐步被粉碎成细小颗粒,从而加速溶解过程。

溶解过程中,甚至溶解结束后若干小时内,黄酸基团沿着纤维素大分子链继续再分配,使黄化比较充分的黄酸基团部分结合在黄化不充分的部分上,这种作用称为脱黄化和再黄化。

2. 碱纤维素黄原酸酯的混合

纤维素黄原酸酯的溶解过程实际包括两个阶段,即粉碎和混合阶段。在开始溶解时,存在着黄原酸酯团块,研磨粉碎作用是主要的,随着黄原酸酯团块的消失,粉碎逐渐不起作用。在溶解的最后阶段主要是混合作用。溶解结束后,为尽量减小各批粘胶间的质量差异,需将溶解终了的数批粘胶进行混合,使粘胶均匀,易于纺丝。

四、粘胶的纺前准备

1. 粘胶的熟成

纤维素黄原酸酯在热力学上是不稳定的,即使在常温下放置也会逐步分解,酯化度下降。粘胶在放置过程中发生一系列的化学和物理化学变化,称为粘胶的熟成。

(1)粘胶在熟成过程中的化学变化:

①水解反应:

$$
\underset{SNa}{\overset{OC_6H_9O_4}{C=S}} \quad +H_2O \longrightarrow \underset{SH}{\overset{OC_6H_9O_4}{C=S}} \quad +NaOH
$$

$$
\longrightarrow CS_2 + C_6H_{10}O_5
$$

②皂化反应：

$$
3\underset{SNa}{\overset{OC_6H_9O_4}{C=S}} \quad +3NaOH \longrightarrow 3C_6H_{10}O_5 + 2Na_2CS_3 + Na_2CO_3
$$

粘胶在熟成过程中，水解反应和皂化反应同时存在。当粘胶中碱的质量分数低于8%~9%时，则以水解为主。一般，粘胶中碱的质量分数都在4%~7%，因此，粘胶在熟成过程中主要发生水解反应。除以上反应外，在熟成过程中，一些热力学上潜能较高的副产物，如过硫代碳酸盐及过渡的硫氧化合物等，也不断地转化为潜能较低的碳酸钠和硫化钠等。

（2）熟成过程中粘胶黏度的变化：粘胶在熟成开始黏度就急剧下降，粘胶中游离的二硫化碳进入纤维素的结晶部分，引起后黄化，使部分结晶区继续分散溶解于碱液中，分散粒子逐渐变小。黏度经最低点缓慢上升，这是因为随着熟成的继续进行，酯化度下降，使脱溶剂化和结构化程度增加，因而粘胶的黏度开始上升。随着副产物的不断增加，酯化度进一步下降，纤维素大分子因氢键的作用而不断凝集，使粘胶的黏度开始急剧上升，直至形成凝胶。

（3）熟成过程中黄酸基团的再分配及熟成度的变化：粘胶在熟成过程中，由于仲羟基上黄酸基和伯羟基上黄酸基的离解速度不同，随着熟成过程的进行，总的酯化度呈缓慢下降的趋势，仲羟基位置上的酯化度急剧下降，伯羟基位置上的酯化度稍有上升，结果使黄酸基团在纤维素分子链上分布均匀，从而使粘胶均匀稳定。

粘胶的熟成度是指粘胶对凝固作用的稳定程度，一般以 NH_4Cl 值或 $NaCl$ 值来表示。熟成开始时，稳定值急剧上升，达到最大值后便逐渐减小。随着黄酸酯分解，粘胶的结构化程度增加，降低了溶液的稳定性。熟成度是粘胶的重要指标之一，它直接影响纺丝成形过程的快慢及成品纤维的性能。

2. 粘胶的过滤

在溶解以后的粘胶溶液中含有大量的微粒，其数量可达 3 万~4 万/cm^3，尺寸 $0.1~50\mu m$，含量一般不超过粘胶重量的 0.01%~0.02%。这些微粒主要是未反应的纤维及其片断、未溶解的纤维和溶解不完全的凝胶粒子以及半纤维素与 Fe、Ca、Cu 的螯合体等，此外还有原料、设备和管道中带入的各类杂质。这些微粒在纺丝过程中会阻塞喷丝孔，造成单丝断头，或在成品纤维结构中形成薄弱环节，使纤维强伸度下降。

通常，粘胶在纺丝前要经过三道过滤。过滤介质一般为绒布和细布。目前，大多数还是采用板框式过滤机，也有采用以 PVC 粒子作为载体的桶式过滤机和连续筛滤机进行头道过滤的。

3. 粘胶的脱泡

粘胶的黏度越高，越容易因搅拌、输送和过滤而带入大量尺寸不一的气泡，如果不加以去除将加速粘胶的氧化过程。过滤时,气泡会破坏滤材的毛细结构,使凝胶粒子渗漏;成形时,气泡会使纤维断头和产生疵点,而微小的气泡则容易形成气泡丝,降低纤维的强度。因此,必须严格控制粘胶中的气泡含量。一般采用抽真空的方法加速气泡的去除,控制气泡在粘胶中的体积分数在0.001%以下。

五、粘胶的质量指标及分析方法

粘胶的过滤性能及组成、黏度、熟成度是粘胶的主要质量指标,对纤维产量及质量有很大影响。

1. 过滤性能

浆粕制造、浸渍、压榨、粉碎、黄化和溶解各工序中存在的质量问题,将集中体现在粘胶过滤性能的好坏上。因此,过滤性能是衡量浆粕质量和粘胶制造工艺的一个重要指标,并直接影响原材料的消耗和纺丝能否顺利进行。

在生产中,常采用阻塞值表征粘胶的过滤性能。阻塞值(K_w)用下式表示:

$$K_w = 10^5 \times \frac{2 - \dfrac{P_2}{P_1}}{P_1 + P_2}$$

式中:P_1——恒压下20min后通过规定过滤介质的粘胶量;

$\quad P_2$——同一试验中继续测定40min后通过规定过滤介质的粘胶量。

阻塞值越小,表明粘胶的过滤性能越好。

2. 粘胶的组成

粘胶的组成与成品纤维的线密度、染色均匀性和耐多次变形性有关。

纤维的粗细与粘胶中纤维素含量及泵供量有关。纤维素含量或泵供量的波动直接影响最终纤维的线密度偏差及不匀率。线密度不匀会造成染色不匀。

粘胶中游离碱含量对粘胶的性能影响很大。未与纤维素及其他杂质结合的碱含量增加时,粘胶的黏度降低,过滤性能改善,熟成变缓。

粘胶组成的化学分析比较复杂,实际生产中一般通过黄化及溶解工序中加入的碱量、二硫化碳量和水量来控制粘胶的组成。

3. 粘胶的黏度

纤维的强度随纤维素聚合度的增加而提高,在实际生产中,粘胶的黏度间接表示纤维素聚合度,所以粘胶的黏度直接影响纤维的强度。

生产中采用落球法测定粘胶的黏度,先将粘胶灌入垂直安放的测定管内,然后在粘胶中放入一粒直径3mm、重0.12~0.13g的小钢球,使其靠自重下降,用秒表计测小钢球在粘胶中沉降20cm所需的时间(s),表示粘胶黏度。

黏度低于20s时,粘胶几乎没有形成丝条的可能性;黏度大于50s后,最大喷丝头拉伸则随黏度的上升而下降,可纺性也变差。

4. 粘胶的熟成度

粘胶的熟成度对成品纤维的染色均匀性和强伸度有较大影响。熟成度越低(即NH_4Cl值越高),成形速度越慢,所形成的纤维结构紧密,染色越浅;熟成度高,成形速度快,纤维结构不均匀,则染色深且不匀,纤维的强伸度也明显降低。

生产上熟成度的测定方法:在烧杯中放入 20g 粘胶和 30mL 蒸馏水,搅拌后,用质量分数为10%的 NH_4Cl 溶液滴定。在滴定时一边用玻璃棒搅拌,一边徐徐加入 NH_4Cl 溶液,待至玻璃棒上的粘胶在玻璃棒约呈 45°倾斜时 5min 内不落下为止。此时,所消耗的 NH_4Cl 的毫升数即为粘胶的 NH_4Cl 值,表示粘胶的熟成度。

第四节　普通粘胶短纤维

一、凝固浴的组成和作用

1. 凝固浴的组成

凝固浴是由硫酸、硫酸钠和硫酸锌按一定比例组成的溶液。单独的硫酸水溶液虽然也能用于粘胶纤维成形,但所得纤维的质量很差,主要是因为纤维素黄原酸酯的分解速度过快,大分子还来不及经受足够的拉伸定向,纤维素已经再生出来,使得纤维的结构疏松,内外层结构不匀,强度低,纤维无实用价值。故一般要用组合凝固浴。纤维品种不同,凝固浴组成及成形温度等也不同。

2. 凝固浴的作用

(1)硫酸的作用:在成形过程中硫酸的作用,一是使纤维素黄酸钠分解,再生出纤维素和 CS_2;二是中和粘胶中的 NaOH,使粘胶凝固;三是使黄化时产生的副产物分解。

酸的浓度要根据成形参数的波动而进行适当调整。凝固浴中硫酸的浓度除与生产纤维品种有关外,还与粘胶的熟成度、粘胶的组成、纺丝速度以及喷丝头大小等有关。

(2)硫酸钠的作用:硫酸钠的主要作用是抑制硫酸的离解,从而延缓纤维素黄酸钠的再生速度。硫酸钠是一种强电解质,能促使粘胶脱水而凝固,这些作用能改善纤维的力学性能。

(3)硫酸锌的作用:当凝固浴中只含有硫酸和硫酸钠时,虽能制得强度较高的纤维,但因其刚性太高,不能全面符合纺织加工的要求。硫酸锌的加入,可改进纤维的成形效果,使纤维具有较高的韧性和较优良的耐疲劳性能。

硫酸锌除具有与硫酸钠相同的作用外,还有两个特殊的作用:一是能与纤维素黄原酸钠作用生成稳定的中间产物——纤维素黄原酸锌,这种中间产物的分解速度比纤维素黄原酸钠慢得多,有利于拉伸,从而得到强度较高的纤维;二是纤维素黄原酸锌具有交联结构,能形成结晶中心,生成均匀而细小的结晶,避免大块结晶体的形成,从而使纤维结构均匀,强度、延伸度和钩接强度都可得到适当提高。

二、纺丝成形工艺

1. 粘胶短纤维的成形特点

(1)喷丝头的选用:采用直径较大或组合式喷丝头,单头孔数上千乃至数万,合并后的丝束总线密度在百万分特以上,纺丝机的单台生产能力较大。

(2)成形条件:由于喷丝头孔数较多,所以除要求喷丝孔有合理的排列与分布外,还要求酸浴的分配和流向更加均匀合理。短纤维的成形条件比普通长丝要缓和,纺丝浴组成中硫酸含量略低,而硫酸钠含量稍高。因此,在塑性状态下丝条能经受较大的拉伸。

(3)双浴成形:经凝固成形后,丝束还要在专门的塑化槽中进行拉伸,纤维素在此完全再生,即双浴成形。从一浴中纺出的丝束,合并成丝束后,在95~100℃的二浴中进行60%~100%的拉伸,并充分分解成为水化纤维素。

2. 成形过程中的化学及物理化学变化

粘胶纤维纺丝是将粘胶溶液通过多孔喷丝头挤出进入凝固浴中,使纤维素黄原酸酯凝固成为丝条,然后再分解成为水化纤维素。凝固和分解两个过程往往是同时发生的,只是前后程度有所不同。

(1)成形过程中的化学变化:

①纤维素黄原酸酯遇酸的分解反应:

$$2C_6H_9O_4OCS_2Na+H_2SO_4 \longrightarrow 2C_6H_{10}O_5+Na_2SO_4+2CS_2\uparrow$$

②粘胶中碱与酸的中和反应:

$$2NaOH+H_2SO_4 \longrightarrow Na_2SO_4+2H_2O$$

③纤维素黄酸钠和硫酸锌的过渡反应:

$$C_6H_9O_4OCS_2Na + ZnSO_4 \rightarrow C_6H_9O_4O-\overset{\overset{S}{\|}}{C}-S-Zn-S-\overset{\overset{S}{\|}}{C}-C_6H_9O_4$$

④粘胶中杂质与酸的各种副反应:

$$Na_2CS_3+H_2SO_4 \longrightarrow Na_2SO_4+H_2S\uparrow+CS_2\uparrow$$

$$Na_2S+H_2SO_4 \longrightarrow Na_2SO_4+H_2S\uparrow$$

$$Na_2S_x+H_2SO_4 \longrightarrow Na_2SO_4+H_2S\uparrow+(x-1)S\downarrow$$

$$Na_2S_2O_3+H_2SO_4 \longrightarrow Na_2SO_4+H_2O+SO_2+S\downarrow$$

(2)成形过程中的物理化学变化:当粘胶经过喷丝孔道时,在切向力作用下成为各向异性的粘胶细流。粘胶细流和凝固浴各组分的双扩散结果,使纤维素黄原酸酯被分解而析出再生纤维素。细流被离析成双相,即以纤维素网络结构为主的凝胶相和以低分子物质为主的液相。在初生的凝胶纤维中,原来在粘胶中已形成的结晶粒子首先析出。结晶粒子进一步结合其他大分子或缔合体而不断增大,并逐渐形成较大的结晶区域。由于纤维素大分子活动性小,故结晶过程比较缓慢。另外,溶剂的扩散速度常低于反应速度,所以在纤维的表面首先形成皮膜,溶剂通过皮膜向内部渗透,形成截面结构不均匀的皮芯层结构。

3. 拉伸在粘胶短纤维成形中的意义

粘胶短纤维的成形过程是在两个浴内完成的,由于凝固纤维所处的状态不同,所以不同部位拉伸所获得的效果亦不同。短纤维拉伸一般由喷丝头拉伸、导盘拉伸和塑化拉伸三个阶段组成。

(1)喷丝头拉伸:喷丝头拉伸率是指第一纺丝导盘的线速度与粘胶从喷丝头喷出速度之间

的比值。

$$喷丝头拉伸率 = \frac{第一导盘线速度-粘胶喷出速度}{粘胶喷出速度} \times 100\%$$

粘胶从喷丝头喷出时,粘胶细流尚处于粘胶态,不宜施加过大的喷丝头拉伸,否则容易造成断头和毛丝。纤维品种不同,酯化度不同,喷丝头拉伸率有较大差异。棉型短纤维控制一定的正拉伸,而高湿模量粘胶短纤维因酯化度较高,故常采用喷丝头负拉伸。

（2）导盘拉伸:亦称空气浴拉伸,它在导盘与第一集束辊之间进行。此时丝束上附着有一部分凝固浴液,纤维素黄原酸酯继续凝固并分解,大分子活动能力降低。经拉伸的纤维素大分子可以沿轴向达到一定程度的排列。但这一阶段的拉伸率较小。

（3）塑化拉伸:塑化拉伸在第一集束辊和第二集束辊之间进行。纤维丝束在高温酸性塑化浴中一方面得到完全再生,另一方面使丝条处于可塑状态,大分子链有较大的活动余地,加以强烈的拉伸,就能使大分子和缔合体沿拉伸方向取向。在拉伸的同时,纤维素基本全部再生,使拉伸效果得到巩固。塑化拉伸是拉伸中最有效的部分。

三、粘胶短纤维的后处理

1. 后处理方式及工艺流程

短纤维纺丝机纺出的纤维经集束、塑化拉伸后,纤维含有一系列杂质,其中包括丝条所带出的酸性残余浴液、成形过程中生成的胶态硫黄及附着在纤维上的钙、镁等金属盐类。这些杂质的存在对纤维质量及其纺织加工有很大影响,必须加以清除。根据丝束是否被切断,后处理可以分成四种方式,如表2-6所示。

表2-6　粘胶短纤维后处理方式

散状纤维后处理 （酸切）	长丝束后处理 （湿切）	长丝束后处理 （干切）	丝束成形 （不切断）
切断 ↓	后处理 ↓	后处理 ↓	卷曲 ↓
后处理 ↓	切断 ↓	上油 ↓	后处理 ↓
上油 ↓	上油 ↓	烘干 ↓	上油 ↓
烘干 ↓	烘干 ↓	切断 ↓	烘干 ↓
打包	打包	打包	卷取

目前,很多生产厂采用切断后再进行后处理的方法,其工艺流程:水洗→脱硫→水洗→漂白→水洗→酸洗→水洗→上油→烘干→打包。

2. 后处理各工序的作用

（1）水洗:用清水可洗去纤维上的硫酸、硫酸盐及部分硫黄。每一次化学处理后还需进行水洗,以除去化学处理药液及生成的杂质。为提高水洗效果,水洗温度要适当。为减少用水量,除第一次洗水排放外,其余各道洗水一般都回收利用,并采用逆流方式,后一道洗水送至前一道使用。此外,硬水会在纤维上产生粘着的沉淀物,上油时易生成不溶性钙皂粘附在纤维表面,所以后处理过程必须使用软水。

(2)脱硫:附着在纤维上的硫黄会使纤维带有淡黄色,并使纤维手感粗糙,而且在以后的纺织加工中产生灰尘,恶化车间环境。

一般纤维表面的硫黄在热水中容易被洗掉,而内部的胶质硫黄却难以洗去。为此,需要借助化学药剂。常用的脱硫剂有:NaOH、NaOH 与 Na_2S 的混合液及 Na_2SO_3,它们能和不溶性的硫黄生成可溶于水的多硫化物和硫代硫酸盐而被除去。

(3)漂白:由于原料和生产中带入的各种色素,使纤维的白度较低,如果要求纤维较白时,就需漂白。一般采用次氯酸钠和过氧化氢作为漂白剂,它们能氧化色素使纤维变白。

(4)酸洗:酸洗是为了除去纤维在处理过程中生成的不溶性氢氧化铁及其他重金属,以免影响纤维的质地和外观。常用的酸为盐酸或硫酸。

(5)上油:上油的目的在于改善粘胶纤维的纺织加工性能,调节纤维的表面摩擦力,使纤维既具有柔软、平滑的手感,又具有适当的抱合力。

纤维的上油率直接影响上油效果,通常上油率控制在 0.15%~0.3%为宜。作为纤维用油剂,除要求能改善纤维的纺织加工性能外,其稳定性以及水乳液的稳定性要好,并且要求油剂应无臭,无腐蚀性,洗涤性好,价廉易得。

(6)切断:为使粘胶短纤维能像毛、棉纤维一样进行纺织加工,或能与毛、棉纤维及合成纤维进行混纺,就要将它切断成与毛、棉纤维相近的长度。

棉型纤维的长度为 38mm 左右,毛型纤维的长度通常为 76~114mm,中长型纤维的长度为 51~76mm。

(7)烘干:纤维在烘干前要先进行脱水,使含水率由 300%~400%降至 130%~150%。一般短纤维用轧辊脱水机脱水。烘干通常采用热风烘干,烘干速度取决于热空气的温度、湿度、循环速度以及纤维厚度、开松程度。烘干后纤维含水率一般为 6%~8%,产品回潮率控制在 8%~13%。

(8)打包:短纤维经烘干和干开棉后,借助气流或输送带被送入打包机,打成一定规格的包,以便运输和储存。成包重量一般为 100~200kg。包上应注明生产厂家、纤维规格等级、重量、批号和包号等。

第五节　普通粘胶长丝

一、粘胶的制备特点

长丝用纤维素浆粕的 α-纤维素含量、黏度均高于粘胶短纤维浆粕,对树脂、灰分、白度、含铁等指标的要求也高于粘胶短纤维浆粕。长丝用纤维素浆粕的质量应具有如下特点。

1. α-纤维素含量高,波动范围小

我国规定长丝浆粕的 α-纤维素含量不低于 89%;国外粘胶纤维厂常将 α-纤维素含量高达

95%~96%的优质木浆用于制造粘胶长丝。

2. 半纤维素含量低

如果半纤维素含量高,会使浸渍、老成、黄化及碱液回收等工艺过程发生困难,影响粘胶质量,最终影响长丝的力学性能。

3. 聚合度及其分布要适中

聚合度及其分布要适中,波动范围尽量小。

4. 杂质含量低

浆粕中的树脂、蜡质含量高,尤其是 Ca、Mg、Fe、Si 等灰分含量高,会增加粘胶过滤和纺丝的困难并降低长丝的白度。

在粘胶制备过程中,工艺条件缓和而严格。长丝系统浸液中,半纤维素含量应比普通短纤维系统中的低。长丝系统的老成温度不宜过高,适宜低温或中温老成,温度应严格控制,不允许有较大波动。长丝系统的粘胶过滤次数一般不低于三道,也有采用四道的,同时过滤介质要致密,出口压力应较低。

二、粘胶长丝的成形工艺

1. 成形速度

成形速度首先决定于所采用的纺丝机类型。筒管式纺丝机的成形速度为 65~90m/min,某些特殊构造的筒管式纺丝机成形速度可高达 125~130m/min。离心式纺丝机的成形速度通常为 60~100m/min。半连续式纺丝机也属离心式纺丝机,成形速度相同,只是纺丝得到的丝饼为中性。连续式纺丝机的成形速度一般为 50~80m/min。若提高成形速度,则相应也要提高后处理的速度。

2. 凝固条件

酸浴的温度一般为 40~55℃。温度过高,黄酸酯分解太快,易产生毛丝,发生缠辊等现象;温度过低,则丝条凝固慢,成品中的胶块多。

凝固浴的组成应根据喷丝头的规格、拉伸方式及其分配、纺丝速度、粘胶组成等确定。普通粘胶长丝成形时凝固浴的组成及浓度一般为:H_2SO_4 为 120~140g/L,Na_2SO_4 为 260~280g/L,$ZnSO_4$ 为 15~20g/L。

3. 浸没长度

丝条在酸浴中的浸没长度一般为 20~38cm,浸没时间为 0.1~0.2s。丝条越粗,酸浴扩散至纤维内层的速度就越慢。一般可采用增加丝条浸没长度的方法来保证纤维素黄原酸酯分解完全。浸没长度越长,成形越均匀,纤维的强度越高,柔软性及韧性越好。

4. 凝固浴的循环速度

为保证在整个纺丝机上的凝固浴浓度和温度均匀,凝固浴的循环量应每锭不少于 40L/h 或每千克丝 900~950L,控制凝固浴中的硫酸浓度落差不大于 2g/L。

三、粘胶长丝的后处理及加工

粘胶长丝的后处理工艺过程和短纤维的基本相同,只是设备及后处理方式有所不同。但粘胶长丝后处理完成后还需进行加捻、络筒、分级和包装等工序,它们也称为后加工。一般长丝在成形过程中已加捻,所以加捻工序可省去。目前,我国采用连续式纺丝生产粘胶长丝,纺丝、后处理及后加工全部在纺丝机上完成,生产效率高,生产成本低。

1. 络筒

络筒是把后处理好的丝饼打成筒子或成丝绞,以便丝绸厂使用。大多数打成筒子,对于先染色后织造的品种,使用绞装较为方便。成筒在络筒机上进行,成筒重量一般为 1.6~1.7kg。成绞在成绞机上进行,通常单绞重量为120g。

2. 分级和包装

粘胶长丝在出厂前需进行检验分级,确定等级,以便用户使用。等级的确定根据原纺织工业部颁布的标准进行。

丝筒经分级后,逐个放上代表等级的颜色标签,然后用光滑柔软的包装纸包装,并按品种和等级将丝筒装入一个包装箱中。包装箱上注明生产品种、批号、箱号、等级、重量、商标和生产厂名等项目。

丝绞分级后,同一等级的绞装进一个塑料袋中,放进一枚颜色等级标签,用绳捆成小包,然后放入纸箱中,进行捆扎。在包装箱上注明与筒子包装箱同样项目的标记后即可入库或出厂。

第六节 其他类型粘胶纤维

一、粘胶强力纤维

1. 粘胶强力纤维的生产工艺特点

(1)纤维素浆粕:采用 α-纤维素含量高的浆粕,要求纤维素的平均聚合度高而相对分子质量分布均匀。

(2)粘胶制备工艺:碱纤维素必须进行较强的压榨,以降低游离碱的含量。碱纤维素的老成要缓慢而均匀,黄化时 CS_2 用量比普通粘胶纤维稍多。要求纤维素黄原酸酯的酯化度较高,分布较均匀。

(3)粘胶变性剂:在粘胶中加入变性剂以延缓纤维素黄原酸酯的再生速度,同时加入表面活性剂,以提高可纺性并防止喷丝头堵塞。

(4)成形条件:凝固浴中 $ZnSO_4$ 的含量与普通粘胶纤维相比明显提高,H_2SO_4 和 Na_2SO_4 的含量较低。粘胶细流在一浴中凝固,在二浴中分解并进行高度拉伸,以提高纤维的断裂强度。纺丝速度较低,并采用喷丝头负拉伸成形和多级后拉伸。由于粘胶黏度高,成形时粘胶先经预热并在管中成形。

(5)后处理:粘胶强力纤维的后处理不需漂白和脱硫,但需进行加捻,油剂品种的选择与普通粘胶纤维亦不同。

2. 粘胶变性剂的作用机理

粘胶强力纤维在工艺上的最大特点是在粘胶中加入变性剂。粘胶变性剂一般可分为：含氮化合物、无氮化合物、乙氧基含氮化合物、乙氧基无氮化合物和其他化合物，较普遍采用的是胺类、脂肪胺聚氧乙烯醚和聚氧乙烯衍生物。

关于变性剂作用机理的说法较多，但一般认为，由于锌的作用使纤维素黄酸钠转化为较稳定的纤维素黄酸锌，变性剂的存在将影响这种转化的速率和转化量，变性剂与锌和副产物三硫代碳酸钠相互作用，结果在凝胶丝条的外表形成一层薄膜，这层薄膜延缓了反应离子从初生凝胶丝内部向外部酸浴或相反的方向扩散，结果使中和作用减慢，形成全皮层的结构。

3. 粘胶强力纤维的生产设备特点

粘胶强力纤维在使用时对外观没有什么特殊要求，不需要漂白和脱硫，后处理工序大为简化。一般只需用热水洗去丝条上的凝固浴液及机械杂质，再经上油、烘干、初捻后即为成品，故粘胶强力纤维纺丝机一般为连续式纺丝机。

连续式粘胶强力纤维的纺丝机主要有：笼条转鼓式、纳尔生式、双面式强力丝纺丝机三种型式。

二、波里诺西克纤维——富强纤维

1. 定义

波里诺西克纤维在我国称为富强纤维，在日本称为虎木棉，国际波里诺西克协会（AIP）规定凡符合下列指标的纤维才能称为波里诺西克纤维。

（1）未处理纤维润湿时，于 0.44dN/tex 负荷下延伸度在 4% 以下；在 20℃、经质量分数为 5% 的 NaOH 溶液处理后，纤维润湿时，于 0.44dN/tex 负荷下延伸度在 8% 以下。

（2）用质量分数为 5% 的 NaOH 溶液处理后，纤维润湿时的断裂强度在 1.76dN/tex 以上。

（3）打结强度在 0.40dN/tex 以上。

（4）纤维素聚合度在 450 以上。

2. 富强纤维的生产工艺特点

（1）原液制备特点：富强纤维在原液制备中要求保持较高的聚合度，并尽量保持天然纤维中的原纤结构。为此要求：

①采用聚合度在 650 以上、纯度较高的浆粕，取消老成工序，以获得高聚合度的粘胶。

②为使聚合度高的纤维素溶解良好，黄化时二硫化碳用量一般控制在 45%～55%，黄原酸酯的酯化度在 70 以上，所得粘胶的熟成度较低（NH_4Cl 值较高），即粘胶较嫩。

③为尽量保持纤维素分子间的天然原纤结构，防止纤维素分子间羟基结合被破坏，粘胶中 NaOH 的含量要低，粘胶熟成时间尽量短。

④由于粘胶的落球黏度高达 300s 左右，故需采用快速脱泡装置，同时需要相应增加过滤面积。

（2）纺丝成形工艺特点：

①采用低酸、低盐、低速的纺丝工艺。因为凝固浴的酸浓度越低，纤维素黄原酸酯的分解速

度越缓慢,容易促进纤维素分子的结晶化。同理,硫酸钠的浓度也不宜太高。少量的硫酸锌存在,可使丝束有较大的塑性,故可改善纺丝可纺性。若凝固浴的酸浓度过高,将生成微细结构,原纤结构遭到破坏,导致纤维的湿强度下降。浴温过高,会加快纤维素黄原酸酯的再生速度,使纤维脆弱。纺丝速度不能过高,否则容易形成胶块。

②采用较大的喷丝头负拉伸。由于成形缓慢,靠近喷丝头处的丝条经不起拉伸,故一般采用30%~40%的负拉伸。然后,采用多级拉伸,丝束经多级拉伸后,常呈碱性,在此条件下予以松弛,高度取向的分子略有回缩,可以改善纤维的弯曲性能。

3. 富强纤维的结构与性能

富强纤维的横截面为圆形的全芯结构,有原纤结构,结晶度高。富强纤维的干、湿强度可与棉纤维媲美,大大高于普通粘胶短纤维;耐碱性能好,能够像棉纤维一样经受光处理;形态稳定,具有较高的弹性回复率和较低的水中溶胀度,耐穿、耐洗、耐褶皱。

三、高湿模量纤维

1. 高湿模量纤维的生产工艺特点

粘胶短纤维的湿模量低,富强纤维克服了这一不足,但富强纤维的钩接强度较低,脆性较大,纺丝速度较低,生产效率低,工艺也比较复杂,生产成本高。为克服富强纤维的上述缺点,在参照粘胶强力纤维生产工艺特点的基础上,生产出另一类湿模量可与棉纤维相当、钩接强度优良的变化型高湿模量纤维,即高湿模量纤维(HWM)。

高湿模量纤维生产中所用粘胶是加入多种变性剂的高碱化粘胶,在高锌凝固浴内纺丝成形。

2. 高湿模量纤维的结构与性能

高湿模量纤维的平均聚合度介于普通粘胶纤维与富强纤维之间,为450~550;横截面为圆形或近似圆形,属皮芯结构;成品纤维结晶度在41%左右,晶体长度80~95nm,晶区厚度10~70nm,纤维取向度70%~80%,羟基可及度约60%。

由于高湿模量纤维的结构特点,它的性能介于普通纤维和富强纤维之间。它的湿强度虽不如富强纤维,但钩接强度比富强纤维高,易于进行纺织加工。它同时还保持了粘胶纤维吸湿性好及易染色的优点。

四、改性及功能粘胶纤维

1. 高吸水性粘胶纤维

高吸水性粘胶短纤维主要用于医疗卫生方面,如制作药棉、抹布、绷带、婴儿尿布、止血纱布等。它可以通过化学改性和物理改性的方法得到。

(1)化学改性:粘胶纤维大分子链本身具有大量的羟基,对水分子有很大的吸引力,只是受到大分子链的紧密度和堆积状态的限制。当对纤维素进行醚化处理,在纤维素分子链上引入醚键,尽管它与羟基的相互吸引力小,但是醚基使大分子链之间相互作用力减小,使大分子链堆砌密度下降,从而改善了纤维的吸水性。在分子链上接枝一些吸水性长链聚合物也是一种有效的方法,一般的接枝单体有丙烯酸、丙烯酰胺等吸水性物质。另外,共混纺丝法也是一种重要的方法,将纤维素与一种性质完全不同的聚合物混合进行纺丝,不容易产生结晶,结构疏松,水分子容易渗透进去。如果引入亲水性聚合物也可以和水分子产生作用,不但吸水量大,而且保水性好。如已实现工业化的高吸水性聚丙烯酸钠、聚丙烯酸、聚丙烯酰胺、聚乙烯醇、聚乙二醇等混合纺丝得到的改性粘胶纤维,保水量约为170%。

（2）物理改性:即通过改变成形条件和不同的物理方法生产高吸水性粘胶纤维,主要是使纤维含有很大的内表面和外表面,如中空纤维、扁平纤维和充气纤维,它们的吸水性很好,保水量达到120%~300%。主要方法是通过特殊的喷丝头或在粘胶中添加碳酸钠、碳酸氢钠,丝条进入凝固浴后,碳酸钠或碳酸氢钠与酸发生反应,二氧化碳气体在刚形成的纤维内产生,使纤维产生空心结构,具有更大的表面,故它们的吸水性和保水性好。

2. 阻燃粘胶纤维

阻燃粘胶纤维广泛用于交通工具和宾馆的装饰材料、特殊用途工作服以及儿童和老年人的被褥等。生产阻燃纤维素纤维可采用施加阻燃剂的方法,大致有以下三种。

（1）后处理法:在纺丝成形的初生纤维中施加阻燃剂,使纤维表面具有阻燃性能。此法操作简单,成本低,但洗涤时阻燃剂容易脱落,缺乏耐久性。

（2）化学反应法:将阻燃剂与纤维素纤维接枝共聚,阻燃剂与纤维素大分子链发生化学反应。此种方法可使阻燃剂长期、稳定地存在于纤维表面,阻燃效果耐久。此法工艺方便,生产成本低,但是,接枝反应会产生大量的均聚物,从而导致纤维各项力学性能明显下降。也可通过酯化、羟化等其他反应赋予纤维阻燃性能,如用烷基取代的磷酸二酰氯与粘胶纤维进行酯化反应,当含磷量占纤维的2%时,其阻燃性良好。

（3）共混法:在纺丝原液中加入阻燃剂进行纺丝,使纤维具有永久的阻燃功效,此法目前使用较多。因为在纺丝时,溶液凝固形成的纤维把阻燃剂包住,成纤后阻燃剂的残留率一般可达90%左右。此法在手感、耐洗涤性、耐光性、力学性能、皮肤接触毒性等方面均较优越。

但是,共混法对阻燃剂的要求较高。粘胶纤维用添加型阻燃剂,除一般要求外,还要求在溶液中的分散性好,稳定性好,耐酸、耐碱,凝固浴中流失量低,在纤维中渗入率较高(残留量高),对纺丝、凝固及成形没有不利的影响。因此,通常采用相对分子质量较高的疏水性线型含磷化合物为添加型阻燃剂。在粘胶中掺混溴、磷等卤素化合物后进行纺丝,可得到阻燃粘胶纤维。

3. 中空粘胶纤维和充气中空粘胶纤维

纤维素中空纤维膜与人体的相容性好,生理安全,被广泛用作血浆分离膜、人工肾透析器。目前,生产纤维素中空纤维膜的方法有粘胶法、铜氨法和溶剂法。中空粘胶纤维是采用特殊喷丝头纺制的。在粘胶中添加一定的致孔剂使中空纤维壁上形成大量微孔进而形成中空纤维。目前,用铜氨法及新溶剂法纺制这类中空纤维较多,而用粘胶法纺制的较少。

充气中空粘胶纤维的纺制是在粘胶中加入碳酸钠或碳酸氢钠,它们在纺丝时受硫酸作用分解出大量的 CO_2 气体而形成充气中空纤维,它的保暖性、吸湿性和蓬松性好,在民用纺织品等方面有广泛的用途。

4. 导电粘胶纤维

导电纤维一般是指电阻率在 $10^8\Omega\cdot cm$（20℃，45%相对湿度）以下的纤维，而普通粘胶纤维一般不能导电。导电粘胶纤维的制造方法有：

（1）在粘胶中添加能导电的炭黑或聚醚，然后纺丝得到导电粘胶纤维。

（2）将粘胶纤维进行碳化，得到导电粘胶碳纤维。

（3）将粘胶纤维进行改性，然后在粘胶纤维上镀金属，如离子喷镀、化学沉积和真空沉积等方法，从而得到导电粘胶纤维；还可以对粘胶纤维进行导电性处理，如在纤维表面聚合一种导电性高分子材料聚吡咯或聚苯胺，也可以把导电微粒黏附在纤维表面，从而得到能导电的复合纤维。

目前，导电纤维已应用于许多领域，如地毯、防爆无尘工作服、造纸用毛毯、通信电缆和屏蔽线等，特别是用于制作电磁波防护服。现代社会充满电磁波，如电脑、空调机、手机、遥控器等都会产生大量的电磁波，对人体造成较大伤害，所以在当前开发防电磁波织物具有广阔的应用前景。

5. 蓄热保温纤维和调温纤维

20世纪80年代中期，日本尤尼吉卡公司与泰萨特公司合作，将太阳能集热装置中使用的碳化锆用于纤维，研制出可将太阳光中 $2\mu m$ 以下的光线吸收并转换为热能的阳光蓄热保温纤维，用于制作运动衣和游泳衣。

调温纤维的制造方法有：

（1）介质溶解析出调温纤维：将 CO_2 等溶解在溶剂中，填充到纤维中空部分，然后封闭中空，温度下降，液体固化，气体在其中溶解度下降，从而使纤维有效体积增大，纤维绝热性能提高。

（2）相变调温纤维：将带结晶水的无机盐或 PEG 充填到粘胶纤维的中空部分，如 $SrCl_2\cdot 6H_2O$，无机盐结晶时放热升温，结晶熔融时吸热降温。该类纤维可以制作飞行服、消防服、运动服等。

6. 抗菌防臭、消臭粘胶纤维

抗菌与消臭同属于卫生功能的范畴，但抗菌和消臭不同。抗菌用于日常生活是通过抑制织物上的细菌繁殖而达到防臭的目的；消臭则是消除环境中已经生成的臭气。用于纤维和织物抗菌防臭的抗菌剂有多种，主要有以下几类：一是金属及其盐类，如 Ag、Cu、Zn、Cd、Zr 等；二是有机季铵盐类，如聚氧乙烯三甲基氯化铵；三是芳香族卤素化合物，如 2,4,4-三氯-2-羟基二苯醚；四是有机酚类和有机氮化合物，如吡啶、吡喹等化合物；五是天然物质，如氨基葡萄糖苷、壳聚糖等。这些抗菌剂的抗菌机理主要是：

（1）菌体蛋白变性或沉淀，高浓度的酚类和金属盐及醛类都属于这种抗菌机理。

（2）妨碍菌体代谢的某些环节，如通过氧化剂的氧化作用、金属盐类—SH 基的结合破坏菌体的代谢。

（3）破坏菌体的细胞膜，如季铵化合物吸附于细菌表面，改变其细胞壁的通透性，使胞质内容物漏出而使细菌死亡。

（4）影响细菌代谢，使细菌坏死。

消臭纤维是利用消臭剂与恶臭产生物理化学反应，从而达到消臭效果。臭气的化学成分有硫化氢、甲基硫醇、醛类化合物、胺类和吲哚粪臭素等。这些臭气成分通过消臭剂的作用,能使恶臭物质氧化分解以及发生络合反应或硫化反应,从而消臭。消臭的方法一般有:感觉消臭法、化学消臭法、物理消臭法、生物消臭法等。

由于粘胶纤维生产过程中采用了大量的化学物质,如酸、碱等,目前抗菌防臭、消臭粘胶纤维的生产一般只能采用天然物质,如对氨基葡萄糖苷、壳聚糖等进行改性,得到抗菌防臭、消臭纤维。也可以采用共混的方法及对粘胶纤维织物和粘胶纤维进行后整理的方法,如添加活性炭的粘胶纤维可用于制作防护服、工业废气的吸附材料,同时具有消臭作用。

随着人们追求个性化、高级化、多样化生活意识的增强,普通粘胶纤维已经不能满足人们的生活需要。粘胶纤维经过改性及特殊加工,可以具有某些特殊的风格和功能,从而越来越多地进入人们的生活,同时也为粘胶纤维工业带来了较大的经济效益。可以相信,在粘胶纤维的改性研究方面,随着研究的不断深入,一定会有越来越多的粘胶纤维功能化新品种实现工业化并走向市场。

第七节　环境友好型纤维素纤维的生产技术

一、LiCl/DMAc 体系生产纤维素纤维

特巴克(Turbak)提出,使用 LiCl/DMAc 溶剂溶解纤维素可得到较高浓度的纤维素溶液,纤维素降解少,甚至不降解,溶解过程中不形成纤维素衍生物。关于它的溶解机理,恩兹赫林格(Heinz Herlinger)教授认为 Li$^+$ 先在 N,N-二甲基乙酰胺(DMAc)羰基和氮原子之间发生络合,游离出的 Cl$^-$ 再与纤维素羟基络合,以减少纤维素分子间的氢键,使之溶解。

反应式如下:

所得的溶液非常稳定,在室温下放置数年其聚合度仅下降 50 左右,纺丝前只需除去粗大的

杂质即可。为使脱泡和过滤容易进行,可以通过加热降低溶液的黏度,即使加热至100℃也不会产生不良影响。

含纤维素6%~14%的该纺丝溶液可以采用常规的干法、湿法和干湿法纺丝工艺成形。湿法纺丝可以用水、丙酮、甲醇、乙腈等物质为凝固剂。所得的纤维性能优良。溶剂可以回收循环使用。这种溶剂体系在德国已进行实验室生产。

该溶剂体系另一个非常突出的优点是LiCl/DMAc溶剂同时溶解CellOH(纤维素)和PAN(聚丙烯腈),比单独溶解纤维素的溶解性能还好,通过CellOH/PAN/LiCl/DMAc溶液纺丝,可以得到既具有毛感非常强的PAN纤维性质,又具有纤维素纤维吸湿性好等优点的共混纤维素纤维。

二、NMMO溶剂法生产莱赛尔(Lyocell)纤维

以NMMO为溶剂纺制纤维素纤维首先是由英国考陶尔兹(Courtaulds)公司(现在被Acordis公司兼并)开发,制成的短纤维产品商品名为天丝(Tencel),奥地利兰精(Lenzing)公司也进行了生产。美国恩卡(Enka Corp.)公司和瑞典阿克苏诺贝尔(Akzo Nobel)公司于1976年开始研究将纤维素直接溶解在有机溶剂NMMO中,然后进行纺丝的工艺,1979年,瑞典阿克苏诺贝尔公司取得工艺和产品的专利,并且先后授权于英国考陶尔兹公司和奥地利兰精公司,两家公司通过努力将该工艺成功地实现了工业化生产,1989年,该产品由国际合成纤维和人造纤维局(BISFA)确定其名称为莱赛尔(Lyocell)。莱赛尔(Lyocell)纤维的生产工艺流程如图2-6所示。

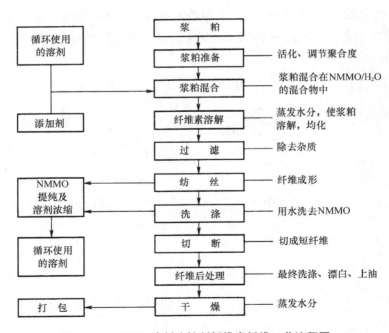

图2-6 NMMO溶剂法纺制纤维素纤维工艺流程图

NMMO是一个环氨氧化物,如下式所示:

$$\begin{array}{c} CH_2\!-\!CH_2 \\ H_3C\!-\!N \qquad\qquad O \\ \underset{O}{|} \quad CH_2\!-\!CH_2 \end{array}$$

NMMO 在室温下是固体,熔点约 170℃,不太稳定,易吸水,可与水形成含有四个分子水的水合物。NMMO 与一分子的水结合可组成一个有高度溶解能力的体系,且具有较好的稳定性。

溶解纤维素的溶剂一般是 NMMO 的高度水合产物,它具有良好的稳定性,熔点较低。溶解时,把预先开松过的纤维素和液态 NMMO 一起装入有螺旋杆和可加热的混合捏合罐中,在真空下加热至 90℃,需 3~4h,制备出纤维素浓度为 10%~25% 的纺丝溶液,25% 的浓溶液呈准晶状态。溶解时纤维素可能会发生解聚,但可以通过加入一些抗氧剂来控制。纺丝溶液可以用于干法、湿法和干湿法纺丝工艺成形。一般采用干湿法纺丝成形工艺,经纺丝喷出的丝在进入凝固浴之前通过一段干纺距离(10~300mm),未成形的纤维细流在此阶段拉伸取向。干纺段可采用空气、氮气等。经过干纺后,纤维细流进入 NMMO—H_2O 凝固浴中成形。在纺丝过程中,溶液浓度、喷丝板构造、干纺距离、拉伸比和凝固浴温度等条件对纤维的物理性能有着重要影响。NMMO 的毒性虽然比乙醇还低,但目前它的价格很高。所以,只有 NMMO 在生产中可以大量回收,该方法才有工业价值。由图 2-6 可见,从纺丝工段回收的浓 NMMO 溶剂回到溶解工序,分离出的大部分水则被用于后加工工序。溶剂回收主要通过过滤、蒸馏等方法。过滤是为了除去纺丝凝固浴中的混浊物、凝胶物质及其他杂质。在实际生产中,NMMO 的回收率高达 99.5% 以上。湿法可用 NMMO—H_2O 做凝固体系。

莱赛尔(Lyocell)纤维的结构与粘胶纤维不同,它是一种高聚合度、高结晶度、高取向的纤维素纤维,纤维截面呈圆形,结晶部分与无定形部分的比例为 9:1,高于粘胶纤维的 6:1。它具有高强度、高湿模量等特点。根据芬克(H. P. Fink)的实验结果,第一代莱赛尔纤维和粘胶纤维的结构比较如表 2-7 所示。莱赛尔纤维与其他纤维素纤维的性能比较如表 2-8 所示。所得到的纤维产品既有类似聚酯纤维极为优良的力学性能,其穿着舒适性又类似于棉纤维产品。

表 2-7 莱赛尔(Lyocell)纤维与粘胶纤维的结构比较

比较项目	粘胶纤维	Lyocell 纤维
横截面形状	锯齿形圆形	椭圆形
横截面形态	皮芯层结构	均相
结晶度	变化	高
结晶长度	较小	较大
结晶宽度	较宽	较窄
结晶部分取向度	高	高
无定形部分取向度	变化	高

与传统的粘胶法相比,NMMO 法生产纤维素纤维的突出优点有:

(1)NMMO 无毒,并可回收循环使用,生产中对环境不产生污染。

(2)生产工艺流程短,生产能耗低。

表 2-8　莱赛尔(Lyocell)纤维与其他纤维素纤维的性能比较

性能	单位	Lyocell 纤维	粘胶纤维			铜氨纤维	棉纤维
			普通粘胶纤维	富强纤维	高湿模量纤维		
干态伸长	%	10~15	18~23	10~15	14~15	10~20	8~10
湿态伸长	%	10~18	22~28	11~16	15~18	16~35	12~14
干断裂强度	cN/tex	42~48	20~25	36~42	34~38	15~20	25~30
湿断裂强度	cN/tex	26~36	10~15	27~30	18~22	9~12	26~32
打结强度	cN/tex	19~20	10~14	8~12	12~16	—	—
湿模量	cN/tex	200~350	50	230	120	—	—
纤维素聚合度	$\overline{DP}$	550~600	290~320	450~500	400~450	—	3000
初始模量	cN/tex	250~270	40~50	200~350	180~250	30~50	300
吸水率	%	65~70	90~110	60~75	75~80	100~120	40~45
湿/干断裂强度比例	%	55~65	55~60	65~70	60~65	—	—

(3)容易制得高浓度纤维素溶液,适合于干法纺丝和干湿法纺丝,提高了生产效率。

(4)NMMO 溶解纤维素的能力极强,能够溶解聚合度较高的纤维素,由此可以生产出力学性能优良的高湿模量纤维素纤维。随着 NMMO 溶剂法生产纤维素纤维技术的不断完善,该工艺生产纤维素纤维在未来会得到飞速的发展。

三、蒸汽闪爆法生产纤维素纤维

蒸汽闪爆技术的由来是蒸汽闪爆制浆,它最初是用于植物纤维的高效分离,即用于制浆过程,由玛松(Mason)于 1927 年首先提出,并取得专利。此后,蒸汽闪爆制浆引起许多研究者的关注。美国、加拿大、新西兰、法国和中国等国家的研究人员对蒸汽闪爆制浆做了进一步研究,并研究出蒸汽闪爆高得率制浆新方法,应用于针叶木、阔叶木和非木材纤维的制浆研究中。

蒸汽闪爆技术应用于纯纤维素——碱溶性纤维素的制备,是由日本上田(Kamide)等于 1984 年完成的,首先在特定的条件下,从纤维素铜氨溶液中获得具有明显纤维素非晶态结构的再生纤维素(纤维素Ⅱ)样品,该样品在 4℃ 时能完全溶解于 8%~10%(质量分数)NaOH 水溶液中构成稳定的溶液。研究还发现,对纤维素溶解度起重要和决定作用的是纤维二糖环的分子内氢键断裂的程度,即纤维素在 NaOH 水溶液中的溶解度不但取决于其结晶度,而且取决于纤维素分子链上分子内的氢键。这里的分子内氢键主要是指在第三位碳原子的羟基与相邻葡萄糖苷环的氧原子之间产生的键($O_3 \cdot H \cdots O_5'$)。基于以上认识,20 世纪 90 年代初,上田及其同事将蒸汽闪爆技术应用于纯纤维素,以提高纤维素分子间和分子内氢键的断裂程度,从而制得能在 NaOH 水溶液中以分子形式溶解的碱溶性纤维素(纤维素Ⅰ)。蒸汽闪爆处理纯纤维素的原理是:纤维素先受到水的膨润并被水浸入到深处,再在密闭的容器里受到高温加热,高温水蒸气对纤维素产生复合物理作用。水蒸气在 2.9MPa 的压力下通过浆粕纤维孔隙,渗入微纤束内。在渗透过程中,水蒸气发生快速膨胀,然后剧烈地排入大气中,从而导致纤维素超分子结构的破坏,使吡喃葡萄糖 C_3 与 C_6 位置上分子间氢键断裂比率增加。在处理中,纤维素分子受到内力与外力的双重作用。内力是因水分子急剧蒸发产生所谓的闪蒸效应所导致的;外力主要是分子间的撞击和摩擦作用。在蒸汽闪爆处理中,纤维素超分子形态的变化程度取决于纤维素原料的孔隙度。而且,浆粕纤维素在高压蒸汽作用下产生的解聚,在动力学机理上与常见的纤维素酸解过程相似。

因此,经过蒸汽闪爆处理后,可获得能完全溶解于 NaOH 的碱溶性纤维素。碱溶性纤维素(含水 8%~12%)溶解于 9.1%(质量分数)的 NaOH 水溶液中,4℃下间歇搅拌保持 8h,然后脱除杂质及气泡,送入湿法纺丝机进行纺丝。第一凝固浴槽长 80cm,凝固剂采用 20%(质量分数)的 H_2SO_4,凝固浴温度 5℃,第二凝固浴槽长 50cm。用 20℃的水洗涤,水洗槽长 100cm。沸水浴槽长 50cm。纤维通过上油辊后进入四辊加热器(第一辊 180℃,第二辊 130℃,第三辊 120℃,第四辊 30℃),最后卷取得到新纤维素纤维。

新纤维素纤维的横截面呈圆形,纤维表皮层较薄且多孔。新纤维内层结构也多孔隙,平均孔径为 110nm。新纤维的断裂强度为 1.4~1.6cN/dtex,与普通再生纤维素纤维的差不多;但是抗拉伸伸长则低于普通再生纤维素纤维。溶液从喷丝板出来时受到的剪切速率小于 10^4s^{-1} 就能使断裂强度提高。在牵伸比为 1.1~2.6 时,纤维的断裂强度不受牵伸比大小的影响。新纤维素纤维的结晶度较高,为 0.65~0.67,而常规粘胶法再生纤维素纤维只有 0.6 左右。从 X 射线衍射分析可知,新纤维素纤维属于纤维素Ⅱ晶型。新纤维素纤维的取向度远低于普通再生纤维素纤维。

蒸汽闪爆技术制备碱溶性纤维素的重要意义在于改变传统的粘胶生产工艺,它大幅度地简化纤维素纤维生产工艺,减轻粘胶法生产对环境的污染。此法可用于生产纤维、玻璃纸、薄膜及其他纤维素制品。

四、纤维素氨基甲酸酯(CC)法生产纤维素纤维

20 世纪 30 年代中期,黑尔和杰克森(Hill and Jacobsen)首先用纤维素与尿素反应,第一次报道了所获得的产物可溶解于稀的氢氧化钠溶液中,然后,溶液在酸液中析出成纤或成膜。因为他们还没有认识到该产品的化学特性,故称其为"尿素—纤维素"。

20 世纪 70 年代末期至 80 年代初期,芬兰内斯特(Neste)和克米拉(Kemira OY)公司合作,开始开发纤维素氨基甲酸酯的潜在应用,并取得了大量的发明专利,如用 CC 法生产出纤维素短纤维,商品名为赛乐卡(Cellca)。此方法克服了粘胶纤维生产中的"三废"问题,扩大了纤维素纤维的应用范围。但是,这种生产工艺并不完善,生产过程中需要低温,能量消耗过大,所以还需要对 CC 法进行进一步的研究。20 世纪 80 年代末期,特派克(Teepak)公司、IAP 特尔陶(IAP Teltow)公司及波兰罗兹化学纤维研究所(IWCh Lodz)对纤维素氨基甲酸酯工艺进行了大量的研究;90 年代,德国齐默(Zimmer)公司开始开发自己的技术,即齐默的卡博赛尔(Carbcell CC)工艺,这一专利在 1998 年获得批准。

这种纤维的生产工艺流程如图 2-7 所示。

CC 法的基本原理是用尿素与纤维素反应,得到稳定的中间产物纤维素氨基甲酸酯,其反应可用如下化学方程式表示:

$$\text{Cell—OH} + \text{H}_2\text{N—}\overset{\overset{\displaystyle O}{\|}}{\text{C}}\text{—NH}_2 \rightleftharpoons \text{Cell—O—}\overset{\overset{\displaystyle O}{\|}}{\text{C}}\text{—NH}_2 + \text{NH}_3\uparrow$$

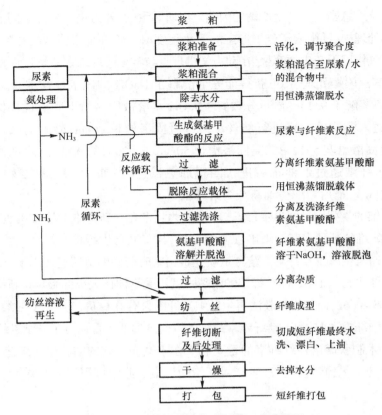

图 2-7   CC 法纺制纤维素纤维工艺流程图

此反应需要在 140~165℃ 的高温下进行,以达到最佳反应效果。反应前浆粕必须进行预处理。采用各种活化方法使原料浆粕产生一定的降解,控制纤维素的聚合度大小(一般在 400 以下),使其晶区发生改变,CC 中的氨基甲酸酯基团必须均匀分布在纤维素分子链上,从而使纤维素氨基甲酸酯有较好的溶解性,进而有较理想的可纺性。

实际上,纤维素和尿素进行反应更为复杂,并有一系列副反应产生,如下式所示。

主反应:

$$NH_2—\overset{\overset{\textstyle C}{\|}}{C}—NH_2 \xrightarrow{\triangle} HNCO + NH_3 \uparrow$$

$$HNCO + Cell—OH \longrightarrow Cell—O—\overset{\overset{\textstyle O}{\|}}{C}—NH_2$$

副反应:

$$HNCO + H_2N—\overset{\overset{\textstyle O}{\|}}{C}—NH_2 \rightleftharpoons H_2N—\overset{\overset{\textstyle O}{\|}}{C}—NH—\overset{\overset{\textstyle O}{\|}}{C}—NH_2$$

$$HNCO + NH_3 \longrightarrow NH_4^+ NCO^-$$

在生成纤维素氨基甲酸酯的反应中,异氰酸(HNCO)是中间体,尿素和纤维素的反应实际上是异氰酸和纤维素反应。异氰酸又与主反应中生成的小分子氨发生副反应,生成氰铵

$NH_4^+NCO^-$；另一副反应是尿素和异氰酸形成缩二脲。由于副反应生成了大量的副产物，所以，控制反应条件使反应尽量生成纤维素氨基甲酸酯就非常关键。CC 的使用是安全、无毒的，它能很好地溶解在稀碱溶液中制成纺丝原液，利用酸、盐或加热的方法可使纤维素氨基甲酸酯从溶液中析出，经后处理可制成再生纤维素纤维。在该生产流程中，最关键的是合成出一定取代度的纤维素氨基甲酸酯，它决定了其溶解、纺丝的难易程度。纤维素氨基甲酸酯的应用范围广泛，除用于制造纤维素纤维外，还可用于生产纤维素薄膜、特种纸张及非织造布等。在所有应用中，最终产品可以是凝聚的纤维素氨基甲酸酯，或从纤维素氨基甲酸酯转化成再生纤维素，这取决于最终的处理方式。

结合我国粘胶纤维厂的实际情况，在原有设备基础上进行改造就能利用纤维素氨基甲酸酯法生产纤维素纤维。我国是粘胶纤维第一生产大国，目前的问题是环境污染严重，同时又不能投入大量资金新建莱赛尔法生产厂。如果上述方法能够获得成功，对于我国粘胶纤维工业的改造具有非常重要的意义。

五、离子液体增塑纺丝法生产纤维素纤维

离子液体增塑纤维素，获得高浓度纤维素溶液纺丝，不仅工艺简单，能制备出高强度纤维素纤维，还能降低离子液体使用量，生产过程环保，具有很好的经济价值和应用前景，是目前纤维素纤维研究的新的热点之一。

2002 年美国阿拉巴马州立大学的 Swatloski 和 Rogers 等首次报道了纤维素可以直接溶解在离子液体中的现象，开创了离子液体成纤研究的先河。之后，该小组合成了一系列的能溶解纤维素的离子液体，其阳离子主要是含 $C_1 \sim C_6$ 的烷基咪唑等少数离子，阴离子包括 Cl、Br、SCN、$[BF_4]$、$[PF_6]$ 及有机酸根等离子，并申请了美国专利。2005 年 11 月，Rogers 研究组和 BASF 化学公司签署框架协议，共同开发离子液体用于纤维素加工的工业化技术。2007 年，该小组报告了以 1-乙基-3-甲基咪唑氯盐（EMIMCl）离子液体为溶剂纺制的磁性纤维素纤维。同年，日本东京农业技术大学的 Yukinobu Fukaya 等发现了一种新的具有较好溶解纤维素能力的离子液体 N-乙基-N'-甲基咪唑甲基磷酸盐 $[C_2mim][(MeO)_2PO_2]$，这种离子液体能在 45℃、30min 的条件下溶解 10%（质量分数）的纤维素而不需要预处理纤维素。以离子液体为溶剂纺制纤维素纤维的系统研究始于 Rogers 研究组和 BASF 化学公司签署框架协议后。2006 年，BASF 化学公司离子液体小组的 Uerdingen 博士与德国 Denkendorf 纺织化学和化学纤维研究所（ITCF）及 Rudolstadt 图林根纺织和合成纤维研究所（TITK）合作用醋酸 1-乙基-3-甲基咪唑盐为溶剂纺制了纤维素纤维。

国内研究人员在离子液体用于纤维素的研究方面开展得也较早。2003 年，中国科学院化学研究所的张军研究小组成功合成了 1-烯丙基-3-甲基咪唑氯盐（AMIMCl），并且发现这种离子液体对纤维素有很好的溶解能力，经过进一步的研究发现，其溶解性能甚至超过了 1-丁基-3-甲基咪唑氯盐（BMIMCl）。东华大学的王华平采用多种离子液体为溶剂溶解并纺制了纤维素纤维。2008 年，该小组与山东海龙股份有限公司开发出了离子液体纺丝的示范性生产线，并通过了专家组验收。

离子液体增塑纤维素,主要是将纤维素/离子液体混合物加入双螺杆等设备中,在一定温度下,经混合、捏合及压缩等使纤维素迅速溶解的方法,通过此方法可以获得高浓度的溶液体系。目前,文献报道的以离子液体为溶剂制备的纤维素纤维,其纺丝液浓度均较低。Hermanutz 报道了 1-乙基-3-甲基咪唑醋酸盐溶解棉短绒制备的纺丝液浓度为 20%,Kosan 比较了 BMIMCl、EMIMCl、1-丁基-2,3-二甲基咪唑氯盐(BDMIMCl)、1-丁基-3-甲基咪唑醋酸盐(BMIMAc)及 EMIMAc 在捏合机中制备的木浆纤维素溶液浓度、粘度及其纤维强度后发现 EMIMAc 纺丝液有最大浓度达 19.6%。而采用双螺杆挤出机制备后,纤维素溶液浓度有所增大。张慧慧等以 BMIMCl、EMIMAc 为溶剂,采用双螺杆挤出机制备了 25% 的纤维素/离子液体纺丝原液。程博闻课题组采用 AMIMCl 增塑聚合度为 620 的木浆,经双螺杆挤出机制备了质量分数为 30% 的纤维素纤维。

在全国大力提倡环保及绿色经济的环境下,离子液体增塑法纺丝生产纤维素纤维为粘胶企业提供了一个可靠的技术支撑,为再生纤维素纤维行业的发展注入了新的活力,将大大促进行业的健康发展。

👉 思考题

1. 再生纤维素纤维主要有几种生产技术?
2. 粘胶纤维可分为几类?其生产工艺有何优缺点?
3. 粘胶纤维生产过程中纤维素浸渍的目的是什么?影响浸渍效果的因素有哪些?
4. 碱纤维素在黄化过程中伴随有哪些化学反应?
5. 粘胶成形过程中凝固浴由哪些物质组成,分别有什么作用?
6. 粘胶短纤维成形具有什么特点?成形过程中有哪些化学变化?
7. 试比较粘胶纤维及 Lyocell 纤维生产工艺。
8. 试比较粘胶法与纤维素氨基甲酸酯法的异同。

主要参考文献

[1]杨之礼,王庆瑞,邬国铭. 粘胶纤维工艺学[M]. 北京:纺织工业出版社,1991.

[2]高洁,汤烈贵. 纤维素科学[M]. 北京:科学出版社,1996.

[3]孔行权. 粘胶纤维生产分析检验[M]. 北京:纺织工业出版社,1985.

[4]陈国符,邬义明. 植物纤维化学[M]. 北京:轻工业出版社,1980.

[5]A. T. 谢尔柯夫. 粘胶纤维[M]. 王庆瑞,陈雪英,等译. 北京:纺织工业出版社,1985.

[6]肖长发,等. 化学纤维概论[M]. 北京:中国纺织出版社,1997.

第三章　聚酯纤维

第一节　概述

聚酯（PET）纤维是由大分子链中的各链节通过酯基连成成纤聚合物纺制的合成纤维，聚酯英文缩写为 PET。我国将聚对苯二甲酸乙二酯含量大于 85% 以上的纤维简称为涤纶，国外的商品名称很多，如美国的达克纶（Dacron）、日本的特托纶（Tetoron）、英国的特恩卡（Terlenka）、前苏联的拉乌珊（Lavsan）等。

早在 1894 年沃尔兰德（Vorlander）用丁二酰氯和乙二醇制得低相对分子质量的聚酯；1898 年恩克恩（Einkorn）合成聚碳酸酯；卡洛泽斯（Carothers）合成脂肪族聚酯。早年合成的聚酯大多为脂肪族化合物，其相对分子质量和熔点都较低，易溶于水，故不具有纺织纤维的使用价值。1941 年英国的温菲尔德（Whinfield）和迪克松（Dickson）用对苯二甲酸二甲酯（DMT）和乙二醇（EG）合成了聚对苯二甲酸乙二酯（PET），这种聚合物可通过熔体纺丝制得性能优良的纤维。1953 年美国首先建厂生产 PET 纤维，可以说 PET 纤维是大品种合成纤维中发展较晚的一种纤维。

随着有机合成、高分子科学和工业的发展，近年研制开发出多种具有不同特性的实用性 PET 纤维。如具有高伸缩弹性的聚对苯二甲酸丁二酯（PBT）纤维及聚对苯二甲酸丙二酯（PTT）纤维，具有超高强度、高模量的全芳香族聚酯纤维等。目前所谓的"聚酯纤维"通常是指聚对苯二甲酸乙二酯纤维。

聚酯纤维具有一系列优良性能，如断裂强度和弹性模量高，回弹性适中，热定型效果优异，耐热和耐光性好。聚酯纤维的熔点为 255℃ 左右，玻璃化温度约 70℃，在广泛的最终用途条件下形状稳定，织物具有洗可穿性，另外，还具有优秀的阻抗性（诸如，抗有机溶剂、肥皂、洗涤剂、漂白液、氧化剂）以及较好的耐腐蚀性，对弱酸、碱等稳定，故有着广泛的服用和产业用途。石油工业的飞速发展，也为聚酯纤维的生产提供了更加丰富而廉价的原料，加之近年化工、机械、电子自控等技术的发展，使其原料生产、纤维成形和加工等过程逐步实现短程化、连续化、自动化和高速化。目前，聚酯纤维已成为发展速度最快、产量最高的合成纤维品种。2010 年，全球聚酯纤维的产量达到 3730 万吨，占到世界合成纤维总量的 74%。

作为纺织材料，聚酯短纤维可以纯纺，也适于与其他纤维混纺；既可与天然纤维如棉、麻、羊毛混纺，也可与粘胶、醋酯、聚丙烯腈等化学短纤维混纺。

聚酯纤维在工业、农业及高科技领域的应用日益广泛。

聚酯纤维是我国合成纤维中的第一大品种，我国先后在金山、辽阳、天津、仪征、佛山、厦门等地建成了大中型聚酯纤维生产基地。聚酯纤维生产的主要原料已转向石油芳烃路线。随着我国石油化纤工业的迅速发展和大型化、连续化、高速化、自动化工艺技术的采用,我国聚酯纤维工业必将获得更大的发展。

第二节　聚对苯二甲酸乙二酯

一、对苯二甲酸乙二酯的制备

对苯二甲酸乙二酯的制备方法主要有三种:酯交换法(间接法)、直接酯化法和直接加成法(直接法)如图 3-1 所示。

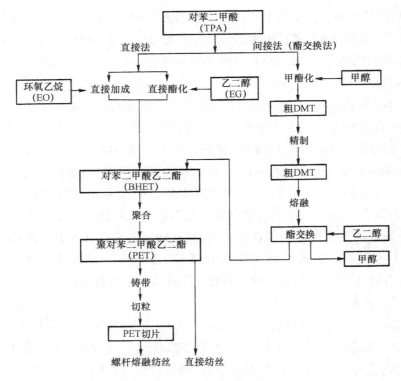

图 3-1　PET 纤维生产路线

(一)酯交换法

1. 酯交换原理

纯对苯二甲酸二甲酯与乙二醇(EG)反应可生成对苯二甲酸乙二酯(BHET),释出甲醇。酯交换反应是在催化剂(Mn、Zn、Co、Mg 等的醋酸盐)存在下加热至 150~220℃进行的均相反应,乙二醇与对苯二甲酸二甲酯(DMT)中的甲氧基(—OCH₃)交换,生成 BHET,被取代的甲氧基和乙二醇中的氢结合生成甲醇,其反应式如下:

$$CH_3OOC \text{—}\bigcirc\text{—} COOCH_3 + 2HOCH_2CH_2OH \rightleftharpoons$$

$$HOCH_2CH_2OOC \text{—}\bigcirc\text{—} COOCH_2CH_2OH + 2CH_3OH$$

上述反应本质上相似于酯化反应或皂解反应,是一个可逆平衡反应。为使正反应进行得尽量完全,生产上通常采用增加反应物浓度和减少生成物浓度两种方法。因此,在酯交换反应的配比中加入过量的乙二醇,一般乙二醇:对苯二甲酸二甲酯=(2∶1)~(2.5∶1)(摩尔分数);或者把所生成的甲醇从体系中排除,从而抑制逆反应。生产中为了增加 BHET 的收率,通常将以上两种方法同时采用,即加入过量的乙二醇,并从体系中排除反应副产物甲醇。

在上述酯交换反应过程中伴随着主反应可发生许多副反应。

2. 间歇法酯交换工艺

间歇法酯交换工艺一般与间歇缩聚工艺相配套,工艺流程比较简单,主机只有一台酯交换釜和一台缩聚釜(图 3-2)。

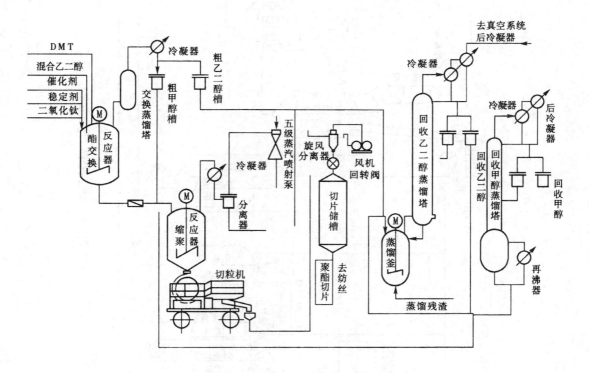

图 3-2　间歇法酯交换缩聚工艺流程图

在聚酯纤维生产初期,由于间歇法酯交换生产操作简单,对于改性聚酯或变换生产品种较为方便,故基本上都采用间歇法进行酯交换,待酯交换反应结束后,再将反应生成物对苯二甲酸乙二酯转入缩聚釜中进行缩聚反应。

3. 连续酯交换工艺

连续酯交换反应中,一面进料,一面出料,物料在连续流动和搅拌过程中完成酯交换反应。连续酯交换装置有多种形式,如多个带搅拌的立式反应釜串联式,多个带搅拌的卧式反应釜串联式和多层泡罩式,但这些装置都是根据反应物浓度的变化,分成几个反应器串联而成的。图 3-3 所示的是三个立式反应釜串联装置的连续酯交换流程,对苯二甲酸二甲酯(DMT)由甲酯化工段送来,与乙二醇(EG)分别被预热到 190℃,在常压下与催化剂一并定量连续加入第一酯交

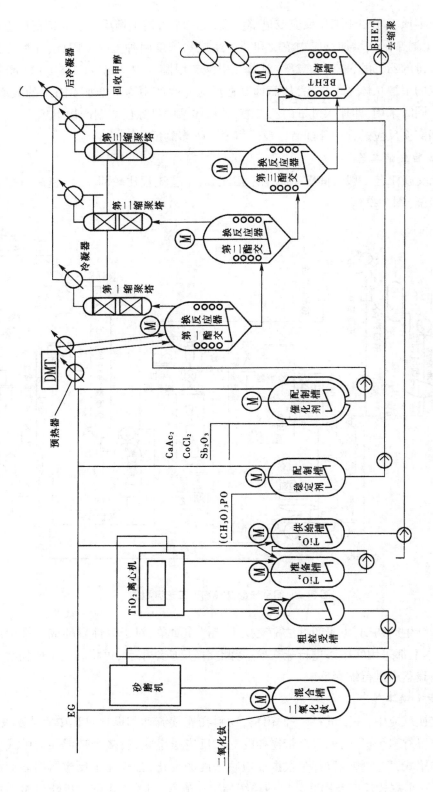

图3-3 连续酯交换工艺流程图

换釜,进行酯交换反应。酯交换率为70%,并利用物料位差,连续流经第二、第三酯交换釜,继续进行反应(酯交换率分别为91.3%和97.8%),其后送入对苯二甲酸乙二酯(BHET)储槽,在槽内最终完成酯交换反应过程(酯交换率达99%以上),并被连续、定量地抽出,送去缩聚。

连续酯交换工艺,除了要控制好酯交换率外,还需严格控制反应物料配比、反应温度和反应时间。物料配比通常为 DMT∶EG=1∶2.15(摩尔比)左右。由于连续酯交换时有低聚物生成,反应釜内总有一定量 EG,因此,在配料时 EG 的用量比间歇酯交换时的用量小。反应温度按反应釜顺序依次升高,分别为190℃、210℃和215℃,对苯二甲酸乙二酯(BHET)储槽的温度提高到235℃。升高温度有利于加快最终反应的完成。物料在每个反应釜内平均停留 2~3h,在BHET 储槽内平均停留 1.5h,总反应时间 8~10h,各釜(槽)内均为常压。

从以上讨论可知,就酯交换反应过程而言,连续法和间歇法无本质差异,它们所要求的反应工艺条件也大体一致,只是间歇法反应过程随反应时间而变化,而连续法的反应过程则随体系中质点空间位置而变化。

(二)直接酯化法

所谓直接酯化法,就是对苯二甲酸(TPA)与乙二醇(EG)直接进行酯化反应,一步法制得对苯二甲酸乙二酯(BHET)。由于 TPA 在常态下为无色针状结晶或无定形粉末,其熔点(425℃)高于升华温度(300℃),而 EG 的沸点(197℃)又低于 TPA 的升华温度。因此,直接酯化体系为固相 TPA 与液相 EG 共存的多相体系,酯化反应只发生在已溶解于 EG 中的 TPA 和 EG 之间,反应式如下:

$$HOOC\!-\!\!\langle\!\!\!\bigcirc\!\!\!\rangle\!\!-\!COOH + 2HOCH_2CH_2OH \underset{K''}{\overset{K'}{\rightleftharpoons}}$$

$$HOCH_2CH_2OOC\!-\!\!\langle\!\!\!\bigcirc\!\!\!\rangle\!\!-\!COOCH_2CH_2OH + 2H_2O + 4.18kJ/mol$$

溶液中反应消耗的 TPA,由随后溶解的 TPA 补充。由于 TPA 在 EG 中的溶解度不大,所以在 TPA 全部溶解前,体系中的液相为 TPA 的饱和溶液,故酯化反应速度与 TPA 浓度无关,平衡向生成 BHET 方向进行,此时酯化反应为零级反应。

直接酯化反应为吸热反应,但热效应较小,为 4.18kJ/mol。因此,升高温度,反应速度略有增加。与酯交换法一样,直接酯化法亦有间歇法和连续法两种。目前工业生产多用连续法。

(三)直接加成法

近年来,化学工作者们正致力于用环氧乙烷(EO)代替乙二醇直接合成 BHET 的工作。此法较直接酯化法具有成本更低、反应更快的优点。反应式如下:

$$HOOC\!-\!\!\langle\!\!\!\bigcirc\!\!\!\rangle\!\!-\!COOH + 2H_2C\!\!-\!\!CH_2 \longrightarrow$$
$$\underset{O}{}$$

$$HOCH_2CH_2OOC\!-\!\!\langle\!\!\!\bigcirc\!\!\!\rangle\!\!-\!COOCH_2CH_2OH$$

该反应副产物 BHET 的双分子缩合物是一种胶状物,会影响精制与过滤,因而必须严格控制反应条件,减少副反应的发生。

综上所述,聚酯的单体对苯二甲酸乙二酯的生产主要有酯交换法、直接酯化法和直接加成法,这三种工艺路线各有特点。

酯交换法历史悠久,技术成熟,产品质量好而稳定,目前仍广泛采用。但其工艺过程长,设备多,投资大,且需要大量甲醇,甲醇和乙二醇回收量大,增加设备投资和能量消耗。

直接酯化法生产流程短,投资少,生产效率高,生产过程无须使用甲醇,乙二醇的耗用量少,可简化回收过程和设备,并能减少环境污染,特别适合于制造高聚合度的聚酯(PET)。直接酯化法的缺点是对苯二甲酸(TPA)和乙二醇(EG)在多相体系中反应,反应不易均匀,容易生成较多的二甘醇,影响PET的质量。

近年来,研究开发的中纯度TPA与EG酯化制取对苯二甲酸乙二酯(BHET)的工艺方法,省去TPA的精制,缩短了工艺过程,大大降低生产成本,经济效益显著。

直接加成法在理论上最为合理,因为上述两种方法所用原料EG,均由环氧乙烷加水合成。直接加成法的优点是生产过程短,原料低廉,产品纯度高。但由于环氧乙烷沸点低(10.7℃),常温下为气体,容易着火、爆炸,运输、储存和使用都不方便,因而目前采用此法的不多。

二、聚对苯二甲酸乙二酯的生产

通过酯交换反应制备BHET之后,加入0.03%~0.04%(摩尔分数)的缩聚反应催化剂[如三氧化二锑(Sb_2O_3)]以及0.015%~0.03%(摩尔分数)的稳定剂,温度逐渐升至270~280℃,压力降低至133.3Pa(1mmHg)以下进行缩聚反应,制成成纤PET。在此过程中,对苯二甲酸乙二酯分子间彼此多次缩合,不断释出乙二醇。在反应体系中,单体很快消失而转变成各种不同聚合度的缩聚物,缩聚物的聚合度随时间而逐渐增加。

缩聚反应式如下:

$$n\text{HOCH}_2\text{CH}_2\text{OOC} \hspace{-0.3em}\text{—}\hspace{-0.3em}\bigcirc\hspace{-0.3em}\text{—}\hspace{-0.3em}\text{COOCH}_2\text{CH}_2\text{OH} \rightleftharpoons$$

$$\text{HOCH}_2\text{CH}_2\text{OOC}\hspace{-0.3em}\text{—}\hspace{-0.3em}\bigcirc\hspace{-0.3em}\text{—}\hspace{-0.3em}\text{CO}\!\left[\!\text{OCH}_2\text{CH}_2\text{OOC}\hspace{-0.3em}\text{—}\right.$$

$$\left.\hspace{-0.3em}\bigcirc\hspace{-0.3em}\text{—}\hspace{-0.3em}\text{CO}\right]_{n-1}\!\text{OCH}_2\text{CH}_2\text{OH} + (n-1)\text{HOCH}_2\text{CH}_2\text{OH}$$

聚酯(PET)　　　　　　　　乙二醇(EG)

合成PET的缩聚反应是可逆平衡的逐步反应,为使反应向生成PET的方向进行,必须将反应所生成的EG尽快并完全地从反应体系中排除,使PET聚合度逐步增加,直至达到平衡为止。另外,PET缩聚过程是在较高温度(260~280℃)下进行的,在所生成的聚合物中存在着许多可被裂解的链、活性的链端基(如羟基、羧基)及少许低聚物、醚化物等。反应温度越高,则在多组分缩聚体系中,可形成的副反应产物就越多。热氧化裂解反应会使PET相对分子质量降低,颜色变深。为防止热裂解反应,必须在无氧或惰性气体保护下进行缩聚反应。若加入少量稳定剂,如磷酸盐或亚磷酸酯(亚磷酸三苯酯或磷酸三苯酯),也可提高PET熔体的热稳定性。

聚酯(PET)生产可采用间歇法缩聚和连续法缩聚。

三、聚对苯二甲酸乙二酯的结构与性能

（一）聚对苯二甲酸乙二酯的分子结构

聚对苯二甲酸乙二酯的化学结构式如下：

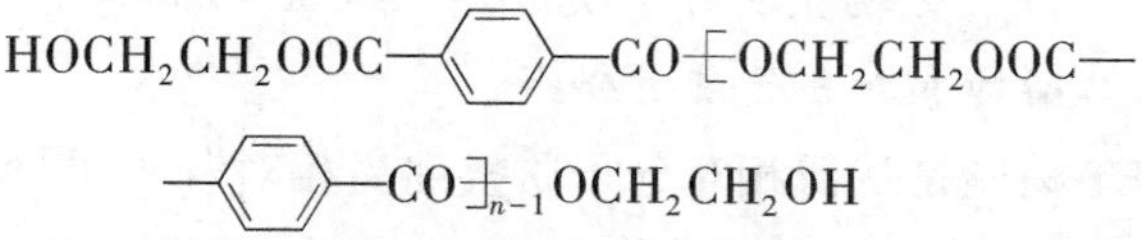

$$HOCH_2CH_2OOC-\!\!\!\bigcirc\!\!\!-CO\text{⎡}OCH_2CH_2OOC-$$

$$-\!\!\!\bigcirc\!\!\!-CO\text{⎤}_{n-1}OCH_2CH_2OH$$

聚酯（PET）是具有对称性芳环结构的线型大分子，没有大的支链，因此分子线型好，易于沿

着纤维拉伸方向取向而平行排列；PET 分子链中的 $-\!\!\!\bigcirc\!\!\!-\overset{\overset{O}{\|}}{C}-O-$ 基团刚性较大，因此，纯

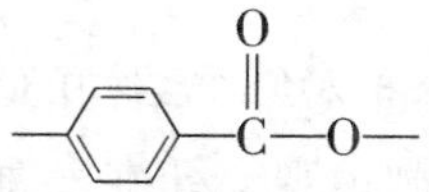

净的 PET 熔点较高（约 267℃）；由于分子内 C—C 链的内旋转，故分子存在两种空间构象。无
定形 PET 为顺式构象：

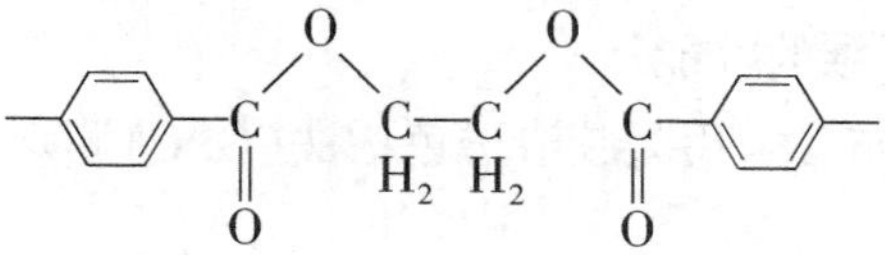

当 PET 结晶时，即转变为反式构象：

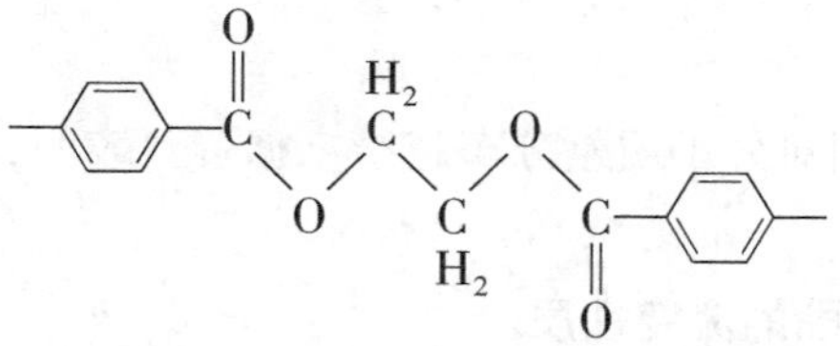

PET 分子链的结构具有高度的立体规整性，所有的芳香环几乎处在一个平面上，这样使得
相邻大分子上的凹凸部分便于彼此镶嵌，从而具有紧密敛集能力与结晶倾向；PET 分子间没有
特别强大的定向作用力，相邻分子的原子间距均是正常的范德华距离，其单元晶格属三斜晶系，

大分子几乎呈平面构型；PET 的分子链节是通过酯基（$-\overset{\overset{O}{\|}}{C}-O-$）相互连接起来的，故其许多
重要性质均与酯键的存在有关。如在高温和水分存在下，聚酯（PET）大分子内的酯键易于发生
水解，使聚合度降低，因此纺丝时必须对切片含水量严加控制。

由于缩聚反应过程中的副反应，如热氧化裂解、热裂解和水解作用等都可以产生羧基，并可
能存在醚键 $\text{⎡}O-(CH_2)_2-O\text{⎤}$，以致破坏 PET 结构的规整性，减弱分子间力，使熔点降低。

（二）聚对苯二甲酸乙二酯的相对分子质量及其分布

1. 聚对苯二甲酸乙二酯的相对分子质量

高聚物相对分子质量的大小直接影响其加工性能和纤维质量。PET 的耐热、耐光、耐化学
稳定等性质及纤维的强度均与相对分子质量有关，如 PET 相对分子质量小于 $1×10^4$ 时，就不能
正常加工为高强力纤维。工业控制通常采用相对黏度和特性黏数作为衡量相对分子质量大小
的尺度。特性黏数（$[\eta]$）与相对分子质量（M^a）的关系：

$$[\eta] = KM^a$$

民用成纤 PET 切片的相对黏度 η_r，至少为 1.30~1.36，相当于 $[\eta] = 0.55~0.65\text{dL/g}$，或相当于：

$$\overline{M}_w（重均相对分子质量）= 22000~27000$$

$$\overline{M}_n（数均相对分子质量）= 16000~20000$$

2. 聚对苯二甲酸乙二酯的相对分子质量分布

缩聚反应制得的 PET 树脂是从低相对分子质量到高相对分子质量的分子集合体，因此，各种方法所测定的相对分子质量仅具有平均统计意义，对于每一种 PET 切片，均存在相对分子质量分布问题。

PET 相对分子质量分布对纤维结构的均匀性有很大影响。在相同的纺丝和后加工条件下所制得的纤维，用电子显微镜观察纤维表面可见相对分子质量分布宽的纤维，其表面有大的裂痕，在初生纤维和拉伸丝内，裂痕的排列是紊乱的；而分布窄的纤维，无论未拉伸丝或拉伸丝，其表面基本是均一的，裂痕极微。因此，PET 相对分子质量分布宽会使纤维加工性能变坏，拉伸断头率急剧增加，并影响成品纤维的性能。

PET 的相对分子质量分布常采用凝胶渗透色谱法（GPC）测定，可用相对分子质量分布指数（α）来表征。

$$\alpha = \frac{\overline{M}_w}{\overline{M}_n}$$

式中的 α 值越小，表示相对分子质量分布越窄。据资料表明，对于高速纺丝，当 PET 的 $\alpha \leqslant 2.02$ 时，其可纺性较好。

（三）聚对苯二甲酸乙二酯的流变性质

1. 熔点

纯聚酯（PET）的熔点为 267℃，工业 PET 熔点略低，一般为 255~264℃。

熔点是 PET 切片的一项重要指标。如果切片熔点波动较大，则需对熔融纺丝温度作适当调整，但熔点对成形过程的影响不如特性黏数（相对分子质量）的影响大。

2. 熔体黏度

熔体纺丝时，聚合物熔体在一定压力下被挤出喷丝孔，成为熔体细流并冷却成形。熔体黏度是熔体流变性能的表征，与纺丝成形密切相关。

影响熔体黏度的因素是温度、压力、聚合度和切变速率等。随着温度的升高，熔体黏度依指数函数关系降低。

（四）聚对苯二甲酸乙二酯的物理性质和化学性质

纤维级 PET 的相对分子质量   15000~22000

玻璃化温度

    无定形   67℃

    晶态   81℃

    取向态结晶   125℃

熔点	264℃
熔体密度	1.220g/cm³(270℃)
	1.117g/cm³(295℃)
熔融热	130~134J/g
导热系数	1.407×10⁻³W/(cm·K)
折光指数	2.480(2℃)
	1.574(25℃)
体积膨胀系数	1.6×10⁻⁴(−30~60℃)
	3.7×10⁻⁴(90~190℃)
体积电阻(250℃,相对湿度65%)	1.2×10¹⁹Ω/cm

第三节　聚酯切片的干燥

一、聚酯切片干燥的目的和要求

聚酯切片在熔融纺丝之前必须进行干燥。干燥的目的是除去切片中的水分,并提高切片的结晶度和软化点。聚酯(PET)可能发生的降解有热降解、热氧化降解和水解三种。由于PET分子结构中存在着酯基,在熔融时极易水解,使相对分子质量下降,影响纺丝质量。即使PET切片中含有微量水分,在纺丝时也会汽化而形成气泡丝,造成纺丝断头或毛丝,甚至使纺丝无法进行。因此,在纺丝前必须先将湿切片进行干燥,使其含水率从0.4%下降到0.01%以下。PET熔体铸带是在水中急剧冷却,所得到的切片具有无定形结构,软化点较低。这种切片如不经干燥,进入螺杆挤出机后,会很快软化黏结,造成环结阻料。经干燥的PET切片,因发生了结晶,其软化点大大提高,切片也变得坚硬,且熔程狭窄,熔体质量均匀,不再发生环结阻料现象。因此,提高PET切片干燥质量,使其含水量尽可能低并力求均匀,以减少纺丝过程中相对分子质量的下降,从而可使纺丝、拉伸等过程顺利进行。

二、聚酯切片干燥的工艺控制

切片干燥过程实质上是一个同时进行的传热和传质过程,并伴随着高聚物结构(结晶)与性质(软化点等)的变化。

1. 温度

温度高则干燥速度加快,干燥时间缩短,干燥后湿切片的平衡含水率降低。但温度太高,则PET切片易黏结,大分子降解,色泽变黄。在180℃以上易引起固相缩聚反应,影响熔体均匀性。因此,通常预结晶温度控制在170℃以下,干燥温度控制在180℃以下。

2. 时间

干燥时间取决于采用的干燥方式和设备。对于同一设备,则干燥时间取决于干燥温度。在同一温度下,干燥时间延长,则PET切片含水率下降,均匀性亦佳;但时间过长则PET降解严重,色泽变黄。

3. 风速

风速提高,则 PET 切片与气流相对速度大,干燥时间可缩短;但风速太大,则 PET 切片粉尘增多。风速选择还与干燥方式有关。例如,沸腾干燥,需风速大,否则 PET 切片沸腾不起来,可采用 20m/s 以上的风速。而充填干燥则风速不能太大,否则把料床吹乱,不能保证 PET 切片在干燥器内以均匀的柱塞式下降,通常风速为 8~10m/s。风速的选择也与所用设备尺寸、料柱高度、生产能力等有关。

4. 风湿度

热风含湿率越低,则干燥速度越快,PET 切片平衡水分越少。因此必须不断排除循环热风中的部分含湿空气,并不断补充经除湿的低露点空气。如 BM 型干燥机所补充的新鲜空气含湿量小于 8g/kg。

三、聚酯切片干燥设备

聚酯(PET)切片干燥设备分为间歇式和连续式两大类。间歇式设备有真空转鼓干燥机;连续式设备有回转式、沸腾式和充填式等干燥机,也有用多种形式组合而成的联合干燥装置,如德国的 KF、BM、吉玛和日本的钟纺、奈良等干燥装置。

(一)间歇式干燥设备

真空转鼓干燥机是应用已久的间歇式干燥设备,如图 3-4 所示。设备主要由转鼓、真空系统和加热系统所组成。

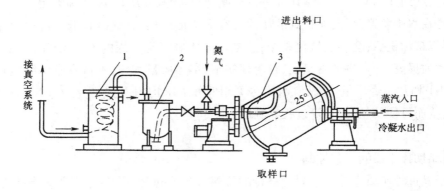

图 3-4 VC353 真空干燥机示意图
1—冷却桶 2—除尘桶 3—加热夹套

转鼓具有夹套结构,可通入蒸汽、汽缸油等进行加热,转鼓内与真空系统连接。切片由进料口加入,转鼓由电动机并通过减速齿轮箱传动而回转。由于倾角的存在,转鼓运转时 PET 切片翻动良好,不需搅拌也能达到均匀干燥的目的。

真空转鼓干燥机能较充分地排除水分,且在真空下可防止氧化降解和加速干燥速度。但这种干燥形式不适合连续生产,单机生产能力小,适合中、小型企业使用。

采用真空转鼓干燥时,干燥温度一般选择在115~150℃,真空转鼓干燥工作周期一般为8~12h,其中包括进出料1.5~2h,升温2.3~3.5h,保温3~4h,冷却1h。

(二)连续式干燥设备

1. 回转圆筒—充填干燥机

采用单一的干燥设备,往往干燥曲线形状相似,而聚酯切片质量不匀,难以达到工艺要求,因此,近年来出现了各种各样的组合干燥器。

回转圆筒—充填二级干燥是组合干燥的一种形式。此装置是与VD406涤纶短纤维纺丝机配套的切片干燥设备。前段是切片输送和回转圆筒干燥机,后段由切片输送系统和充填干燥机等部分组成。其工艺流程如图3-5所示。聚酯切片进入回转圆筒干燥机后被筒内翼片带动,借重力作用下落,被轴向气流吹动而移动一段距离,与热风进行热交换,使水分蒸发,所蒸发的水分被热风带走,以达到切片干燥和结晶的目的。

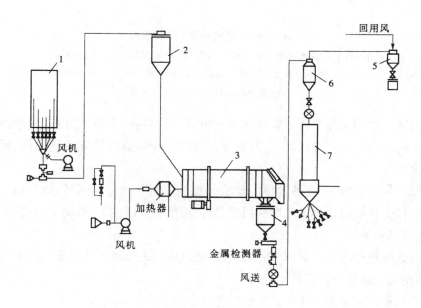

图3-5 回转圆筒—充填组合干燥工艺流程图

1—混合料仓 2—上部切片料斗 3—回转干燥机 4—下部切片料斗
5—旋风分离器 6—第三料斗 7—充填干燥机

回转圆筒—充填干燥机的特点是生产能力大,干燥聚酯切片能满足短纤维纺丝要求,最高日产量可达28~29t。其缺点是干燥流程长,设备庞大,由于无余热回收装置,能耗较高,并要求有较高压力的蒸汽,聚酯切片产生的粉末也较多。

自20世纪80年代以来,我国从国外引进了几种聚酯切片干燥设备及技术,现简单介绍如下。

2. KF式干燥设备

KF式干燥设备是德国卡尔菲休(KARLFISCHER)公司生产的连续式气流干燥设备。KF式干燥设备的干燥流程如图3-6所示,主要由干燥塔和热风系统组成。

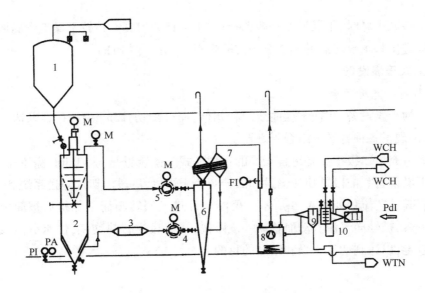

图 3-6　KF 式干燥工艺流程图

1—料仓　2—干燥塔　3—干空气加热器　4—进风风机　5—吸风风机

6—旋风分离器　7—热交换器　8—脱湿器　9—水分离器

10—空气冷冻器　11—空气过滤器

干燥塔的特点是预结晶器与干燥器均为充填式,安装在一个塔上,设备简单、管道少,占地和空间小。干燥塔内操作压力很低,有利于螺杆排气。预结晶器接近负压操作,搅拌产生的粉末可以被吸出。

热风系统均采用新鲜风,设备简单。预结晶直接采用干燥器的回风,流程短。干燥热风经干燥、预结晶、热交换器内预热等三次利用后,排出温度为 60~70℃,热能利用充分。

3. BM 式干燥设备

该设备由德国布勒米洛吉姆博(BUHLERMIAG GMBH)公司制造。预结晶有间歇式和连续式两种,结晶器与干燥器分开安装。

图 3-7 是间歇式预结晶和 BM 式干燥工艺流程图。

BM 式干燥装置的优点如下:

(1)预结晶温度高(聚酯切片 140~150℃),速度快(10~15min),聚酯切片表层坚硬。

(2)气缝式充填干燥器设计合理,聚酯切片干燥均匀,热风阻力小,可用中低压热风。

(3)热气流循环使用,热能回收率较高。

缺点是热风中粉尘较多,易在加热器上结焦,增加能耗。

4. 吉玛(Zimmer)公司预结晶—干燥设备

该装置采用卧式连续沸腾床预结晶机和充填干燥机组合(图 3-8)。结晶机内有一块装于振动弹簧上的卧式不锈钢多孔板,板面具一定倾斜度,170℃热气流自下部通过多孔板向上吹,使聚酯切片翻动呈沸腾状以防止黏结。预结晶切片通过振动器,不断送到充填干燥机中。

充填干燥机主体为圆柱体,底部为锥形,热气流分别从底部和中上部进入,通过气流分配环在塔内均匀分布。

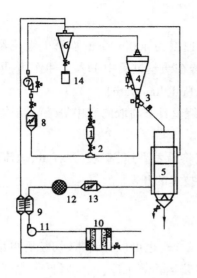

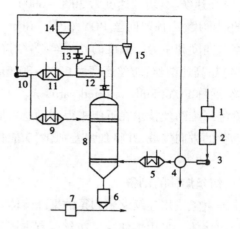

图 3-7　间歇式预结晶和 BM 式
干燥工艺流程图

1—批量槽　2—进料阀　3—换向阀

4—预结晶器　5—干燥塔　6—旋风分离器

7—预结晶风机　8—预结晶加热器

9—热交换器　10—脱湿器　11—干燥风机

12—过滤器　13—干燥加热器　14—粉末收集桶

图 3-8　沸腾床式预结晶和充填干燥工艺
流程（Zimmer 公司）

1—空气冷却器　2—氯化锂去湿机　3—干燥风机

4—省热器　5—电加热器　6—干料仓

7—空气脱湿器　8—充填干燥机　9、11—电加热器

10—预结晶风机　12—预结晶机　13—振动管

14—料斗　15—旋风分离器

此外，还有钟纺公司预结晶—干燥装置、帝人公司预结晶—干燥装置、奈良公司切片干燥装置等，这些装置技术较先进，可以大大缩短干燥周期，但各自也存在不足之处。

第四节　聚酯纤维的纺丝

聚对苯二甲酸乙二酯属于结晶性高聚物，其熔点 T_m 低于分解温度 T_d，因此常采用熔体纺丝法纺丝。熔体纺丝的基本过程包括：熔体的制备、熔体自喷丝孔挤出、熔体细流的拉长变细同时冷却固化以及纺出丝条的上油和卷绕。

目前，聚酯纤维的熔体纺丝成形可分为切片纺丝和直接纺丝两类。

20 世纪 70 年代以来，高速纺丝技术发展很快，不仅大大提高了生产效率和过程的自动化程度，而且进一步将纺丝和后加工联合起来，可从纺丝过程中直接制得有使用价值的产品。

聚酯纤维一般以纺丝速度的高低来划分纺丝技术路线的类型，如常规纺丝技术、高速纺丝技术和超高速纺丝技术等。

（1）常规纺丝：纺丝速度 1000～1500m/min。其卷绕丝为未拉伸丝，通称 UDY（Undraw yarn）。

（2）中速纺丝：纺丝速度为 1500～3000m/min。其卷绕丝具有中等取向度，为中取向丝，通称 MOY（Medium oriented yarn）。

（3）高速纺丝：纺丝速度为 3000~6000m/min。纺丝速度为 4000m/min 以下的卷绕丝具有较高的取向度，为预取向丝 POY（Pre-oriented yarn）。若在纺丝过程中引入拉伸作用，可获得具有高取向度和中等结晶度的卷绕丝，为全拉伸丝 FDY（Full draw yarn）。

（4）超高速纺丝：纺丝速度为 6000~8000m/min。卷绕丝具有高取向和中等结晶结构，为全取向丝，通称 FOY（Fully oriented yarn）。

聚酯纤维纺丝技术在近年来得到迅速发展。今后仍将沿着高速、高效、大容量、短流程、高速自动化的方向发展，并将加强差别化、功能化纤维纺制技术的开发。

一、纺丝熔体的制备

由缩聚釜或用连续缩聚制得的聚酯熔体可直接用于纺丝，也可以经铸带、切粒后再熔融以制备纺丝熔体。采用熔体直接纺丝可省去铸带、切粒、包装运输等工序，大大降低了生产成本，但对生产系统的稳定性要求十分严格，生产灵活性也较差；而聚酯切片纺丝则生产流程较长，但灵活性大，更换品种方便，生产过程较直接纺丝易于控制，在质量要求较高的场合多用切片纺丝法，如长丝生产目前均采用切片纺丝法，丙纶的纺丝也采用切片纺丝法。

聚酯纤维熔体纺丝广泛采用螺杆挤出机进行纺丝。

用于熔纺合成纤维生产的主要是单螺杆挤出机，其结构如图 3-9 所示。

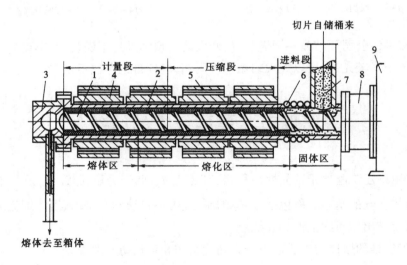

图 3-9　单螺杆挤出机结构简图
1—螺杆　2—套筒　3—弯头　4—铸铝加热圈　5—电热棒　6—冷却水管
7—进料管　8—密封部分　9—传动及变速机构

根据螺杆中物料前移的变化和螺杆各段所起的作用，通常把螺杆的工作部分分为进料段、压缩段和计量段。螺杆的各段长度比例与被加工物料的性质有关，可根据生产实践确定。

二、纺丝机的基本结构

我国熔体纺丝采用的螺杆挤出纺丝机有多种型号,这是根据纺制纤维的类别来编制的。如 VC 型为长丝纺丝机,VD 型为短纤维纺丝机。近年来从国外引进各种类型、规格的螺杆挤出纺丝机,能适应多品种熔纺合成纤维生产的要求,改变品种时,只需将螺杆的操作工艺条件加以适当调整即可。

纺丝机的种类及型号虽多种多样,但其基本结构相似,均包括以下一些构成部分。

(1)高聚物熔融装置:螺杆挤出机。

(2)熔体输送、分配、纺丝及保温装置:包括弯管、熔体分配管、计量泵、纺丝头组件及纺丝箱体部件。

(3)丝条冷却装置:包括纺丝窗及冷却套筒。

(4)丝条收集装置:卷绕机或受丝机构。

(5)上油装置:包括上油部件及油浴分配循环机构。

为制取高质量的卷绕丝,纺丝机的各部分结构仍在不断改进。

纺丝机中的纺丝头组件是喷丝板、熔体分配板、熔体过滤材料及组装套的结合件。其基本结构包括两部分:一部分是喷丝板、熔体分配板和熔体过滤材料等零件;另一部分是容纳和固定上述零件的组装套。纺丝头组件是纺丝熔体最后通过的一组构件,除确保熔体过滤、分配和纺丝成形的要求外,还应满足高度密封、拆装方便和固定可靠的要求。

纺丝头组件的作用:一是将熔体过滤,去除熔体中可能夹带的机械杂质与凝胶粒子,防止堵塞喷丝孔眼,延长喷丝板的使用周期;二是使熔体能充分混合,防止熔体产生黏度的差异;三是把熔体均匀地分配到喷丝板的每一小孔,形成熔体细流。

聚酯短纤维纺丝可分为常压和高压纺丝两种,因此,纺丝头组件也有两种组装形式。

图 3-10 为高压纺丝头组件。

三、纺丝过程中的主要工艺参数

熔体纺丝过程中有许多参变数,这些参变数决定纤维成形的历程和纺出纤维的结构和性能,生产中通过控制这些参数来制得所要求性能的纤维。为方便起见,按工艺过程把生产中控制的主要纺丝参数归纳成熔融条件、喷丝条件、固化条件、绕丝条件等项加以讨论。

(一)熔融条件

这里主要指高聚物切片熔融及熔体输

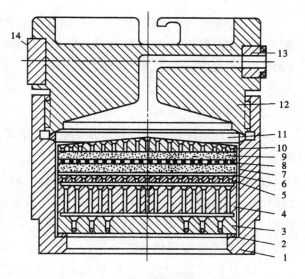

图 3-10　VD405 型高压纺丝头组件

1—喷丝板座　2—铝垫圈　3—喷丝板

4—耐压板　5—滤网托板　6—组合多层海砂

7—分配板　8—密封圈　9—压盖

10—铝垫圈　11—熔体进口接头

12—压力传感器接口　13—定位块　14—包边滤网

送过程的条件。

1. 螺杆各区温度的选择与控制

切片自进料后被螺杆不断向前推,经过冷却区,进入预热段,被套筒壁逐渐加热到达预热段末端紧靠压缩段时,温度达到熔点。在整个进料段内,物料有一较大的升温梯度,一般从50℃上升至265℃。在预热段内,物料温度基本低于熔点,即物料应基本上保持固体状态。进入压缩段后,随着温度的升高,并随着螺杆的挤压作用,切片逐渐熔融,由固态转变为粘流状态的熔体,其温度基本上等于熔点或略高于熔点。在压缩段还没有结束以前,切片已全部转化为流体,而在计量段内的物料,则为全部温度高于熔点的熔体。

2. 熔体输送过程中温度的选择与控制

螺杆通过法兰与弯管相连,由于法兰区本身较短,对熔体温度影响不大,但法兰散热量较大,故该区温度不宜过低,一般法兰区温度可与计量段相等或略低一些。

弯管则起输送熔体及保温作用,由于弯管较长,对聚酯降解影响较大。一般弯管区温度可接近或略低于纺丝熔体温度。

箱体是对熔体、纺丝泵及纺丝组件保温及输送并分配熔体至每个纺丝部位的部件,此区温度直接影响熔体纺丝成形,是纺丝工艺温度中的重要参数。适当提高箱体温度,有利于纺丝成形和改善初生纤维的拉伸性能,但也不宜过高,以免特性黏数明显下降。通常箱体温度为285~288℃,并依纺丝成形情况而定。

(二)喷丝条件

1. 泵供量

泵供量的精确度和稳定性直接影响成丝的线密度及其均匀性。熔体计量泵的泵供量除与泵的转数有关外,还与熔体黏度、泵的进出口熔体压力有关。当螺杆与纺丝泵间的熔体压力达2MPa以上,泵供量与转速呈直线关系,而在一定的转速下,泵供量为一恒定值,不随熔体压力而改变。

2. 喷丝头组件结构

喷丝头的组件结构是否合理以及喷丝板清洗和检查工作的优劣,均对纺丝成形过程及纤维质量有很大影响。

为使纤维成形良好,就应使熔体均匀稳定地分配到每一个喷丝孔中,这个任务由喷丝头组件内耐压板、分配板及粗滤网、滤砂来完成,且尽可能使组件内储存的空腔加大,保证喷丝头组件内熔体压力均匀,喷丝良好。

(三)丝条冷却固化条件

丝条冷却固化条件对纤维结构与性能有决定性的影响,为控制聚酯熔体细流的冷却速度及其均匀性,生产中普遍采用冷却吹风。

冷却吹风可以加速熔体细流冷却,有利于提高纺丝速度;而且加强了丝条周围空气的对流,使内外层丝条冷却均匀,为采用多孔喷丝板创造了条件;冷却吹风可提高初生纤维质量,拉伸性能好,又有利于提高设备的生产能力。

冷却吹风工艺条件主要包括风温、风湿、风速(风量)等。

(四)卷绕工艺条件

1. 纺丝速度

卷绕线速度通称为纺丝速度,纺丝速度越高,纺丝线上速度梯度也越大,且丝束与冷却空气的摩擦阻力提高,致使卷绕丝分子取向度高,双折射率增加,后拉伸倍数降低。

2. 上油、给湿

上油、给湿的目的是为了增加丝束的集束性、抗静电和平滑性,以满足纺丝、拉伸和后加工的要求。高速纺丝对上油的均匀性要求高于常规纺丝。上油方式一般可采用由齿轮泵剂量的喷嘴上油,或油盘上油以及喷嘴和油盘兼用三种形式。纺丝油剂是由多种组分复配而成,其主要成分有润滑剂、抗静电剂、集束剂、乳化剂和调整剂等。此外,对于高速纺的纺丝油剂还要求具有良好的热稳定性。

3. 卷绕车间的温湿度

为确保初生纤维吸湿均匀和卷绕成形良好,卷绕车间的温湿度应控制在一定范围内。一般生产厂卷绕车间温度冬天控制在 20℃ 左右,夏天控制在 25~27℃;相对湿度控制在 60%~75% 范围内。

四、聚酯短纤维的纺丝工艺

聚酯短纤维的纺丝,按其使用的原料状态不同,可分为切片纺丝和直接纺丝两类,这也是熔体纺丝法用于工业生产的两种实施方法。

切片纺丝工艺流程:

聚酯切片→干燥→熔融→纺丝→后处理→成品纤维

直接纺丝工艺流程:

聚酯熔体→纺丝→后处理→成品纤维

一般切片纺丝使用的是间歇酯交换、缩聚后的原料;而直接纺丝使用的是连续酯交换缩聚得到的聚合物熔体原料。

我国聚酯短纤维的产量较大,约占聚酯纤维总量的 60%,其技术路线仍以常规纺丝法为主。现代聚酯短纤维生产技术的特点是大型化、高速化、连续化。

(1)工艺特点:

①直接纺丝:大型聚酯短纤维厂几乎全部采用连续聚合、直接纺丝工艺,可大大提高过程的连续化和自动化程度。

②纺丝设备大型化:现代聚酯短纤维生产线的生产能力大多为日产 20~50t,最大规模为日产 100t,甚至可达 200t 以上;纺丝采用大型喷丝板,其孔数达 5000~50000 孔;纺丝线集束线密度达 30000dtex 以上;聚酯短纤维常规纺丝速度在 1500~2000m/min,高速纺丝已实现工业化生产,纺丝直接制条技术也得到推广应用。

③品种多样化:聚酯短纤维的品种繁多,除棉型、毛型、中长型、高强低伸型外,还有异形纤维、有色纤维、超细纤维、三维卷曲纤维等品种,使纺织原料多样化,产品高档化,以提高聚酯短纤维产品的附加值。

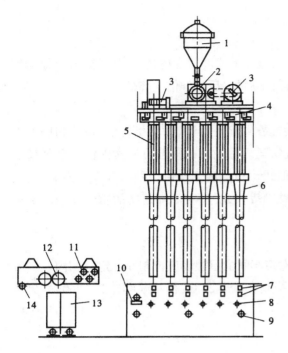

图 3-11 聚酯短纤维常规纺丝工艺流程图

1—切片料桶 2—螺杆挤出机 3—螺杆挤出机和计量
泵传动装置 4—纺丝箱体 5—吹风窗 6—甬道
7—上油轮 8—导丝器 9—绕丝辊 10—总上油轮
11—牵引辊 12—喂入轮 13—受丝桶 14—总绕丝辊

（2）常规纺丝工艺：聚酯短纤维多采用卧式螺杆挤出机熔体纺丝，其常规纺丝工艺流程如图3-11所示。

①纺丝温度：纺丝时螺杆各区温度控制在290~300℃，纺丝箱体温度控制在285~310℃。纺丝温度过高会导致热降解，熔体黏度下降，造成气泡丝；纺丝温度过低，则使熔体黏度增高，造成熔体输送困难而出现漏浆现象，纺丝温度过高或过低均会导致成形时产生异常丝。生产要求纺丝温度波动范围越小越好，一般不超过±2℃。

②纺丝压力：聚酯短纤维熔体纺丝压力为0.5~0.9MPa称为低压纺丝；15MPa以上为高压纺丝。采用低压纺丝时，一般需升高纺丝温度，以改善熔体的流变性能，但易引起热降解；而采用高压纺丝时，由于组件内滤层厚而密，熔体在高压下强行通过滤层会产生大的压力降，使熔体温度升高。压力每升高10MPa，熔体温度约升高3~4℃。因此采用高压纺丝可降低纺丝箱体的温度。

③丝条冷却固化条件：冷却吹风有利于丝条均匀冷却，使丝条横截面结构均匀。吹风温度的选定与纺丝速度、产品线密度、设备特征等因素有关。聚酯短纤维生产中，环形吹风的温度一般为30℃±2℃、风的湿度为70%~80%。

吹风速度对纤维成形的影响比风温和风湿更大。随着纺丝速度的提高或孔数增多，吹风速度应相应加大，生产中吹风速度一般为0.3~0.4m/s。吹风速度的分布可为弧形或直形分布，均能达到良好的冷却效果。一般在喷丝板下10cm处开始吹风，其目的是使熔体细流在其上一段距离内保持静止状态，同时避免冷却气流影响喷丝板面的温度。

④纺丝速度：聚酯短纤维纺丝速度为1000m/min时，后拉伸倍数约4倍；当纺丝速度增大到1700m/min时，后拉伸倍数只有3.5倍。后拉伸倍数的选择一般根据纺织加工的需要而确定，其可拉伸倍数则取决于纺丝速度。为保证卷绕丝具有良好的后加工性能，常规纺短纤维的纺丝速度应控制在2000m/min以内。

五、聚酯长丝的纺丝工艺

1. 聚酯长丝的发展概况

聚酯长丝包括普通长丝(复丝)、工业用长丝、弹力丝、空气变形丝等品种。聚酯长丝的工业化晚于聚酯短纤维。1955年英国帝国化学工业公司首先建成年产1000t的聚酯长丝厂。在以后的几年内,聚酯长丝的发展建设较聚酯短纤维慢,但进入 20 世纪 60 年代以后,聚酯长丝的生产得到了迅速发展,1960~1985 年,聚酯长丝产量年平均递增 314%,而聚酯短纤维年平均递增率仅为 178%。20 世纪 80 年代后期,聚酯长丝产量的增长又明显减慢。目前在聚酯纤维中,长丝产量占 63%。

国外聚酯长丝的发展趋势是生产规模日益扩大,拉伸丝和变形丝同时发展,产品为高线密度丝和低线密度丝,以高线密度丝为主,单丝线密度日趋细化,聚酯长丝的用途日益广泛,遍及工业、装饰、衣着等领域。

聚酯长丝之所以能得到迅速发展,原因如下:

(1)聚酯长丝不必纺纱,也不需混纺,可直接用于织造。近年来,高效经编机、纬编机、喷水织机以及新型后整理设备的配套开发,大大提高了聚酯长丝后加工的生产效率。

(2)聚酯长丝的基建投资虽高于聚酯短纤维,但可以省去纺织加工的投资,两者之和相差不大,而前者的定员比后者少 2~3 倍,人均利润高 4~5 倍。

(3)聚酯长丝的生产技术发展迅速,纺丝速度已由 1000m/min 提高到 3500m/min 以上。工业路线已由"低速纺丝—拉伸加捻—变形加工"的三步法,简化为"高速纺丝—拉伸变形"的二步法,进而又发展到"纺丝—拉伸"一步法,从而降低了投资和成本,提高了产品质量和生产效率。

(4)聚酯长丝的品种繁多,易于生产差别化纤维。聚酯长丝的各种优异性能决定了它的广泛用途,这是聚酯短纤维无法比拟的。

2. 聚酯长丝的生产工艺路线

聚酯长丝分类如下:

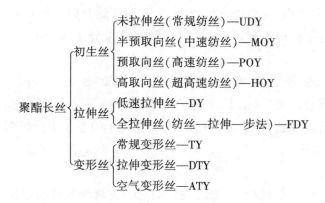

聚酯长丝的生产工艺发展很快,种类很多。按纺丝速度可分为常规纺丝工艺、中速纺丝工艺和高速纺丝工艺三类。按工艺流程又可分为三步法、二步法和一步法三类。

(1)常规纺丝:常规纺丝又称低速纺丝。纺丝速度 1000~1500m/min,拉伸加捻速度 600~1100m/min,假捻变形速度 120~160m/min。可纺制 33~167dtex 的长丝。

(2)中速纺丝:纺丝速度为 1500~3000m/min。卷绕丝称半预取向丝(MOY)。

①MOY—DY 工艺:此工艺采用中速纺丝和低速拉伸。拉伸加捻速度为 800~1200m/min。可纺制 33~167dtex 的拉伸丝。

②MOY—DTY 工艺：此工艺采用中速纺丝和高速拉伸变形。MOY 的剩余拉伸倍数为 2.1~2.4 倍，拉伸变形的速度为 400~500m/min。可纺制 55~88dtex 的变形丝。

（3）高速纺丝：高速纺丝的纺丝速度为 3000~6000m/min。卷绕丝为预取向丝（POY）。在高速下，纤维产生一定的取向度，结构比较稳定。

①POY—DTY 工艺：此工艺采用高速纺丝和高速拉伸变形，是典型的二步法工艺路线。POY 的后加工速度通常为 450~700m/min。可纺制 50~167dtex 的变形丝（DTY）。其特点是工艺流程短，生产效率高，基建投资省，是变形丝生产的发展方向。

②POY—DY 工艺：此工艺采用高速纺丝和低速拉伸加捻。可纺制 55~110dtex 的拉伸丝。拉伸比为 1.3~1.7 倍。

（4）全拉伸丝：全拉伸丝（FDY）生产工艺采用低速纺丝、高速拉伸，且两道工序在一台纺丝拉伸联合机上完成。纺丝速度为 900m/min，拉伸速度为 3200m/min，拉伸比为 3.5 倍。可纺制 55~167dtex 的拉伸丝。全拉伸丝质量较稳定，毛丝断头较少。

（5）高取向丝：高取向丝（HOY）亦称全取向丝（FOY）。纺丝速度为 6000~8000m/min。由于大幅度提高了喷丝头拉伸比，卷绕丝的取向度大大提高，但微晶尺寸较大，非晶区取向度较低，目前尚处于研究阶段。

3. 聚酯长丝纺丝工艺特点

（1）对原材料的质量要求高：原料切片（或熔体）的质量和可纺性与产品质量密切相关。由于长丝纺丝温度高，熔体在高温下停留时间长，因此要求切片含水率低。常规纺长丝切片的含水率不大于 8×10^{-5}（纺短纤维时切片含水率为 2×10^{-4}）。此外，还要求干切片中粉末和黏结粒子少，干燥过程中的黏度降低，干燥均匀性好。

（2）工艺控制要求严格：聚酯长丝生产中，为了保证纺丝的连续性和均一性，工艺参数需严格控制。如熔体温度波动不超过 ±1℃，侧吹风风速差异不大于 0.1m/s，纺丝张力要求稳定等。

（3）高速度、大卷装：聚酯长丝的纺丝卷绕速度为 1000~8000m/min。在不同卷绕速度下制得的卷绕丝具有不同的性能，目前长丝的纺丝速度趋向高速化，工业生产中已经普遍采用 5500m/min 的纺丝速度。随着纺丝速度的提高，长丝筒子的卷装重量越来越大，卷绕丝筒子的净重从 3~4kg 增至 15kg。

4. 常规纺丝工艺

常规纺丝与高速纺丝、纺丝拉伸一步法技术相比，常规纺丝的纺丝速度较低，生产变形丝时，拉伸与变形要分两步进行，工艺流程长，生产效率较低。但常规纺丝的设备制造要求低，一次性投资少，生产技术易于掌握，尤其是在拉伸丝的生产上更显示出其优越性，因此在聚酯长丝生产中仍占有相当重要的地位。

图 3-12 是长丝纺丝工艺流程图。

生产中主要控制的工艺参数如下：

（1）纺丝温度：长丝纺丝可采用低温或高温进料的纺丝工艺。熔体纺丝温度一般控制在 280~290℃ 范围内，视切片黏度和挤出量进行调节。

（2）螺杆挤出压力：螺杆挤出压力用于克服熔体在管道和混合器等设备内的阻力，以保证计量泵有一定的入口压力。实际生产中螺杆挤出压力控制为 6.5~7.5MPa，而纺丝组件的压力则控制在 9.8~24.5MPa 范围内。

（3）冷却条件：长丝纺丝一般采用侧吹风的冷却形式。冷却吹风温度一般控制在 20~30℃，常采用 28℃。冷却风湿度通常控制在 70% 左右。风速对卷绕丝的结构和性能有较大影响，不同线密度的丝条，冷却风速有不同的要求，一般情况下，吹风速度随丝条线密度增大而提高。常规纺丝的冷却风速采用 0.3~0.5m/min。

（4）卷绕速度：卷绕速度是影响卷绕丝预取向度的重要因素。卷绕速度越高，卷绕丝预取向度越高，后拉伸倍数越低。常规纺聚酯长丝的最佳纺丝速度为 900~1200m/min。

（5）上油量：卷绕丝的上油量直接决定成品丝的含油量。油剂浓度越高，卷绕丝的上油量亦越高。上油量视丝的最终用途而定，机织用丝为 0.6%~0.7%，针织用丝为 0.7%~0.9%，加弹用丝为 0.5%~0.6%。油轮转速 10~20r/min，油剂质量分数为 10%~16%。

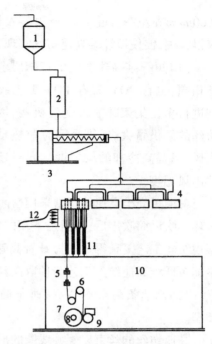

图 3-12　长丝纺丝工艺流程图

1—切片料仓　2—切片干燥机　3—螺杆挤出机　4—箱体　5—上油轮　6—上导丝盘　7—下导丝盘　8—卷绕筒子　9—摩擦辊　10—卷绕机　11—纺丝甬道　12—冷却吹风

第五节　聚酯纤维的高速纺丝

高速纺丝是 20 世纪 70 年代发展起来的合成纤维纺丝新技术。高速纺丝的生产能力比常规纺丝高 6~15 倍。并将纺丝和拉伸合并，从而减少工艺损耗。高速纺丝技术在聚酯纤维生产中应用最为广泛，近年新建的聚酯长丝厂大多采用高速纺丝技术。

高速纺丝与常规纺丝的工艺过程基本相似，但由于纺丝速度提高，卷绕丝的性能发生根本变化。例如，纤维的取向度高，但结晶度不高，纤维柔软，易染色等，这是由于卷绕丝性能对纺丝速度的依赖性所致。

一、短纤维高速纺丝

随着高速纺丝技术的出现和发展，短纤维的高速纺丝已实现工业化生产。以往的短纤维生产是采用一对喂入齿轮将纤维束储于条筒中。但当纺丝速度高于 2500m/min 时，喂入齿轮会使丝束产生毛丝，且由于两只喂入齿轮高速旋转产生的空气涡流，将丝束缠绕在喂入轮上。因此对于聚酯短纤维的高速纺丝，由于缺少完善的圈条装置而发展缓慢，最高的纺丝速度也只有

2000m/min 左右。近年来,丝束落入条筒的沉降速度问题已通过采用螺旋圈状沉降式布丝器而获得解决,促使短纤维高速纺丝实现工业化生产。

（1）短纤维高速纺丝的特殊要求:短纤维的高速纺丝工艺原理与后文所述的长丝高速纺丝相同,也有 POY 工艺、FOY 工艺或纺丝—拉伸—卷曲连续化工艺。但由于短纤维在纺丝机上进行多位集束并喂入受丝机构,因此,高速化必须解决丝束喂入问题。另外,由于短纤维纺丝的泵供量大,纤维凝固时散热量也大,为了使丝条凝固均匀,一般采用环形吹风或径向吹风,以提高冷却的均匀性。同时还要控制吹风速度、吹风温度、吹风湿度以及吹过丝条后的出风温度。

聚酯短纤维高速纺丝常采用密闭式的吹风形式,即环形吹风筒与甬道连接处是密闭的。风从环形吹风筒吹出后,由甬道下端的侧面排出。由上述短纤维高速纺丝特点可知,高速纺丝比常规纺丝工艺复杂得多。短纤维高速纺丝的单丝线密度以较低为宜,一般选择 2.8dtex 以下。聚酯短纤维高速纺丝工艺与预取向丝(POY)性质有密切关系。

（2）高速条筒布丝器:高速条筒布丝器有螺旋圈状沉降式、帘子缓冲式、圆网缓冲式等类型。

高速纺丝的丝束以螺旋线圈的形式盘卷在条筒内,欲使丝束在条筒内充填密度均匀,可将圈条按心形曲线在条筒内盘卷,或圈条按偏心圆运动,均能达到均匀的充填密度,这不仅可简化传动装置,且可节省设备投资。

（3）聚酯短纤维高速短程纺丝工艺:聚酯短纤维高速短程纺丝工艺是 20 世纪 80 年代出现的先进纺丝技术之一,其特点是高速、多孔、短程、连续和高速自动化。

我国引进的高速一步法短程纺丝工艺,纺丝速度可达 2000～3000m/min,喷丝板孔数为 2860 孔,采用热辊拉伸、中压蒸汽卷曲和高速切断,产品呈立体卷曲,其工艺流程如图 3-13 所示。

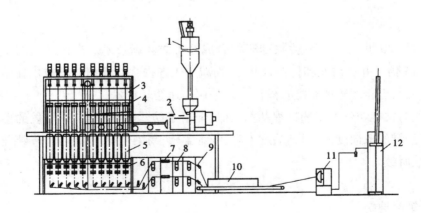

图 3-13　聚酯短纤维高速短程纺丝工艺流程图

1—切片干燥机　2—螺杆挤出机　3—纺丝箱　4—环吹风套　5—纺丝甬道

6—上油轮　7—蒸汽加热器　8—拉伸辊　9—卷曲器　10—定型装置

11—切断机　12—打包机

高速短程纺丝与常规纺丝的主要区别是:凝固丝条在纺丝机上经二道油轮上油后,立即进行二级热辊拉伸和中压蒸汽卷曲、松弛热定型、喷油,并连续切断呈三维立体卷曲的短纤维。从原料切片到短纤维的生产过程连续一步完成。纺丝速度为2000~3000m/min,具有高速高效的优点。

二、长丝高速纺丝

高速纺丝是利用纺丝过程中,大变形和大应力使从喷丝孔挤出的高聚物熔体冷却、固化的同时,发生取向、结晶化的近代纺丝法。聚酯的高速纺丝是20世纪70年代初发展起来的,由于高速纺丝具有很多优越性,这项技术得到了迅猛发展,国外至今已有90%以上的长丝采用高速纺丝技术生产。我国从20世纪80年代初开始引进高速纺丝生产技术和主要设备,目前约有60~80家工厂投入生产,初步形成每年200~300千吨的生产能力。

高速纺丝的主要特点如下:

(1)提高纺丝机的产量:由于长丝高速纺丝比普通纺丝的纺速高2~4倍,因而喷丝孔的吐出量大,单机生产能力高。聚酯长丝随纺速增加,产量的递增率见表3-1。由表中可见,纺速从1000m/min提高到3500m/min,产量可增加47%。显然这并不是随纺速的增加呈线性增加,尤其当纺速超过3000m/min以上时,产量的增加相当微小,在3600m/min以后,产量几乎不随纺速的增加而增大。这是因为随纺速的提高,虽然卷绕丝的长度按比例增加,但卷绕丝的后拉伸倍数却随纺速的增加而下降,为了得到一定线密度的成品丝,就必须降低卷绕丝的线密度,使其变细,因此产量不呈线性增加。

表3-1 纺丝速度与产量的递增率

纺速/m·min^{-1}	剩余拉伸倍数/倍	产量递增率/%	纺速/m·min^{-1}	剩余拉伸倍数/倍	产量递增率/%
1000	3.6	—	3000	1.8	3
1500	3.0	25	3500	1.6	3
2000	2.5	11	4000	1.4	—
2500	2.1	5			

(2)预取向丝(POY)的结构稳定性好:常规纺的UDY随放置时间的增加,纤维的性质发生很大的变化,而POY由于有一定的取向度,结构比较稳定,随放置时间和条件的变化,其性质变化甚微。

(3)纺丝中抗外界干扰性强:随着纺丝速度的增加,纺丝张力增大,纺丝过程受外来的干扰相对减少,有利于提高成品纤维的均匀性,从而改进了纤维的力学性质和染色性质。

(4)预取向丝(POY)适合用内拉伸法生产拉伸变形丝(DTY):由于POY的预取向度比较高,后拉伸倍数较小,这样可以省去投资多、占地大、用人多的拉伸加捻工序。可以将拉伸和变形在拉伸变形机中一步完成得到DTY。由于减少了半成品丝的卷绕和退卷,不但降低了生产成本,而且提高了产品质量。POY—DTY技术是生产聚酯低弹丝的方向。

目前,聚酯预取向丝的生产、全拉伸丝的生产、全取向丝的生产成为聚酯长丝生产的主流。

第六节　聚酯纤维的后加工

聚酯纤维后加工是指对纺丝成形的初生纤维(卷绕丝)进行加工,以改善纤维的结构,使其具有优良的使用性能。

后加工包括拉伸、热定型、加捻、变形加工和成品包装等工序。

纤维后加工有如下作用:

(1)将纤维进行拉伸(或补充拉伸),使纤维中大分子取向,并规整排列,提高纤维强度,降低伸长率。

(2)将纤维进行热处理,使大分子在热作用下,消除拉伸时产生的内应力,降低纤维的收缩率,并提高纤维的结晶度。

(3)对纤维进行特殊加工,如将纤维卷曲或变形、加捻等,以提高纤维的摩擦系数、弹性、柔软性、蓬松性,或使纤维具有特殊的用途及纺织加工性能。

一、聚酯短纤维的后加工

1. 聚酯短纤维后加工的目的和要求

聚酯短纤维生产大多采用常规纺丝法,纺丝速度较低,所得卷绕丝由于取向度低,强度很低,仅为 1dN/tex 左右,而伸度高达百分之几百,无实用价值。所以卷绕丝还必须进行拉伸,提高分子排列的有序性,使纤维获得足够的强度和合适的伸度,以符合各种使用要求。

经拉伸后的纤维强度虽高,由于内应力较大,在热作用下还会发生收缩,尺寸稳定性不良。为了提高其热稳定性,还必须进行热定型。至于采用何种热定型方式,要根据用途而定。

为了适合与其他天然或化学纤维混纺,在后处理过程中纤维还必须进行卷曲,以增加纤维间的抱合力及成纱强力,再经上油以防止静电,提高可纺性,最后经切断制成一定长度的短纤维成品。

2. 工艺流程

视纤维品种不同,后加工流程和设备均有差异。目前国内生产的聚酯短纤维可分为普通型和高强低伸型两类,后加工相应也有两种流程。

聚酯短纤维后加工主要由集束、拉伸、定型、卷曲、上油、切断和打包等工序组成。典型的工艺流程如图3-14所示。

上述工艺流程适用于高强低伸型聚酯短纤维的生产,若生产普通型纤维,则不需要经过紧张热定型机和油冷却槽部分。本工艺流程较为复杂,多用于大中型厂生产,对于小型工厂多采用五辊拉伸机。

3. 工艺过程讨论

(1)初生纤维的存放及集束:刚成形的初生纤维其预取向度不均匀,需经存放平衡,使内应力减小或消除,预取向度降低,卷绕时的油剂扩散均匀,从而改善纤维的拉伸性能。存放平衡后

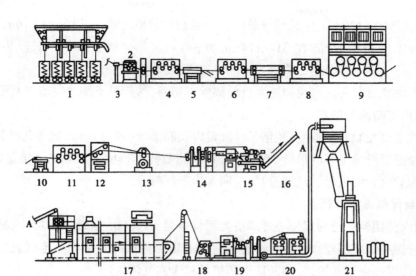

图 3-14 聚酯短纤维后加工工艺流程图

1—集束架　2—八辊导丝机　3—导丝架　4——道七辊　5—油剂浴加热器　6—二道七辊
7—热水或过热蒸汽加热器　8—三道七辊　9—紧张热定型机　10—油冷却槽　11—四道七辊
12—重叠架　13—二辊牵引机　14—张力架　15—卷曲机　16—皮带输送机
17—松弛热定型机　18—捕结器　19—牵引机　20—切断机　21—打包机

的丝条进行集束。所谓集束是把若干个盛丝筒的丝条合并,集中成工艺规定线密度的大股丝束,以便进行后处理。

(2)拉伸:在短纤维生产中,拉伸工艺采用集束拉伸,拉伸是靠各拉伸机之间的速度差异来完成的。目前聚酯短纤维生产通常采用间歇集束两级拉伸工艺。其工艺条件包括拉伸温度、拉伸介质、拉伸速度、拉伸倍数及其分配、拉伸点的控制等。

(3)热定型:热定型的目的是消除纤维内应力,提高纤维的尺寸稳定性,并且进一步改善其力学性能。热定型可使拉伸、卷曲效果固定,并使成品纤维符合使用要求。热定型可以在张力下进行,也可以在无张力下进行,前者称紧张热定型(包括定张力热定型和定长热定型),后者称松弛热定型。生产不同品种和不同规格的纤维,往往采用不同的热定型方式。影响热定型的主要工艺参数是定型温度、时间及张力。

(4)卷曲:聚酯短纤维通常用于与棉、毛或粘胶纤维混纺,以织造各种织物。羊毛的表面有鳞片、棉纤维有天然扭曲,而聚酯纤维截面近似圆形,表面光滑,因此纤维间的抱合力较小,不易与其他纤维抱合在一起,即可纺性差,对纺织加工不利,故必须进行卷曲,使其具有与天然纤维相似的卷曲性。

聚酯纤维分子链比较刚直,不易膨化,工业上都用填塞箱型机械卷曲。卷曲效果的衡量标准是卷曲数、卷曲度、卷曲的均匀性和稳定性。目前,一般聚酯短纤维的卷曲数要求为:棉型 5~7 个/cm;毛型 3~5 个/cm。

(5)切断和打包:聚酯短纤维的长度由纤维的品种决定。通常,棉型聚酯短纤维名义长度为 38mm,毛型为 90~120mm,中长纤维长度介于棉型与毛型之间,一般为 51~76mm。也有根据用户要求切成不等长(如分布在 51~114mm 范围)短纤维。或直接生产长丝束再经牵切成条的。

根据切断方式可分为先经拉伸卷曲后的湿丝束切断,然后再干燥热定型以及湿丝束先干燥热定型,然后再切断两种形式。

切断纤维主要控制长度偏差、超倍长纤维量以及黏结丝(或称并丝)量等几个指标。

打包是聚酯短纤维生产的最后一道工序,将聚酯短纤维打成一定规格和重量的包,以便运送出厂。成包后应标明批号、等级、重量、时间和生产厂等。

4. 聚酯短纤维后处理设备

目前,国内使用较广泛的聚酯短纤维后处理设备是 LVD 802 短纤维后加工联合机,它具有高速度和可处理高线密度丝束的特点。设备包括七辊拉伸机并有紧张热定型装置。后加工过程中,在切断前以丝束形式输送,切断后则用机械输送或气流输送。

国内一些大型化纤企业如天津石油化纤厂等引进日本东洋纺设备,工艺先进、自动化程度高,操作方便,产量大且产品质量好。

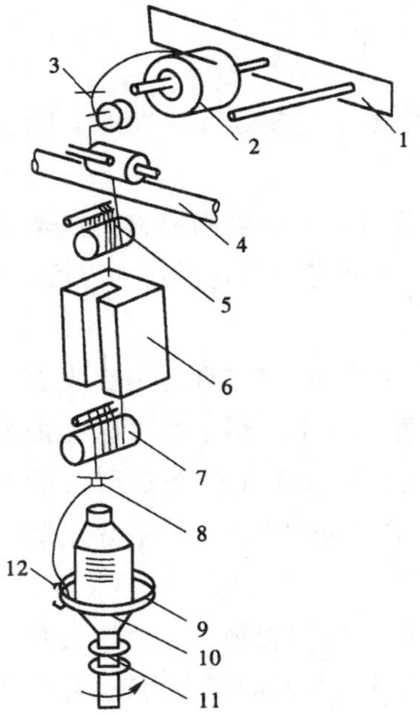

图 3-15 聚酯长丝拉伸
加捻机示意图

1—筒子架　2—卷绕丝　3、8—导丝器
4—喂入辊　5—上拉伸盘　6—加热器
7—下拉伸盘　9—钢领　10—筒管
11—废丝轴　12—钢丝圈

二、聚酯长丝的后加工

近年来,由于对工业和民用长丝的迫切需求,聚酯长丝生产发展很快。

与聚酯短纤维一样,聚酯长丝纺丝成形后,必须经过一系列后加工,才能进行纺织加工并具有实用价值。

聚酯长丝后加工工艺流程比聚酯短纤维简单,但聚酯长丝的规格繁多,其后加工流程也不尽相同。聚酯长丝后加工过程取决于原丝的生产方法和产品的最终用途。常规纺卷绕丝与高速纺卷绕丝的后加工过程基本相同,区别仅在于常规纺卷绕丝需要进行高倍拉伸,而高速纺卷绕丝则只需进行补充拉伸(或不需拉伸)的后加工。

以预取向丝(POY)为原料经后加工制得的产品,主要有普通长丝、假捻变形丝(低弹丝)和空气变形丝以及其他差别化长丝,如网络丝、混纤丝等。

近年来,将聚酯长丝后加工与纺织加工联合,在拉伸整经机上将 1200~1600 根 POY 集中拉伸为全取向丝(FOY),进而制成经轴或经片的 WDS 工艺(拉伸、整经、上浆、射频干燥)和 WDZ 工艺(拉伸、整经),在我国正在发展中。

图 3-15 是普通聚酯长丝的后加工设备——拉伸加捻机结构示意图。

普通聚酯长丝又称拉伸丝,主要用常规纺的未拉伸丝

（UDY）进行加工。

聚酯长丝后加工主要工艺参数如下。

1. 拉伸倍数

拉伸倍数由冷拉伸盘和热拉伸盘的线速度之比确定,应大于卷绕丝的自然拉伸比,小于最大拉伸比,一般为 3.5~4.2 倍。

2. 拉伸温度

拉伸温度指热拉伸盘温度,应高于纤维玻璃化温度 10~20℃,一般控制在（80~90）℃±10℃。在此范围内温度变化对纤维强度无明显影响;但随温度升高,拉伸倍数可以增大、结晶度升高、拉伸应力下降、毛丝减少、染色不匀率增加。

3. 拉伸速度

拉伸速度一般在 800m/min 左右,过高的拉伸速度容易出现毛丝。

4. 定型温度

定型温度指热板或狭缝温度,一般控制在 180℃左右。

三、假捻变形丝的加工

假捻变形丝是弹力丝的一大品种。弹力丝是一种长丝变形纱,是以长丝为原料,利用纤维的热塑性,经过"变形"和热定型而制得的高度卷曲蓬松的新型纱。在长度方向,伸缩性相当于原长的数倍。在蓬松性方面较原丝提高数十倍,使长丝的外观和性能都有很大改变。

假捻变形法是将加捻、热定型、解捻这三个过程在同一台机器上完成,生产效率大大提高。特别是 20 世纪 70 年代初,美国使拉伸假捻法实现了工业化生产,进一步简化了工艺流程,减少了基建投资,提高了劳动生产率,降低了生产成本,在众多的变形法中,假捻法的应用遥遥领先。以假捻变形法生产的弹力丝,其产量约占聚酯弹力丝的 90%以上。

聚酯弹力丝具有优异的蓬松性、覆盖能力和某些短纤维的外观特性;改进了聚酯长丝的外观、蜡状手感等不足,又保留了聚酯纤维固有的高强度、挺括等优良性能;织物美观,花式品种繁多,适用于针织或机织。

1. 弹力丝的制造方法与品种

弹力丝的制造方法很多,如图 3-16 所示。

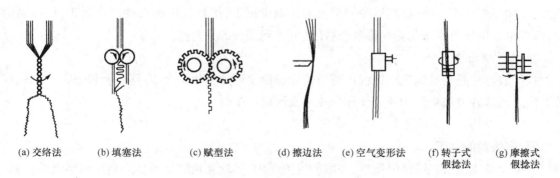

| (a) 交络法 | (b) 填塞法 | (c) 赋型法 | (d) 擦边法 | (e) 空气变形法 | (f) 转子式假捻法 | (g) 摩擦式假捻法 |

图 3-16　PET 弹力丝的加工方法

交络法是将两根长丝交络加捻、定型后再分开以制取弹力丝。填塞法是用一对喂入辊,将长丝挤入填塞箱内,挤成卷曲状后,从箱内排出,形成弹力丝。赋型法是用一对齿轮状啮合辊,将长丝压成齿形卷曲。擦边法是将长丝在一定张力下,擦过刀口,使丝一边受损伤而发生卷曲。空气变形法也称吹捻法,是借助高速气流,将长丝各根单丝吹乱,形成卷曲状态。假捻法则是依靠假捻锭组的高速旋转,使紧贴于假捻器表面的丝加捻,定型后再解捻,使丝呈螺形卷曲状态。

弹力丝品种很多,按其弹性大小可分为高弹丝和低弹丝两种。聚酯弹力丝按其弹性大小可分为低弹丝和中弹丝两类,弹性回复率在35%以下的称为低弹丝,在35%以上的称为中弹丝。

2. 假捻变形原理

纱线加捻方向(通称捻向)有左捻(S 捻)和右捻(Z 捻)之分,如图 3-17 所示。图 3-18 为假捻原理示意图。

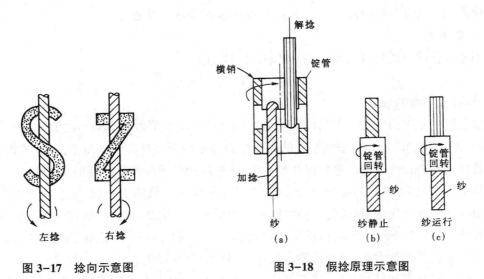

图 3-17　捻向示意图　　　　图 3-18　假捻原理示意图

当纱线两端固定[图 3-18(b)]锭管旋转时,锭管上下两端的纱线会发生加捻作用,且捻向相反,捻回数相等。实际进行变形加工时,纱线是不断向上运行的,输入锭管的捻回在输出端立即发生解捻[图 3-18(a)、(c)]。因此这种加捻方式并不能得到真正的捻度,故称"假捻"。

在假捻变形的加捻阶段,丝束在加热器中利用分子的热运动消除因加捻扭曲而产生的扭曲应力,使加捻变形不可恢复,然后冷却至玻璃化温度以下,把加捻后的形变固定下来,虽再经解捻,每根单丝仍保留原来的卷曲形状,这样就可得到蓬松的弹力丝。

3. 拉伸假捻变形

拉伸假捻法是将纤维生产过程中的拉伸和假捻变形加工相结合,在同一台机器上一次完成的方法。用这种方法生产的弹力丝称为拉伸变形丝(DTY)。

四、网络丝的加工

网络丝是指丝条在网络喷嘴中,经喷射气流作用,单丝互相缠结而呈周期性网络点的长丝。网络加工对改进合纤长丝的极光效应和蜡状感有良好的效果。网络丝的用途广泛,如织造时可免去上浆、代替并捻或加捻、提高卷绕丝的加工性能、改善卷装或用于制造不同类型的混纤丝等。

网络加工不仅可在纺丝、拉伸变形、纺纱等过程中进行,还可在络纱、拉伸整经等工艺过程中进行。网络丝制成的仿毛织物富有弹性,手感丰满,抗起毛起球,风格酷似精纺毛织品。目前网络加工多用于预取向丝(POY)、高取向丝(FOY)和拉伸变形丝(DTY)的加工。网络技术与DTY技术结合制造的低弹网络丝,既有变形丝的蓬松性和良好的弹性,又有许多周期性网络点,提高了长丝的紧密度,省去纺织加工的若干工序,并能改善丝束通过喷水织机的能力。低弹网络丝织物具有独特的风格和外观,是用来发展仿毛织物的优良原料,如双色网络丝、超喂丝等新品种。

五、空气变形丝的加工

空气变形又称喷气变形,是20世纪70年代兴起的一种极有发展前途的长丝加工方法,制得的产品称为空气变形丝(ATY)。空气变形丝以POY或FOY为原丝,通过一个特殊的喷嘴,在空气喷射作用下单丝弯曲形成圈状结构,环圈和绒圈缠结在一起,形成具有高度蓬松性的环圈丝。若将部分丝圈拉断,则变形表面可见圈圈和细纱尖,具有类似短纤纱的某些特征。因此空气变形丝又称为仿短纤纱。

近年来,由于喷气变形装置的不断改进,能量消耗降低,变形加工速度不断提高,使空气变形丝成本大大降低。同时,采用不同的变形工艺,可以制出具有仿毛、仿纱、仿麻效果的空气变形丝。

由于空气变形不要求纤维具有热塑性,因此可加工的原丝品种多,线密度范围广,并且拉伸、变形、混纤可同时进行,为合成纤维长丝产品的多样化和高档化开辟了新途径。

第七节　聚酯纤维的改性和新型聚酯纤维

聚酯纤维的物理力学性能和综合服用性能优良,不仅是比较理想的民用纺织材料,而且在工业上也具有广泛的用途。但是,作为纺织材料使用聚酯纤维也有缺点,主要是染色性差,可使用的染料种类少,吸湿性低,易在纤维上积聚静电荷,织物易起球。将其用作轮胎帘子线时,与橡胶的黏结性差。为了克服聚酯纤维的上述缺点,自20世纪60年代开始研究聚酯纤维的改性,到了80年代,聚酯纤维改性的研究工作获得重大进展,并使聚酯纤维生产转向新品种开发,生产出具有良好舒适性和独特风格的差别化及功能化聚酯纤维。

聚酯纤维的改性可在聚酯合成、纺丝加工、纺纱、织造及染整加工的各个阶段中进行,改性方法大致可分为两类:

(1)化学改性,包括共聚和表面处理等方法,用以改变原有聚酯大分子的化学结构,以达到改善纤维的性能如染色性、吸湿性、防污性、高收缩性等的目的,化学改性具有持久性的效果。

(2)物理改性,在不改变原有聚酯大分子的化学结构的情况下,通过改变纤维的形态结构达到改善纤维性能的目的,包括通过复合纺丝、共混纺丝、改变纤维加工条件、改变纤维形态以及混纤、交织等方法,可制得易染色、阻燃、高吸湿、抗静电、导电及仿天然纤维等改性聚酯纤维。

此外,还可利用功能性微粒子改性开发功能性聚酯,如远红外聚酯纤维、抗菌聚酯纤维、抗紫外线聚酯纤维、超悬垂聚酯纤维,但应注意聚酯纤维的改性和功能化必须是在改进、赋予某种性能和功能的同时,又不显著降低其固有的优良性能。

一、聚酯纤维的改性

(一)易染色聚酯纤维

所谓纤维的"易染色"是指可用不同类型的染料染色,且在采用同种染料染色时染色条件温和,色谱齐全,色泽鲜艳、均匀及坚牢度好。

由于聚酯分子链紧密敛集,结晶度和取向度较高,极性较小,亲水性差,因此染料不易浸入纤维。除采用分散染料载体染色、高温染色及热熔染色等方法外,纺制易染色纤维是解决其染色困难的一个重要途径。

1. 分散染料常压可染聚酯纤维

用对苯二甲酸、乙二醇和取代琥珀酸(或酐)共聚制得改性聚酯,其中取代琥珀乙二酯用量以 2.5%~7.5%(摩尔分数)为好。也可与间苯二甲酸、脂肪族聚酯或聚醚共聚制得在较低的温度(如 70℃)下不用载体而用分散染料进行直接染色的聚酯纤维。

2. 制备阳离子染料可染的聚酯纤维

在制取聚对苯二甲酸乙二酯的缩聚过程中,添加第三组分或再添加第四组分,然后进行共缩聚,再经熔体纺丝制得纤维,其中第三组分常采用间苯二甲酸二甲酯磺酸盐。制成的纤维需要在 120℃和高压条件下染色;对第四组分改性聚酯纤维(ECDPET),第四组分常采用间苯二甲酸二甲酯、己二酸、1,4-丁二酸、聚醚等,三、四元共聚物熔点及特性黏度依第三组分的添加比例及纤维性能要求而异。

3. 制备酸性染料可染的聚酯纤维

采用共聚、共熔和后处理改性,在纤维内部引入含碱性叔氮原子的化合物,赋予聚酯纤维对酸性染料的亲和力,但需注意,在聚酯纤维上引入相当多的碱性氮(如 40mmol/kg 纤维)作为酸性染料染色位置,必须解决纤维耐热性及制品均匀性等问题。

4. 碱性染料可染高强度和高弹性的共聚酯纤维

根据日本专利 JP 2001 254228,这种碱性染料可染组分为间苯二甲酸的磺酸磷盐。

(二)抗静电、导电聚酯纤维

由于聚酯纤维的疏水性,具有 $10^{14}~10^{15}\Omega \cdot cm$ 以上的体积比电阻,纤维相互间的摩擦系数较大,静电摩擦系数 μ_s = 0.44~0.57,动摩擦系数 μ_d = 0.33~0.45,易在纤维上积聚静电荷,使纤维之间彼此排斥或被吸附在机械部件上,且易沾尘埃,造成加工困难。

1. 抗静电聚酯纤维

在纺织加工中,通常采用导电油剂涂敷在织物上,且在纤维表面聚合;也可将抗静电剂经共聚和共混方法制备抗静电聚酯纤维。

（1）加入抗静电添加剂：常用的可反应和可溶性抗静电添加剂是甘醇醚类、三羧酸酰胺类等。

（2）抗静电共聚酯：将聚乙二醇（$M=1000\sim2000$）和 C_{36} 二聚羧酸进行酸催化反应，得酸值为 8.8mgKOH/g 的酯类产品，在对苯二甲酸乙二酯中加入 2%（质量分数）的上述酯进行缩聚获得改性聚酯。此外还可以采用以聚酯为主的多元聚合物进行共混纺丝。

2. 导电聚酯纤维

以少量的导电纤维和常规纤维进行混纤、混纺或交织，能有效地散逸电荷。导电纤维是用金属、半导体、炭黑或金属化合物等导电材料与聚酯共混制得的纤维，其体积比电阻通常在 $10^4\Omega\cdot cm$ 以下，一般织物中混用 0.5%~1.5%（质量分数）的导电纤维即可保证充分消除静电的功能。

（三）阻燃聚酯纤维

聚酯纤维纺织品作为装饰品如地毯、沙发布或窗帘等以及用于特殊用途时，对其阻燃性的要求很高，故改进聚酯纤维（尤其是混纺制品）的阻燃性应予以高度的重视。

一般可采用加入磷—卤素化合物类阻燃剂，或使用 2,5-二氟代对苯二甲酸作为合成聚酯的单体来改进阻燃性，所加入的添加剂应在 280~290℃ 下不发生升华和热分解。

在纺丝熔体中添加阻燃剂也可以制造阻燃聚酯纤维，其阻燃效果虽不如上述共聚型，但由于工艺较简单，故应用较为普遍。这种方法所使用的阻燃添加剂，多为含磷化合物和卤—锑复合阻燃剂等物质。

另一种是皮芯结构的阻燃复合纤维，芯层需添加阻燃剂，而皮层可少加或不添加阻燃剂，可使在提高阻燃性的同时，对纤维的性能影响较小。

利用含磷或卤素的烯类单体，在纤维或织物上进行表面聚合或接枝共聚，然后再用三聚氰胺树脂处理，可得到满意的阻燃效果。

（四）聚酯仿天然纤维

聚酯仿天然纤维是在保持聚酯优良性能的前提下，采用物理和化学的方法，制造出接近于天然纤维的 PET 纤维。

目前，聚酯纤维仿真丝产品已有四代产品，第一代为异形丝、碱减量等产品，可使聚酯纤维产生真丝般的光泽；第二代为阳离子染料可染型，具有抗静电性、防污性等性能的产品，使其染色性、防尘性更接近于真丝；第三代产品为高复丝、超复丝、交络丝等产品，其织物如乔其纱、塔夫绸等，具有轻、软、挺、耐洗等优点；第四代仿真丝可分为两大类，一类由聚酯纤维改性而来，另一类是通过与天然或再生纤维混用而制造的。

涤纶仿毛型纤维的性能，如刚柔性、蓬松性及滑爽性等仿毛综合手感，可通过选用适当的线密度、卷曲度、纤维截面形状及混纤比例来达到。仿毛型聚酯纤维一般的线密度范围为 3.33~13.33dtex，这与羊毛及天然动物毛相似。原丝可采用短纤维、变形丝、混纤丝、花式丝、复合纤维，以及单纤维内的双层与多层变化，使织物向三维结构过渡，而具备羊毛织物的风格和性能。

仿麻织物具有挺括、凉爽、透气、手感似真麻的性能，现代仿麻涤纶的生产工艺与仿毛纤维相似,采用从聚合到纺丝,以至制成服装的一系列综合改性加工。常用的方法有表面处理法、复合纺丝法、混纤丝和花式丝等。其中利用聚酯长丝经变形、合股网络制成超喂丝,形成粗节状的致密结构,能产生毛型感,制成的织物呈多层交络结构和自然不匀的粗节外观,更具真丝的特征。

(五) 吸湿排汗聚酯纤维

吸湿排汗是一种具有良好吸湿、排汗功能的新型聚酯纤维,其原理是利用纤维表面的细微沟槽和孔洞,将肌肤表面排出的湿气与汗水经过芯吸、扩散、传输的作用,瞬间排出体外,使肌肤保持干爽。

日本 Komatsu Serien 公司通过蚕丝化合物接枝聚合改性得到吸水排汗聚酯纤维。日本的帝人公司将高吸湿的丝蛋白通过独特的化学方法涂在吸水性纤维上,制得了比吸水性纤维具有更好的吸汗快干效果的"Wellkey. MA"纤维,其织物的吸湿快干性比普通聚酯纤维强10倍。

吸湿排汗聚酯纤维主要用于运动服、休闲服、内衣、旅游服、外套及袜类产品等,甚至可用于土工布,具有广阔应用前景。

(六) 远红外聚酯纤维

天津工业大学于20世纪90年代在远红外纤维的研究和制备上取得明显的成果。目前远红外织物及制品的制备趋向成熟已批量投入市场,近年的研究中采用以 TiO_2、SiO_2、Cr_2O_3 为主的远红外添加剂,磷酸盐阴离子表面活性剂作为分散剂,以及自制效果极佳的合成分散剂,用PTA法合成了PET切片并制成纤维,当远红外剂的质量分数含量为2%和3%时,产品的法向光谱比辐射率分别为90%和92%,而纯PET仅为65%,具有85%法向光谱比辐射率的远红外PET纤维,其切片在37℃时的温升为212℃。远红外无机粉的添加量对切片的可纺性影响较大,当远红外剂的质量分数大于5%时,纺丝就无法进行。如果PET中远红外添加量适当,且分布均匀,并调整好纺丝,可纺制涤纶高弹丝及中空三卷曲涤纶短纤维。

(七) 负离子聚酯纤维

将电气石超细粉末均匀地加入聚酯切片中,通过共混熔融纺丝方法制得具有多功能的聚酯纤维,该多功能纤维具有四大附加特性功能:一是具有负氧离子发射功能,能在室温条件下产生负氧离子;二是具有远红外线保暖功能;三是具有明显的除臭效果;四是具有一定的抗菌效果。

负离子聚酯纤维可以作为填充料,以单中空、多中空、异形截面形式提高纤维与空气接触的面积,提高和强化多功能效果,用于医疗纺织品的内芯等,也可以用于室内的床上用品、汽车的座椅等。以棉型和中长、毛型短纤维的形式纺成纱线,可以用于室内装潢、服装等产品。

(八) 蓄光聚酯纤维

用共混熔融纺丝方法将有蓄光超细粉末制成的母粒添加到聚酯切片中,可以制得蓄光聚酯纤维,这是一种具有储能功能的纤维。该产品的突出特点是晶体结构特殊,具有极强的吸光、蓄光、发光能力。通过吸收各种可见光后,在暗处可持续12h以上散发余光。其发光强度和持续时间是硫化锌荧光材料的数十倍,而且材料本身无害无毒,不含任何放射性元素,稳定性和耐久性优良,吸光和发光过程可重复,低度照明和指示作用良好,既可应用于交通、工业领域各种发光标牌、仪器以及各种夜用制品和室内外装饰等,还可应用于采矿坑道、海上夜航等各种特殊场合设施的低度照明和应急照明。

(九)聚酯复合纤维

复合纤维是由两种或两种以上组分纺制而成的纤维,每一根纤维中的两组分有明显的界面。复合纺是采用物理改性方法使化学纤维模拟和超过天然纤维的重要手段之一,由于其品种繁多,产品性能独特,附加价值高,深受市场的青睐。聚酯复合纤维是将聚酯与其他种类的成纤高聚物熔体利用其组分、配比、黏度不同,分别通过各自的熔体管道,输送到由多块分配板组合而成的复合纺丝组件,在组件的适当部位汇合,从同一喷丝孔喷出成为一根纤维。聚酯复合纤维纺丝工艺流程基本上与常规熔融纺丝流程相似。

与聚酯复合的其他聚合物组分,一般可选择改性共聚酯、聚酰胺、聚乙烯、聚丙烯和聚苯乙烯等。

根据不同的用途和要求,现已研制开发出的聚酯复合纤维有:三维卷曲纤维、热熔式非织造布用纤维、裂离型超细纤维和海岛型超细纤维等多个品种。

二、新聚酯纤维

(一)聚对苯二甲酸丙二醇酯纤维

聚对苯二甲酸丙二醇酯纤维(简称 PTT 纤维)是一种新型的聚酯纤维,由对苯二甲酸或对苯二甲酸二甲酯和 1,3-丙二醇缩聚而得。PTT 纤维的生产工艺与其他热塑性聚合物的熔融纺丝相类似,经切片干燥、熔融、挤出、拉伸、卷绕等工艺步骤。由于美国 Shell Chemical 公司于1995 年成功地开发了低成本生产 1,3-丙二醇的工艺,才首先实现了工业化生产 PTT 纤维。随后美国的 Shell Chemical 公司和 Dupont 公司对 PTT 纤维的开发和生产展开了激烈的竞争,其发展受到了举世瞩目的关注。

与聚酯纤维相比,PTT 纤维的一个重要优势就是回弹性好、尺寸稳定性好,适合地毯等装饰和家用纺织品。PTT 纤维最有前途的市场是替代尼龙作为化纤地毯的原料。PTT 地毯具有优异的抗污性、形状保持性和耐压性等优点,在高中档化纤地毯市场中具有比尼龙地毯更强的竞争力。PTT 纤维具有良好的易染性,染色温度低。在相同的染色温度下,染料在 PTT 纤维上的渗透深度明显高于聚酯纤维,而且色泽均匀、色牢度高。这不仅可以节约染料和能源,同时还可降低污水中化学物质的含量,对环境造成的污染程度也会相应减小,具有明显的经济效应和环境效益。PTT 纤维可以采用低温同浴染色这一优点,为其与各种天然纤维交织或混纺创造了极为有利的条件。

新型聚酯纤维开发除 PTT 以外,聚对苯二甲酸丁二酯(PBT)、聚萘二甲酸乙二酯(PEN)这些聚酯纤维中的重要品种在开发上也有较大进展,是 20 世纪可与聚对苯二甲酸乙二酯(PET)进行竞争的聚酯品种。

(二)聚对苯二甲酸丁二酯纤维

采用对苯二甲酸二甲酯(DMT)与 1,4-丁二醇(BDO)为原料,通过酯交换—缩聚工艺或后来发展的对苯二甲酸(TPA)与 1,4-丁二醇直接酯化—缩聚工艺可得到的一种新芳香族聚酯——聚对苯二甲酸丁二酯(PBT)。最早 PBT 作为一种性能优良的工程材料引起人们的注意,1979年日本帝人公司首次将其用作纺织纤维,其商品名为"Finecell"。

PBT的合成目前国际上有酯交换法和直接酯化法两种方法,广泛使用的是酯交换法,生产中采用DMT与1,4-丁二醇酯交换,并在较高的温度和真空度下,以有机钛或锡化合物和钛酸四丁酯为催化剂进行缩聚制得。

PBT的结晶速率比PET快近10倍。纤维具有较好的伸长弹性回复率和柔软易染色的特性。但是由于PBT大分子基本链节上的柔性部分较长,T_g、T_m较PET低,因此,纤维的柔韧性有所提高,模量较低,手感较软,吸湿性、耐磨性好,回弹性优于PET,同时具有良好的染色性能。

将PBT改性材料用作纤维原材料也是值得发展的一个方向。如为提高弹性纤维的低温回弹性能,在聚醚链段中引入空间位阻较大的间苯二甲酸(IPA)链段,以破坏软链段在结构上的规整性,降低其结晶能力,改善纤维在应力诱导作用下或在低温下软链段结晶所引起的回弹性差的缺点。

(三)聚萘二甲酸乙二酯

聚萘二甲酸乙二酯(PEN)是一种新型的聚合物,是由2,6-萘二甲酸二甲酯(NDC)或2,6-萘二甲酸(NDA)与乙二醇(EG)缩聚而成。与PET相比,分子主链中引入刚性更大的萘环结构,因此相对于PET其具有更高的力学性能、气体阻隔性能、化学稳定性和耐热、耐紫外、耐辐射性能。

PEN的T_m为270℃,T_g为117℃,结晶速率比PET慢。由于萘的结构更容易成平面状,因此,PEN具有优异的阻隔性能,可与PVC相比,且不受潮湿环境的影响。它对氧气的阻隔性是PET的5倍,二氧化碳的6倍,水的4.5倍。PEN具有良好的化学稳定性,耐酸,耐碱性能优于PET,在加工温度高于PET的情况下分解放出的低级醛少于PET。因此,PEN是理想的工业丝原材料。但是PEN的价格昂贵,因此进行共混改性是关键。

目前,功能聚酯纤维的研究日益重视各种成功技术的交叉结合,不同品种纤维的优势互补,以及更多地使用其他学科领域产生的新技术、新方法,使功能聚酯纤维的制造技术有了许多方面的突破,纤维的性能超天然化。预计未来功能聚酯纤维的研究和开发将向着功能性与舒适性、保健性、安全性和生态环保特征相结合的方向发展。

☞ 思考题

1. 简述对苯二甲酸乙二酯的主要制备方法,各有何特点。

2. 简述聚酯切片干燥的目的及工艺控制因素。

3. 根据螺杆中物料前移的变化和螺杆各段所起的作用,可将螺杆分为哪几个区间?并简述各区间温度设定的基本原则。

4. 简述聚酯短纤维切片纺丝和直接纺丝的工艺流程。

5. 简述聚酯纤维纺丝机的基本构成部分。

6. 简述聚酯纤维熔体纺丝的基本过程,并说明聚酯短纤维和长丝冷却条件。

7. 简述聚酯长丝变形丝的主要品种及特点。

8. 简述聚酯长丝假捻变形原理。

9. 简述聚酯纤维作为纺织材料存在哪些缺陷以及目前主要改性方法有哪些。

主要参考文献

[1]董纪震,等. 合成纤维生产工艺学[M]. 2 版. 北京:中国纺织出版社,1994.

[2]邬国铭,等. 高分子材料加工工艺学[M]. 北京:中国纺织出版社,2000.

[3]麦金太尔 J E. 化学纤维[M]. 付中玉,译. 北京:中国纺织出版社,2006.

[4]肖长发,等. 化学纤维概论[M]. 2 版. 北京:中国纺织出版社,2005.

[5]孙钦军,等. 聚酯纤维功能化改性研究[J]. 材料导报,2004,18(4).

[6]王琛,等. 高分子材料改性技术[M]. 北京:中国纺织出版社,2007.

[7]倪江宁,王鸣义,功能性聚酯纤维的工业化生产及其应用前景[C]. 第八届功能性纺织品及纳米技术研讨会论文集,2008.

[8]武容瑞. 我国聚酯纤维改性的技术进展[J]. 高分子通讯,2008, 8:101-107.

[9]张袁松,等. 新型纤维材料概论[M]. 重庆:西南师范大学出版社,2012.

[10]武瑞荣,等. 聚酯合成及应用技术进展[M]. 北京:中国石化出版社,2009.

[11]王少春,等. 合成纤维:当代石油和石化工业技术普及读本[M]. 北京:中国石化出版社,2012.

第四章　聚酰胺纤维

第一节　概述

聚酰胺(PA)纤维是世界上最早实现工业化生产的合成纤维,也是化学纤维的主要品种之一。1935 年卡洛罗泽斯(Carothers)等人在实验室用己二酸和己二胺制成了聚己二酰己二胺(聚酰胺 66),1936~1937 年发明了用熔体纺丝法制造聚酰胺 66 纤维的技术,1939 年实现了工业化生产。另外,德国的施莱克(Schlack)在 1938 年发明了用己内酰胺合成聚己内酰胺(聚酰胺 6)和生产纤维的技术,并于 1941 年实现工业化生产。随后,其他类型的聚酰胺纤维也相继问世。由于聚酰胺纤维具有优良的物理性能和纺织性能,发展速度很快,其产量增长期居合成纤维的首位,仅从 1972 年为聚酯纤维所替代而退居第二位。2011 年世界 PA 纤维产量约 3877 千吨,位居第二,约占世界合成纤维总量的 8.2%。随着新纤维和新品种的开发和一些老品种的改性,预计今后聚酰胺纤维的绝对产量仍然会不断增长。

聚酰胺纤维有许多品种,目前工业化生产及应用最广泛的仍以聚酰胺 66 和聚酰胺 6 为主,两者产量约占聚酰胺纤维的 98%。聚酰胺 66 约占聚酰胺纤维总产量的 69%。我国聚酰胺 66 的产量约占 60%,聚酰胺 6 的产量约占 40%。由于历史原因和各国具体条件不同,美国以及英国、法国等西欧国家以生产聚酰胺 66 为主,而日本、意大利、原苏联及东欧各国以生产聚酰胺 6 为主,一些发展中国家也大多发展聚酰胺 6 纤维。聚酰胺纤维生产中长丝占绝大部分,但短纤维的生产比例逐步有所上升。

聚酰胺纤维是指其分子主链由酰胺键 ($-\overset{\overset{\displaystyle O}{\|}}{C}-\overset{\overset{\displaystyle H}{|}}{N}-$) 连接起来的一类合成纤维。各国的商品名称不同,我国称聚酰胺纤维为"锦纶",美国称"尼龙"(Nylon),前苏联称"卡普隆"(Kapron),德国称"贝纶"(Perlon),日本称"阿米纶"(Amilan)等。

聚酰胺纤维一般可分为两大类。一类是由二元胺和二元酸缩聚而得,通式为:

$$\left[HN(CH_2)_x NHCO(CH_2)_y CO \right]_n$$

根据二元胺和二元酸的碳原子数目,可以得到不同品种的命名,其前一个数字是二元胺的碳原子数,后一个数字是二元酸的碳原子数。如聚酰胺 66(PA66)纤维是由己二胺$[H_2N(CH_2)_6NH_2]$和己二酸$[HOOC(CH_2)_4COOH]$缩聚制得,而聚酰胺 610(锦纶 610)是由己二胺和癸二酸缩聚制得的。

另一类是由 ω-氨基酸缩聚或由内酰胺开环聚合制得的聚酰胺,通式为:

$$\left[NH(CH_2)_x CO \right]_n$$

根据结构单元所含碳原子数目,亦可得到不同品种的命名。例如聚酰胺6纤维(锦纶6)就是由含6个碳原子的己内酰胺开环聚合而得的。其他聚酰胺纤维的命名,依此类推。

聚酰胺纤维除脂肪族聚酰胺纤维外,还有含脂肪环的脂环族聚酰胺纤维,含芳香环的脂肪族(芳香族)聚酰胺纤维等类别。根据国际标准化组织(ISO)的定义,聚酰胺纤维仅包括上面几种类型的纤维,而不包括全芳香族聚酰胺纤维。下表列出目前主要聚酰胺纤维的品种。

聚酰胺纤维的主要品种

纤维名称	单体或原料	分子结构	国内通用名称
聚酰胺4	丁内酰胺	$\text{—NH(CH}_2)_3\text{CO—}_n$	锦纶4
聚酰胺6	己内酰胺	$\text{—NH(CH}_2)_5\text{CO—}_n$	锦纶6
聚酰胺7	7-氨基庚酸	$\text{—NH(CH}_2)_6\text{CO—}_n$	锦纶7
聚酰胺8	辛内酰胺	$\text{—NH(CH}_2)_7\text{CO—}_n$	锦纶8
聚酰胺9	9-氨基壬酸	$\text{—NH(CH}_2)_8\text{CO—}_n$	锦纶9
聚酰胺11	11-氨基十一酸	$\text{—NH(CH}_2)_{10}\text{CO—}_n$	锦纶11
聚酰胺12	十二内酰胺	$\text{—NH(CH}_2)_{11}\text{CO—}_n$	锦纶12
聚酰胺46	丁二胺	$\text{—NH(CH}_2)_4\text{NHCO(CH}_2)_4\text{CO—}_n$	锦纶46
聚酰胺66	己二胺和己二酸	$\text{—NH(CH}_2)_6\text{NHCO(CH}_2)_4\text{CO—}_n$	锦纶66
聚酰胺610	己二胺和癸二酸	$\text{—NH(CH}_2)_6\text{NHCO(CH}_4)_8\text{CO—}_n$	锦纶610
聚酰胺1010	癸二胺和癸二酸	$\text{—NH(CH}_2)_{10}\text{NHCO(CH}_2)_8\text{CO—}_n$	锦纶1010
聚酰胺4T	丁二胺和对苯二甲酸	$\text{—CO—}\bigcirc\text{—CONH(CH}_2)_4\text{NH—}_n$	锦纶4T
聚酰胺6T	己二胺和对苯二甲酸	$\text{—NH(CH}_2)_6\text{NHCO—}\bigcirc\text{—CO—}_n$	锦纶6T
聚酰胺9T	壬二胺和对苯二甲酸	$\text{—CO—}\bigcirc\text{—CONH(CH}_2)_9\text{NH—}_n$	锦纶9T
MXD6	间苯二甲酸和己二胺	$\text{—NHCH}_2\bigcirc\text{CH}_2\text{NHCO(CH}_2)_4\text{CO—}_n$	MXD6
凯纳1(Qiana)(PACM-12)	二(4-氨基环己烷)甲烷和十二二酸	$\text{—NH—}\bigcirc\text{—CH}_2\text{—}\bigcirc\text{—NHCO(CH}_2)_{10}\text{CO—}_n$	—
聚酰胺612	己二胺和十二二酸	$\text{—NH(CH}_2)_6\text{NHCO(CH}_2)_{10}\text{CO—}_n$	锦纶612

本章主要介绍聚酰胺66和聚酰胺6两大纤维品种的生产过程及其成形加工工艺。

第二节　聚酰胺的生产

聚酰胺树脂的制造方法很多,但工业上最重要的方法不外乎熔融缩聚法、开环聚合法和低温聚合法三种。低温聚合法又包括界面聚合和溶液聚合。根据原料单体以及聚合体的特性而采用不同的制备方法。

一、聚己二酰己二胺的制备

聚己二酰己二胺(聚酰胺66,PA66)由己二酸和己二胺缩聚制得。为了保证获得相对分子质量足够高的聚合体,要求在缩聚反应时己二胺和己二酸有相等的摩尔比,因为任何一种组分过量都会使由酸或氨端基构成的链增长终止。

为此,在工业生产聚己二酰己二胺时,先使己二酸和己二胺生成聚酰胺66盐(PA66盐),然后用这种盐作为中间体进行缩聚制取聚己二酰己二胺。

1. 聚酰胺66盐的制备

聚酰胺66盐通常用己二酸的20%甲醇溶液和己二胺的50%甲醇溶液中和制得,因为此反应是放热反应,所以温度要严格控制,采用甲醇回流除去中和热;一般温度控制在60~70℃,不断搅拌,使之中和成盐;控制pH为6.7~7.0,进行冷却、结晶、离心分离。析出的聚酰胺66盐用甲醇洗净,滤去洗涤液,干燥后即得精制聚酰胺66盐。其反应式如下:

$$HOOC(CH_2)_4COOH+NH_2(CH_2)_6NH_2 \longrightarrow$$
$$^+H_3N(CH_2)_6NH_2 \cdot HOOC(CH_2)_4COO^-$$

另一种生产聚酰胺66盐的方法是以水为溶剂,即所谓水溶液法。这种方法是使己二酸和己二胺在水介质中发生反应,制成60%的聚酰胺66盐水溶液,然后用泵送到储槽,直接供缩聚工序使用。此法省去了固体聚酰胺66盐的再溶解过程和溶剂的回收蒸馏过程,成本低,生产安全,但产品稳定性稍差,并要求己二酸和己二胺的纯度高。

固体聚酰胺66盐为白色结晶粉末,熔点为192.5℃,含水量<0.5%。

2. 聚酰胺66盐缩聚反应

(1)聚酰胺66盐缩聚反应的特点:聚酰胺66盐在适当条件下发生脱水缩聚逐步形成大量酰胺键,生成聚己二酰己二胺,其缩聚反应方程式为:

$$n[^+H_3N(CH_2)_6NH_2 \cdot HOOC(CH_2)_4COO^-] \longrightarrow$$
$$H-[HN(CH_2)_6NHOC(CH_2)_4CO]_n-OH+(2n-1)H_2O$$

聚酰胺66盐的缩聚反应是逐步进行的吸热可逆平衡反应,反应过程中有低分子水生成。

(2)影响聚酰胺66盐缩聚反应的因素:

①单体摩尔比:己二胺和己二酸的用量(摩尔比)是关系缩聚反应进展和控制聚合物相对分子质量的重要因素。为此,生产上采用等摩尔比的中性聚酰胺66盐进行缩聚。另外,聚酰胺66盐的熔融温度为192.5℃,己二胺在常压下的沸点为196℃,开始进行缩聚反应的温度为210℃,如果在常压下将聚酰胺66盐加热到缩聚反应温度时,其中的己二胺会受热分解,并大量挥发,破坏己二胺和己二酸的等摩尔比。为此,生产上采用将聚酰胺66盐水溶液在高压下进行缩聚,利用溶解水在高温蒸发时所产生的蒸汽高压,使己二胺的沸点升高,从而防止己二胺的挥发。

②反应压力:单纯从缩聚反应本身而言,减压对反应有利,但为防止聚酰胺66盐的分解及己二胺的挥发,保证生成的聚合体相对分子质量足够高,需要提高反应压力。但压力越大,越不利于水分的排除,而使聚合速度减慢,聚合体的平均相对分子质量降低。所以无论间歇缩聚,还是连续缩聚,都采用先在高压下预缩聚的方法即先使聚酰胺66盐在一定压力下

初步缩聚成具有一定黏度的预聚体(聚合度在 20 左右)。反应压力是因聚酰胺 66 盐水溶液中的水被加热蒸发所致,压力一般控制在 1.47～1.96MPa 范围内。待聚酰胺 66 盐中的己二胺和己二酸在预缩聚中形成酰胺键后,再在真空条件下进行后缩聚,以排除水分,提高产物的相对分子质量。

③反应温度:缩聚初期的反应温度为 210～215℃,中期为 250～260℃,后期为 285℃。升高温度可以提高反应速度,但反应初期为防止己二胺的挥发,温度不能太高。随着缩聚反应的不断进行,游离的己二胺逐渐消失,体系的黏度不断增大。提高温度可以降低聚合体黏度,有利于排除水分,提高聚合物相对分子质量。

④体系中的水分:体系中水分含量和聚合度的关系可由下式表示:

$$\overline{DP} = \sqrt{\frac{K}{n_\mathrm{w}}}$$

式中:$\overline{DP}$——聚酰胺 66 的数均聚合度;

　　K——缩聚反应的平衡常数;

　　n_w——平衡时系统中水的摩尔数。

缩聚反应后期排除水分有利于提高聚合度。聚酰胺 66 的反应平衡常数 $K=501$,由于其数值较大,对体系中水分含量的要求不是十分严格。在聚酰胺 66 民用丝的生产中,连续缩聚过程只需采用常压薄膜脱水即可;在帘子线的生产中,也只要采用低真空后缩聚[真空度 40～53.3kPa(300～400mmHg)]便可获得具有较高聚合度的产物。

⑤添加剂:为了控制聚酰胺的相对分子质量在所需要的范围内,在缩聚过程中还要加入少量醋酸或己二酸作为相对分子质量稳定剂。

为了提高聚酰胺 66 的光、热稳定性,有时还要加入锰盐、铜盐、卤化物等光、热稳定剂。

⑥熔融聚合体的热稳定性:在缩聚过程中,聚己二酰己二胺比聚己内酰胺等更易热分解和产生凝胶。高温时聚己二酰己二胺可以生成环戊酮。环戊酮是聚己二酰己二胺的一种交联剂,能促使大分子链间交联,产生网状结构而形成凝胶,并释放出二氧化碳、一氧化碳、二胺等气体。而且大分子链上的己二酰结构容易与末端的氨基缩合生成吡咯结构,使聚合体泛黄。因此,在聚己二酰己二胺的缩聚和纺丝过程中,应特别注意防止凝胶的生成和防止聚合体泛黄。

3. 缩聚工艺及设备

通常采用熔融缩聚的方法,以聚酰胺 66 盐作为中间体进行缩聚制取聚己二酰己二胺。目前工业生产聚己二酰己二胺有间歇缩聚和连续缩聚两种方法。

(1)间歇缩聚:聚酰胺 66 间歇缩聚包括溶解、调配、缩聚、铸带、切粒等工序,其生产流程如图 4-1 所示。

生产上一般把聚酰胺 66 盐配成浓度为 50%～60% 的水溶液。聚酰胺 66 盐的浓度高,则缩聚反应速度快,所需蒸发的水量也少,但浓度过高(>60%),在储存或输送时容易结晶。在配制聚酰胺 66 盐的同时,加入己二酸或醋酸作为相对分子质量调节剂,其用量根据聚合物的相对分子质量而定,如要求相对分子质量在 13000 左右,则己二酸用量为 0.9%±0.05% 或醋酸 0.5%(按聚酰胺 66 盐质量计)。在工业生产中,还加入 2% 的己内酰胺,使聚合物熔点稍有降低,并

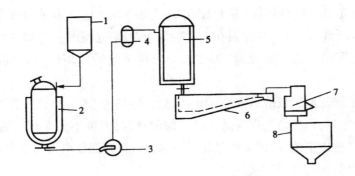

图 4-1 间歇缩聚生产流程图

1—无离子水高位槽 2—溶解锅 3—送料泵 4—过滤器
5—缩聚釜 6—铸带槽 7—切片机 8—湿切片储存桶

能改进纤维的拉伸性能和增加纤维的柔韧性。

间歇缩聚设备简单,工艺比较成熟,容易变换品种,可以进行小批量生产。但是聚合纺丝不能连续化,要经过铸带、切粒、干燥和再熔融才能纺丝,因此能耗高;生产效率低,而且产品质量不稳定。

(2)连续缩聚:聚酰胺66盐的连续缩聚,根据设备的形式和能力的不同可分为横管式连续缩聚、立管式连续缩聚以及"五大器"式连续缩聚等。

二、聚己内酰胺的制备

聚己内酰胺(PA6)可以由 ω-氨基己酸缩聚制得,也可由己内酰胺开环聚合制得。但由于己内酰胺的制造方法和精制提纯均比 ω-氨基己酸简单,因此在大规模工业生产上,都采用以己内酰胺作为原料。己内酰胺开环聚合制备聚己内酰胺的生产工艺可以采用水解聚合、阴离子聚合(由于采用碱性催化剂,也称碱聚合)和固相聚合三种不同的聚合方法。目前生产纤维用的聚己内酰胺主要采用水解聚合工艺。

1. 己内酰胺的开环聚合

己内酰胺水解(开环)聚合的主要化学反应如下:

引发:

$$(H_2C)_5 \overset{NH}{\underset{CO}{<}} + H_2O \rightleftharpoons H_2N(CH_2)_5COOH$$

加成:$H_2N(CH_2)_5COOH + n(H_2C)_5\overset{NH}{\underset{CO}{<}} \rightleftharpoons H\text{-}[NH(CH_2)_5CO]_{n+1}OH$

缩聚:$H\text{-}[NH(CH_2)_5CO]_n OH + H\text{-}[NH(CH_2)_5CO]_m$

$OH \rightleftharpoons H\text{-}[NH(CH_2)_5CO]_{n+m}OH + H_2O$

链交换：$H-[NH(CH_2)_5CO]_{k_1}-[NH(CH_2)_5CO]_{k_2}+H-[NH(CH_2)_5CO]_{k_3}OH \rightleftharpoons$

$$H-[NH(CH_2)_5CO]_{k_1}-[NH(CH_2)_5CO]_{k_3}+H-[NH(CH_2)_5CO]_{k_2}OH$$

反应式中的 n、m、k_1、k_2、k_3 均为任意正整数。

根据以上水解聚合反应式，可将其过程划分为三个阶段。

（1）己内酰胺的引发和加成：当己内酰胺被水解生成氨基己酸后，己内酰胺分子就逐个连接到氨基己酸的链上，相对分子质量为 8000～140000。

（2）链的增长：由于在第一阶段中绝大部分己内酰胺单体都参加了反应，因此在这一阶段主要是进行上阶段形成的短链之间的连接，聚合物的相对分子质量得到进一步提高。这一阶段以缩聚反应为主，也伴随发生少量引发和加成反应。

（3）平衡阶段：此阶段同时进行链交换、缩聚和水解等反应，使相对分子质量重新分布，最后根据反应条件（如温度、水分及相对分子质量稳定剂的用量等）达到一定的动态平衡，聚合物的平均相对分子质量也达到一定值。

己内酰胺开环聚合生成聚己内酰胺时，仅仅是分子内的酰胺键变成了分子间的酰胺键，这就像其他没有新键产生的基团重排反应一样，反应进行的自由能 ΔE 变化很小，所以己内酰胺开环聚合具有可逆平衡的性质，它不可能全部转变成高聚物，而总残留部分单体和低聚体。例如 250℃ 时，在聚己内酰胺的平衡体系中，单体、二聚体、三聚体多达 10%～11%。采用连续聚合时，聚合物中低分子物质有 10.3%（其中，己内酰胺占 75%，低聚物占 25%）；采用间歇聚合时，聚合物中低分子物质有 11.6%（其中，己内酰胺占 42%；低聚物占 58%）。因此清除聚合体或纤维中的低分子物是聚己内酰胺纤维生产中不可缺少的工序。

2. 己内酰胺的聚合工艺

己内酰胺的聚合工艺也分为间歇式和连续式两种。图 4-2 为连续聚合工艺流程简图。

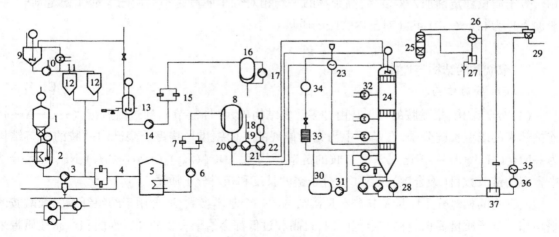

图 4-2　KF 型连续聚合工艺流程示意图

1—己内酰胺投料器　2—熔融锅　3、6、10、14、17、20、21、22、28、31、34、36—输送泵　4、7、15、33—过滤器

5—己内酰胺熔体储槽　8—己内酰胺熔体罐　9—TiO₂ 添加剂调配器　11、23、26、32、35—热交换器

12—中间罐　13—调制计量罐　16—高压槽　18、19—无离子水加水槽　24—VK 聚合管

25—分馏柱　27—冷凝水受槽　29—铸带切粒机　30—联苯储槽　37—水循环槽

经称量的己内酰胺装入熔融锅,同时将经准确计量的活化剂水(己内酰胺重量的3%)和相对分子质量稳定剂己二酸(己内酰胺质量的0.15%~0.4%)加入熔融锅内,通入 N_2 和 CO_2,以防止物料氧化,借助于夹套蒸汽加热,控制锅内温度在85~98℃,经1.5~2h全部熔融后,开动压料泵,将物料经过滤器过滤,然后进入单体储罐。己内酰胺熔体由储罐用柱塞泵或齿轮泵连续均匀地送至前聚合器,由底部进料,熔体在200℃温度下由内壁和夹套管之间缓慢上升,液流呈薄膜状沿套管内壁由上而下流入聚合管。聚合管温度分三段控制,第一段开环聚合,熔体温度低于壁温,为240℃左右;第二段以聚合为主,因己内酰胺反应是放热反应,熔体温度超过管壁温度,约为260℃;第三段为平衡阶段,熔体温度仍高于壁温,约为250℃,聚合时间一般为25~35h。聚合后的聚己内酰胺熔体经铸带头成带状流入冷却槽,凝固后,切成切片。

3. 影响聚合的工艺参数

(1)开环剂水的用量:己内酰胺水解开环聚合反应存在诱导期。随着水量增加,诱导期缩短,反应速率增加,从而缩短了达到平衡所需时间;但水量增加会使聚合物相对分子质量降低,因此在反应后期要尽量除去体系中的水。

(2)聚合温度:提高反应温度可以加快己内酰胺的聚合速度,缩短聚合时间,但也使反应平衡时的相应单体含量增加,并且容易产生热裂解,使聚合度降低。

(3)聚合时间:随着聚合时间延长,单体转化率和聚合物相对分子质量都相应增加,直至达到平衡。在聚合反应后期,随时间的延长,相对分子质量分布越趋平均。工艺控制的聚合时间与开环剂用量、聚合温度以及所要求的产物平均相对分子质量有关。

(4)相对分子质量稳定剂:聚己内酰胺的平均相对分子质量根据纤维品种的不同而有不同的要求。聚合时必须加入适当的相对分子质量稳定剂,以封闭聚己内酰胺的端基,控制分子链的增长,保证其熔体有比较稳定的黏度。常用的相对分子质量稳定剂是己二酸、醋酸等有机酸。相对分子质量稳定剂加入得越多,高聚物的平均相对分子质量越小。用己二酸作稳定剂时,一般加入量为0.15%~0.4%(对己内酰胺的质量)。

三、聚酰胺的结构与性能

1. 聚酰胺的结构

(1)分子结构:聚酰胺的分子是由许多重复结构单元(即链节),通过酰胺键 $\left(\begin{array}{c}O\ \ H\\ \parallel \ \ \mid \\ —C—N—\end{array}\right)$ 连接起来的线型长链分子,在晶体中为完全伸展的平面锯齿形构型。聚己内酰胺的链节结构为—NH(CH₂)₅CO—,聚己二酰己二胺的链节结构为—OC(CH₂)₄CONH(CH₂)₆NH—,大分子中含有的链节数目(聚合度)决定了大分子链的长度和相对分子质量。

高聚物的相对分子质量及其分布是链结构的一个基本参数,适合用于纺织纤维的聚酰胺的平均相对分子质量要控制在一定范围内,过高和过低都会给聚合物的加工性能和产品性质带来不利影响。通常,成纤聚己内酰胺的数均相对分子质量为14000~20000,成纤聚己二酰己二胺的相对分子质量为20000~30000。聚合物的相对分子质量分布对纺丝和拉伸也有一定影响。相对分子质量分布常用多分散指数 $\overline{M}_w/\overline{M}_n$(重均相对分子质量与数均相对分子质量之比)来表示,聚己二酰己二胺的 $\overline{M}_w/\overline{M}_n=1.85$,聚己内酰胺的 $\overline{M}_w/\overline{M}_n=2$。

（2）晶态结构：聚己二酰己二胺的晶态结构有两种形式：α型和β型。其分子链在晶体中具有完全伸展的平面锯齿形构象，如图4-3所示。氢键将这些分子固定形成片，这些片的简单堆砌就形成了α型结构的三斜晶胞。在聚己二酰己二胺的结构单元中有偶数的碳原子，因此大分子中的羰基上的氧和氨基上的氢都能形成氢键，比较容易形成结晶，其动力学结晶能力 $G=133$。

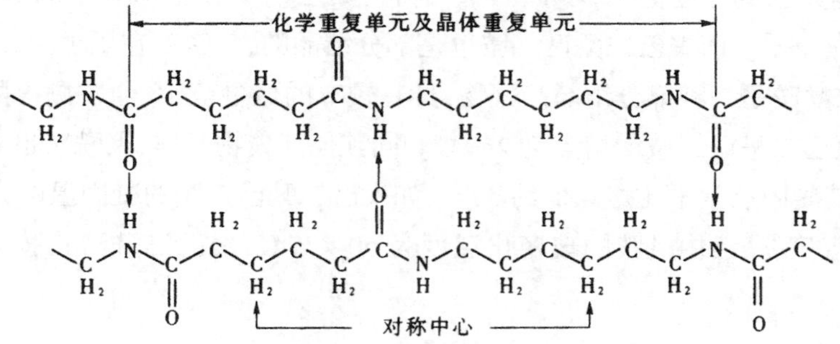

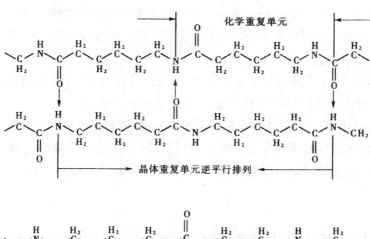

图4-3 晶体中聚己二酰己二胺分子链排列示意图

聚己内酰胺大分子在晶体中的排列方式有平行排列和反平行排列两种可能，当反平行排列时，羰基上的氧和氨基上的氢才能全部形成氢键；而平行排列时，只能部分地形成氢键，如图4-4所示。由于氢键作用的不同，聚己内酰胺的晶态结构比较复杂，有γ型（假六方晶系）；β型（六方晶系）；α型（单斜晶系）。α型晶体是最稳定的形式，大分子呈完全伸展的平面锯齿形构象，相邻分子链以反平行方式排列，形成无应变的氢键。

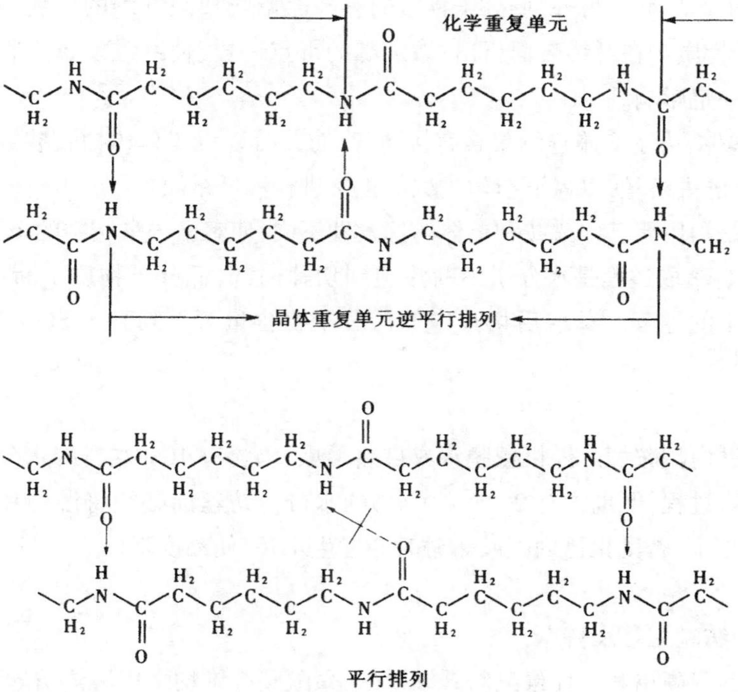

图4-4 晶体中聚己内酰胺分子链排列示意图

2. 聚酰胺的性质

(1)密度:聚己内酰胺的密度随着内部结构和制造条件不同而有差异。不同晶型的晶态密度的数值不同,测试方法不同,结果也不一致。据洛尔丹(Roldan)报道,根据射线的数据计算得到下列数值:α 型晶体密度计算值为 1.230g/cm³,β 型晶体为 1.150g/cm³,γ 型晶体为 1.159g/cm³,无定形区的密度为 1.084g/cm³。通常,聚己内酰胺是部分结晶的,因此测得的密度在 1.12~1.14g/cm³。而聚己二酰己二胺也是部分结晶的,其密度在 1.13~1.16g/cm³。

(2)熔点:聚酰胺是一种部分结晶高聚物,具有较窄的熔融范围,通常测得的聚己内酰胺的熔点为 220℃,聚己二酰己二胺的熔点为 260℃。同其他高聚物一样,聚酰胺也容易受过冷作用的影响,实际上其凝固点常常比熔点低约 30℃,如聚己二酰己二胺的凝固温度为 215~240℃。

(3)玻璃化温度:聚己内酰胺的玻璃化温度为 50~75℃,聚己二酰己二胺的玻璃化温度为 40~60℃。

第三节　聚酰胺的纺丝

一、聚己内酰胺的纺前处理及切片干燥

1. 聚己内酰胺的纺前处理

前文已指出,己内酰胺的聚合反应是一个可逆的平衡反应,当反应达到平衡后,聚合体中还含有大约 10%的单体和低聚物,这些低分子物质会妨碍纤维成形过程的正常进行。低分子物质容易汽化而恶化工作环境。另外,低分子物质的存在会影响成品纤维的染色均匀性,而且存放时间稍长,低分子物质会在纤维表面析出,像发霉的霉点一样,使纤维发黄变脆,对纤维的外观和内在质量都有一定影响。

(1)纺前脱单体:为了实施连续聚合直接纺丝,纺前可以设置单体抽吸装置,去除熔体中大部分单体以后,再送去纺丝,以保证纺丝过程的正常进行和纤维质量。

纺前脱单体是利用聚己内酰胺和单体的挥发性不同,使聚己内酰胺中的单体蒸发出来。

(2)切片萃取:萃取过程是水分子不断渗透到切片内部,低分子物质不断从切片中扩散出来并溶解在热水中的过程。萃取后切片中的低分子物含量可下降到 1.5%~2.0%,达到纺丝要求。

2. 切片干燥

萃取后的聚己内酰胺切片经机械脱水或自然干燥,仍含有 10%左右的水分;聚己二酰己二胺切片虽不经萃取过程,但也含有 0.2%~0.4%的水分。纺丝前必须将湿切片进行干燥,使含水率降至 0.06%以下,否则聚己内酰胺熔融时会发生水解,使黏度降低。

二、聚酰胺的纺丝工艺及特点

除特殊类型的耐高温和改性聚酰胺纤维以外,聚酰胺纤维均采用熔体纺丝法成形。

聚酰胺纤维主要以切片纺丝法为主,虽然在生产上也有采用缩聚后熔体直接纺丝的,但由

于其技术要求高,质量较难控制,特别是聚酰胺 6,聚合体中还含有大约 10% 的单体和低聚物,造成纺丝困难,纤维结构不均匀,因此聚酰胺 6 直接纺丝法目前大多限于生产短纤维,而对于长丝品种则主要采用切片纺丝法。

聚酰胺的纺丝也采用螺杆挤出机,纺丝过程与聚酯纺丝基本相同,只是由于聚合物的特性不同而使得工艺过程及其控制有些差别。20 世纪 70 年代后期,聚酰胺的熔体纺丝技术有了新的突破,即由原来的常规纺丝(1000～1500m/min)发展为高速纺丝［纺预取向丝(POY)］和高速纺丝—拉伸一步法［纺全拉伸丝(FDY)］工艺。熔体纺丝机的卷绕速度向高速(3000～4000m/min)发展,使所得的卷绕丝由原来结构和性能都不太稳定的未拉伸丝(UDY)转变为结构和性能都比较稳定的预取向丝(POY)。但聚酰胺纤维的结构与聚酯纤维不同,为了避免卷绕丝在卷装时发生过多的松弛而导致变软、崩塌,要求相应的高速纺丝速度必须达到 4200～4500m/min。

进入 20 世纪 80 年代,随着机械制造技术的进一步提高,在聚酰胺纤维生产中已成功地应用高速卷绕头(机械速度可达 6000m/min)一步法制取全拉伸丝(FDY)。目前从国外生产发展情况看,聚酰胺纤维的常规纺丝已逐步为高速纺丝所取代。下面着重介绍聚酰胺纤维高速纺丝的工艺和特点。

1. 纺丝温度、速度和冷却成形条件

聚己内酰胺高速纺丝设备与聚酯高速纺丝设备基本相同,但两者纺丝工艺却有差别。聚己内酰胺纺丝温度为 265～270℃,纺丝速度比聚酯高,至少在 4000m/min 以上,这主要是由于聚酰胺纤维分子间的结合力大,容易结晶,吸水性强之故。

聚己内酰胺纺丝冷却成形条件与聚酯基本相同,风温 20℃,风速 0.3～0.5m/s,相对湿度 65%～75%。

2. 取向丝的取向度及卷绕张力

聚己内酰胺预取向丝的取向度与纺丝速度和卷绕张力有关。在卷绕张力的作用下,丝条受到拉伸而发生分子取向或结晶取向,这主要发生于纺丝头与上油装置之间。

3. 纺丝速度对卷绕丝结构和性能的影响

聚酰胺纤维的取向度随纺丝速度的增加而增加,高速纺丝的目的是取得大而稳定的预取向度,以减小后拉伸倍数。

生产实践证明,当纺丝速度超过 1500m/min 时,随着纺丝速度的提高,由于纤维中晶核的迅速增加和丝条到达卷绕时间的缩短,水分来不及渗透到微晶胞的空隙中去,因此丝条绕到筒子上后,将继续吸收水分,使晶核长大成晶粒,并使丝条伸长,而导致松筒塌边,以致不能进行后加工。

随着卷绕速度的进一步提高(至 3500m/min 以上),由于大分子的取向度随着卷绕速度的增加而明显提高,取向诱导结晶,丝条到达卷装时结晶度也随之增加,其后结晶效应明显减弱,因而卷绕后丝条的伸长也就大大减小。当纺速高达 4000m/min 以上时,丝条的伸长率相当于常规纺丝的伸长率,因此在此速度下仍可卷绕。

为了实现卷绕工艺的最大稳定性,尤其是防止复丝中单丝线密度差异,生产聚酰胺预取向丝的纺丝速度以4000~5200m/min为宜。

三、聚酰胺高速纺丝—拉伸一步法工艺

聚酰胺高速纺丝—拉伸一步法工艺(FDY工艺,生产全拉伸丝)是在POY工艺基础上发展起来的崭新工艺。由于它是在同一机台上完成高速纺丝、拉伸和蒸汽定型,因此该工艺简称为H4S(HighSpeed-Stretch-Set-Spinning)技术。我国广东新会锦纶厂引进的瑞士伊文达(EMS-INVEN-TA)公司的H4S工艺设备是世界上第一条投入工业化生产的装置,已获得成功。该设备也已被国内外厂家所引进,相继投产,该技术具有广阔的发展前景。

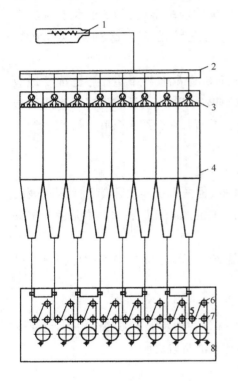

图4-5　聚己内酰胺FDY生产流程图
1—螺杆挤出机　2—熔体分配管　3—纺丝箱体
4—纺丝甬道　5,6,7—第一、第二、第三导丝辊
8—高速卷绕头

1. 全拉伸丝生产流程

图4-5为聚己内酰胺全拉伸丝(FDY)生产流程图。来自切片料斗的聚己内酰胺切片进入螺杆挤出机,切片在挤出机内通过加热和螺杆转动使之熔融、压缩和均匀化,聚合物熔体经熔体分配管进入纺丝箱体,经纺丝组件、喷丝板压出而成为熔体细流,并在骤冷室的恒温、恒湿空气中迅速凝固成为丝条,经喷嘴上油后,丝条离开纺丝甬道,被牵引到第一导丝辊,以一定的高速度将丝条从喷丝板拉下,得到预取向丝(POY)。丝条自第一导丝辊出来后被牵引到第二导丝辊,并通过改变两导丝辊的速度比来调节所要求的拉伸比,丝条最后经过第三导丝辊,以控制一定的卷绕张力和松弛时间,然后进入卷绕装置。在卷绕机的上方配有交络喷嘴,在喷嘴中通入蒸汽或热空气,使丝条交络并热定型。成品丝卷绕在筒管上,落筒后经检验、分级和包装,便得到锦纶长丝全拉伸丝(FDY)产品。

2. 全拉伸丝生产工艺

生产聚酰胺FDY的设备类似于聚酯纤维的生产设备,但纺丝过程中各主要工艺参数对成品丝质量的影响却不同。

(1)纺丝温度:聚酰胺熔体的纺丝温度主要取决于聚合体的熔体黏度和熔点。纺丝温度必须高于熔点而低于分解温度,聚酰胺6和聚酰胺66的熔点分别为215℃和255℃,而两者的分解温度基本相近,约300℃。为此,聚酰胺6的纺丝温度可控制在270℃,聚酰胺66则控制在280~290℃。由于聚酰胺66的熔点与分解温度之间的范围较窄,因此纺丝时允许的温度波动范围更小,对纺丝温度的控制要求更为严格。

(2)冷却条件:纺丝时冷却条件的选择对保证纺丝过程的稳定、均匀、避免受外界条件影响至关重要。对于一定的冷却吹风装置,冷却条件主要指冷却空气的温度、湿度、风量、风压、流动状态及丝室温度等参数。通常冷却吹风使用20℃左右的露点风,送风速度一般为0.4~0.5m/s,

相对湿度为 75%~85%,冷却吹风位置上部应靠近喷丝板,但不能使喷丝板温度降低,以保证纺丝的顺利进行。

(3)纺丝速度和喷丝头拉伸比:目前高速纺丝的纺丝速度已达到 4000~6000m/min,甚至更高,由于熔体纺丝法的纺丝速度很高,因而喷丝头拉伸比也较大。

卷绕速度和喷丝头拉伸比的变化给卷绕丝的结构和拉伸性能带来影响。一般喷丝头拉伸比越大,剩余拉伸倍数就越小。纺丝速度在 2000~3000m/min 以下时,剩余拉伸倍数随纺丝速度的增加而迅速减小,当纺速高于 3000m/min,剩余拉伸倍数变化较为缓慢。这一规律可作为高速纺丝与常规纺丝的分界点,当纺速超过此界限时,就能有效地减小后(剩余)拉伸倍数。FDY 机通过第一导丝辊的高速纺丝和第二导丝辊的补充拉伸,便可获得全拉伸丝。

(4)上油:高速纺丝上油比常规纺丝上油更为重要,它直接影响纺丝拉伸卷绕成形工艺的正常进行和丝条质量,特别是丝条与机件的高速接触摩擦,更容易产生静电,引起毛丝和断头,因此要施加性能良好的纺丝油剂。

常规纺丝采用油盘上油,但对于高速纺丝,油盘上油不但均匀性差,而且油滴会飞离油盘,因此纺丝—拉伸一步法工艺采用上油量比较均匀的齿轮泵计量、喷嘴上油法。且由于全拉伸丝(FDY)已具有相当高的取向度和结晶度,所以在卷绕机上上油效果欠佳,故采用设在吹风窗下端的喷嘴上油。一般用于机织物的丝条含油量为 0.4%~0.6%,用于针织物的则高达 2%~3%。

(5)拉伸倍数:全拉伸丝工艺是将经第一导丝辊的预取向丝连续绕经高速运行的辊筒来实施拉伸的,拉伸作用发生在两个转速不同的辊筒之间,两个辊筒的速度比即为拉伸倍数。纺制聚酰胺 FDY 一般第一导丝辊的速度可达 POY 的生产水平(4000~5000m/min),而拉伸的卷绕辊筒则速度高达 5500~6000m/min。对于不同的聚合物,拉伸辊筒的组数、温度及排列方式也有差异。对于聚酰胺,因为玻璃化温度比较低,模量也稍低,所需拉伸应力相应较小,故可采用冷拉伸形式,聚酰胺 FDY 工艺的拉伸倍数一般只有 1.2~1.3 倍。

(6)交络作用:纺丝—拉伸一步法工艺过程设计,是以一步法生产直接用于纺织加工的全拉伸丝为目的,考虑到高速卷绕过程中无法加捻的实际情况,故在第二导丝辊下部对应于每根丝束设置交络喷嘴,以保证每根丝束中具有每米约 20 个交络点。喷嘴的另一作用是热定型,为此在喷嘴中通入蒸汽和热空气,以消除聚酰胺纤维经冷拉伸后存在的后收缩现象。丝束经交络后,便进入高速卷绕头,卷绕成为 FDY 成品丝。原则上卷绕头的速度必须低于第二导丝辊的转速,这样可以保证拉伸后的丝条得到一定程度的低张力收缩,获得满意的成品质量和卷装。聚酰胺 FDY 的卷绕速度一般为 5000m/min。

第四节　聚酰胺纤维的后加工

根据产品的品种和用途,聚酰胺纤维的后加工工艺和设备是不同的。本节将介绍聚酰胺短纤维、聚酰胺长丝、聚酰胺弹力丝以及聚酰胺帘子线的后加工工艺和设备。

一、聚酰胺短纤维的后加工

聚酰胺短纤维的生产过程在原料熔融和聚合等方面和长丝生产工艺基本相同,但在纺丝方法上一般是采用熔体直接纺丝法。短纤维的纺丝生产设备在向多孔方向发展,如喷丝板的孔数可多达 1000~2000 孔,卷绕一般都采用棉条桶大卷装。聚酰胺短纤维纺丝后与聚酯短纤维一样也要进行后加工,其后加工过程与聚酯纤维类似,除加工工艺条件有一定差别外,聚己内酰胺纤维的后加工还需要去除纤维中残存的单体及低聚物。聚己内酰胺短纤维的后加工过程为:集束→拉伸→洗涤→上油→卷曲→切断→开毛→干燥定型→打包。相应地还需要上油、压干、开松、干燥等辅助过程。通过水洗使单体含量降低到 1.5% 以下。水洗采用热水洗,故同时也起到一定的热定型作用。水洗的方法一般有长丝束洗涤或切断成短纤维后淋洗两种,可分别在水洗槽和淋洗机上进行。开松过程需进行两次,一次是水洗上油后进行湿开松,以利于干燥过程的进行;另一次是在干燥后进行干开松,以增加纤维的开松程度。干燥设备有帘带式干燥机和网式圆筒干燥机等类型。

二、聚酰胺长丝的后加工

普通长丝又称拉伸加捻丝(DT 丝),它是由常规纺的卷绕丝或高速纺的预取向丝在拉伸加捻机上经拉伸和加捻(或无捻),制成的具有取向度、高强力、低伸长的长丝。由高速纺丝—拉伸一步法制得的 FDY 丝也属普通长丝。

目前聚酰胺长丝的生产多采用高速纺丝—拉伸加捻(POY—DT)工艺,即以高速纺的预取向丝(POY)为原料,在同一机台上(拉伸加捻机又称 DT 机)一步完成拉伸加捻作用。

1. 聚酰胺长丝后加工工艺流程

POY—DT 工艺流程如下:

POY 丝筒→导丝器→喂入罗拉→热盘→热板→拉伸盘→钢丝圈→环锭加捻→卷绕筒管→DT 丝

从图 4-6 可看出,卷绕丝从筒子架引出,经导丝器、喂入罗拉至拉伸盘,在喂入罗拉和拉伸盘之间进行冷(或热)拉伸,从拉伸盘引出的拉伸丝再经导丝钩和上下移动着的钢领板,被卷绕在筒管上,并获得一定的捻度,成为拉伸加捻丝。

2. 聚酰胺长丝后加工工艺特点

(1)拉伸:在聚酰胺长丝加工过程中,拉伸是一个关键工序。通过拉伸使纤维根据用途不同而具有适当的力学性能和纺织性能,如强度、延伸度、弹性、沸水收缩率、染色性等。

聚酰胺6纤维与其他合成纤维不同的是聚合物中含有低分子化合物,低分子物的存在降低了大分子间的相互作用力,起着增塑剂的作用,使纤维易于拉伸,但强度却不能同时改善。而且低分子物含量过高,易于游离在丝的表面,沾污拉伸机械,给拉伸带来困难。

拉伸过程的主要工艺参数:

①拉伸倍数。拉伸倍数的选择取决于原丝的性质和对成品质量的要求,随着拉伸倍数的提高,纤维的取向度和结晶度都会进一步提高,从而使纤维的强度增大,延伸度下降,沸水收缩率增加。

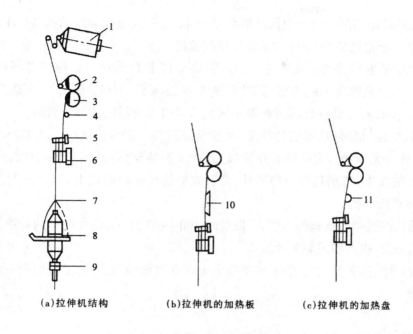

(a)拉伸机结构　　　　(b)拉伸机的加热板　　　　(c)拉伸机的加热盘

图4-6　单区拉伸机示意图

1—未拉伸丝筒子　2—上压辊　3—喂入罗拉　4—拉伸棒　5—分丝棒　6—拉伸盘
7—导丝钩　8—钢领板　9—锭子　10—加热板　11—热锭

民用丝要求有一定的延伸度,柔软而有弹性,染色性好,因此拉伸倍数选择较低,未拉伸丝需经拉伸3.5~4倍左右。若采用POY,因已具有一定的取向度,故拉伸倍数应适当降低,一般为1.2~1.3倍。高强力丝及帘子线要求强度高、延伸度低,因此拉伸倍数要求高些,一般在5倍以上[对未拉伸丝(UDY)],此时应采取二段或三段拉伸。

②拉伸温度。一般拉伸温度要求高于玻璃化转变温度T_g,并低于软化温度,温度过高时,大分子解取向的速度很大,因此,不能得到稳定的取向结构。聚酰胺6纤维的玻璃化温度为35~50℃,熔融温度为215~220℃。对于民用单、复丝,一般可在室温下进行拉伸;而对于强力丝或短纤维,则应在升温下(~150℃)进行拉伸。

③拉伸速度。在拉伸过程中,当拉伸倍数和拉伸温度一定时,提高拉伸速度,拉伸应力也相应增加。但另一方面,拉伸热效应也会随拉伸速度的提高而增加,而使拉伸应力降低。

但在实际拉伸条件下,速度变化的范围较小,如在200~700m/min的范围内,拉伸张力只出现单调的变化;随着拉伸速度增大,聚酰胺长丝的拉伸张力增大。

(2)环锭加捻:丝条经拉伸后,通过拉伸加捻机上的加捻机构,而获得一定的捻度。环锭加捻机构由导丝钩、隔丝板、钢领、钢丝钩、锭子和筒管等几个重要部分组成。

拉伸加捻机常用的加捻方法是,拉伸盘和小转子握持丝的一端,另一端由锭子和钢丝钩带动加以回转,使丝条得到加捻。纤维在拉伸加捻机上所获得的捻度随卷取筒子卷绕直径增大而增加,在卷绕直径一定范围内,丝条的捻度可按下式近似计算:

$$捻度(捻/m) = \frac{锭子转速(r/min)}{拉伸盘出丝速度(m/min)}$$

用于聚酰胺纤维的国产拉伸加捻机类型有 VC443A 型复丝拉伸加捻机、VC431 型、SFZN-1 型重特(旦)拉伸加捻机及 VC 451 型单丝拉伸加捻机。

拉伸加捻机的发展趋势是高速度、大卷装、高效能和自动化。如德国辛泽(Zinser)公司的 519 型拉伸加捻机就属于此类型,其拉伸速度可提高至 2500m/min,锭子转速达 20000m/min,卷装净重达 4kg,并具有自动装载筒子架机构和自动落纱的拔筒插管机。

(3)后加捻:经过拉伸加捻后的纤维,尽管已经获得一定的捻度(5~20 捻/m),但因捻度太小,所以仍称为无捻丝。聚酰胺长丝除以无捻丝(拉伸丝)形式出厂外,有时还要根据品种和纺织后加工的要求,特别是针织物甩丝,在层式加捻机或倍捻机上,对拉伸丝进行后加捻,亦有采用环锭式后加捻。

后加捻的目的是增大长丝的捻度,一般要求 100~400 捻/m,使纱线中的纤维抱合得更好,以增加纱线的强力,提高纺织加工性能。

在加捻过程中,随着捻度的增加,丝条强力也逐渐增加,但是当捻度增加到一定极限值后,强力反而下降。

三、聚酰胺弹力丝的后加工

现代的聚酰胺弹力丝生产多采用假捻变形法。由于聚酰胺纤维的模量较低,织物不够挺括,因此产品一般以高弹丝为主。与低弹丝不同,高弹丝的生产仅使用一个加热器,这是与低弹丝生产工艺的最大区别。

聚酰胺高弹丝的生产多采用摩擦式拉伸变形工艺,而聚酰胺膨体长丝(BCF)则以 SDTY 法即纺丝、拉伸和喷气变形加工一步法为主。

1. 假捻法高弹丝生产工艺流程

用摩擦式拉伸变形法生产聚酰胺高弹丝,其工艺流程如下:

现代假捻变形的合股工序在同一机台上完成。在一个部件上同时安装捻向相反的两个假捻器,可同时得到两束捻向相反的变形丝,经过输出辊合股后卷绕于筒管上。这既减少了工序,又提高了生产率,可得到优质的合股变形丝。

2. 聚酰胺高弹丝内拉伸变形工艺

聚酰胺高弹丝的生产可采用拉伸变形联合机,即 DTY 机。拉伸变形工艺参数的选择首先应考虑假捻张力比。一般加捻和解捻张力尽可能接近一致,或其比值稍高于 1。假捻张力主要受拉伸比和 D/y(D 表示摩擦盘的圆周线速度;y 表示丝条通过摩擦盘的速度)值两个因素影响。

为了提高变形丝质量,增加变形丝的稳定性和防止气圈的形成。对于高速拉伸假捻变形,多采用空气冷却或水冷却板进行强制冷却。聚酰胺 66 冷却距离对丝温有较大的影响。从冷却板冷却和空气冷却丝的温度差可以看出,约 0.75m 的冷却距离最佳。

四、聚酰胺帘子线的生产特点及后加工

1. 聚酰胺帘子线生产(聚合和纺丝)的特点

聚酰胺帘子线丝一般采用切片法生产。在生产中,聚合至拉伸过程的工艺与普通长丝基本相同。但某些工序存在一些不同之处。

(1)聚合:由于要求帘子线丝的强度高于一般的长丝,因此必须用高黏度(相对黏度为 3.2~3.5,相对分子质量大于 20000)的聚合体来制备。为了制取高黏度的聚合体,聚酰胺 6 目前采用加压—常压(或真空)或加压—真空闪蒸—常压后聚合的聚合工艺。采用直接纺丝法生产聚酰胺 66 帘子丝时,通常采用加压预缩聚—真空闪蒸—后缩聚工艺;用切片纺丝法生产时,也可采用固相后缩聚以提高切片的黏度。

(2)纺丝成形:目前国外在帘子线纺丝技术上最突出的特点是采用高压纺丝法,压力在 29.4~49MPa,这样,高黏度的聚合物可在较低温度下纺丝,有利于产品质量的提高。最近高压纺丝的压力已达 196MPa。实现高压纺丝一般采用加大喷丝头组件内过滤层的阻力;选用喷丝孔长径比大的喷丝板,同时配以相应的高压纺丝泵两种方式。

适当控制纺丝冷却成形条件也是提高帘子线质量的关键之一。纺制帘子线时,由于聚合物熔体黏度较高,通常在喷丝板下加装除冷装置,以延缓丝条冷却,使丝条的结构均匀,从而获得具有良好拉伸性能的卷绕丝,最终使产品强度提高。除冷装置下部多采用侧吹风冷却。

为了提高帘子丝的耐热性,常在纺丝前,在干燥好的切片中加入防老化剂等添加剂(有时也可在聚合时加入),与此同时还加入润滑剂(如硬脂酸镁)以减轻对螺杆的磨损,并使切片在螺杆中输送畅通,有利于防止环结。对于聚酰胺 6 帘子线,由于纺丝后不再进行洗涤单体的工序,因此要求纺丝前聚合物的单体含量在 0.5%~1.0% 的范围内。

(3)卷绕设备:目前多数采用纺丝—拉伸联合机,其卷绕速度在 1500m/min 以上,少数厂家采用高速纺丝法。

(4)拉伸:拉伸有向多区拉伸和大卷装发展的趋势。重特(旦)拉伸机一般为双区热拉伸机,国产重特(旦)拉伸加捻机有 VC431 型和 SFZN-1 型。目前国外已出现三段拉伸的重特(旦)拉伸加捻机。

2. 聚酰胺帘子线的复捻和合股

经拉伸加捻后的高线密度丝条,捻度比较低,尚不符合帘子线的规格要求。为了进一步提高帘子线的强力,还需要进行复捻(也有称之为初捻的)和合股(也有称之为复捻的)。环锭加捻机是专门用来加捻和合股较粗的合股线的设备,根据工艺需要分为前环锭加捻机和后环锭加捻机两种。前环锭加捻机可以单独用作复捻,后环锭加捻机一般只用作再合股和加捻。在复捻合股时,复捻的捻向和原丝相同,合股的捻向和复捻相反,得到的成品其捻向称为"ZS"捻。在双捻(即前环锭加捻和后环锭加捻)时,各次捻合的方向往往是和上一次捻向相反,即先为 S 捻,而后环锭加捻则为 Z 捻,其成品捻向称为"ZSZ"捻,也有采用"SZS"捻。

国内帘子线复捻设备采用 R811A 型、1192 型复捻机,合股并线采用 1391 型并线机。

3. 帘子布的织造和浸胶

(1)帘子布的织造:为了便于浸胶和轮胎加工。保证帘子线在轮胎中合理排列,需要将帘子线织成帘子布。帘子布用聚酰胺帘子线作经纱,纬纱可用 19.7~29.5tex 的棉纱或丙纶,纬纱仅仅起固定经纱位置的作用,在轮胎加工过程中,纬纱断裂而失去其作用。为了适应帘子布的浸胶、热伸张与定型处理以及轮胎工业的要求,帘子布的幅宽为 1.4~1.6m,长度短者数百米,长者为数千米。

在织造帘子布时,要求帘子线松紧均匀,否则因帘布的不平整,将影响轮胎的紧密性,甚至刚浸胶时的张力使紧张的帘子线断裂。

目前国内适合于织造聚酰胺帘子布的设备有 G24Z 型等帘子布机。

(2)帘子布的浸胶热拉伸:帘子布浸胶热拉伸的目的是为了改善聚酰胺帘子线对橡胶的黏着力及进一步改善帘子布的质量。浸胶工艺一般采用热拉伸—热定型—浸胶工艺;或浸胶—干燥—拉伸—定型工艺;或二次浸胶工艺。

4. 锦纶帘子布的质量指标

规格	1386dtex/2f(1260 旦/2f)
捻度	366 捻/m(Z)×367(S)捻/m
干燥强力	≥196N
6.8kg 定伸	8.0%±0.5%
干燥断裂伸长	±23%
干热收缩率	<8%
粗度	0.68mm±0.03mm
线密度	3172dtex(2884 旦)
H 抽出力	≥117.6N/根
树脂附着量	≥35%

五、聚酰胺膨体长丝的生产

聚酰胺膨体长丝(BCF)是采用纺丝、拉伸和喷气变形加工一步法(或称 SDTY 法)进行连续生产制成的。该方法具有投资少、废丝少、设备保养容易、操作人员少、生产成本低等优点。

聚酰胺膨体长丝具有三维卷曲、手感柔软、覆盖性能好、不掉毛、不起球、耐磨、清扫方便等特点,是生产簇绒地毯的理想材料。

1. 聚酰胺膨体长丝(BCF)加工工艺流程

用纺丝、拉伸和变形一步法生产聚酰胺膨体长丝,不仅可生产膨体长丝地毯长丝,而且还可以生产膨体长丝短纤维。

(1)聚酰胺膨体长丝(BCF)地毯长丝生产的工艺流程:

纺丝→热拉伸→热喷气变形→空气冷却→卷绕→变形地毯长丝筒子

(2)聚酰胺膨体长丝(BCF)短纤维生产的工艺流程:

纺丝→热拉伸→热喷气变形→空气冷却→切断→纤维输送→成包的 BCF 短纤维

图 4-7 为生产 BCF 地毯丝联合机示意图。纺出的丝束经过喂入辊引向热拉伸辊拉伸 3.5~5 倍,然后进入喷气变形箱。向箱内吹入过热蒸汽或热空气,在热和湍流介质的作用下,纤维发生变形,形成卷缩和蓬松的变形丝。由喷气变形箱排出的丝束落在回转的筛鼓上,在回转中卷缩的丝束被强制冷却定型。BCF 经过空气喷嘴形成网络丝,最后经张力和卷绕速度调节器进行卷绕。当丝束一旦断头时,切丝器自动启动,切断丝束,把丝吸入废丝室。

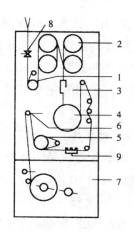

图 4-7　生产 BCF 地毯丝联合机示意图
1—喂入辊　2—热拉伸辊　3—喷气变形箱　4—筛鼓　5—较低速度输送辊　6—张力和卷绕速度调节器　7—卷绕装置　8—切丝器　9—空气喷嘴

2. 聚酰胺膨体长丝(BCF)加工工艺

BCF 产品有聚酰胺和聚丙烯两大类。聚酰胺膨体长丝(BCF)制作的簇绒地毯具有覆盖性、蓬松性、回弹性优异,手感柔滑、外观光润等特性,这些正是作为地毯制品最重要的特性。地毯用聚酰胺膨体长丝的单丝线密度为 17~22dtex,丝束根数为 50~150 根,总线密度为 556~4444dtex。

第五节　聚酰胺纤维的性能、用途及其改性

一、聚酰胺纤维的性能

聚酰胺 66 纤维和聚酰胺 6 纤维的主要性能如下:

1. 断裂强度

聚酰胺纤维因为结晶度、取向度高以及分子间作用力大,所以强度也比较高。一般纺织用聚酰胺长丝的断裂强度 4.457dN/tex,作为特殊用途的聚酰胺强力丝断裂强度高达 6.2~8.4dN/tex,甚至更高。聚酰胺纤维的吸湿率较低,其湿态强度约为干态的 85%~90%。

2. 断裂伸长

聚酰胺纤维的断裂伸长随品种而异,强力丝断裂伸长要低一些,为 20%~30%,普通长丝为 25%~40%。通常湿态时的断裂伸长较干态高 3%~5%。

3. 初始模量

聚酰胺纤维的初始模量比其他大多数纤维都低,因此,聚酰胺纤维在使用过程中容易变形。在同样的条件下,聚酰胺 66 纤维的初始模量较聚酰胺 6 纤维稍高一些,接近于羊毛和聚丙烯腈纤维。

4. 弹性

聚酰胺纤维的回弹性极好,例如聚酰胺 6 长丝在伸长 10% 的情况下,回弹率为 99%,在同样伸长的情况下,聚酯长丝回弹率为 67%,而粘胶长丝的回弹率仅为 32%。

5. 耐多次变形性或耐疲劳性

由于聚酰胺纤维的弹性好,因此它的打结强度和耐多次变形性很好。普通聚酰胺长丝的打结强度为断裂强度的 80%~90%,较其他纤维高。聚酰胺纤维耐多次变形性接近于聚酯纤维,而高于其他所有化学纤维和天然纤维。因此聚酰胺纤维是制造轮胎帘子线较好的纤维材料之一。

6. 耐磨性

聚酰胺纤维是所有纺织纤维中耐磨性最好的纤维,其耐磨性是棉花的 10 倍,羊毛的 20 倍,粘胶纤维的 50 倍。

7. 吸湿性

聚酰胺纤维的吸湿性比天然纤维和再生纤维都低,但在合成纤维中,除聚乙烯醇纤维外,它的吸湿性是较高的。聚酰胺 6 纤维中由于单体和低分子物的存在,吸湿性略高于聚酰胺 66 纤维。

8. 密度

聚酰胺纤维密度小,在所有纤维中其密度仅高于聚丙烯纤维和聚乙烯纤维。

9. 染色性

聚酰胺纤维的染色性能虽然不及天然纤维和再生纤维,但在合成纤维中是较容易染色的。

10. 光学性质

聚酰胺纤维具有光学各向异性,有双折射现象。双折射数值随拉伸比变化很大,充分拉伸后,聚酰胺 66 纤维的横纵向折射率为 1.582,横向折射率为 1.591;聚酰胺 6 纤维的横纵向折射率为 1.580,横向折射率为 1.530。

11. 耐光性

聚酰胺纤维的耐光性较差,在长时间的日光和紫外光照射下,强度下降,颜色发黄,通常在纤维中加入耐光剂,可以改善耐光性能。

12. 耐热性

聚酰胺纤维的耐热性能不够好,在 150℃ 下经历 5h 即变黄,强度和延伸度显著下降,收缩率增加。但在熔纺合成纤维中,其耐热性较聚烯烃好得多,仅次于聚酯纤维。通常聚酰胺 66 纤维的耐热性较聚酰胺 6 纤维好,它们的安全使用温度分别为 130℃ 和 93℃。在聚酰胺 66 和聚酰胺 6 聚合时加入热稳定剂,可改善其耐热性能。

聚酰胺纤维具有良好的耐低温性能,即使在 −70℃ 下,其回弹性变化也不大。

13. 电性能

聚酰胺纤维直流电导率很低,在加工时容易摩擦产生静电,但其电导率随吸湿率增加而增加。例如,当大气中相对湿度从 0 变化到 100% 时,聚酰胺 66 纤维的电导率增加 10^6 倍,因此在纤维加工中,进行给湿处理,可减少静电效应。

14. 耐微生物作用

聚酰胺纤维耐微生物作用的能力较好,在淤泥水或碱中,耐微生物作用的能力仅次于聚氯乙烯,但含油剂或上浆剂的聚酰胺纤维,耐微生物的能力降低。

15. 化学性能

聚酰胺纤维耐碱性、耐还原剂作用的能力很好,但耐酸性和耐氧化剂作用的性能较差。

二、聚酰胺纤维的主要用途

聚酰胺纤维具有一系列优良性能,因此被广泛应用于人民生活和社会经济各个方面,其主要用途可分为衣料服装用、产业用和装饰地毯用三个方面。

1. 服装用纤维

聚酰胺长丝可以织成纯织物,或经加弹、蓬松等加工过程后作机织物、针织物和纬编织物等的原料。总线密度在200tex以下的低密度长丝多用于妇女内衣、紧身衣、长筒袜和连裤袜。在聚酰胺纤维衣料中,除锦丝绸、锦丝被面等多采用纯聚酰胺长丝,市场销售的锦纶华达呢、锦纶凡立丁等大部分是聚酰胺短纤维与粘胶、羊毛、棉的混纺织物。作为衣料,聚酰胺纤维在运动衣、游泳衣、健美服、袜类等方面占有稳定的市场,并日益发展。

2. 产业用纤维

产业用聚酰胺纤维涉及工农业、交通运输业、渔业等领域。

由于聚酰胺纤维具有高干湿强度和耐腐蚀性,因此是制造工业滤布和造纸毛毡的理想材料,并已在食品、制糖、造纸、染料等轻化工行业中得到广泛应用。

聚酰胺帘子布轮胎在汽车制造行业中占有重要地位,由于具有强度高、延伸度较大、断裂功大等特点,故与其他各类帘子布相比,更能经受汽车在高速行驶中速率、重量和粗糙路面三要素的考验而不易产生车胎破裂。

聚酰胺纤维由于耐磨、柔软、质轻,可用来制作渔网、绳索和安全网等。此外,聚酰胺纤维还广泛用作传动运输带、消防软管、缝纫线、安全带和降落伞等多种产业用品。

3. 地毯用纤维

地毯用聚酰胺纤维的用量正逐年增长,特别是由于新技术的开发赋予聚酰胺纤维以抗静电、阻燃特殊功能,加之旅游、住宅业的兴旺也促进了地毯用纤维量的增长。近年来随着聚酰胺膨体长丝(BCF)生产的迅速发展,大面积全覆盖式地毯均以聚酰胺簇绒地毯为主,其风格多变,用于家庭、宾馆、公共场所和车内装饰等,很有发展前途。

三、聚酰胺纤维改性及新品种

聚酰胺纤维有许多优良性能,但也存在着一些缺点。如模量低,耐光性、耐热性、抗静电性、染色性和吸湿性较差,需要加以改进,以适应各种用途的需要。

改进聚酰胺纤维性能的方法一般分为化学改性和物理改性两种。化学改性的方法是共聚、接枝等,改变原有聚酰胺大分子的化学结构,以达到改善纤维的吸湿性、耐光性、染色和抗静电性等的目的,化学改性具有持久性的效果;物理改性的方法在不改变原有聚酰胺大分子的化学结构的情况下,通过改变喷丝孔的形状和结构,改变纺丝成形条件和后加工技术等来改变纤维的形态结构,达到改善纤维的蓬松性、手感、伸缩性、光泽等性能,如纺制复合纺丝、异形纤维、共混纺丝或经特殊处理的聚酰胺丝,以获得聚酰胺差别化纤维。

1. 异形截面聚酰胺纤维

可以改善纤维的蓬松性、弹性、手感,并赋予纤维特殊的光泽。聚酰胺异形纤维截面形状主要有三角形、四角形、三叶形、多叶形、藕形和中空形等。中空纤维由于内部存在气体,还可改善其保暖性。

2. 双组分聚酰胺纤维

将两种热性能相差较大的聚合物进行双组分复合纺丝,如由尤尼吉卡公司开发的并列型双组分尼龙长丝"Z-10-N",经染色和后整理,它的卷曲稳定性相当好,该纤维具有充分的可拉伸性、触感柔软、有弹性、悬垂性及染色性得以改善。

3. 混纤聚酰胺丝

一般采用异收缩丝混纤和不同截面、不同线密度丝的混纤技术。高收缩率和低收缩率的混纤组合,是纱线成为包芯、空心和螺旋型等结构;不同截面和线密度丝的组合,则可利用纤维间弯曲模量的差异,避免单纤维间的紧密充填而造成柔和蓬松的手感,并赋予织物以丰满感和悬垂感。

4. 酶改性纤维

通过对聚酰胺纤维进行酶改性,可以改善纤维的吸湿性、染色性、水解性及力学性能。目前可用于聚酰胺纤维酶法改性的主要有蛋白酶、角质酶、酰胺酶及脂肪酶等。酶的种类和处理时间的长短是影响纤维性能的主要因素。

5. 抗静电、导电纤维

由于聚酰胺纤维的疏水性,易在纤维上积聚静电荷,使纤维之间彼此排斥或被吸附在机械部件上,且易沾尘埃,造成加工困难。为了克服聚酰胺纤维易带静电的缺点,在纺织加工中,通常采用导电油剂涂敷在织物上,且在纤维表面聚合;也可将抗静电剂经共聚和共混方法制备抗静电聚酰胺纤维。抗静电添加剂一般是离子型、非离子型和两性型的表面活性剂。纤维的抗静电是靠吸湿使静电荷泄漏而获得的。如日本东丽公司开发的尼龙 L(Nylon L)就是在聚己内酰胺的大分子中引进聚乙二醇(PEG)组分,生成 PA6—PEG 共聚物,其电阻为 $10^8\Omega\cdot cm$,具有良好的抗静电性。

导电纤维是基于自由电子传递电荷或半导体特征性导电,因此其抗电性能不受湿度的影响。用于导电纤维的导电成分一般有金属、金属化合物、碳素等。以少量的导电纤维和常规纤维进行混纤、混纺或交织,能有效地散逸电荷,如美国杜邦(Du Pont)公司开发的"安特纶-Ⅲ(Antron-Ⅲ)"产品是混有有机导电纤维的聚酰胺膨体长丝(BCF),其混纤比例为 1%~2%,其中的有机导电纤维是由含炭黑的聚乙烯为芯层,聚酰胺 66 为皮层的复合纤维,其比电阻为 $10^3 \sim 10^5 \Omega \cdot cm$,该产品已广泛应用于 BCF 簇绒地毯。

6. 高吸湿纤维

为了提高穿着的舒适性,使其容易吸湿透气,需对服用的聚酰胺纤维进行吸湿改性。其改性方法可应用聚氧乙烯衍生物与己内酰胺共聚,经熔体纺丝后,再用环氧乙烷、氢氧化钾、马来酸酯共聚物对纤维进行后处理而制得。此外,还可以将聚酰胺纤维先润胀,再用金属盐溶液浸渍和稀碱溶液后处理等方法,以获得高吸湿聚酰胺纤维。

7. 耐光、耐热纤维

聚酰胺纤维在光和热的长期照射下，会发生老化，性能变差。其老化机理是在光和热的作用下，形成游离基，产生连锁反应而使纤维降解。特别是当聚酰胺纤维中含有消光剂二氧化钛时，在日光的照射下，与之共存的水和氧生成的过氧化氢会使二氧化钛分解而引起聚酰胺纤维性能恶化。为了提高其耐热、耐光性，目前研究了各种各样的防老化剂，如苯酮系的紫外光吸收剂；酚、胺类的有机稳定剂；铜盐、锰盐等无机稳定剂。采用锰盐无机稳定剂对于提高聚酰胺纤维的耐光性更为有效。

8. 抗菌防臭纤维

抗菌防臭纤维又称抗微生物纤维，其制造方法大体有两种：一种是聚酰胺纺丝成形前添加抗菌药物；另一种是对成形后的纤维和织物进行后整理。两者相比，前者抗菌耐久性较好，但由于添加剂在纺丝前加入，与聚酰胺一起经历整个纺丝成形、后加工过程，故对抗菌剂的稳定性要求高。

用于聚酰胺的抗菌剂一般为有机锡化合物和有机汞化合物。此外，2-溴代肉桂醛和2-（3，5-二甲吡唑）-6-羧基-4-苯基吡啶，也是众所周知的卫生剂，被聚酰胺66吸附后，具有抗菌效果，可抑制白癣菌生长。

抗菌防臭聚酰胺纤维不仅是制作袜子的理想材料，而且还可用于制作鞋垫、运动鞋以及运动衫、贴身内衣等。

9. 改善"平点"效应的聚酰胺帘子线

聚酰胺纤维的模量较低，且纤维含水率对其玻璃化温度影响较大，因此在使用过程中容易变形，作为轮胎帘子线易产生"平点"效应。为了克服这一缺点，可采用共混纺丝技术，即在聚酰胺中加入模量较高而对水不敏感的组分，制备共混纤维，以提高纤维的抗变形和抗湿热降解的能力。如美国杜邦（Du Pont）公司N-44G和联合（Allied）公司的EF-121（AC-001）改性聚酰胺纤维，前者为聚酰胺66与聚间苯二甲酰乙二胺共混纤维，后者为聚酰胺6与聚对苯二甲酸乙二酯共混纤维，这两种产品均能明显改善聚酰胺帘子线轮胎的"平点"效应。

10. 聚酰胺纤维的新品种

近年来，世界各国都致力于研究开发高强度、高模量、耐高温聚酰胺纤维，如脂环族聚酰胺纤维、芳香族聚酰胺纤维等，成为商品化聚酰胺纤维新系列品种。有关内容将在本书第十章中论述。

思考题

1. 制备聚己二酰己二胺时为何控制单体物质的量比？如何控制？
2. 聚己内酰胺聚合后为什么单体和低聚物含量较高？对纤维质量有何危害，如何去除单体。
3. 简述聚酰胺66纺丝温度的控制要比聚酰胺6严格的原因。
4. 简述聚酰胺纤维有哪些优异的性能及用途。
5. 简述聚酰胺纤维存在哪些缺陷以及改性方法。

主要参考文献

[1]董纪震,等.合成纤维生产工艺学[M].2版.北京:中国纺织出版社,1994.

[2]邬国铭,等.高分子材料加工工艺学[M].北京:中国纺织出版社,2000.

[3]吴大诚,等.合成纤维熔体纺丝[M].北京:纺织工业出版社,1980.

[4]成晓旭,杨浩之.合成纤维新品种和用途[M].北京:纺织工业出版社,1988.

[5]辽阳石油化纤公司,上海第九化学纤维厂.PA-66生产基本知识[M].北京:纺织工业出版社,1985.

[6]王贵恒,等.高分子材料成形加工原理[M].北京:化学工业出版社,1982.

[7]V.乌申科.化学纤维的加工[M].毛伟民,等译.北京:纺织工业出版社,1985.

[8]肖长发,等.化学纤维概论[M].北京:中国纺织出版社,1997.

[9]张树钧,等.改性纤维与特种纤维[M].北京:中国石化出版社,1995.

[10]郭宝华,等.聚酰胺合金技术与应用[M].北京:机械工业出版社,2010.

第五章　聚丙烯纤维

第一节　概述

一、聚丙烯纤维的发展概况

聚丙烯(Polypropylene,PP)纤维是以丙烯聚合得到的等规聚丙烯为原料纺制而成的合成纤维,在我国的商品名为丙纶。

早期,丙烯聚合只能得到低聚合度的支化产物,属于非结晶性化合物,无实用价值。1954年齐格勒(Ziegler)和纳塔(Natta)发明了 Ziegler—Natta 催化剂并制成结晶性聚丙烯,具有较高的立构规整性,称为全同立构聚丙烯或等规聚丙烯。这研究成果在聚合领域中开拓了新的方向,给聚丙烯大规模的工业化生产和在塑料制品以及纤维生产等方面的广泛应用奠定了基础。1957年由意大利的蒙特卡梯尼(Montecatini)公司首先实现了等规聚丙烯的工业化生产。1958~1960年该公司又将聚丙烯用于纤维生产,开发商品名为梅拉克纶(Meraklon)的聚丙烯纤维,以后美国和加拿大也相继开始生产。1964年后,又开发了捆扎用的聚丙烯膜裂纤维,并由薄膜原纤化制成纺织用纤维及地毯用纱等产品。20世纪70年代采用短程纺工艺与设备改进了聚丙烯纤维生产工艺。一步法膨体长丝(BCF)纺丝机、空气变形机与复合纺丝机的发展,特别是非织造布的出现和迅速发展,使聚丙烯纤维的发展与应用有了更广阔的前景。

聚丙烯纤维是四大主要合成纤维品种中最年轻的一员。由于其具有密度小、熔点低、强力高、耐酸碱等特点,而且与聚酯纤维、聚丙烯腈纤维相比,具有原料生产和纺丝过程简单、工艺路线短、原料和综合能耗低、成本低廉、无污染和应用广泛等优点,聚丙烯纤维异军突起,成为发展较快的合成纤维品种,年均增长率达12%以上,远远超过其他合成纤维品种的增长速度,目前产量已超过聚酰胺纤维而成为第二大合成纤维品种,1997年世界聚丙烯纤维产量达到386.5万吨,2005年世界聚丙烯纤维产量达到583万吨。2005年我国聚丙烯纤维产量为27.5万吨,其产品主要为普通长丝、短纤维、膜裂纤维、膨体长丝、烟用丝束、工业用丝、纺粘和熔喷法非织造布等。

随着丙烯聚合和聚丙烯纤维生产新技术的开发,聚丙烯纤维的产品品种变得越来越新,越来越多。1980年,卡敏斯凯(Kaminsky)和斯恩(Sinn)发明的茂金属催化剂对聚丙烯树脂品质的改善方面最为明显。由于提高了其立构规整性(等规度可达99.5%),从而大大提高了聚丙烯纤维的内在质量;差别化纤维生产技术的普及和完善扩大了聚丙烯纤维的应用领域。如高强耐温的高性能聚丙烯纤维和纱线、地毯纱,汽车上应用的共混聚合体的精纺织物以及已开发和正在开发的、用于高档服装领域用的细旦超细旦聚丙烯纤维、抗菌纤维、保暖纤维、超吸湿纤维、可生物降解纤维、温敏性变色纤维、香味纤维、远红外细旦纤维、阻燃纤维、高强高模纤维以及高回弹立体卷曲短纤维等。

二、聚丙烯纤维的性能和用途

1. 聚丙烯纤维的性能

(1)质轻:聚丙烯纤维的密度为 $0.90 \sim 0.92 g/cm^3$,在所有化学纤维中是最轻的,它比聚酰胺纤维轻20%,比聚酯纤维轻30%,比粘胶纤维轻40%,因而聚丙烯纤维质轻、覆盖性好。

(2)强度高、耐磨、耐腐蚀:聚丙烯纤维强度高(干、湿态下相同),耐磨性和回弹性好;抗微生物,不霉不蛀;耐化学性优于一般纤维。

(3)具有电绝缘性和保暖性:聚丙烯纤维电阻率很高($7 \times 10^{19} \Omega \cdot cm$),导热系数小,因此,与其他化学纤维相比,聚丙烯纤维的电绝缘性和保暖性最好。

(4)耐热及耐老化性能差:聚丙烯纤维的熔点低($165 \sim 173℃$),对光、热稳定性差,所以,聚丙烯纤维的耐热性、耐老化性差。

(5)吸湿性及染色性差:聚丙烯纤维的吸湿性和染色性在化学纤维中最差,回潮率小于0.03%,普通的染料均不能使其着色,有色聚丙烯纤维多数是采用纺前着色生产的。

聚丙烯纤维主要性能如表5-1所示。

表5-1 聚丙烯纤维的主要性能

性能指标	复丝	短纤维
断裂强度/cN·dtex^{-1}	3.1~6.4	2.5~5.3
断裂伸长/%	15~35	20~35
弹性回复率/%(在5%伸长时)	88~98	88~95
初始模量/cN·dtex^{-1}	46~136	23~63
沸水收缩率/%	0~5	0~5
回潮率/%	<0.03	<0.03

2. 聚丙烯纤维的用途

(1)产业用途:聚丙烯纤维具有高强度、高韧性、良好的耐化学性和抗微生物性以及低价格等优点,故广泛用于绳索、渔网、安全带、箱包带、缝纫线、过滤布、电缆包皮、造纸用毡和纸的增强材料等产业领域。聚丙烯纤维可制成土工布,用于土建和水利工程。

(2)室内装饰用途:用聚丙烯纤维制成的地毯、沙发布和贴墙布等装饰织物及絮棉等,不仅价格低廉,而且具有抗沾污、抗虫蛀、易洗涤、回弹性好等优点。

(3)服装用途:聚丙烯纤维可制成针织品,如内衣、袜类等;可制成长毛绒产品,如鞋衬、大衣衬、儿童大衣等;可与其他纤维混纺用于制作儿童服装、工作衣、内衣、起绒织物及绒线等。随着聚丙烯生产和纺丝技术的进步及改性产品的开发,其在服装领域应用日渐广泛。

(4)其他用途:聚丙烯烟用丝束可作为香烟过滤烟嘴填料;聚丙烯纤维的非织造布可用于

一次性卫生用品,如卫生巾、手术衣、帽子、口罩、床上用品、尿片面料等;聚丙烯纤维替代黄麻编织成的麻袋,成为粮食、工业原料、化肥、食品、矿砂、煤炭等最主要的基本包装材料。

第二节 等规聚丙烯的制备及其性能

一、等规聚丙烯的合成

聚丙烯是以丙烯为单体经配位聚合反应制得。其结构式为:

$$\left[CH_2-CH \right]_n$$
$$\quad\quad\quad | $$
$$\quad\quad\quad CH_3$$

从聚丙烯的化学结构可以看出,它可以几种不同空间排列方式聚合,而各种聚丙烯构形的形成取决于所用的聚合催化剂及聚合条件。

在工业生产中可以采用不同的催化剂和工艺路线:有使用惰性烷烃(如己烷、正庚烷)作为反应介质的淤浆聚合法,也有用少量介质或不使用介质的本体聚合法和气相聚合法。聚丙烯的生产过程包括四个主要工序,即丙烯的制备;催化剂的制备;丙烯聚合;聚丙烯的脱灰、脱无规物(去除催化剂、单体和无规物等)和精处理。

1. 单体

生产聚丙烯的初始原料为丙烯(CH_2=CH—CH_3),其无色,有刺激性气味。常温时为气态,沸点为47℃,极易液化。由于双键的存在,易与卤素、卤化氢、次卤酸、氧等进行加成反应,在一定催化剂作用下可聚合成聚丙烯。由于丙烯来源充足,生产成本低,故已广泛用作合成材料的重要原料。

用石油或天然气经热裂解可制取丙烯。将石油蒸馏或天然气分馏得到的丁烷、丙烷和石脑油、煤油、柴油等馏分加热至700~1000℃进行裂解,可得到烯烃含量较高的混合气体,例如以石脑油为原料,通过水蒸气裂解可得到含甲烷12.2%、乙烯21.4%、丙烯11.7%的混合气体,对其进行分离、回收和提纯则可得到高纯度"聚合级"丙烯。

2. 催化剂

催化剂是配位聚合的核心问题。过去等规聚丙烯(IPP)的聚合均采用多相齐格勒—纳塔[Ziegler—Natta(Z—N)]催化剂完成,经过四十多年的改进发展,已由最初的第一代常规 $TiCl_3$ 催化剂,发展到现在的高活性、高性能的第三代和第四代的催化剂,不仅催化活性呈几百倍乃至几千倍的提高,而且等规度达到98%以上的高水平,产品无须脱灰和脱无规物,甚至无须造粒。近年来出现的茂金属催化剂,以其高效性得到了迅速发展。

聚丙烯催化剂的进展见表5-2所示。

在配位聚合反应过程中,首先,单体与催化剂中心的过渡金属 M(传统的 Z—N 催化剂是Ti,而多数的二茂金属催化剂是 Zr)发生配位键合,然后被接入到过渡金属和增长的聚合物链(嵌入式)间。

(1)Ziegler—Natta 催化剂:Ziegler—Natta 催化剂体系或称离子配位催化剂至少由含有钛氯化物

的结晶固态组分和助催化剂烷基铝两部分组成的复合催化剂,其中烷基化钛氯化物位于结晶体的表面,形成单体能够接入的、真正起催化效果的 Ti—C 键,其几何形状决定着聚合作用的立构规整性。

表 5-2　聚丙烯催化剂的进展

催化剂	第一代 Z—N	第二代 Z—N	第三代 Z—N	第四代 Z—N	茂金属催化剂
催化剂 助催化剂	$TiCl_3 \cdot 1/3AlCl_3$ $Al(C_2H_5)_2Cl$	处理的 $TiCl_3$ $Al(C_2H_5)_2Cl$	$TiCl_4/MgCl_2/ED$[①] $Al(C_2H_5)_3$	$TiCl_4/MgCl_2/ED$[①] $Al(C_2H_5)_3$	茂金属 铝氧烷
立构规整改进剂	—	—	烷氧基硅烷	二醚	—
活性(kg 聚丙烯/催化剂)	0.8~1.2	2~5	>30	>30	>30
等规度/%	88~91	95	98	98	>98
粒子形态	不规则粉末	规则粉末	规则粉末	可控球形	—
工艺特点	脱灰 脱无规物	脱灰 不脱无规物	不脱灰 不脱无规物	不脱灰 不脱无规物 无须造粒	—

①ED 指给电子体。

第一代和第二代催化剂,其固体催化剂组分主要是由 $TiCl_3$(或者是与 $AlCl_3$ 的混合物)和助催化剂烷基铝构成。对于第一代催化剂,$TiCl_3$ 是通过用 Al 还原 $TiCl_4$ 制得的。$TiCl_3$ 和 $AlCl_3$ 的结晶混合物通过研磨粉碎至比表面积为 $30~40m^2/g$,转化为具有较高活性 δ-态。第二代催化剂的 $TiCl_4$ 用一氯二乙基铝(DEAC)还原为 $TiCl_3$,该物质在去除绝大部分的铝组分后转化为一高度疏松的 δ-$TiCl_3$ 形态。第二代催化剂的比表面积以及催化剂活性大约可提高 5 倍之多,催化剂粒子尺寸分布以及聚合物粒子尺寸可控。

第三代和第四代的催化剂是由来自特殊的镁化物活性结构如 $MgCl_2$ 或 $Mg(OH)Cl$ 作载体,这种 $MgCl_2$ 活性结构是一种非常小的 δ 变体结晶体,它具有类似于 δ-$TiCl_3$ 的层状结构;再加入连同位于表面的配位键合钛氯化物和给电子体(Lewis 碱)组成了高效、等规、颗粒规整、结构可控的新型高效催化剂,可使聚合活性提高 20 万~30 万倍。其中加入的给电子体(ED)可以提高催化剂的定向聚合能力,提高聚丙烯的立构规整性。第三代 Z—N 催化剂常添加单酯类(如苯甲酸乙酯)或双酯类(如邻苯二甲酸二丁酯)给电子体,这称为内加酯;加入烷氧基硅烷(如甲基环己基二甲氧基硅烷)作为外电子供体,这称为外加酯。第四代催化剂是加入芳香取代或烷基取代二醚作为给电子体。

(2)茂金属催化剂:茂金属(Metallocene)催化剂是环戊二烯过渡金属化合物类的简称。茂金属催化剂的结构可分为普通结构、桥链结构和限定几何构型配位体结构三种结构,如图 5-1 所示。

茂金属中的五元环部分可以是环戊二烯基(Cp)、茚基(Ind)或芴基,其中五元环上的氢可被烷基所取代。金属 M 为锆(Zr)、钛(Ti)和铪(Hf),分别有锆茂、钛茂、铪茂之称。X 为氯、甲基等。R 为烷基,R′为氨基,$(ER_2')_m$ 为亚硅烷基。双(环戊二烯基)二氯化锆和亚乙基双(环戊二烯基)二氯化锆是普通结构和桥链结构茂金属催化剂的代表。

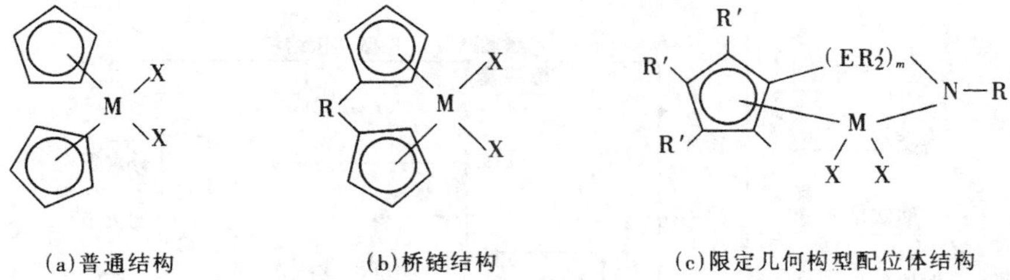

(a)普通结构　　　(b)桥链结构　　　(c)限定几何构型配位体结构

图 5-1　茂金属的三种结构

茂金属催化剂中最常用的助催化剂是甲基铝氧烷(MAO)。MAO 能清除体系中的毒物,提高聚合活性。MAO $\pm$ Al(CH$_3$)—O $\pm$、Me$_3$Al 或 Me$_2$AlF 与 Cp$_2$ZeCl$_2$ 或 Et(Ind)$_2$ZrCl$_2$ 组合的引发体系对乙烯或丙烯聚合都有相当高的活性。

均相茂金属催化剂迅速发展的原因:

①高活性,几乎 100% 金属形成活性中心(原来钛系只有 1%~3%),例如 Cp$_2$ZrCl$_2$/MAO 用于乙烯聚合时,活性可高达 1×10^5 kg(PE)/(mol Zr·h),比钛系要高 10 倍;

②单一活性中心,可获得相对分子质量分布很窄(1.05~1.8)、共聚物组成均一的产物;

③立构规整能力高。

因此,可以实现聚合物结构设计和性能控制,如密度、相对分子质量及其分布(包括单峰或双峰)、共聚物组成分布、共单体结合量、侧链支化度、晶体结构、熔点等。

茂金属催化剂用于淤浆聚合、溶液聚合、气相聚合等方法,无须脱灰工序。在许多方面,茂金属催化剂已超过钛系 Ziegler—Natta 催化剂,可以说茂金属是带有革命性的催化剂。

3. 丙烯聚合

丙烯聚合类型可分为溶液聚合法、淤浆聚合法、本体聚合法和气相聚合法四类。

(1)溶液聚合:溶液聚合是早期采用的方法。丙烯单体在 160~170℃ 的温度、2.8~7.0MPa 的压力和催化剂作用下进行聚合,得到的聚合物溶解在溶剂中。该方法工艺流程长,无规物含量高,成本极高。溶液聚合工艺已被淘汰。

(2)淤浆聚合:淤浆聚合是指丙烯单体在惰性烷烃介质中和催化剂作用下进行的聚合,由于聚合产物不溶于这种惰性烷烃介质,而是悬浮在反应介质中,形成所谓淤浆,故称淤浆聚合。聚合过程是先将高纯度正庚烷调成浆状的催化剂和精制丙烯一起送入聚合釜中,加热至聚合温度(50~80℃),在 1~2MPa 的压力下,加入氢气以控制相对分子质量,反应结束后淤浆的浓度为 35% 左右;将聚合物淤浆再注入闪蒸室,脱除未反应的单体、催化剂残渣和无规物,然后聚丙烯经干燥造粒得到成品。

(3)本体聚合:本体聚合不采用烃类稀释剂,而是把丙烯既作为聚合单体,又作为稀释剂来使用,在温度 50~80℃、2.5~3.5MPa 的压力和催化剂作用下进行聚合,反应结束后,只要将聚合物淤浆减压闪蒸,既可脱除未反应的单体,又相当于脱除了稀释剂,简单方便。

(4)气相聚合:气相聚合是 1969 年由巴斯夫(BASF)公司首先实现工业化生产。该方法采用流化技术,不加入溶剂丙烯,在气相本体中和催化剂作用下进行聚合,反应温度为 70~90℃,压力为 2.5~3.0MPa。巴斯夫公司气相聚合法聚丙烯工艺流程如图 5-2 所示。

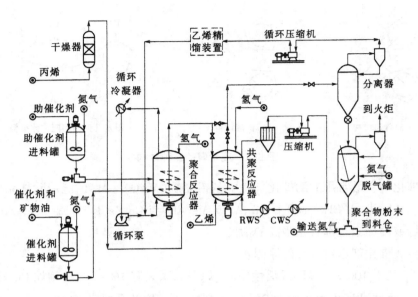

图5-2 巴斯夫(BASF)公司气相聚合法聚丙烯工艺流程图

近年来,传统的淤浆聚合法工艺在聚丙烯生产中的比例明显下降,除了一些特殊用途外,淤浆工艺的装置正在被淘汰。本体聚合法工艺仍然保持优势,气相聚合法和本体—气相组合法以其工艺流程简单、单线生产能力大、投资省,成为未来聚丙烯生产的发展趋势。

4. 聚丙烯的提纯和精处理

通常淤浆聚合的丙烯转化率为50%~75%,等规物含量可达95%以上。未反应的丙烯可再循环使用。回收的反应介质经离心分离和精馏除去其中的催化剂分解物、醇、稀释剂及无规聚合物等,也可循环使用。进入闪蒸室的聚丙烯淤浆,在相对的低压下,大部分单体随大量稀释剂闪蒸分离,在剩余的淤浆中含有固体聚合物、无规聚合物、稀释剂、剩余单体及活性催化剂等。将这种浆料用醇处理,使催化剂失活,再经过滤或离心分离除去催化剂和稀释剂及可溶性聚合物,然后用碱性醇洗涤,干燥后可得到粉末状聚合物。

粉状聚丙烯需混入添加剂,经造粒螺杆熔融挤出,然后经切粒机切成颗粒,以利储存与装运。添加剂包括抗氧剂、金属钝化剂、耐紫外线稳定剂、抗静电剂、表面改性剂、填料、阻燃剂、颜料、增塑剂及染料助剂等。

对于使用高活性、高性能第三代、第四代Z—N催化剂和茂金属催化剂的聚合工艺,省去了脱灰和脱无规物工序,第四代Z—N催化剂还使聚丙烯的生产实现了无须造粒,极大地提高了经济效益。

二、等规聚丙烯的结构和性能

1. 分子结构与结晶

聚丙烯分子的主链是由在同一平面上的碳原子曲折链所组成的,侧甲基可在平面上、下有不同的空间排列形式(图5-3、图5-4)。

成纤聚合物通常是等规高聚物,具有高度结晶性。等规聚丙烯的结晶是一种有规则的螺旋

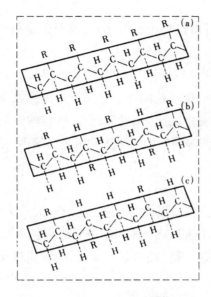

图5-3　聚丙烯分子结构模型图

R=CH₃

（a）—等规聚丙烯，R基团均在平面某一侧

（b）—间规聚丙烯，R基团交替地在平面的上、下两侧

（c）—无规聚丙烯，R基团无序地在平面的上方或下方

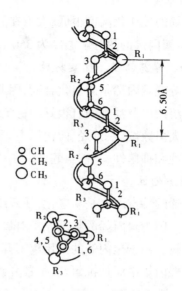

图5-4　聚丙烯的螺旋结构

1Å=0.1nm

状链，这种三维的结晶，不仅是单个链的规则结构，且在链轴的直角方向也具有规则的链堆砌。图5-4是聚丙烯的螺旋结构。

等规聚丙烯的结晶形态为球晶结构。最佳结晶温度为125~135℃。温度过高，不易形成晶核，结晶缓慢；温度过低，由于分子链扩散困难，结晶难于进行。聚丙烯初生纤维的结晶度为33%~40%，经后拉伸，结晶度上升至37%~48%，再经热处理，结晶度可达65%~75%。

2. 相对分子质量及其分布

相对分子质量及其分布对于聚丙烯的熔融流动性质和纺丝、拉伸后纤维的力学性能有很大影响。

纤维级聚丙烯的平均相对分子质量为$1.8×10^5~3.0×10^5$，比聚酯和聚酰胺的相对分子质量（$2×10^4$左右）高得多。测定聚丙烯的特性黏数可求出其相对分子质量，特性黏数$[\eta]$和相对分子质量（M）间的关系式可利用以下经验式求定：

$$[\eta]=1.07×10^{-4}M^{0.8}（溶剂：十氢萘，温度：135℃）$$

$$[\eta]=0.90×10^{-4}M^{0.8}（溶剂：四氢萘，温度：135℃）$$

工业上常采用熔融指数（MI）表示聚丙烯的流动特性，可粗略地衡量其相对分子质量。相对分子质量越大，熔融黏度越高，流动性越差，熔融指数越小。

等规聚丙烯相对分子质量分布的多分散性较大，一般相对分子质量的多分散性系数为4~7，而聚酯和聚酰胺只有1.5~2。

3. 热性质

聚丙烯的玻璃化温度很低,大致在-35~-10℃;熔点为165~176℃,低于聚酯和聚酰胺,较聚乙烯高;聚丙烯的热分解温度为350~380℃。

4. 耐化学药品性与抗生物性

由于等规聚丙烯是碳氢化合物,因此有突出的耐化学药品性。室温下聚丙烯在无机酸、碱和盐的水溶液以及油类中有很好的稳定性,但是抗氧化试剂(如过氧化氢、浓硫酸等)会侵蚀聚丙烯。在大多数烷烃、芳烃、卤代烃中,升高温度会使等规聚丙烯溶胀和溶解。聚丙烯还具有极好的耐霉性和抑菌性,不被虫蛀。

5. 耐老化性

聚丙烯的特点之一是易老化,使纤维失去光泽、褪色、强伸度下降,这是热、光及大气综合影响的结果。因为聚丙烯的叔碳原子对氧十分敏感,在热和紫外线的作用下易发生热氧化降解和光氧化降解。由于聚丙烯的使用离不开大气、光和热,所以提高聚丙烯光、热稳定性十分重要,为此需在聚丙烯中添加抗氧剂、抗紫外线稳定剂等。

三、成纤聚丙烯的性能特点和质量要求

1. 成纤聚丙烯的性能特点和质量要求

纤维级聚丙烯的黏均分子量($\overline{M}_\eta$)为$18×10^4$~$20×10^4$,熔融指数约为6~15。一般纺单丝时聚丙烯的[η]为2dL/g左右,纺复丝时[η]为1.5dL/g左右,表征相对分子质量分布的多分散性系数$\overline{M}_w/\overline{M}_n \leqslant 6$。用相对分子质量分布较窄的聚丙烯所得纤维的模量较高。成纤用聚丙烯要求等规度为95%以上,若低于90%则纺丝困难;熔点在164~172℃;灰分应小于0.05%,因灰分会影响喷丝头组件使用周期,且对纺丝正常操作影响很大;铁、钛含量应小于20mg/kg;含水率应小于0.01%。

2. 茂金属等规聚丙烯的特点及在纤维生产中的应用

采用茂金属催化剂生产的等规聚丙烯(m-IPP)与普通等规聚丙烯(IPP)相比,物理化学性能方面有以下几个特点:m-IPP的密度较低,约为$0.88g/cm^3$;熔点较低,约为130~150℃;熔化热也低,为15~20J/g;等规度为80%~90%,相对分子质量分布较窄,仅为2.0;结晶速度慢且晶粒小;耐化学稳定性和耐辐射性比IPP好。

因此,在纤维生产中m-IPP有较好的流动性,低的成形温度;熔体黏度较低、弹性较低,可纺性较IPP高。从而有利于提高纺丝速度,宜纺制细旦丝、高强丝,也更适合制取熔喷法和纺粘法非织造布。

第三节　聚丙烯纤维的生产

等规聚丙烯是典型热塑性高聚物,可熔融加工成各种用途的制品。工业生产聚丙烯纤维一

般采用普通的熔体纺丝法和膜裂纺丝法。随着生产技术的发展,近年来又有许多新的生产工艺出现,如复合纺丝、短程纺、膨体长丝、纺—牵一步法(FDY)、纺粘和熔体喷射法非织造布工艺等。

一、常规聚丙烯纤维

聚丙烯与聚酯纤维、聚酰胺纤维一样,可以用熔体纺丝法生产长丝和短纤维,而且熔体纺丝法的纺丝原理及生产设备与聚酯纤维、聚酰胺纤维基本相同,但工艺控制有些差别。

1. 纺丝

聚丙烯纺丝所用的螺杆与聚酯、聚酰胺纺丝螺杆相似,亦可分为加料、压缩和计量三段。所不同的是加料段的长度随物料形状而变化。对于粉料,这一区段要短些,而粒料则较长;压缩段不需很长,但必须是很有效的,最小的压缩比为2.8;计量段在确保恒定的流动和熔体压力下应尽可能短些,以免聚合物熔体在设备中停留时间过长。螺杆的长径比 L/D 为 $20\sim26$。

虽然等规聚丙烯是结晶的,但仍然像其他热塑性高聚物一样容易挤出成形。改变纺丝条件可获得一定取向度和结晶度的纤维。

下面着重讨论纺丝过程中,各主要工艺参数对纤维成形过程及纤维结构与性能的影响。

(1)纺丝温度:纺丝温度是纺丝过程中的重要工艺参数。由于聚丙烯较高的相对分子质量和相对分子质量分布,熔体的流动性差,故需采用高出聚丙烯熔点100℃左右或更高的挤出温度(熔体温度),才能使其熔体具有必要的流动性,并顺利进行纺丝。

纺丝温度对初生纤维的结构和性能也有很大影响。若纺丝温度较低,势必引起取向和结晶同时发生,并形成高度有序的单斜晶体,且形成不稳定的碟状液晶结构,有利于后拉伸的进行。

(2)冷却成形条件:成形过程中冷却速度对聚丙烯纤维结构有很大影响。若冷却较快,所得初生纤维的结构是不稳定的碟状液晶结构;若缓慢冷却,则得到的是稳定的单斜晶体结构。所以,在成形过程中,增大吹风量,降低丝室温度或在纺鬃丝时用冷却浴使熔体细流骤冷,即可得到具有不稳定的碟状液晶结构的初生纤维。

在实际生产中,丝室温度以偏低较好,采用侧吹风时丝室温度可为 $35\sim40℃$,环形吹风时可取 $30\sim40℃$,送风温度为25℃,风速 $0.3\sim0.4\text{m/s}$。

(3)喷丝头拉伸:喷丝头拉伸不仅使纤维变细,且对纤维的后拉伸及纤维结构有很大影响。若喷丝头拉伸过大,则易在初生纤维中产生稳定的单斜拉伸晶体结构,导致后拉伸不易进行。聚丙烯纺丝时,喷丝头拉伸倍数一般以60倍左右为宜。

(4)挤出胀大比:聚丙烯纺丝时挤出胀大比较聚酯和聚酰胺纺丝时大,同时熔体黏度也较高,所以可纺性较差。当纺丝温度偏低,或纺丝速度较高时,容易造成大量断头而不能正常纺丝。因此往往在聚丙烯切片中加入相对分子质量调节剂、增塑剂等来改善其可纺性。另外,适当提高纺丝温度,控制适宜的相对分子质量及其分布,且使喷丝孔径适当大一些(约0.4mm)以及增大喷丝孔长径比(L/D 值大于2),可以减小细流的膨化和防止发生熔体破裂。

2. 拉伸和热定型

熔体纺丝制得的聚丙烯初生纤维结晶度为 $33\%\sim40\%$,其双折射率为 $1\times10^{-3}\sim6\times10^{-3}$,而且随放置时间延长,纤维的结晶度有所增加,尤其在开始的数小时内变化显著,24h后变化就趋于平缓。

聚丙烯纤维的后拉伸温度以120~130℃为宜,当相对分子质量为$1\times10^5 \sim 3\times10^5$时,在此温度下拉伸性能好,结晶速度也最高。拉伸时所需的张力随温度而变化,冷拉伸过程中张力要比热盘拉伸高一些,且冷拉伸比热拉伸有更大的颈缩倾向。一般聚丙烯纤维经后拉伸,结晶度可上升37%~48%。

聚丙烯纤维的拉伸速度一般偏低些为好,这是由于过高的拉伸速度会使拉伸应力大大提高,纤维的空洞率增加,因而增加拉伸断头率。

热定型是聚丙烯纤维后加工的另一重要工序,经热定型可使聚丙烯纤维的结晶度提高到65%~75%,沸水收缩率下降,纤维尺寸稳定性提高,例如:由高相对分子质量聚丙烯制得的长丝,拉伸取向后沸水收缩率为10%左右,经热定型可降至3%以下。聚丙烯纤维的热定型温度以120~130℃为宜。

纺短纤维时,初生纤维束成几十万至几百万分特(dtex)的丝束,然后分两段进行拉伸。一般第一段拉伸温度为60~65℃,拉伸倍数3.9~4.4倍;第二段拉伸温度为135~145℃,拉伸倍数1.1~1.2倍,总拉伸倍数棉型为4.6~4.8倍,毛型为5.0~5.5倍。拉伸后的丝束进行卷曲及松弛热定型,最后经切断成为棉型或短纤维。

纺制长丝时,卷绕丝收集在筒管上,经热辊或热板拉伸4~8倍,拉伸温度在90~130℃范围内,在拉伸之后立即进行热定型,即在同一台机器上用热板或热箱将纤维再一次加热至要求的温度。若采用高分子量聚丙烯,在尽可能低的喷丝头拉伸下冷却成形,然后进行高倍拉伸,可得到高强度的聚丙烯纤维。例如,采用相对分子质量为35万,等规度大于94%的聚丙烯进行纺丝,随后在135℃下拉伸34倍,可制得强度达10.6dN/tex、模量84.77~97.13 dN/tex、断裂伸长18%~24%的超高强长丝。如在140~150℃下分三段进行拉伸,总拉伸比不小于1∶12,也可以得到很高强度的聚丙烯长丝。

二、聚丙烯短程纺丝技术

短程纺丝技术是较常规纺丝的工艺流程短,纺丝工序与拉伸工序直接相连,喷丝头孔数增加,纺丝速度降低的一种新工艺路线。它具有占地面积小、产量高、成本较低、操作方便、易于迅速开发且适应性强等优点。

1. 工艺流程

短程纺的设备形式虽不尽相同,但工艺流程基本相似,即:

切片喂入→添加剂注入→切片共混→螺杆挤出→熔体过滤→熔体分配→纺丝→冷却成形→
上油卷曲$\xrightarrow{\text{张力调节}}$拉伸→卷取→热定型$\xrightarrow{\text{张力消除}}$切断→打包

2. 设备与工艺特点

短程纺设备可采用色母粒与常规切片共混生产有色纤维。切片与色母粒等添加剂经计量和混合进入螺杆挤出机。螺杆挤出机可放置在纺丝卷绕机的同一平面上,熔体出螺杆挤出机后,用高压泵送入位于高处的纺丝箱体;或者将螺杆挤出机直接放置在纺丝卷绕机上面,熔体出螺杆挤出机后直接进入纺丝箱体(图5-5)。纺丝箱体有6~32个纺丝位,喷丝板有环形和矩形两种,喷丝孔数可多达15万孔,冷却吹风形式有侧吹、中心放射和真空环吸等。当采用环形喷丝板、中心放射冷却形式时,喷丝孔均匀分配在圆环上,纺出的丝像吹塑圆形薄膜,冷却气体由中心向外吹,以便迅速冷却。

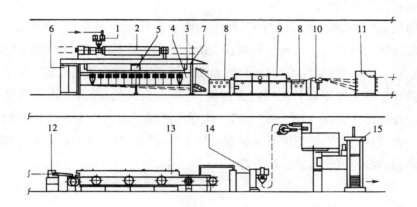

图5-5 瑞特克斯(RIETIEX)公司短程纺流程图

1—自动计量与混料系统 2—螺杆挤出机 3—纺丝机 4—卷绕装置 5—排烟装置 6—控制柜
7—设备框架 8—五辊牵伸机 9—蒸汽箱 10—导丝机 11—叠丝机 12—卷曲机
13—干燥热定型机 14—切断机 15—打包机

冷却成形后丝束经油辊上油,由第一牵引装置和导丝盘以匀速引出,其速度为100m/min,并可变速。根据后续工序的需要,各纺丝位丝束合并,然后进行拉伸、卷曲、热定型、切断和打包则成为短纤维成品。

当生产烟用丝束时,喷丝孔的成形为Y形,孔数为6000~7000孔,每个纺丝位的丝束单独进行拉伸、卷曲定型和打包。成品丝总线密度为$5.0×10^4~5.5×10^4$dtex。

三、聚丙烯膨体长丝

膨体长丝的缩写为BCF。目前BCF生产工艺可分为两步法和一步法两种。在两步法工艺中,纺出的丝条先卷绕成卷,然后再进行拉伸、变形和卷绕。一步法工艺则将纺丝、牵伸和变形融为一体,不仅各工序连续,而且在一台机组上完成上述各工序,占地面积小,自动化程度高,产品质量稳定且成本较低。目前应用较广的是一步法工艺。

BCF是三维卷曲的长丝,具有蓬松性、弹性,并有很好的手感,给人以丰满柔和的感觉。根据不同用途可生产各种线密度的BCF长丝,例如:1500~3500dtex可用于地毯,1100~2600dtex可用于家具布,550~770dtex可用于装饰布。

1. 生产流程

聚丙烯膨体长丝生产的工艺流程如下:

切片输送→螺杆熔融挤出→纺丝→拉伸→变形→网络加工→卷绕

此工艺为连续一步法。其中熔融、纺丝、拉伸、网络加工和卷绕均与其他长丝生产工艺相近似,只有热气流喷射变形工艺为BCF工艺特有,如图5-6所示。

2. 工艺与设备特点

考虑到聚丙烯纤维染色困难,用于聚丙烯纤维的BCF设备大多配有纺前染色机构,即配有定量小螺杆或碟式加料器。为使产品具有多种颜色,大多配有三台螺杆挤出机为一机组,既可生产单色丝,也可生产复色丝。

经挤出、纺丝、侧吹风和上油等工序后,纺出的丝束进入牵伸、变形、卷绕装置。纺出的丝束首先经喂入辊向热拉辊拉伸,拉伸速度最高为2500m/min。然后进入热气流变形箱,热气流为过热蒸汽或热空气。采用热空气喷射变形时,加热空气高速喷射使喂入丝充分预热并保持一定张力,当热气流在喷射装置下部外溢引起失速时,丝条急剧松弛,形成三维卷曲变形并堆积堵塞,已卷曲的丝条冷却定型,形成高蓬松性的三维卷曲纤维。由喷气变形箱排出的丝束落在回转的冷却鼓上,在回转中变形的丝束又被强制冷却定型(图5-7)。BCF经过空气喷嘴形成网络丝,最后经张力和卷绕速度调节器进行卷绕。

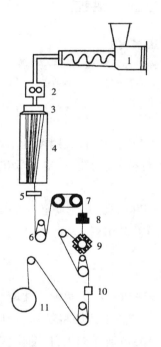

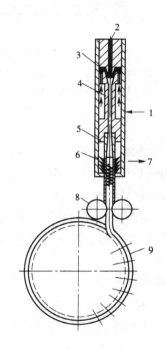

图5-6　膨体长丝生产流程图

1—挤出机　2—计量泵　3—纺丝组件
4—丝仓　5—油盘　6,7—牵伸辊　8—变形箱
9—冷却吸鼓　10—冷却器　11—高速卷绕机

图5-7　三维卷曲喷射装置

1—热流体入口　2—喂入丝条　3—湍流室　4—导丝管喉径
5—导丝管扩孔段　6—网眼管　7—热气流出口
8—输出罗拉　9—多孔冷却鼓

四、聚丙烯膜裂纤维

膜裂纤维也称薄膜纤维,是高聚物薄膜经纵向拉伸、切割、撕裂或原纤化制成的化学纤维。这种纤维的生产方法具有工艺简单、消耗定额低、设备投资少、产量高和成本低等特点,且对原

料要求不高,甚至聚合物中填充40%的有机物时仍能进行膜裂加工。

聚丙烯膜裂纤维具有价格低廉、密度小、强度高、耐腐蚀和绝缘性好等优点,可以代替麻、棉及其他纺织纤维,用于制作地毯基布、帆布、过滤布、包装袋及各种绳索等。

膜裂纤维的生产方法有许多种,在这些方法中,均包括以下主要工序:薄膜(或薄膜条)的成形、单轴拉伸和热定型以及将其裂纤。根据薄膜裂纤的方法不同,聚丙烯膜裂纤维可分为割裂纤维和撕裂纤维两大类。

1. 薄膜的成形

薄膜成形的方法主要有平膜挤出法和吹塑制膜法两种。平膜挤出法是通过 T 型机头挤出平膜,随后在冷却辊上或通过水浴进行冷却,该方法能准确控制薄膜厚度,裂纤后纤维线密度较均匀,强度高,但手感及抗冲击性稍差。吹塑制膜法是通过环型模头将熔体挤出成形为圆桶状,接着向其中心吹气,使其像气球样膨胀起来而获得拉伸,一直达到所要求的薄膜厚度,随后在环状空气帘中冷却、压平,该方法产量高,手感好,但产品的线密度不够均匀。

2. 拉伸与热定型

单轴拉伸是膜裂纤维生产中的第二个重要步骤。拉伸方法有三种:

(1)在红外线加热箱、热空气箱或蒸汽加热箱中进行长距离拉伸;

(2)在热板上进行长距离拉伸;

(3)在热辊短隙间拉伸。

拉伸温度一般为 120~180℃,拉伸倍数为 6~11 倍。生产供织造用的扁丝时,采用低倍拉伸,拉伸倍数为 6~8 倍较适宜;而对于打包用绳,拉伸倍数可取 11 倍。

热定型可采用与拉伸相同的加热设备,热定型对要求收缩率较低的产品十分重要,定型温度应比拉伸温度高 5~10℃,但也有定型与拉伸采用不同加热形式的。经过热定型处理,薄膜或扁丝的沸水收缩率可降至3%以下。

3. 割裂纤维生产工艺与设备特点

割裂纤维也称扁丝或扁条,它是通过将聚丙烯或吹塑得到的薄膜,用刀片切割成扁条,再经单轴拉伸得到 55~165tex 的扁丝。这种扁丝质轻、耐腐蚀,但柔性和覆盖性差,主要用于代替黄麻、剑麻等植物纤维,制作地毯布、编织袋、工业织物和绳索等。

扁丝生产的基本工艺流程有两种:

(1)切割薄膜,然后将切膜条在加热箱中拉伸成扁丝;

(2)在热辊上拉伸薄膜,将其切割成合乎要求的扁丝。

切割薄膜或切膜条所用的割刀为厚约 0.25mm 的不锈钢单面刀片,根据薄膜宽度以及扁丝的宽度要求,将若干把刀片按一定间距组装在刀架上,刀片间用酚醛树脂片隔开。

4. 撕裂纤维生产工艺与设备特点

撕裂纤维或称原纤维化纤维,是将挤出或吹塑得到的薄膜,经单轴拉伸使其轴向强度有很大提高,与此同时,垂直于拉伸方向(横向)的强度下降很多,然后经原纤化制成网状物或连续长丝。撕裂纤维线密度较小,比扁丝柔软,可用于制作地毯、人造草坪、股线、绳索和工业用布等。

薄膜的原纤化是撕裂纤维生产的关键,通常有无规则机械原纤化、可调节机械原纤化以及化学机械原纤化三种方法。

不论用哪种方法引入原纤化作用,都需要进行进一步的机械处理,以扩展裂纤作用,并形成一种真正纤维状的产品。

五、纺粘法非织造布

纺粘法是指纺丝直接成布法,其工艺流程包括聚丙烯切片熔融纺丝、牵伸、分丝成网和黏合加固。

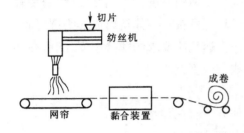

图5-8 纺粘法非织造布生产工艺流程

纺粘法非织造布的纺丝部分与化学纤维熔融纺丝工艺完全相同,冷却成形后的丝条仍要进行牵伸,一般使用罗拉牵伸或高速气流牵伸,以使纤维获得一定的强度。牵伸后的纤维利用高速气流或静电分丝铺网,该纤维网经热熔黏合、化学黏合或针刺黏合法等加固定型后进入卷装机成卷制得纺粘法非织造布。纺粘法非织造布生产工艺流程如图5-8所示。

纺粘法非织造布的发展十分迅速,其产品品种多,成网均匀,力学强度高,但手感不太好。目前此法已成为聚丙烯非织造布的主要生产工艺。产品定积重量一般为$10 \sim 200 \ \mathrm{g/m^2}$,主要用作面料、卫生材料、服装辅料、贴墙布、包装材料和土工布等。

六、熔喷法非织造布

熔喷法非织造布和纺粘法非织造布都是利用化纤纺丝得到的纤维直接铺网而成,但是熔喷法与纺粘法有原则的区别。纺粘法是聚合物熔体喷丝后进行拉伸时才与空气相接触;而熔喷法则是在聚合物熔体喷丝的同时利用热空气以超音速和熔体细流接触,使熔体喷出并被拉成极细的无规则短纤维,是制取超细纤维非织造布的主要方法之一。

熔喷法成网是将料状或粉状聚丙烯切片直接纺丝成网的一步法生产工艺。如图5-9所示,粉状或粒状聚丙烯经挤压熔融后定量送入熔喷模头,熔体B从模头喷板的小孔喷出后在高速热空气流A的作用下,被拉伸成很细的细流,然后在周围的冷空气C的作用下冷却固化成纤维,其后被捕集装置D捕集,经压辊进入铺网机成网,切边后卷装为成品。

熔喷法非织造布空隙率高、孔径小、过滤性好、手感柔软,生产设备紧凑。用途十分广泛,特别是在过滤材料、吸附材料和一次性用品方面的应用。但熔喷法非织造布强度不高,延伸度大,因此产品尺寸不稳定,从而限制了它在衣着、家用以及合成革等方面的应用。

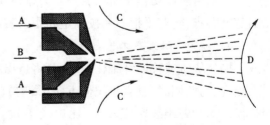

图5-9 熔喷法成网工艺原理

第四节 聚丙烯纤维的改性及新品种

聚丙烯纤维具有许多优良的性能,但也存在蜡感强、手感偏硬、难染色、易积聚静电等缺点。因此对其进行改性,开发新品种已成为聚丙烯纤维发展的主要方向。

一、可染聚丙烯纤维

聚丙烯纤维分子中无亲染料基团,分子聚集结构紧密,所以常规的聚丙烯纤维一般很难染色。目前市售聚丙烯纤维大都是通过纺前着色而获得颜色,但色谱不全,不能印花,限制了织物品种的多样化。因此,如何将通常的染色技术应用于聚丙烯纤维,已成为人们关注的问题。目前已开发出多种可染聚丙烯纤维技术,这些技术大体可分为两类:一是通过接枝共聚将含有亲染料基团的聚合物或单体接枝到聚丙烯分子链上,使之具有可染性;二是通过共混纺丝破坏和降低聚丙烯大分子间的紧密聚集结构,使含有亲染料基团的聚合物混到聚丙烯纤维内,使纤维内形成一些具有高界面能的亚微观不连续点,使染料能够顺利渗透到纤维中去,并与亲染料基团结合。共混法是目前制造可染聚丙烯纤维的主要而实用的方法,主要产品包括:

(1)媒介染料可染聚丙烯纤维;

(2)碱性染料可染聚丙烯纤维;

(3)分散染料可染聚丙烯纤维;

(4)酸性染料可染聚丙烯纤维。

其中酸性染料可染聚丙烯纤维最有前途。

二、细旦及超细旦聚丙烯纤维

普通聚丙烯纤维手感较硬,有蜡状感,因此主要用于地毯、非织造布、装饰布和产业用布等方面,服用数量很小。随着新型催化剂和可控流变性能树脂制造技术的发展,细旦、超细旦聚丙烯纤维得到迅速发展,也为其服装领域的应用打下了基础。

用细旦聚丙烯长丝作为服用材料具有密度小、静电小、保暖、手感好及有特殊的光泽、酷似真丝等特点,并且有"芯吸"效应及疏水、导湿性,是制作内衣及运动服的理想材料。

国内用可控流变性能的聚丙烯切片在常规纺、高速纺及 FDY 设备上成功地开发出单丝线密度达 0.7~1.2dtex 的聚丙烯细旦丝。

超细旦聚丙烯纤维是指直径小于 5μm 的纤维。其制品作为气悬体的优良过滤介质,用于在防止空气污染装置,卷烟过滤嘴,采矿、医药及工业用滤网,饮料的过滤装置等方面得到广泛地应用。超细聚丙烯纤维还可作为离子交换树脂的载体及电绝缘材料。其生产方法有离心纺丝、熔喷纺丝和闪蒸纺丝及不相容混合物纺丝。

三、阻燃聚丙烯纤维

由聚丙烯纤维制成的织物易燃烧并伴有燃烧滴熔现象,这一缺点限制了它的使用范围。聚丙烯纤维的阻燃研究主要是通过共混改性的方法。

共混阻燃改性是选用溴系、磷系或含氮阻燃剂或它们的复合物与聚丙烯预先制成阻燃母粒,在纺丝时按比例与聚丙烯切片共混纺丝。燃烧时,聚丙烯形成碳质焦炭以阻碍与氧气接触达到阻燃目的。也有使用磷与卤素协同作用或采用三氧化二锑与卤素协同作用的阻燃剂。例如用7.2%的八溴联苯醚和三氧化二锑的混合物与聚丙烯共混纺丝,其限氧指数可以从18.1%提高到28.1%。

高分子材料的阻燃研究经历了含卤阻燃、低卤阻燃到无卤阻燃的发展过程。阻燃加工中使用的有效阻燃元素有:磷、氮、锑、溴、氯、硫等。而大多数阻燃剂是以磷为中心元素的化合物。卤素在阻燃性能方面的次序为:I>Br>Cl>F。不同阻燃剂的阻燃机理不同,一般认为:磷化物主要是固相阻燃,促使纤维炭化分解,减少可燃气体产生;卤素主要是气相阻燃,阻碍分解气体的自由基燃烧反应。

四、远红外聚丙烯纤维

远红外聚丙烯纤维是一种具有优良保健理疗功能、热效应功能和排湿透气、抑菌功能的新型纺织材料。它含有特殊的陶瓷成分,这种成分能吸收人体释放出来的辐射热,并在吸收自然界光热后发射回人体最需要的 $4 \sim 14\mu m$ 波长的远红外线。这种远红外线具有"辐射、渗透"和"共振吸收"特征,易被人体皮肤吸收,活化组织细胞,促进新陈代谢,让人体达到保湿及促进血液循环的保健作用。20世纪80年代中期,日本钟纺和可乐丽公司在聚丙烯中混入远红外陶瓷成分,制成远红外聚丙烯短纤维。远红外聚丙烯纤维在我国也有多家企业生产,近几年内,该产品的产量会有很大的提高。

五、三维卷曲中空聚丙烯纤维

聚丙烯纤维具有的导热系数在所有纤维中是最低的,尤其是它的密度小,可作为保温材料使用。国内开发生产的一种中空三维卷曲聚丙烯纤维的线密度为6.67dtex,长度为65mm,卷曲数为3.74个/cm,压缩率76.5%,压缩回复率35.2%,压缩弹性率16.6%,该纤维除可作为玩具、被褥、睡袋填充物使用外,还可作为服装保温内衬材料。

除了中空三维卷曲聚丙烯纤维,还开发了四孔、七孔、九孔高弹中空聚丙烯纤维,截面形状有圆形、方形和三叶形多种,使纤维具有更好的回弹性和保暖性,同时该产品生产工艺简单,能耗低,原料价格低廉,来源广泛。因此该产品有着十分广阔的市场前景。应用范围包括床上用品、玩具、汽车靠垫、服装、被褥内衬等,还可用于仿制羊毛毯、仿羊羔皮等。

六、其他改性聚丙烯纤维

将微晶石蜡、肥皂、硅化物、有机酸的脂肪酸酯、高相对分子质量的脂肪醇、含氟代烷基的蜡状物、无规聚丙烯或低相对分子质量的聚乙烯与聚丙烯切片相混,可制得耐磨性良好的聚丙烯纤维。

将聚丙烯切片与抗静电剂混合纺成纤维,抗静电剂以微原纤形态分散在聚丙烯基体中,使纤维具有抗静电性能。

选用耐高温而且与聚丙烯有良好的相容性及分散性的抗菌剂,采用共混纺丝的方法可制得抗菌保健聚丙烯纤维。

日本宇部将聚丙烯与液体石蜡混合,熔融纺丝,拉伸热处理后浸渍在己烷中溶去液体石蜡,制得了孔隙率高达 25％ 的多孔性聚丙烯纤维,可用于清除液体中的不溶性物质和物质中的臭气。

20 世纪 80 年代以来,人们对芳香的认识不再限于感官的愉悦,而是更注重于芳香的医疗保健价值等,开发出了芳香整理织物和芳香纤维织物。

思考题

1. 聚丙烯纤维有哪些特点及主要用途?
2. 聚丙烯切片的等规度和熔融指数如何确定?
3. 聚丙烯纤维的短程纺丝过程是怎样的?
4. 聚丙烯纤维改性及新品种有哪些?

主要参考文献

[1]M. 阿迈德. 聚丙烯纤维的科学与工艺(上、下册)[M]. 吴宏任,赵华山,等译. 北京:纺织工业出版社,1987.

[2]赵敏,高俊刚,等. 改性聚丙烯新材料[M]. 北京:化学工业出版社,2002.

[3]洪定一. 聚丙烯—原理、工艺与技术[M]. 北京:中国石化出版社,2002.

[4]肖长发等. 化学纤维概论[M]. 北京:中国纺织出版社,1997.

[5]沈新元. 高分子材料加工工艺学[M]. 北京:中国纺织出版社,2000.

[6]沈新元. 高分子材料加工原理[M]. 北京:中国纺织出版社,2000.

[7]董纪震,等. 合成纤维生产工艺学[M]. 北京:纺织工业出版社,1993.

[8]B. Schmenk. 聚丙烯纤维的发展:特性与生产工艺[J]. 国外纺织技术,2003,220(9):8.

[9]B. Schmenk. 聚丙烯纤维的发展:性能、应用与回收[J]. 国外纺织技术,2003,222(7):8.

[10]陈枫. 聚丙烯在功能纤维领域中的发展[J]. 现代塑料加工应用,2003,15(3):62.

[11]刘越,王安平. 非织造希用聚丙烯纤维的进展[J]. 非织造布,2003,11(3):30.

[12]杨汝楫,非织造布概论[M]. 北京:纺织工业出版社,1990.

[13]张凌清. 5 年,丙纶产量徘徊不前[N]. 中国纺织报,2006-09-07002.

第六章　聚丙烯腈纤维

聚丙烯腈(PAN)纤维是由以丙烯腈(AN)为主要链结构单元的聚合物纺制的纤维。而由 AN 含量占35%~85%的共聚物制成的纤维称为改性聚丙烯腈纤维。在国内,聚丙烯腈纤维或改性聚丙烯腈纤维商品名为腈纶。

早在1894年法国化学家牟若(Moureu)首次提出了聚丙烯腈的合成,直到1929年德国的巴斯夫(BASF)公司成功地合成出聚丙烯腈,并在德国申请了专利(DRP Nr 580351 和 654989)。1942年德国的赫博特雷恩(Herbert Rein)和美国杜邦(Du Pont)公司同时发明了溶解聚丙烯腈的溶剂二甲基甲酰胺(DMF)。由于当时正处于第二次世界大战,直到1950年才在德国和美国实现了聚丙烯腈纤维的工业化生产,德国的商品名为贝纶(Perlon),美国的商品名为奥纶(Orlon),它们是世界上最早实现工业化生产的聚丙烯腈纤维品种。

聚丙烯腈纤维具有许多优良性能,如柔软性和保暖性好,有"合成羊毛"之称;耐光性和耐辐射性优异。但其强度并不高,耐磨性和抗疲劳性也较差。随着合成纤维生产技术的不断发展,各种改性聚丙烯腈纤维相继出现,使之应用领域不断扩大。

随后世界腈纶产业处于平衡增长期,需求年均增长约2%,2013年腈纶生产能力为382.4万吨。发达国家腈纶产业向亚洲转移,但是控制着原料丙烯腈成纤生产技术、关键设备。

第一节　聚丙烯腈的制备及其性能

一、单体及其他基本原料

1. 单体

制造聚丙烯腈的主要单体为丙烯腈(AN),它可以用石油、天然气、煤及电石等制取,有多种工艺路线。目前广泛采用的是丙烯氨氧化法。

在所有的丙烯氨氧化法中,以索迟欧(Sochio)法最为重要,此法使丙烯在氨、空气与水的存在下,用钼酸铋与锑酸双氧铀作催化剂,在沸腾床上于温度为450℃、压力为150kPa下反应,反应按下式进行:

$$H_2C\!=\!CH\!-\!CH_3+NH_3+\frac{3}{2}O_2 \xrightarrow[\text{催化剂}]{400\sim500℃} CH_2\!=\!CH\!-\!CN+3H_2O$$

除上述主反应外,还发生一系列的副反应。聚丙烯腈在常温常压下,是一种无色液体,主要物理性质如下:

密度　　　　　　　　　　0.806g/cm³

沸点	77. 3～77. 4℃
汽化潜热	32. 5J/mol
聚合热	72. 4J/mol
凝固点	-83. 6℃
折光指数(n_d^{20})	1. 3888
闪点	2. 5℃
爆炸极限	3. 05%～17. 5%(体积分数)

丙烯腈稍溶于水,能与大部分有机溶剂互溶形成恒沸物系。

由于用丙烯腈均聚物制成的纤维弹性差,通常采用的成纤聚丙烯腈大多为二元共聚物。第二单体的作用是降低大分子间作用力,改善纤维弹性。通常选用含酯基的乙烯基单体,如丙烯酸甲酯、甲基丙烯酸甲酯和醋酸乙烯等,加入量为 5%～10%。

加入第三单体的目的是改进纤维的染色性及亲水性。一般选用可离子化的乙烯基单体,可分为两大类:一类是对阳离子染料有亲和力,含有羧基或磺酸基团的单体,如丙烯磺酸钠、甲基丙烯磺酸钠、衣康酸等;另一类是对酸性染料有亲和力,含有氨基、酰氨基、吡啶基等单体,如乙烯吡啶、2-甲基-5-乙基吡啶、甲基丙烯酸二甲基氨基乙酯等,加入量为 0.5%～3%。

2. 引发剂

丙烯腈聚合过程中使用的引发剂主要有以下几种类型。

偶氮类引发剂:如偶氮二异丁腈、偶氮二异庚腈等;有机过氧化物类:如辛酰过氧化物、过氧化二碳酸二异丙酯等;氧化还原体系类:氧化剂如过硫酸盐、过氧化氢、氧酸盐,还原剂如亚硫酸盐、亚硫酸氢钠、氧化铜等。

丙烯腈的聚合工艺路线不同,所采用的引发剂也不同。如硫氰酸钠(NaSCN)溶剂路线和二甲基亚砜(DMSO)溶剂路线多以偶氮二异丁腈为引发剂,水相聚合法则以氧化—还原引发体系为主。

3. 溶剂

丙烯腈的聚合常采用溶液聚合法。常用的溶剂有硫氰酸钠水溶液、氯化锌水溶液。硝酸、二甲基亚砜、二甲基甲酰胺、二甲基乙酰胺(DMAc)等。

4. 其他添加剂

为了控制相对分子质量,在丙烯腈的聚合过程中常加入异丙醇(IPA)。

另外,为了防止聚合体着色,在聚合过程中还需加入少量还原剂或其他添加剂,如二氧化硫脲(TUD)、氧化亚锡等,以提高纤维的白度。

二、丙烯腈的聚合

1. 均相溶液聚合

所谓均相溶液聚合指所用溶剂既能溶解单体又可溶解聚合产物。反应结束后,聚合物溶液可直接用于纺丝,所以该法亦称一步法。如以硫氰酸钠浓水溶液、氯化锌浓水溶液、硝酸、二甲基甲酰胺、二甲基亚砜等为溶剂的丙烯腈聚合均采用此法。

以硫氰酸钠一步法均相溶液聚合为例,其工艺流程如图6-1所示。

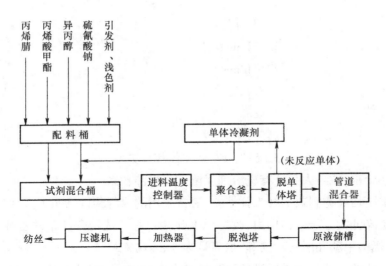

图 6-1　硫氰酸钠一步法均相溶液聚合流程图

原料丙烯腈、第二单体丙烯酸甲酯（MA）、异丙醇及 48.8%硫氰酸钠水溶液等分别经由计量桶计量后放入配料桶。引发剂偶氮二异丁腈（AIBN）和浅色剂二氧化硫脲（TUD）经称量后，经由旋流液封加料斗加入配料桶。衣康酸（ITA）则被调成一定浓度水溶液经计量桶加入配料桶。调好后，连续地以稳定的流量注入试剂混合桶，然后，与从聚合浆液中脱除的未反应单体等充分混合并调温后，用计量泵连续送入聚合釜进行聚合反应。

聚合反应结束后，料液进入脱单体塔，将未反应的单体分离并抽提到单体冷凝器，由反应物混合液冷凝后带回试剂混合桶。对于低转化率聚合反应，出料混合物中非反应单体含 40%～45%，中转化率反应则含 30%左右。料液中单体含量不应超过 0.3%。

脱单体后聚合物溶液经脱泡、调湿、过滤即可送去纺丝。

2. 非均相聚合

丙烯腈的非均相聚合一般多采用以水为介质的水相沉淀聚合法。水相沉淀聚合是指以水为介质，单体在水中具有一定的溶解度，当水溶性引发剂引发聚合时，聚合产物不溶于水而不断地从水相中沉淀出来。水相沉淀聚合具有下列优点。

（1）水相聚合通常采用水溶性氧化—还原引发体系，引发剂分解活化能较低，聚合可在 30～50℃甚至更低的温度下进行，所得产物色泽较白；

（2）水相聚合反应的反应热容易控制，聚合产物的相对分子质量分布较窄；

（3）聚合速度较快，产物粒子大小较均匀且含水率较低，聚合转化率较高，浆状物料易于处理，回收工序相应地较为简单。

图 6-2 为连续式水相沉淀聚合工艺流程图。从图中可见单体、引发剂和水等通过计量泵打入聚合釜，控制一定的 pH，反应物料在釜内停留一定时间进行反应，达到规定转化率后，含单体的聚合物淤浆流到碱终止釜，用 NaOH 水溶液调整系统 pH，使反应终止。再将含单体的淤浆送到脱单体塔，脱除单体后的聚合物淤浆经离心机脱水、洗涤后即得干净的丙烯腈共聚体。国外的聚丙烯腈纤维厂大多采用二步法聚合，它占聚丙烯腈纤维总产量的 70%以上。

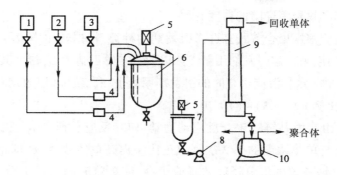

图6-2　连续式水相沉淀聚合工艺流程示意图

1—AN+ MA 计量稳压罐　　2—NaClO₃—Na₂SO₃,水溶液计量稳压罐

3—HNO₃+第三单体计量稳压罐　　4—计量泵　　5—搅拌及电动机　　6—聚合釜

7—碱终止釜　　8—输送泵　　9—脱单体塔　　10—离心脱水机

3. 影响聚合反应的主要因素

（1）引发剂:引发剂的种类与用量对聚合工艺影响十分显著。不同的引发剂因其离解活化能不同,具有不同的引发效果。对于同一种引发剂,随着其用量增加,单体的聚合速度增加,在一定时间内单体的转化率也相应增大;但由于活性中心增多,链转移、歧化、终止等反应的概率也增大,不利于提高聚合产物的平均相对分子质量。例如,在硫氰酸钠水溶液中进行丙烯腈—丙烯酸甲酯(AN/MA = 90/10)二元共聚时,引发剂偶氮二异丁腈(AIBN)用量与聚合物含量、聚合物相对分子质量的关系如图6-3所示。从图中可见,若其他条件不变,反应速度随引发剂用量增加而增加,而聚合物平均相对分子质量则随之减小。

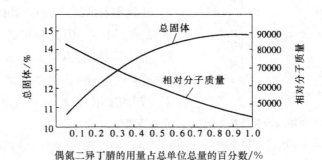

图6-3　偶氮二异丁腈用量对丙烯腈共聚的影响

丙烯腈水相沉淀聚合常采用水溶性的氧化—还原引发体系,如 NaClO₃—Na₂SO₃ 等。NaClO₃—Na₂SO₃ 引发体系,只有当 pH 低于 4.5 时才能引发反应,适宜的 pH 为 1.9～2.2。所以,实际上是氯酸钠与亚硫酸反应的一系列中间产物引发聚合反应。在其他条件不变时,提高引发剂用量(即 NaClO₃ 与单体成比例),则聚合物的平均相对分子质量有所下降,而转化率略有增大。如果氧化剂用量不变,只提高还原剂用量,则聚合物平均相对分子质量和转化率都有所降低。相对分子质量下降和转化率略有下降的原因,可能是 HSO_3^- 起链转移作用所致。提高

还原剂用量,对提高产物聚丙烯腈的白度有利。

在实际生产中,应根据聚合方式来选择引发剂的种类,根据转化率、反应时间、平均相对分子质量及最终纤维白度来确定引发剂用量。如以偶氮二异丁腈为引发剂,其加入量一般为总单体重量的 0.2% ~ 0.8%,水相沉淀聚合时的引发剂用量也在此范围(以 $NaClO_3$ 氧化剂为基准),氧化剂与还原剂的比例为(1:3) ~ (1:20)。

(2)单体浓度:由自由基链式聚合反应动力学可知,反应总速度 v_o 正比于单体浓度的 3/2 次幂,平均聚合度与单体浓度的 1/2 次幂成正比。提高单体浓度,亦即增加单体分子间、单体分子与活性分子、增长着的大分子间的碰撞机会,使单位时间内的大分子生成量和平均链长增长。

在硫氰酸钠一步法聚合中,考虑到硫氰酸钠对聚丙烯腈的溶解能力和有利于纺丝成形,一般聚合物的平均相对分子质量为 60000 ~ 80000,聚合物浓度为 13% 左右。单体浓度与转化率、纺丝原液的总固含量等有关。例如,在转化率为 70% 时,要求原液中 NaSCN 浓度为 44%,聚合物浓度为 13.2%,残余单体量 <0.3%,聚合进料中 NaSCN 的浓度为 39.6%,那么在反应器出口物料中聚合物的浓度应为 11.9%(因为 $\frac{x}{39.6\%} = \frac{13.2\%}{44\%}$),投料时起始单体浓度就是 $\frac{11.9}{70} \times 100\% = 17\%$。同理,在低转化率时(50% ~ 55%),要求总单体浓度为 20%。

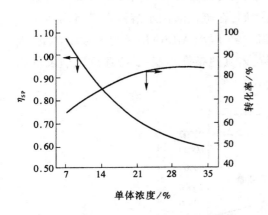

图 6-4 水相沉淀聚合时丙烯腈进料浓度与聚丙烯腈增比黏度 (η_{SP}) 和反应转化率的关系

在丙烯腈水相沉淀聚合中,起始单体浓度可不受纺丝原液中聚合物浓度的限制。对于连续聚合,单体与水的比例常控制在 28% ~ 30% 范围内。图 6-4 是单体浓度与聚合物增比黏度(η_{SP})及单体转化率的关系。由图可见,随进料单体浓度增加,转化率有所增大,而产物的相对分子质量趋于下降。这可能是因为在固定引发剂与单体比例之后,单体量增加,引发剂量也相应增加,但单体仅部分溶于水,而引发剂是水溶性的,这样水相中的引发剂浓度增加,聚合时使聚合物平均相对分子质量下降。

(3)聚合温度:温度升高时体系的能量增加,使引发剂分解速度加快,链引发的速度加快,同时由于能量增加,加快体系中分子运动的速度,提高了有效碰撞机会,因而单体消耗速度和体系的反应总速度都增加。引发剂分解速度加快的同时,自由基浓度增加,所以升高温度使相对分子质量下降,相对分子质量分布加宽,对提高产品质量不利。

以硫氰酸钠为溶剂的三元共聚体系为例,若反应温度超过单体的沸点(丙烯腈为 77.3℃,丙烯酸甲酯为 79.6 ~ 80.3℃)时,因单体快速气化,反应不易控制,生产操作困难。温度低时,偶氮二异丁腈分解速度和聚合速度太慢,所以生产上一般控制温度在 76 ~ 78℃ 范围内。

水相沉淀聚合反应温度一般控制在 35～55℃。反应温度除影响转化率、聚合度及其分布外,对聚合产物的粒度、聚合物淤浆的分离性能等也有影响。

(4)聚合时间:聚合反应时间延长,可使引发剂充分分解,有利于提高单体的转化率。但随着反应时间的延长,单体浓度逐渐降低,体系黏度逐渐升高,聚合物平均相对分子质量降低,相对分子质量分布加宽,使纤维的力学性能和白度变差。

在硫氰酸钠一步法生产中,一般不采用反应时间长达十余个小时的高转化率反应,而采用低、中转化率反应。表 6-1 为聚合时间与转化率和聚合物相对分子质量的关系。

表 6-1　聚合时间对转化率和聚合物相对分子质量的影响

聚合时间/h	转化率/%	相对分子质量
1.0	67.6	85300
1.5	71.4	86300
2.0	71.3	77500

(5)介质的 pH:以偶氮二异丁腈为引发剂的硫氰酸钠法聚合生产中,丙烯腈—丙烯酸甲酯二元共聚时,介质 pH 对转化率和增比黏度的影响如图 6-5 所示。

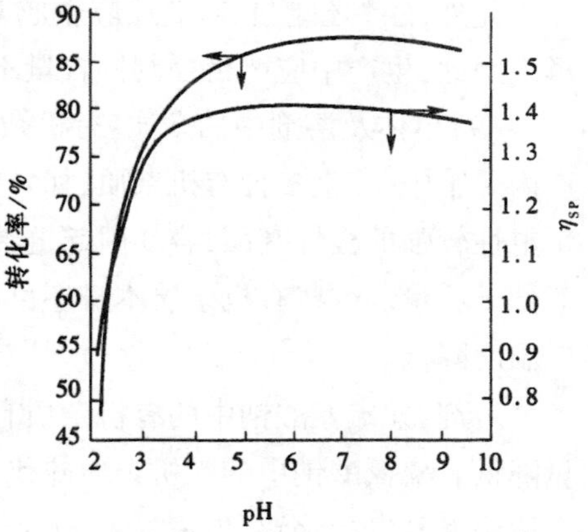

由图 6-5 可知,当 pH 在 4 以下时,对转化率和黏度的影响都很显著;pH 在 4～9 范围内,黏度和转化率的变化均较小。由于聚合物的色泽随 pH 的增大而变深,所以介质的 pH 一般控制在 5 左右。采用衣康酸为第三单体时,为使其 pH 接近反应物料的 pH(5 左右),需将其转化为钠盐。以甲基丙烯磺酸钠为第三单体时,体系的 pH 有所升高,需用醋酸将 pH 调至 5 左右,然后再进行反应。

图 6-5　体系介质 pH 对转化率和增比黏度(η_{SP})的影响

在水相沉淀聚合中,酸对氧化—还原引发体系具有活化作用。如在碱性条件下,$NaClO_3$—Na_2SO_3 引发体系不能引发聚合反应,而在 pH<4.5 时才能引发聚合反应。实际生产中,pH 控制在 1.9～2.2 为宜。

(6)浅色剂:二氧化硫脲对聚合物的色泽有明显作用,故称其为浅色剂。二氧化硫脲受热后产生不稳定的甲脒亚硝酸、尿素和次硫酸,而次硫酸遇氧后又生成亚硫酸。由于次硫酸和亚硫酸都能电离出 H^+,它会抵消硫氰酸钠中所含少量杂质硫代硫酸钠水解所引起的 pH 升高。次硫酸还是一种很强的还原剂,可使反应体系中三价铁离子还原为呈浅绿色的二价铁离子,而起到浅色作用。另外,二氧化硫脲对避免反应体系中聚合物、溶剂等因空气中氧或其他氧化物作用而氧化也起一定作用,从而使聚合物不易着色。但二氧化硫脲的用量过多会产生较多的 SO_4^{2-},容易引起链转移和阻聚作用,导致转化率和聚合物平均相对分子质量降低。其用量一般为单体的 0.5%～1.2%。

(7)相对分子质量调节剂:异丙醇作为相对分子质量调节剂起着一种链转移的作用。在聚合过程中,异丙醇分子中与伯碳原子相连的氢原子活性大,易与增长着的大分子自由基作用而生成较稳定的自由基,使链增长反应终止。通常,相对分子质量调节剂的加入量为总单体量的1%~3%即能有效地控制相对分子质量。若加入量过少,则会降低单体转化率。

(8)铁质:在硫氰酸钠溶液聚合中,以偶氮二异丁腈为引发剂时,Fe^{2+}或Fe^{3+}都对反应有阻聚作用,使反应速度减慢,聚合物平均相对分子质量下降。这是因为丙烯腈聚合遇到Fe^{3+}时,引起下述反应,使聚丙烯腈自由基终止,起到阻聚作用,而Fe^{2+}也能与聚丙烯腈自由基反应使自由基终止:

$$\sim\!\!\sim\!\!CH_2\!-\!\overset{\bullet}{C}H + FeCl_3 \longrightarrow \sim\!\!\sim\!\!CH\!=\!CH + FeCl_2 + HCl$$
$$\underset{CN}{|} \qquad\qquad\qquad\qquad \underset{CN}{|}$$

$$\sim\!\!\sim\!\!CH_2\!-\!\overset{\bullet}{C}H + FeCl_3 \longrightarrow \sim\!\!\sim\!\!CH_2\!-\!CHCl + FeCl_2$$
$$\underset{CN}{|} \qquad\qquad\qquad\qquad \underset{CN}{|}$$

此外,Fe^{3+}还能与SCN^-反应生成$Fe(SCN)_3$等化合物而使溶液带色,从而影响成品纤维色泽。因此,生产中应严格控制铁含量不超过1mg/kg。

(9)单体及溶剂中的杂质:有机杂质主要来自原料单体丙烯腈和溶剂。在丙烯氨氧化法生产丙烯腈中,产生多种有机杂质,如氢氰酸、丙烯醛、乙醛、丙酮、乙腈、丙腈等,这些杂质都含有负电性较强的极性基团,容易引起链转移反应,降低聚合反应中单体的转化率和产物的平均相对分子质量。这些有机杂质本身还可与丙烯腈发生加成反应以及自聚作用,导致反应速度和反应温度降低。

溶剂,如硫氰酸钠中的有机杂质有甲酸钠,它可引起转化率波动,使聚合物平均相对分子质量降低。硫氰酸钠中的无机杂质硫代硫酸钠水解时产生NaOH,使反应体系的pH升高,促使聚合体中氰基发生水解,生成NH_3或$R—NH_2$,聚丙烯腈和NH_3以及$R—NH_2$作用生成脒基,导致纤维色泽发黄,并使纤维的耐光性和强度下降。

三、聚丙烯腈的性能

聚丙烯腈外观为白色粉末状,密度为1.14~1.15g/cm³,加热至220~230℃时软化并发生分解。

由于侧基——氰基的作用,聚丙烯腈大分子主链呈螺旋状空间立体构象。在丙烯腈均聚物中引入第二单体、第三单体后,大分子侧基有很大变化,增加了其结构和构象的不规则性。

一般认为,丙烯腈均聚物有两个玻璃化转变温度,分别为低序区的80~100℃和高序区的140~150℃。而丙烯腈三元共聚物的两个玻璃化温度比较接近,在75~100℃范围内。

聚丙烯腈的化学稳定性较聚氯乙烯低得多,在酸或碱的作用下,聚丙烯腈的氰基会转变成酰氨基,酰氨基又可进一步水解生成羧基和释放出NH_3。温度越高,反应越剧烈。碱性水解时释放出的NH_3,与未水解的聚丙烯腈的氰基作用而生成脒基,使聚合物及纤维色泽变黄。

聚丙烯腈的氰基中,碳和氮原子间的三价键(一个 σ 键和两个 π 键)能吸收较强的能量如紫外光的光子,转化为热,使聚合物不发生降解,从而使最终的聚丙烯腈纤维具有非常优良的耐光性能。

聚丙烯腈有较好的热稳定性,一般成纤用聚丙烯腈加热到170~180℃时不发生变化。若聚丙烯腈中存在杂质,则可加速聚丙烯腈的热分解及使其颜色变化。在100℃下长时间加热聚丙烯腈溶液,会出现分子链的成环现象。聚丙烯腈在空气或氧的存在下长时间受热时,会使聚合物颜色变暗,先是转变为黄色,最后变成褐色。聚合物此时会失去溶解性能。如将聚丙烯腈加热到250~300℃,则发生热裂解并分解出氰化氢、氨、腈、胺及不饱和化合物。

聚丙烯腈对各种醇类、有机酸(甲酸除外)、碳氢化合物、酮、酯及其他物质都较稳定,但可溶解于浓硫酸、酰胺和亚砜类溶剂中。

第二节　聚丙烯腈纤维的生产

一、纺丝原液的制备

聚丙烯腈纤维一般采用湿法或干法纺丝成形。为此,纺丝前首先需要制备纺丝原液。聚丙烯腈的溶剂包括有机溶剂和无机溶剂两大类。有机溶剂如二甲基甲酰胺、二甲基乙酰胺、二甲基亚砜及碳酸乙烯酯等;无机溶剂主要有硫氰酸钠、氯化锌水溶液及硝酸等。如前所述,按纺丝原液的生产工艺又可分为一步法和二步法两类。

1. 一步法制备纺丝原液

由图6-1硫氰酸钠一步法均相溶液聚合流程图可见,由聚合釜送出的料液进入真空脱单体塔。因为在中、低转化率的工艺路线中,必须进行脱单体,否则料液在后面的工序中还会继续缓慢地发生聚合,使料液黏度上升,并影响脱泡效果。而对于高转化率(>95%)的聚合产物则不需脱除单体。经脱单体后,原液在混合器内充分混合。

原液混合有两个目的:

(1)由于聚合反应是连续进行的,即使严格控制生产条件,在同时间内所得原液的一系列性质也会有所波动。为了尽量减小各批原液之间的差异,使其性质稳定,必须将原液进行充分混合。

(2)原液混合器的容积很大,所以它实际上也是一个原液"仓库"。如果纺丝或聚合工序发生暂时故障,由于它有缓冲余地,不会因此而影响整条纺丝生产线。

原液在输送过程中,或在机械力作用下,会混入空气泡。另一方面,聚合中的引发剂分解时产生的氮气也混在原液中形成气泡。这些气泡的存在会造成纺丝时断丝或产生毛丝,影响正常的纺丝成形或纤维性能,所以混合后必须先过滤后脱泡。

过滤的目的主要是除去在配料、输送等工艺过程中混入原液中的机械杂质,以免在纺丝过程中阻塞喷丝孔,造成断头,引起毛丝。

以硫氰酸钠一步法为例,一般湿法纺丝原液的质量指标控制如下:

原液黏度　　　　　　　　　　　95~115s(升泡法)

	280~380s(落球法)
聚合物浓度	13. 2%~13. 8%
NaSCN 含量	44%~45%
聚合物增比黏度	0. 35~0. 45
聚合物黏均相对分子质量	60000~80000
原液温度	25~35℃
原液中残存单体含量	< 0. 3%

2. 二步法制备纺丝原液

将粉状或颗粒状聚丙烯腈固体溶解在适当的有机或无机溶剂中,经过混合、脱泡、过滤等,制成满足纺丝工艺要求的纺丝原液。

如表 6-2 所示,二步法制备聚丙烯腈纺丝原液时可选用的溶剂种类较多。在实际生产中,选择溶剂时,除考虑纺丝工艺、设备和纤维品质的要求外,还要考虑溶剂本身的物理、化学性质和经济因素。若单纯从纺丝工艺的角度考虑,对同一聚合物,当聚合物浓度一定时,用溶解能力较强的溶剂所得纺丝原液的黏度较低,亦即纺丝原液黏度相同时,聚合物浓度较高。不论采用何种溶剂,都要求制成的纺丝原液有较好的稳定性。

表 6-2 聚丙烯腈纺丝用溶剂的性能

溶剂 / 性能	DMF $\begin{bmatrix} H_3C \\ \quad N-C-H \\ H_3C \quad O \end{bmatrix}$	DMAc $\begin{bmatrix} H_3C \\ \quad N-C-CH_3 \\ H_3C \quad O \end{bmatrix}$	DMSO $\begin{bmatrix} H_3C \\ \quad S=O \\ H_3C \end{bmatrix}$	EG $\begin{bmatrix} H_2C-O \\ \qquad C=O \\ H_2C-O \end{bmatrix}$	NaSCN	HNO₃	ZnCl₂
沸点/℃	153	165	189	248	132 (51%水溶液)	86(100%) 120(67%)	—
熔点/℃	-55	—	18. 2	36(100%) 22. 8(87%)	—	-40(100%) -28(67%)	—
采用的溶剂浓度/%	100	100	100	100	51~52	63~70	60
纺丝原液稳定性	好	好	好	较差	好	差(在 0℃以上会使氰基水解)	差
均相聚合过程中溶剂的传递常数(50℃)	$28. 33×10^{-5}$	$49. 45×10^{-5}$	$7. 95×10^{-5}$	$4. 74×10^{-5}$	很小	很小	很小
毒性	大	较大	小	小	无蒸气污染	蒸气刺激皮肤黏膜	无蒸气污染
爆炸性	较大	较大	不大	无	无	较大	不大
腐蚀性	一般	一般	小	一般	强(要用含钼不锈钢)	强(要用含钛不锈钢)	强

二、湿法纺丝

1. 湿法成形的凝固过程

湿法纺丝是聚丙烯腈纤维采用的重要纺丝方法之一。在湿法纺丝过程中,纺丝原液由喷丝孔挤出进入凝固浴后,纺丝细流的表层首先与凝固介质接触并很快凝固成一薄层,凝固浴中的凝固剂(水)不断通过这一表层扩散至细流内部,而细流中的溶剂也不断通过表层扩散至凝固浴中,这一过程即湿法成形中的双扩散过程。由于双扩散的不断进行,使纺丝细流的表皮层不断增厚。当细流中间部分溶剂浓度降低到某一临界值以下时,纺丝细流发生相分离,即初生纤维从浴液中沉淀出来,并伴随一定程度的体积收缩。

聚丙烯腈湿法纺丝机的类型较多,对于不同的溶剂,常采用不同型式的纺丝机。目前我国多采用如图6-6(a)所示的斜底水平式纺丝机,也可采用立管式纺丝机,如图6-6(b)所示。

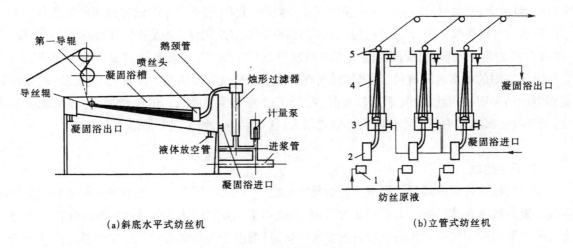

(a)斜底水平式纺丝机　　　　　　　　(b)立管式纺丝机

图6-6　湿法纺丝机示意图

1—纺丝泵　2—过滤器　3—喷丝头　4—凝固浴管　5—导丝辊

2. 影响纤维成形的因素

纤维成形过程对最终纤维品质起着十分重要的作用,同时也关系到整个操作过程能否顺利进行。影响纤维成形的主要因素可归纳如下:

(1)原液中聚合物浓度:原液中聚合物浓度越高,需脱除的溶剂越少,成形速度越快。若其他条件不变,仅增加纺丝原液中聚合物的浓度,则所得初生纤维的密度较大,纤维中微孔数目减少,纤维结构比较均匀,有利于改善纤维的力学性能。

原液中聚合物浓度对纤维的模量、耐磨性及断裂伸长率等也有类似的影响。

(2)凝固浴组成:湿法纺丝中一般采用制备纺丝原液时所用溶剂的水溶液作为凝固浴。凝固浴中溶剂的含量对成品纤维的强度、延伸性、钩接强度、耐磨性以及手感和染色性等都有明显的影响。凝固浴中溶剂的浓度高,纺丝细流的凝固速度即成形速度慢,对获得结构较为致密的初生纤维有利。但浓度过高,使双扩散过程太慢,容易引起凝固成形困难和不易操作等问题。

(3)凝固浴温度:凝固浴的温度直接影响凝固浴中的凝固剂和溶剂的扩散速度,从而影响成形过程。因此,凝固浴温度与凝固浴浓度一样,也是影响成形过程的主要因素。降低凝固浴温度,可使凝固速度下降,凝固过程比较均匀,初生纤维结构紧密,成品纤维的强度和钩接强度提高。

随着凝固浴温度的上升,分子运动加剧,双扩散过程加快,成形速度亦快,但若凝固浴温度过高则导致凝固速度过快,会造成与凝固浴溶剂浓度过低类似的弊病,如初生纤维结构疏松、皮芯层差异较大及纤维强度明显下降等。

(4)凝固浴循环量:在纺丝成形过程中,纺丝原液中的溶剂不断地进入凝固浴,使凝固浴中溶剂浓度不断变化,同时凝固浴的温度也有所改变。而凝固浴的浓度和温度又直接影响纤维的品质,因此必须不断地使凝固浴循环,以保证凝固浴浓度及温度在工艺要求的范围内波动,以确保纤维品质稳定。

凝固浴循环量大,浴液的浓度落差小,有利于保持浴液温度恒定,从而使成形速度均匀。然而,循环量过大,又会引起浴液出现不稳定流动,容易产生毛丝,不利于纺丝过程顺利地进行。为了保证纺丝过程的顺利进行,除应控制好凝固浴循环量外,还应选择合理结构的凝固浴槽及喷丝头。

(5)凝固浴中浸长:当凝固浴的浓度和温度等条件不变时,丝条在凝固浴中的凝固情况与它在凝固浴中的停留时间有关,而停留时间则取决于浸长及卷取速度。浸长大,速度低,丝条在凝固浴中的停留时间就长,凝固就较充分,有助于改善纤维的质量。但浸长加大,卷取速度不变,则纤维在凝固浴中所受流体阻力亦随之增大,这在经济上和工艺上都是不合理的。

三、干法纺丝

干法纺丝也是聚丙烯腈纤维采用的纺丝方法之一,但其凝固介质不是溶剂的水溶液而是热空气。聚丙烯腈及其共聚物可溶于多种溶剂,而适用于工业规模生产的干法纺丝溶剂目前主要为二甲基甲酰胺。聚丙烯腈的干法纺丝发展较快,目前由干法纺丝得到的纤维产量约占总产量的 25% ~ 30%。

1. 干法纺丝的工艺流程

聚丙烯腈的干法纺丝工艺流程如图 6-7 所示。

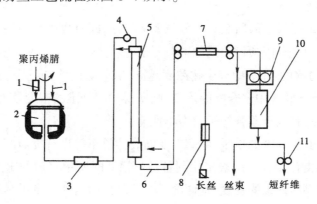

图6-7 干法纺丝工艺流程图

1—储槽 2—溶解釜 3—过滤器 4—计量泵 5—纺丝甬道 6—洗涤槽 7—拉伸浴槽
8—干燥热定型(长丝) 9—卷曲机 10—干燥热定型(丝束) 11—切断机

聚丙烯腈和二甲基甲酰胺分别由储槽和溶剂计量槽加入溶解釜中,先在室温下溶胀,然后升温至 80~100℃溶解。原液浓度为 25%~30%。原液经过滤、脱泡后预热至 110~120℃,经计量泵送至喷丝头。纺丝细流由喷丝孔挤出进入温度为 165~180℃的纺丝甬道中。细流中的溶剂在甬道中受热而蒸发,并被流动的热空气带走,在溶剂回收车间进行冷凝回收,丝条经 2~4 倍的拉伸后以 200m/min 左右速度进行卷取。洗涤后再进行 2~6 倍的热拉伸,继而进行干燥热定型,即得聚丙烯腈长丝。生产短纤维时,成形后的纤维经集束导入丝桶中,经热拉伸、卷曲和干燥热定型后以丝束的形式或切断成短纤维,作为最终产品出厂。

2. 干法纺丝的工艺参数

(1)聚合物相对分子质量:为了减小成形过程中溶剂的蒸发量,避免初生纤维相互黏结,干法纺丝的原液浓度一般较高,因此需适当降低聚合物相对分子质量,否则黏度过高,过滤和脱泡困难,原液可纺性降低,如聚丙烯腈湿法纺丝所用聚合物的相对分子质量一般为 $5\times10^4 \sim 8\times10^4$,而干法纺丝则不超过 5×10^4。但相对分子质量过低,也会使成品纤维的力学性能变差,所以干法纺丝所用聚合物的相对分子质量通常为 $3.5\times10^4 \sim 4\times10^4$。

(2)原液浓度:提高纺丝原液中聚合物浓度,可减小纺丝时溶剂的蒸发量及溶剂的单耗,降低甬道中热空气的循环量,提高纺丝速度,同时也有利于改善纤维的力学性能,如使纤维的断裂强度增加、横截面变圆、光泽较好等。

(3)纺丝甬道长度:一般而言,增加纺丝甬道长度,纺丝速度也随之提高。若纺丝速度不变,则成形时间随纺丝甬道长度的增加而延长,从而可以相应降低成形温度或增加甬道中溶剂蒸气的浓度,有利于纤维结构均匀、致密。但甬道过长,除操作不便外,还要增加厂房的高度,所以聚丙烯腈干法纺丝的甬道长度一般为 4~8m,内径为 150~300mm。

(4)纺丝甬道中溶剂蒸气浓度:甬道中溶剂蒸气浓度对于纤维成形及溶剂回收都有很大影响。在其他条件不变时,甬道中溶剂蒸气浓度越高,成形的均匀性越好,纤维品质亦佳,但成形速度随之减慢,易发生并丝或丝条相互黏结等。甬道中的溶剂蒸气浓度,一般通过控制送入甬道中的热空气的量来调节。由于二甲基甲酰胺爆炸极限的上、下限值分别为 $200\sim250g/m^3$ 和 $50\sim55g/m^3$,所以甬道内混合气体中溶剂的浓度控制在 $35\sim45g/m^3$ 内为宜。

(5)纺丝温度:纺丝温度包括喷丝头出口处纺丝原液的温度、通入甬道热空气的温度和甬道夹套的温度。随着纺丝温度的降低,纤维的断裂强度和沸水收缩率有所增大。未拉伸纤维中溶剂的残存量明显上升。

适当降低通入甬道内的热空气温度有利于成形的均匀性,纤维结构也较均匀且其横截面趋于圆形。但若温度过低,使丝条中溶剂含量较高,将造成丝条相互黏结。若温度过高,溶剂蒸发过快,容易产生气泡丝,影响纤维的力学性能和外观质量。一般情况下,甬道中热空气温度控制在 230~260℃。

(6)纺丝速度:干法纺丝速度主要取决于纺丝细流在甬道中的溶剂蒸发速度和细流中所要脱除的溶剂量。甬道中的温度提高,溶剂的蒸发速度加快;原液中聚合物浓度提高,需要释出的溶剂量减小,纺丝速度可提高。纺丝甬道的长度增加或纤维的线密度降低,纺丝速度可相应提高。通常干法纺丝的纺丝速度为 100~300m/min。

（7）拉伸：在干法纺丝过程中，喷丝头拉伸倍数通常比湿法纺丝高，但低于熔法纺丝。由于纤维中残存的溶剂对大分子有增塑作用，使拉伸温度相应降低。为了提高拉伸的有效性，需经洗涤除去一部分溶剂，再进行后拉伸。后拉伸倍数为 5~10 倍。常用的拉伸介质为热空气、蒸汽、热水及热板等。

3. 干法、湿法纺丝工艺比较

聚丙烯腈干法和湿法纺丝的主要优缺点如表 6-3 所示。

表 6-3　干法和湿法纺丝主要优缺点的比较

序号	干法纺丝	湿法纺丝
1	纺丝速度较高，一般为 100~300m/min，最高可达 600m/min	第一导辊线速度一般为 5~10m/min，最高不超过 50m/min
2	喷丝头孔数较少，一般为 200~300 孔	可达 10 万孔以上
3	适合纺长丝，但也可纺短纤维	适合纺短纤维，纺长丝效率太低
4	成形过程和缓，纤维内部结构均匀	成形过程较剧烈，易造成孔洞或产生失透现象
5	纤维力学性能及染色性能较好	纤维力学性能及染色性能一般不如干法
6	长丝外观手感似蚕丝，适于做轻薄仿真丝绸织物	长丝外观似羊毛，适宜做仿毛织物
7	溶剂回收简单	溶剂回收较复杂
8	纺丝设备较复杂	纺丝设备较简单
9	设备密闭性要求高，溶剂挥发少，劳动条件好	溶剂挥发较多，劳动条件较差
10	流程紧凑，占地面积小	占地面积大
11	只适用 DMF 为溶剂	有多种溶剂可供选择

四、冻胶纺丝

由于聚丙烯腈的熔点高于其分解温度，所以聚丙烯腈难于采用熔体纺丝成形，因此，这种纤维自问世以来，一直采用溶液纺丝法。为了简化溶液纺丝法的工艺流程，降低纤维生产成本，减小环境污染，人们提出了聚丙烯腈的冻胶纺丝或称增塑熔融纺丝法。但直到目前，尚未见工业化生产的报道。

聚丙烯腈增塑熔融纺丝，首先必须解决的问题是降低增塑后聚合物的熔点，使其低于分解温度。此法的要点是降低聚合物的相对分子质量，改变共聚物的组分和组成，或加入增塑剂。

1. 聚丙烯腈增塑熔融纺丝的原料特点

（1）聚丙烯腈的相对分子质量：湿法成形的聚丙烯腈相对分子质量为 $5\times10^4 ~ 8\times10^4$，它的熔点高于分解温度，无法进行熔体纺丝。用于增塑熔融纺丝的聚丙烯腈相对分子质量一般为 $3\times10^4 ~ 6\times10^4$。相对分子质量低，可使熔体黏度下降。

（2）共聚物的组分和组成：增塑熔融纺丝的聚丙烯腈应在聚丙烯腈的大分子主链上引入其他单体。这种内增塑方法能有效地降低聚丙烯腈的熔点。如引入异戊二烯，当其含量达 25%~33%时，共聚物的熔点可降低至 170~190℃。但共聚物中聚丙烯腈含量应不低于 70%，否则纤维将失去原有的一些特性。

用于增塑熔融纺丝的共聚物单体通常有丙烯酸甲酯（MA）、甲基丙烯酸甲酯（MMA）、丙烯酸丁酯、醋酸乙烯酯、偏氯乙烯等,其含量为 5% ~ 15%。它们除能降低熔点外,还能改善可纺性、可拉伸性和成品纤维的性能。第三共聚组分一般为亲水性单体,主要为甲基丙烯磺酸钠等磺酸类单体和丙烯酸羟甲酯等酯类化合物。第三共聚组分能增强水的增塑作用,并降低熔体黏度,改善纤维的品质。

2. 增塑熔融纺丝的工艺和设备特点

(1)增塑剂和降黏剂:由于聚丙烯腈的熔点高于分解温度,故在聚合物熔体中应添加增塑剂,以降低其熔点。增塑剂一般为溶剂或水。

以水为增塑剂的聚丙烯腈增塑熔融纺丝法,还需添加少量(聚丙烯腈的 0.3% ~ 5%)降黏剂,使体系黏度下降,以改善聚丙烯腈的可纺性。降黏剂通常为表面活性剂。

(2)成形条件:聚丙烯腈增塑熔融纺丝与一般熔体纺丝不同,熔体纺丝成形时只有传热过程,而聚丙烯腈增塑熔融纺丝不仅有传热,而且还有单向的传质过程,在纺丝线上的增塑剂不断地在甬道中蒸出。

熔体纺丝成形时甬道中的冷却风为常压,而增塑熔融纺丝时则需有一定的压力,甬道中的介质一般为室温的空气、氮气、水蒸气与空气混合物或二氧化碳气体等,压力为 $4 \times 10^5 Pa$ 以上。这样可以避免因增塑剂从丝条中快速脱除而产生气泡丝和空洞,使纤维的力学性能得到改善。同时,还能使纤维进行高倍拉伸。增塑熔融纺丝的拉伸在纺丝甬道内完成,不需进行后拉伸。

(3)纺丝设备:以水蒸气为甬道介质的聚丙烯腈增塑熔融纺丝机包括聚合体的调湿装置、增塑熔融计量装置、喷丝头、固化室、卷绕机、干燥机以及汽蒸定型机等。其中,纺丝机的增塑熔融计量装置一般有活塞式熔融挤出机、卧式熔融挤出机以及立式熔融挤出机三种类型。喷丝头孔径为 0.085 ~ 0.2mm,孔密度为 18 ~ 67 孔/cm^2。

近年来,日本、美国等国家正在进行非增塑熔融纺丝的研究,这种方法是在聚丙烯腈大分子上引入能形成柔性链的共聚单体,并通过控制共聚物的序列结构和相对分子质量来降低聚丙烯腈的熔点,以制造可熔融的聚丙烯腈树脂,并通过非增塑熔融纺丝制得纤维。其特点是:采用乳液聚合;树脂具有较窄的相对分子质量分布,较低的相对分子质量;树脂具有较高的第二单体含量。

五、干湿法纺丝

干湿法纺丝也称为干喷湿法纺丝。这种方法可以纺高黏度的纺丝原液,从而减小溶剂的回收及单耗。干湿法纺丝的成形速度较高,所得纤维结构比较均匀,横截面近似圆形;强度和弹性均有所提高,染色性和光泽较好。

1. 干湿法纺丝工艺流程

聚丙烯腈纤维干湿法纺丝的流程如图 6-8 所示。纺丝原液经计量泵进入烛形过滤器,由喷丝头喷出通过空气层后进入凝固浴槽,干纺距离对成形工艺及纤维性质有较大影响,应严格控制。从凝固浴出来的丝条经洗涤后进入热拉伸浴进行第一次拉伸。经干燥后进行第二次蒸汽浴拉伸,最后进行松弛热定型。

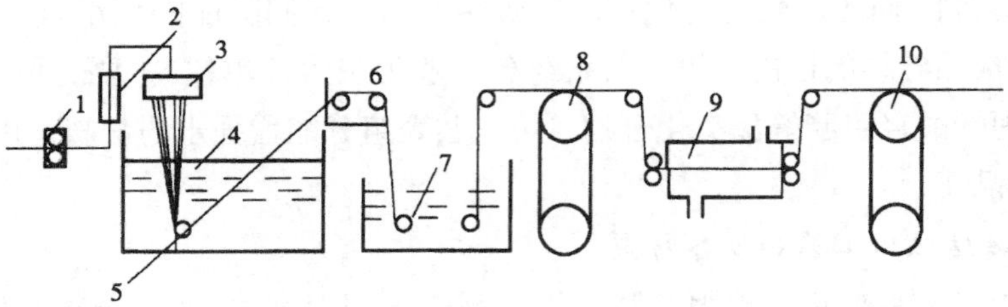

图6-8 干湿法纺丝工艺流程图

1—计量泵 2—烛形过滤器 3—喷丝头 4—凝固浴 5—导丝钩
6—导丝盘 7—拉伸浴 8—干燥辊筒 9—蒸汽拉伸槽 10—松弛干燥辊筒

2. 干湿法纺丝工艺特点

(1)纺丝原液的黏度:干湿法纺丝原液的黏度比湿法成形的高,在20℃时,适用干湿法纺丝的原液黏度为50~100Pa·s,否则喷出的原液细流容易断头,或发生相互黏结。当然,原液黏度过高,流动困难,使纺丝不能顺利进行。

(2)干纺距离:喷丝头表面至凝固浴液之间的距离即干纺距离,它是干湿法纺丝工艺的关键参数之一。它随纺丝原液黏度增加而增加。干纺距离的选择恰当,纤维的机械性能及染色性能将得到改善。

(3)纤维的干燥和拉伸:丝条凝固、洗涤后在80~100℃的热水中进行第一次拉伸,拉伸倍数大于1.5倍。再进行第二次拉伸,一般拉伸倍数为5~10倍。拉伸温度为120~150℃。然后进行干燥和热定型。

六、后加工

初生纤维由于其内部含有溶剂,并且凝固还不够充分,纤维没有实用价值,因此必须经过一系列的后加工。后加工主要包括拉伸、水洗、干燥、卷曲、热定型、上油和打包等,从工艺上又可分为先水洗后拉伸和先拉伸后水洗两种类型。

1. 拉伸

拉伸的主要目的是提高纤维大分子的取向度,改善纤维的力学性能。

(1)拉伸方法:工业生产中,聚丙烯腈纤维的拉伸方法主要有如下几种。

①以二甲基甲酰胺、二甲基乙酰胺或二甲基亚砜等有机溶剂制成的纤维,如图6-9(a)所示,通常采用在溶剂的水溶液或蒸汽中一次拉伸5~8倍的方法。拉伸浴中溶剂含量约25%~30%,浴温95~100℃。

②欲制造高强度纤维时,除上述拉伸外,还需在饱和蒸汽浴中于160℃左右再进行1.5~2倍的拉伸。如图6-9(b)所示。经这种拉伸后的纤维强度可提高约50%,而伸度略有降低。

③初生纤维首先在浴温约50℃、溶剂含量2.5%~3%的预热浴中进行1.5~2.5倍的低倍拉伸,再在95~100℃热水或热蒸汽中进行二次拉伸,接着进行洗涤及其他后处理,该方法在工业上适用于各种溶剂路线。如图6-9(c)所示。

④与第三种方法相似,纤维成形后进行预热拉伸,随后洗去溶剂,再在 95~100℃水中或蒸汽中进行拉伸。如图 6-9(d)所示。该法的特点是拉伸浴中不存在溶剂,拉伸时需要较大的拉伸应力。

⑤如图 6-9(e)所示,该法先将初生纤维水洗后进行预热拉伸,接着进行干燥致密化,再在热板或蒸汽介质中进行拉伸。该法的总拉伸倍数可达 10 倍左右。

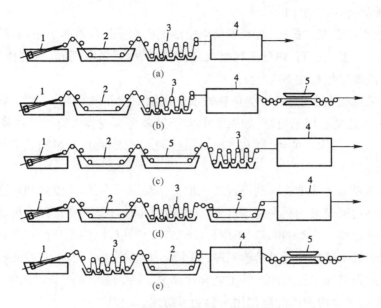

图 6-9 聚丙烯腈纤维的各种拉伸方法

1—凝固浴 2—预热浴拉伸 3—水洗 4—干燥致密化 5—热板或蒸汽拉伸

(2)拉伸介质:不同的拉伸介质对纤维的增塑作用不同,对纤维力学性能的影响也不同。当以水为拉伸介质时,无论采用何种热定型条件,纤维性能都较好。如果有增塑剂存在,纤维大分子间的作用力被削弱,拉伸时大分子的取向效应有所减弱,所以通常先拉伸后水洗比先水洗后拉伸所得纤维的质量差。

(3)拉伸对纤维结构和性能的影响:拉伸使纤维的形态结构及超分子结构发生变化,纤维结构的变化又影响到纤维的性能。

在形态结构上,经过拉伸后的纤维在形态结构上发生显著的变化。首先初生纤维中的微孔被拉长、拉细,初生纤维中由初级沉积体构成的网络骨架在拉伸力作用下发展成为微纤,微纤由大分子链节所组成。微纤与微纤之间有结点连接,微纤间结点的密集度与初生纤维中网络骨架间结点的密集度有关。纤维的强度和钩接强度随微纤间结点的密集度增加而增加。

纤维的染色二色性取向因素(F_d)随总拉伸倍数的增加而增大,但总拉伸倍数达到 10 倍以上时,变化渐趋于缓和。实验还表明,纤维准晶区的取向因素(F_x)随总拉伸倍数的变化情况与 F_d 有所不同。当拉伸总倍数还很小(约 3 倍)时,准晶区的取向程度已较高,但此时非晶区 F_d 还较小。非晶区的取向发展落后于准晶区取向的发展。随着总拉伸倍数的继续增加,F_x 基本不再增加,但 F_d 仍增加。

拉伸倍数与纤维性能的密切相关,纤维强度随拉伸倍数的增加而增加,伸度则下降。

2. 水洗

经凝固成形和拉伸后的纤维内部还含有一定量的溶剂,若不除去这部分溶剂,不仅使纤维的手感和色泽变差,而且对最终纤维制品的染色加工性能及使用性能也会产生不良影响。因此,丝束成形后必须进行水洗除去多余的溶剂,残留的溶剂量应控制在0.1%以下,并要求其含量稳定,以使纤维具有相应稳定的品质。

水洗过程中,水洗温度的提高,有利于丝束中溶剂向水中扩散和水分子向丝束内部渗透,以达到洗净的目的。但温度过高,热量消耗也大,特别是采用有机溶剂时,溶剂挥发量大,恶化操作环境。通常水洗温度控制在50℃左右。

洗涤水要求采用无离子水,因为洗涤后的水要送给回收系统回用。例如NaSCN法中洗涤回收的NaSCN水溶液又要用于聚合,如果水中离子过多会影响到聚合。某些离子还会降低溶剂的溶解能力。此外,硬水中的钙、镁和其他金属盐带入纤维后,也会影响其染色性能。

3. 上油

上油的目的主要是使纤维能顺利进行纺织加工。对短纤维,就是能顺利地进行梳棉、并条、纺纱等;对牵切丝束,则要求能顺利地进行牵切等,也就是使纤维具有良好的可纺性。可纺性大体包括纤维在纺纱过程中不塞喇叭口、不绕辊、不粘针布等以及具有抱合力等内容。如发生塞、绕、粘等现象,则纤维不能顺利通过纺纱工序;如抱合力差,则成纱的均匀性和强力变差。

影响可纺性的因素除了纺织加工的工艺和设备外,主要是纤维本身以及油剂的性能,就腈纶油剂而言,主要通过润滑和抗静电作用来影响可纺性。

上油之所以在水洗和干燥致密化两道工序之间进行,主要是为了避免在于燥过程中因纤维与机械装置的摩擦带电而使纤维过度蓬松和紊乱引起缠辊。

不同品种的纤维,其性能及用途不同,工艺条件不同,对油剂或抗静电剂的组分和要求也不同。毛型腈纶的上油率一般为0.2%~0.3%;棉型腈纶因长度较短,抱合力差,上油率要求高些,为0.4%~0.5%。

油浴浴比为单位时间通过的纤维干燥重量与循环油量之比,一般为(1:15)~(1:40),浴比大则有利于均匀上油,但设备也较庞大。上油的方式一般有浸渍法和辊子定量给油法两种。其中浸渍法上油比较均匀。

4. 干燥致密化

初生纤维经拉伸、水洗和上油后,纤维的超分子结构虽已基本形成,但仍存在一定程度的内应力和缺陷,所以需通过干燥致密化及热定型消除纤维的内应力和结构缺陷,改进纤维的力学性能和纺织加工性能。

(1)干燥致密化后纤维结构的变化:干燥致密化的结果使纤维的形态结构和超分子结构发生了变化。干燥前,纤维内含有大量微孔,微孔中充满水或其他液体,皮层与芯层的差异大,纤维的致密化程度差,表现为纤维外观泛白、无光泽,染色后不鲜艳,强度、伸度和钩接强度低,纤维的使用性能差。干燥后,纤维中微孔基本消除,致密化程度提高,强度、伸度和钩接强度等都有所提高,光泽增加,具有良好的使用性能。

在干燥过程中,纤维大分子的运动能力增强,大分子间相互堆砌的规整程度得到提高,纤维中有序区的比例扩大,有利于改善纤维的力学性能。

(2)干燥致密化后纤维性质的变化:湿法成形、拉伸和水洗后还没有经过干燥的纤维处于初级溶胀状态(简称初级溶胀纤维)。初级溶胀纤维经适当的干燥致密化后,纤维的力学性能和染色性能都有很大的变化。

纤维经干燥致密化后,其性能发生了质变。而这一系列性质的变化,是不能通过再湿润而回复到初级溶胀纤维的状态。最明显的是经干燥致密化的纤维即使再以水充分浸润,其含水量只能达到5%左右,恢复不到初级溶胀纤维时的含水量。其他如强度、手感、染色性、纤维的尺寸稳定性等的质变也都是不可逆的,因此可以推测初级溶胀纤维的干燥不是一个简单的蒸发水分的过程,而是相应地在纤维结构上发生了质变。如果干燥致密化时工艺条件不正常,纤维的性能将大大下降。

(3)纤维致密化的机理:纤维致密化机理为拉伸水洗后的纤维,其微孔已被拉长拉细,微孔内充满着水,在适当温度下进行干燥,由于水分逐渐蒸发并从微孔移出,在微孔中产生一定的负压,在适当温度下,大分子链段能比较自由地运动而引起热收缩,使微孔半径相应地发生收缩,微纤之间的距离越来越近,导致分子间作用力急剧增大,最后达到微孔的融合。

由此可见,要使初级溶胀纤维正常进行致密化,需有如下条件:

①要有适当的温度,使大分子链段能比较自由地运动;

②要有在适当温度下脱除水分时所产生的毛细管压力,以使微孔被压缩并融合。

(4)干燥致密化的工艺条件:聚丙烯腈纤维的干燥一般采用空气作干燥介质。干燥工艺要求一定的温度和时间,通常干燥温度应高于初级溶胀纤维的玻璃化温度(T_g),如温度过高和时间过长将会造成纤维着色。

不仅要控制干燥介质的温度,也要控制其相对湿度。当相对湿度较低而温度较高时,外层的纤维干燥过快,内层纤维中的水分子将来不及扩散到外层,因此造成内外层纤维的染色不均匀性;当温度和湿度都较高时,干燥过程中湿纤维温度过高,容易引起并丝,手感发硬,过低的温湿度,湿纤维温度过低,易使纤维泛白失透。

干燥致密化过程中纤维轴向和径向都要发生收缩。若干燥在张力下进行,则不利于纤维的自由收缩。干燥致密化过程中纤维所受张力大致可分为三种情况,定长状态——不发生轴向收缩;略施加张力——发生一定程度的收缩;松弛状态——自由收缩。

5. 热定型

热定型的主要目的是提高纤维的尺寸稳定性;进一步改善纤维的机械性能和染色性能以及纺织加工性能。纤维热定型使用的介质主要有热板、空气浴、水浴、饱和蒸汽浴和过热蒸汽浴等。

热定型温度越高,纤维超分子结构的舒解、重建和加强的程度就越显著,大分子的解取向也随之加剧,纤维的钩接强度、钩伸提高,沸水收缩率降低,同时初始模量和干强下降,线密度增大。若温度过高,还容易使纤维发黄和发生并丝,对纤维力学性能产生不良影响。实际生产中,如采用热板进行热定型,温度一般控制在200℃左右,时间约数秒。另外,适当控制纤维张力,使其在热定型过程中再收缩2%~3%,可得综合性能较好的纤维。

值得指出的是干燥致密化时,纤维的张力状态与热定型效果有内在的联系。如果干燥和热定型都在紧张状态下进行,则所得纤维的干强和初始模量较高,而钩接强度、干伸和沸水收缩率等指标较差;若两者都在松弛状态下进行,则钩接强度和干伸明显增加,但于强和初始模量降低较多。

6. 卷曲

纤维的卷曲有机械卷曲法和化学卷曲法两种。机械卷曲法又分为干卷曲法和湿卷曲法。干卷曲法是将干燥的纤维在高温或蒸汽加热下,用机械挤压卷曲;湿卷曲法是将湿纤维经热水浴调温后给予机械挤压卷曲。机械卷曲法得到的卷曲仅是纤维外观上的卷曲,纤维内部结构变化不大,而且都是折叠式的而不是螺旋式的,卷曲稳定性也很差,但卷曲度容易控制,卷曲均匀性好,因此,目前大多采用此法。

化学卷曲法是利用特殊的纤维凝固条件,造成纤维截面的不对称性,而形成卷曲。化学卷曲法得到的卷曲稳定性较机械卷曲法高,但实施上比较麻烦,故实际应用不多。

7. 切断

为了使产品能很好地与棉或羊毛等混纺,须将其切断成相应的长度。棉型纤维要求长度在40mm以下,并有良好的整齐度,故应严格控制超长纤维。毛型纤维则要求纤维较长,一般用于粗梳毛纺的纤维长度在64~76mm,用于精梳毛纺的纤维长度在89~114mm较适宜。毛型聚丙烯腈纤维对长度的整齐度则无严格要求,反而希望纤维的长度能参差不一,具有一定的分布曲线,使其尽可能与羊毛的长度分布相似,以利纺织加工。

8. 特殊加工

(1)直接成条:在聚丙烯腈纤维生产中,为了便于纺织加工和提高生产效率,可将未切断的长丝束经适当的加工方法制成既切断而又不杂乱的条子,即直接成条或称牵切纺。这种方法可有效地简化通常短纤维的纺纱工艺。目前切断法和拉断法是生产中最常用的两种直接成条方法。

①切断法:将片状丝束经专用切丝辊切断成一定长度的纤维片,如图6-10所示。其切断点排成对角线,然后通过拉伸使切断点由平面排布变为相互交错的状态,从而制成条子。

②拉断法:聚丙烯腈纤维具有热塑性,在高温下可以进行高倍拉伸。采用特殊装置将纤维拉伸并成为如图6-11所示的条子。

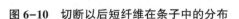

图6-10 切断以后短纤维在条子中的分布　　　图6-11 拉断以后短纤维在条子中的分布

(2)膨体纱:利用聚丙烯腈纤维的热可塑性,可制成膨体纱,例如将经湿热处理而回缩过的纤维条子与未经湿热处理的条子按一定比例混纺成细纱,并进行一次湿热处理。这时细纱中未回缩过的纤维就发生回缩,成为细纱的中心;而已回缩过的纤维就不再回缩,被推向细纱外部,并形成小圆圈状的卷曲,浮在细纱表面,这样就成为膨体纱。

第三节　改性和新型聚丙烯腈纤维

一般的聚丙烯腈纤维织物的穿着舒适度已经满足不了人们的需要。为了让聚丙烯腈纤维具有与天然纤维类似的性能或赋予特殊功能和性质,人们采用改变加工工艺和结构的方法,经物理、化学改性生产出许多新型的聚丙烯腈纤维,主要有抗静电纤维、阻燃纤维、高吸水纤维、高收缩纤维、抗起球纤维以及其他功能性纤维。

一、抗静电聚丙烯腈纤维

普通聚丙烯腈纤维在标准状态下的电阻率为 $10^{13}\Omega\cdot cm$。纤维在后加工时因摩擦产生静电,使集束困难并缠绕在机件上;成品易受沾污和吸尘;穿着时因静电现象使人体有不舒服的感觉;局部可引起皮肤炎症和血液 pH 升高;衣裙容易缠腿;在低湿度条件下,因静电关系而引起火灾。这些都限制了聚丙烯腈纤维在很多领域的应用。

为降低聚丙烯腈纤维的静电积聚效应,制取抗静电腈纶,常采用如下措施:

(1)把亲水性化合物通过共聚引入聚合体中,制成高吸湿纤维;

(2)把聚丙烯腈大分子中的氰基部分水解成羧基;

(3)在纺丝原液中混入少量炭黑或金属氧化物等导电性物质,或在纤维后整理时使纤维表面涂覆金属物质,可使纤维的电阻率降至 $10^{2}\Omega\cdot cm$ 以下。

(4)在纤维的后加工中,纤维经抗静电剂溶液处理后,能在纤维表面涂覆上一层抗静电剂,使纤维具有暂时性的抗静电性能。但此种纤维或织物经多次洗涤后,表面涂层易洗去而失去抗静电作用。常用的抗静电剂有烷磷酸酯、烷基聚氧乙烯醚硫酸酯、聚氧乙烯月桂醇醚、季铵盐等多种。

目前,抗静电聚丙烯腈纤维的性能已达到断裂强度 $1.5\sim2.6cN/dtex$,断裂伸长率30%～50%,钩接强度 $0.75\sim1.3cN/dtex$,比电阻 $10\sim10^{3}\Omega\cdot cm$。可用于制作学生服装,晚礼服,抗静电工作服,无尘工作服,无绒毛、无菌工作服,炼油及石化部门用的防爆型特殊工作服以及地毯、被单、复印带等。

二、高吸湿吸水聚丙烯腈纤维

聚丙烯腈纤维与其他合成纤维的共同缺点是吸湿和保水性差,穿着时有闷热等不舒服感,所以在内衣、衬衫、睡衣、服装里料及运动服等领域内的使用有其局限性。纤维的吸湿、抗静电及抗污染性之间有一定的内在联系,解决其一即可改善其二。

改善聚丙烯腈纤维的吸湿、吸水性的方法:

(1)使共聚体大分子含亲水基团;

(2)与亲水化合物接枝或共聚;

(3)与亲水性聚合体进行共混纺丝;

(4)与亲水性聚合体进行复合纺丝;

(5)使纤维表面含有亲水层;

(6)使纤维截面粗糙和异形化;

(7)使芯层呈泡沫微孔状,并有微导管通向皮层;

(8)使纤维超细化,如线密度为 0.45dtex 的聚丙烯腈短纤维,其保水性为普通聚丙烯腈纤维的两倍多。

据报道,日本钟纺公司生产的一种高吸湿聚丙烯腈纤维阿奎纶(Aqualon),其横截面为椭圆形或近圆形,纤维表面有条纹或沟槽。纤维中含有众多的直径为 1~2μm、长度为直径 10 倍的毛细孔,孔隙率为 20%~30%,因此该纤维吸湿性高,吸水速度快,而且密度小,保暖性优良。与棉纤维相比缩水性小、尺寸稳定性较好。

高吸湿聚丙烯腈纤维因存在许多微孔,故密度远低于其他纤维,保暖性接近羊毛,而优于棉纤维和普通聚丙烯腈纤维。

高吸湿聚丙烯腈纤维的抗沾污性高于普通聚丙烯腈纤维,而且易于洗涤。这可能与其特殊的表面结构有关。吸湿聚丙烯腈纤维的上染速度与普通聚丙烯腈纤维相似,但因折光关系,同样的上染率其色泽较浅。

高吸湿聚丙烯腈纤维改变了普通聚丙烯腈纤维不适于制作春秋服装的状况,可制作四季服装、内衣、运动衫、儿童服装、睡衣;也可制作毛巾、浴巾、尿布及床上用品等。

三、阻燃聚丙烯腈纤维

已有不少国家的防火法明文规定,凡是制作儿童、老人和残疾人服装,高层建筑的窗帘、地毯、床上用品,交通、旅游业中的装饰织物,玩具和假发等,必须采用难燃纤维。而聚丙烯腈纤维柔软蓬松、色泽鲜艳、耐气候性能良好,适宜制作上述用品,因此,阻燃聚丙烯腈纤维的研究极为盛行。

为增加聚丙烯腈纤维的阻燃性,通常可采用如下三种方法:

(1)应用含氯、溴或磷化合物等阻燃性单体,如氯乙烯、偏二氯乙烯、溴乙烯以及带乙烯基的磷酸酯作第二单体,通过与丙烯腈共聚,制得阻燃聚丙烯腈纤维。

(2)将聚氯乙烯、聚偏二氯乙烯等阻燃性聚合物与聚丙烯腈原液共混纺丝。

(3)纤维在后处理时用阻燃剂作表面整理。但此法所得纤维的阻燃性不持久,经多次洗涤后即失去阻燃性。

目前世界上已有多家公司生产阻燃聚丙烯腈纤维,大多使用氯乙烯基类单体与丙烯腈共聚而成,其 LOI 值(限氧指数)一般为 26.5%~29%。

四、抗起球聚丙烯腈纤维

普通聚丙烯腈纤维制品在经常受摩擦的部位容易起球,而影响制品的美观。从服用经验得知,降低纤维的可弯曲性,则能降低纤维的起球性。因此适当地降低纤维的断裂强度、钩接强度、延伸度和钩伸,有利于纤维的抗起球。

为降低腈纶的起球性,通常采用如下措施:

(1)提高聚合物中的丙烯腈(92%以上)含量,降低第二组分(0.5%~1.5%)的含量,从而提高纤维的刚性和脆性,使织物中纤维末端不易缠绕成结。

(2)降低聚丙烯腈的重均分子量至40000~50000,并适当加宽相对分子质量分布,从而降低纤维的断裂延伸度,即使织物起球也易于脱落。

(3)改变纤维的截面形状,使纤维截面呈三叶形或五角形截面,并使纤维表面粗糙化,提高纤维的粗度,以增加纤维间的抱合力,提高抗弯曲性和硬挺度。这可减少织物中纱线滑脱和打结的机会。

(4)增加纤维热处理时的张力,以降低纤维的钩接强度,使纤维不易起球,起球后也容易脱落。

(5)将纤维或其织物进行表面处理。整理剂一般采用胶态的二氧化硅、丙烯酸乳胶或二甲基甲酰胺等。

抗起球聚丙烯腈纤维除具有普通聚丙烯腈纤维的一般特点外,还具有蓬松而不起球、柔软而滑爽的手感,纯纺或与羊毛混纺都具有抗起球的效果。适于制作儿童和妇女服装、毛衣、围巾、毛毯和地毯等。

五、高收缩聚丙烯腈纤维

高收缩聚丙烯腈纤维的收缩率为普通聚丙烯腈纤维的5~10倍,是生产聚丙烯腈纤维膨体纱的主要原料之一。使高收缩聚丙烯腈纤维与普通聚丙烯腈纤维按一定比例混纺成纱线,在松弛条件下进行湿热处理。高收缩性聚丙烯腈纤维大幅度回缩而构成纱芯,普通聚丙烯腈纤维则在纱芯的外圈蜷缩成圈。整个纱线即成为柔软、丰满的膨体纱。

制造高收缩聚丙烯腈纤维通常采用如下工艺路线:

(1)在高于聚丙烯腈纤维玻璃化温度的条件下多次进行热拉伸,使纤维中的大分子链舒展,并沿纤维轴方向取向。这时大分子链内和链间的张力较大。然后骤冷,使大分子链的形态和张力被暂时固定下来。当成纱后,在松弛状态下湿热处理时,大分子链因热运动而处于比较蜷缩的状态,张力大多被消除,这种微观的变化引起宏观纤维在长度方向的收缩。

(2)增加第二单体的含量。增加第二单体丙烯酸甲酯的含量能大幅度提高聚丙烯腈纤维的收缩率。如第二单体含量增至10%~12%时,纤维收缩率为30%;含量增至12%~14%时,收缩率高达40%~45%。

(3)采用熟塑性的第二单体与丙烯腈共聚也可明显的提高纤维的收缩性。如日本钟渊公司生产的卡耐卡纶,使用氯乙烯作第二单体与丙烯腈共聚,制成的纤维既具有高收缩性,又具有阻燃性。当氯乙烯含量为50%~60%时,纤维的收缩率在50%以上。

与普通聚丙烯腈纤维相比,高收缩聚丙烯腈纤维的强度和卷曲度稍低,遇湿热会发生收缩,因此在制成成品前要避免湿热加工。

高收缩聚丙烯腈纤维与普通聚丙烯腈纤维混纺制成的人造毛皮仿真效果更加逼真。纯纺可作滚球毛毯和室内装饰织物,具有手感柔软,织物厚实、丰满,保暖性好等特点,还可产生奇异的光泽效果。

六、其他改性聚丙烯腈纤维

改性聚丙烯腈纤维的种类还有多种,如复合、有色、异型、中空、细旦、仿兽毛、酸性可染、增白、超有光、防污防尘、高强高模、防菌防臭、离子交换和远红外纤维等。下面仅对着色、酸性可染、防菌防臭、离子交换聚丙烯腈纤维做一些简单介绍。

1. 着色聚丙烯腈纤维

着色聚丙烯腈纤维的生产有纺前原液着色或凝胶态湿丝束染色两种方法。原液着色与传统的染色法相比,可改善环境污染,缩减印染设备,精简多道加热工序,改善纤维的内在质量,如弹性、蓬松性、染色牢度及染色均匀性;并可提高毛型感,增加多色效应;同时能明显地降低染色成本。

原液着色一般用阳离子染料或涂料浆液,在纺前按一定比例经注射器注入纺丝原液,均匀混合后纺成着色纤维。染料或涂料能均匀地分布在纤维的内部和表面,故各项色牢度指标和色泽均匀性都较高。但从染料加入处开始,管道和机件均受染料沾污,因此更改颜色比较麻烦。

对处于凝胶态的聚丙烯腈纤维湿丝束进行染色时,由于纤维结构疏松并存在大量微孔,比表面积大,故可在50~60℃的较低温度下染色,不需加助剂,染色速度快,可得牢度很好的中、深色泽。着色聚丙烯腈纤维可直接用于色织,织成彩格和提花织物。由于着色聚丙烯腈纤维耐光、耐气候性和色牢度好,故大量用于室外纺织品,如帐篷、遮阳伞和旗帜等。

2. 酸性染料可染聚丙烯腈纤维

聚丙烯腈纤维是阳离子染料可染型纤维,若用碱性单体作为第三单体,如乙烯基吡啶,纤维可用酸性染料染色。用少量酸性染料可染聚丙烯腈纤维与普通聚丙烯腈纤维混纺后,用阳离子染料染色,酸性染料可染聚丙烯腈纤维较难着色,可产生一种混色效应,无论制成织物或者毛线都较别致,可制作运动衫及各种针织物。

3. 抗菌防臭聚丙烯腈纤维

合成纤维由于吸湿性差,制成的内衣和袜子不易吸汗。附有污水的皮肤,其温湿度适宜于微生物的繁殖,并产生恶臭,同时使织物发脆并使人患有皮疹、脚癣等。如在纤维中混入抗菌剂,可使纤维具有抗菌和防臭作用。

抗菌剂必须具有抗菌性强、防臭性好、对人体安全、能保持产品原有的特性等性能。用作抗菌剂的有季铵盐、二苯酯、芳香族卤素化合物、有机硅化物、硫化铜等。可把上述化合物引入共聚物分子或加入纺前原液中,也可在制成纤维或织物后进行处理。

抗菌防臭纤维主要用于地毯、窗帘、卫生间用品、毛毯及床上用品、睡衣、袜子、汗衫、运动服装等。

4. 离子交换聚丙烯腈纤维

离子交换聚丙烯腈纤维是一种很有发展前途的工业用功能性纤维。用纤维代替树脂作离子交换材料,具有机械强度高,在交换、再生和冲洗过程中不易流失等优点,又因纤维较细,表面积大,故具有较快的交换速度和较高的交换容量。

离子交换聚丙烯腈纤维可通过下列方法制得:

(1)普通聚丙烯腈纤维水解。聚丙烯腈大分子上的氰基与碱作用,能水解成具有离子交换能力的羧基和酰氨基,普通聚丙烯腈纤维经碱水解后,其阳离子交换容量为 3mol/kg。

(2)选用含有离子交换基团的化合物作共聚单体,是直接制得离子交换聚丙烯腈纤维的最简便方法。如使用 2-甲基-5-乙烯基吡啶作第三单体与丙烯腈和甲基丙烯酸共聚,制得纤维后进行局部皂化,即可得到兼有酸碱两性离子交换能力的聚丙烯腈纤维。它对碱性基团的交换容量为 1.5~2.0mol/kg,对酸性基团的交换容量可达 4.5~5.0mol/kg。

(3)共混。把具有离子交换基团的聚合物或共聚物溶液与聚丙烯腈纺丝原液共混后进行纺丝,即可制得离子交换聚丙烯腈纤维。如把聚乙烯亚胺溶液加入聚丙烯腈原液中,纺得的聚丙烯腈(80)—聚亚乙基亚胺(20)纤维,经 NaOH 局部皂化后可制得两性离子交换聚丙烯腈纤维。交换容量可达 4~5mol/kg。

国外化纤大公司对纤维差别化的研究、生产非常重视,相继都有拳头产品问世,各种改性聚丙烯腈纤维都有产品销售。多年来,国内先后也对聚丙烯腈纤维的改性研究做了大量工作,并取得了一定的成果,但是真正能实现工业化生产的产品甚少。这主要是因为我国聚丙烯腈纤维生产原来一直处于供不应求的局面,加上科研与生产脱节,使得产业界对聚丙烯腈纤维的改性研究重视不够,现已明显不能适应聚丙烯腈纤维发展和产品竞争的需要。为求得新的发展,我们应积极开发高附加值的改性聚丙烯腈纤维,必要时可引进国外先进技术,选择改性品种时,以市场为导向,以用户定产品才是明智之举。

思考题

1. 腈纶的定义是什么?

2. 丙烯腈的聚合方法有哪些? 影响聚合反应的因素有哪些?

3. 丙烯腈纤维的纺丝方法有几种? 有哪些区别?

4. 聚丙烯腈初生纤维为什么需要干燥致密化? 干燥致密化后纤维的结构与性能有哪些变化?

5. 改性与功能聚丙烯腈纤维有哪些?

主要参考文献

[1]肖长发,等. 化学纤维概论[M]. 北京:中国纺织出版社,1997.

[2]董纪震,等. 合成纤维工艺学[M]. 北京:中国纺织出版社,1994.

[3]罗益锋. 聚丙烯腈纤维前景喜人[J]. 新纺织,2001,9.

[4]陈蕾,等. 聚丙烯腈纤维的熔融纺丝[J]. 合成技术及应用,1999,3.

[5]郑宁,罗益锋. 高科技纤维近期技术创新与应用[J]. 高科技纤维与应用,2002,27(1):2.

第七章　聚乙烯醇纤维

第一节　概述

一、聚乙烯醇纤维的发展概况

聚乙烯醇(PVA)纤维是合成纤维的重要品种之一,其常规产品是聚乙烯醇缩甲醛纤维,国内简称维纶。产品以短纤维为主。

1924年,德国的赫尔曼(Hermann)和哈内尔(Haehnel)合成出聚乙烯醇,并用其水溶液经干法纺丝制成纤维。随后,德国的韦克(Wacker)公司生产出用于手术缝合线的聚乙烯醇纤维。1939年以后,日本的樱田一郎、朝鲜的李升基等人,采用热处理和缩醛化的方法成功地制造出耐热水性优良、收缩率低、具有实用价值的聚乙烯醇纤维,并发表了一系列有关制造技术及生产方法的文章和专利。但由于第二次世界大战的干扰,直到1950年,不溶于水的聚乙烯醇纤维才实现工业化生产。

我国第一个聚乙烯醇纤维厂建成于1964年,随后又兴建了一批年产万吨的聚乙烯醇纤维厂。生产聚乙烯醇纤维的国家还有日本、朝鲜等少数国家。由于聚乙烯醇纤维染色性差、弹性低等缺点不易克服,近年来在服用领域不断萎缩。但在工农业、渔业等方面的应用却有所增加。另外装饰用、产业用纤维和功能性纤维的比例也在逐步增大。

二、聚乙烯醇纤维的性能

聚乙烯醇缩甲醛纤维亦即维纶,其短纤维外观形状接近棉,但强度和耐磨性都优于棉。用50/50的棉维混纺织物,其强度比纯棉织物高60%,耐磨性可以提高50%~100%。聚乙烯醇纤维的密度约比棉花小20%,用同样重量的纤维可以纺织成较多相同厚度的织物。

聚乙烯醇纤维在标准条件下的吸湿率为4.5%~5.0%,在几大合成纤维品种中名列前茅。由于导热性差,聚乙烯醇纤维具有良好的保暖性。另外,聚乙烯醇纤维还具有很好的耐腐蚀和耐日光性。

聚乙烯醇纤维的主要缺点是染色性差,染着量较低,色泽也不鲜艳,这是由于纤维具有皮芯结构和经过缩醛化使部分羟基被封闭了的缘故。另外,聚乙烯醇纤维的耐热水性较差,在湿态下温度超过110~115℃就会发生明显的收缩和变形。聚乙烯醇纤维织物在沸水中放置3~4h后会发生部分溶解。再有,聚乙烯醇纤维的弹性不如聚酯等其他合成纤维,其织物不够挺括,在服用过程中易发生褶皱。表7-1列出了聚乙烯醇缩甲醛纤维的主要性能指标。

三、聚乙烯醇纤维的用途

聚乙烯醇缩甲醛纤维主要为短纤维,由于其形状很像棉,所以主要用于与棉的混纺,织成各种棉纺织物。另外,也可纯纺或与其他纤维混纺,织造各类机织或针织物。聚乙烯醇纤维长丝的性能和外观与天然蚕丝非常相似,可以织造绸缎衣料。但是,因聚乙烯醇纤维的弹性差,不易染色,故不能做高级衣料。

表 7-1 聚乙烯醇缩甲醛纤维的主要性能指标

性能指标		短纤维		长丝	
		普通	强力	普通	强力
强度/dN·tex^{-1}	干态	4.0~4.4	6.0~8.8	2.6~3.5	5.3~8.4
	湿态	2.8~4.6	4.7~7.5	1.8~2.8	4.4~7.5
钩接强度/dN·tex^{-1}		2.6~4.6	4.4~5.1	4.0~5.3	6.1~11.5
打结强度/dN·tex^{-1}		2.1~3.5	4.0~4.6	1.9~2.6	2.2~4.4
延伸度/%	干态	12~26	9~17	17~22	8~22
	湿态	13~27	10~18	17~25	8~26
伸长 3% 的弹性回复率/%		70~85	72~85	70~90	70~90
弹性模量/dN·tex^{-1}		22~62	62~114	53~79	62~220
回潮率/%		4.5~5.0	4.5~5.0	3.5~4.5	3.0~5.0
密度/g·cm^{-3}		1.28~1.30			
热性能		干热软化点为 215~220℃,熔点不明显,能燃烧,燃烧后变成褐色或黑色不规则硬块			
耐日光性		良好			
耐酸性		受 10% 盐酸或 30% 硫酸作用而无影响,在浓的盐酸、硝酸和硫酸中发生溶胀和分解			
耐碱性		在 50% 氢氧化钠溶液中和浓氨水中强度几乎没有降低			
耐其他化学药品性		良好			
耐溶剂性		不溶解于一般的有机溶剂(如乙醇、乙醚、苯、丙酮、汽油、四氯乙烯等),能在热的吡啶、酚、甲酚和甲酸中溶胀或溶解			
耐磨性		良好			
耐虫蛀霉菌性		良好			
染色性		可用直接、硫化、还原、酸性、不溶性偶氮等染料进行染色,但染着量较一般天然纤维和再生纤维低,色泽也欠鲜艳			

近年来,随着聚乙烯醇纤维生产技术的发展,它在工业、农业、渔业、运输和医用等方面的应用不断扩大。其主要用途如下:

1. 纤维增强材料

利用聚乙烯醇纤维强度高,抗冲击性好,成形加工中分散性好等特点,可以作为塑料以及水泥、陶瓷等的增强材料。特别是作为致癌物质——石棉的代用品,制成的石棉板受到建筑业的极大重视。

2. 渔网

利用聚乙烯醇纤维断裂强度、耐冲击强度和耐海水腐蚀等都比较好的长处,用其制造各种类型的渔具。

3. 绳缆

聚乙烯醇纤维绳缆质轻、耐磨、不易扭结,具有良好的抗冲击强度、耐气候性并耐海水腐蚀,在水产车辆、船舶运输等方面有较多应用。

4. 帆布

聚乙烯醇纤维帆布强度好、质轻、耐摩擦和耐气候性好,它在运输、仓储、船舶、建筑、农林等方面有较多应用。

另外,聚乙烯醇纤维还可制作包装材料、非织造布滤材、土工布等。

第二节 聚乙烯醇的制备及其性能

一、醋酸乙烯的聚合

由于游离态的乙烯醇极不稳定,不能单独存在,所以要获得具有实用价值的聚乙烯醇,通常以醋酸乙烯为单体进行聚合,进而醇解或水解制成聚乙烯醇。

1. 醋酸乙烯制备

目前醋酸乙烯的合成主要有乙炔法和乙烯法两种方法。

(1)乙炔法:乙炔法是以乙炔和醋酸为原料,在200℃左右,常压下以气相通到以活性炭等为载体的催化剂醋酸锌上反应制得醋酸乙烯。

$$HC\equiv CH + CH_3COOH \longrightarrow H_2C\!=\!\!CH$$
$$\underset{OCOCH_3}{|}$$

根据乙炔来源的不同,乙炔法又可进一步分为电石乙炔法和天然气乙炔法。

①电石乙炔法:电石的主要成分为碳化钙(CaC_2),电石由石灰石和焦炭在电炉中经高温熔融而得。碳化钙与水作用生成乙炔。

$$CaC_2 + 2H_2O \longrightarrow HC\equiv CH + Ca(OH)_2$$

电石乙炔法生产电石电能消耗量大,生产成本高;另外,该法还产生大量废渣,处理困难。

②天然气乙炔法:天然气的主要成分是甲烷(CH_4),甲烷在高温下(1300~1500℃)和氧不足的条件下燃烧时所放出的热量供甲烷发生裂解而生成乙炔。

$$2CH_4 \longrightarrow HC\equiv CH + 3H_2$$

由于天然气乙炔法原料甲烷的来源较广,生产成本较电石乙炔法低,生产技术日益提高,因此是目前发展乙炔生产的方向。

(2)乙烯法:乙烯法则以乙烯和醋酸为原料,以钯—金为催化剂,醋酸钾或醋酸钠为助催化剂,活性氧化铝或硅胶为载体,在100℃以上,加压下反应制得醋酸乙烯。

$$H_2C\!=\!\!CH_2 + CH_3COOH + \frac{1}{2}O_2 \longrightarrow H_2C\!=\!\!CH + H_2O$$
$$\underset{OCOCH_3}{|}$$

以上所得醋酸乙烯是一种无色透明液体,易流动,挥发性强,略有毒性,对人体皮肤和眼睛有刺激作用,微溶于水,溶于甲醇、乙醇和乙醚等普通有机溶剂。

早年以电石乙炔法生产醋酸乙烯为主。20 世纪 70 年代以来,随着石油工业的发展,醋酸乙烯的合成由电石乙炔法逐渐转向乙烯法和天然气乙炔法。但近年由于石油危机的不断出现,原油价格不断上涨,人们又重新评价电石乙炔法在化学工业中的地位。世界上水力资源和煤储量丰富的国家又开始注重和恢复电石乙炔法的生产。

2. 醋酸乙烯聚合

在紫外线、γ 射线、X 射线等作用下,醋酸乙烯容易发生自由基型聚合反应。十分纯净的醋酸乙烯在无氧情况下仅靠加热不会发生聚合。在引发剂作用下,醋酸乙烯能在较缓和的条件下发生聚合。根据聚醋酸乙烯的不同用途,工业上醋酸乙烯聚合的实施方法有很多种。用于制造聚乙烯醇纤维使用的聚醋酸乙烯,通常是以甲醇为溶剂采用溶剂聚合法制得。其主反应为:

$$n\,H_2C\!\!=\!\!CH \longrightarrow \left[H_2C\!\!-\!\!CH\right]_n \qquad +89\,kJ/mol$$
$$\qquad\quad |\qquad\qquad\qquad\quad |$$
$$\quad OCOCH_3 \qquad\qquad\quad OCOCH_3$$

主要副反应为:

$$H_2C\!\!=\!\!CH + CH_3OH \longrightarrow CH_3COOCH_3 + CH_3CHO$$
$$\qquad\quad |$$
$$\quad OCOCH_3$$

$$H_2C\!\!=\!\!CH + H_2O \longrightarrow CH_3COOH + CH_3CHO$$
$$\qquad\quad |$$
$$\quad OCOCH_3$$

图 7-1 为醋酸乙烯溶液聚合工艺流程示意图。精制的醋酸乙烯(VAc)和甲醇按一定配比经计量泵和换热器进入第一聚合釜,同时加入一定量的引发剂偶氮二异丁腈(AIBN)甲醇溶液。单体在第一聚合釜中转化率约 40%,然后在第二聚合釜中达到 50% 左右。聚合后的物料用泵从第二聚合釜中送出,用甲醇稀释后进入脱单体塔。由塔底流出聚醋酸乙烯的甲醇溶液,可用于醇解以制取聚乙烯醇,塔顶引出的醋酸乙烯和甲醇混合物,进行分离回收。

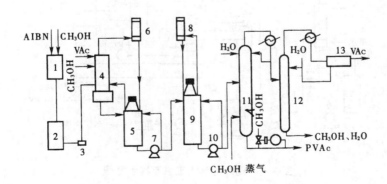

图 7-1　醋酸乙烯溶液聚合工艺流程示意图

1—引发剂配制槽　2—引发剂储槽　3—计量泵　4—换热器　5—第一聚合釜　6,8—冷凝器

7,10—泵　9—第二聚合釜　11—脱单体塔　12—醋酸乙烯—甲醇分离塔　13—沉析槽

二、聚乙烯醇的制备

目前生产成纤用聚乙烯醇都是将聚醋酸乙烯在甲醇或氢氧化钠作用下进行醇解反应而制得。

$$\begin{array}{c}\text{[H}_2\text{C}-\text{CH]}_n\\ \quad | \\ \text{OCOCH}_3\end{array} + n\text{CH}_3\text{OH} \xrightarrow{\text{NaOH}} \begin{array}{c}\text{[H}_2\text{C}-\text{CH]}_n\\ \quad | \\ \text{OH}\end{array} + n\text{CH}_3\text{COOCH}_3$$

$$\begin{array}{c}\text{[H}_2\text{C}-\text{CH]}_n\\ \quad | \\ \text{OCOCH}_3\end{array} + n\text{NaOH} \longrightarrow \begin{array}{c}\text{[H}_2\text{C}-\text{CH]}_n\\ \quad | \\ \text{OH}\end{array} + n\text{CH}_3\text{COONa}$$

当反应体系含水较多时,副反应明显加速,反应中消耗的催化剂量也随之增加。在工业生产中,根据醇解反应体系中所含水分或碱催化剂用量的多少,可分为高碱醇解法和低碱醇解法两种不同的生产工艺。

1. 高碱醇解法

高碱醇解法的反应体系中含水量约6%,每摩尔聚醋酸乙烯链节需加碱0.1~0.2mol。氢氧化钠是以水溶液的形式加入的,所以此法也称湿法醇解。该法的特点是醇解反应速度快,设备生产能力大,但副反应较多,碱催化剂消耗量也较多,醇解残液的回收比较复杂。

图7-2是高碱醇解法的工艺流程图。用于醇解的聚醋酸乙烯甲醇溶液经预热至45~48℃后,与350g/L浓度的氢氧化钠水溶液由泵送入混合机,经充分混合后,送入醇解机中。醇解后,生成块状的聚乙烯醇,再经粉碎和挤压,使聚乙烯醇与醇解残液分离。所得固体物料经进一步粉碎、干燥得到所需聚乙烯醇。压榨所得的残液和从干燥机导出的蒸汽合并后,送往回收工段回收甲醇和醋酸。

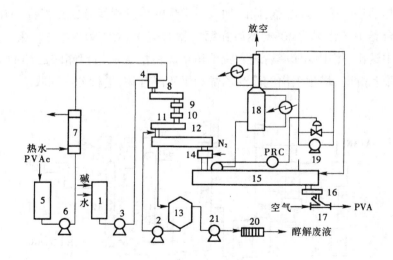

图7-2 高碱醇解法工艺流程示意图

1—碱液储槽 2,3,6,21—泵 4—混合机 5—树脂中间槽 7—树脂调温槽 8—醇解机

9,10,14—粉碎机 11—输送机 12—挤压机 13—沉析槽 15—干燥机

16,17—出料输送机 18—甲醇冷凝器 19—真空泵 20—过滤机

2. 低碱醇解法

低碱醇解法中每摩尔聚醋酸乙烯链节仅加碱 0.01~0.02mol。醇解过程中,碱以甲醇溶液的形式加入。反应体系中水含量控制在 0.1% 以下,因此也将此法称为干法醇解。该方法的最大特点是副反应少。醇解残液的回收比较简单,但反应速度较慢,物料在醇解机中的停留时间较长。图 7-3 是低碱醇解法的工艺流程图。其工艺与高碱醇解法相似。将预热至 40~45℃ 的聚醋酸乙烯甲醇溶液和氢氧化钠的甲醇溶液分别由泵送至混合机。混合后的物料被送至皮带醇解机的传送带上,于静置状态下,经过一定时间使醇解反应完成,随后块状聚乙烯醇从皮带机的尾部下落,经粉碎后投入洗涤釜用脱除醋酸钠的甲醇液洗涤,然后投入中间槽,再送入分离机进行固—液相连续分离。所得固体经干燥后即为所需聚乙烯醇,残液送去回收。

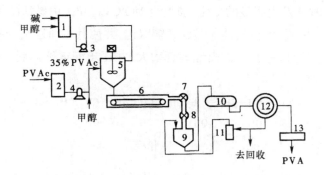

图 7-3　低碱醇解法工艺流程示意图

1—碱液调配槽　2—树脂中间槽　3,4—泵　5—混合机　6—皮带醇解机　7,8—粉碎机
9—洗涤釜　10—中间槽　11—蒸发机　12—连续式固—液分离机　13—干燥机

三、聚乙烯醇的性质

1. 物理性质

聚乙烯醇(PVA)充填密度为 0.20~0.48g/cm³,折射率为 1.51~1.53。聚乙烯醇的熔点难以直接测定,因为它在空气中的分解温度低于熔融温度。用间接法测得其熔点在 230℃ 左右。不同立规程度的聚乙烯醇具有不同的熔点,其中 S—PVA(间规)熔点最高,A—PVA(无规)次之,I—PVA(等规)最低。聚乙烯醇的玻璃化温度约 80℃。玻璃化温度除与测定条件有关外,也与其结构有关。例如,随聚乙烯醇间规度的提高,玻璃化温度略有提高。聚乙烯醇中残存醋酸根量和含水量增加时,玻璃化温度都将随之降低。

2. 化学性质

聚乙烯醇主链大分子上有大量仲羟基,在化学性质方面有许多与纤维素相似之处。聚乙烯醇可与多种酸、酸酐、酰氯等作用,生成相应的聚乙烯醇的酯。但其反应能力低于一般低分子醇类。

聚乙烯醇的醚化反应较酯化反应容易进行。醚化反应后,聚乙烯醇分子间作用力有所减弱,制品的强度、软化点和亲水性等都有所降低。

在聚乙烯醇水溶液中加入少量硼酸,其黏度将明显增大,这种变化与介质的 pH 有着密切的关系。当介质的 pH 偏于碱性时,硼酸与聚乙烯醇发生分子间反应,使溶液黏度剧增,以致形成凝胶。聚乙烯醇水溶液与氢氧化钠反应,其黏度增加的速度较之添加硼酸更快。因此,可以利用氢氧化钠水溶液作为聚乙烯醇纺丝的凝固剂。

在酸性催化剂作用下,聚乙烯醇可与醛发生缩醛化反应。缩醛化反应既可在均相中进行,也可在非均相中进行。不过均相反应所得产物的缩醛化基团分布均匀,其缩醛化物的强度、弹性模量以及耐热性等都有所降低。当进行非均相反应时,在控制适当的条件下,由于缩醛化基团分布不均匀,并主要发生在非晶区,故对生成物的力学性能影响不大,而耐热性还有所提高。

3. 热性能

聚乙烯醇受热后(210~215℃)发生软化,但在一般情况下,它在熔融前便分解。聚乙烯醇在加热到140℃以下时不发生明显的变化,加热至180℃以上时,由碱法醇解得到的聚乙烯醇开始发生变化,大分子发生脱水,在长链上形成共轭双键,并使其色泽逐渐变深。这时其物理性能也有变化,如原有的水溶性消失,弹性模量显著增大,并逐步变得硬而脆。据推测,其实所发生的反应历程如图7-4所示。

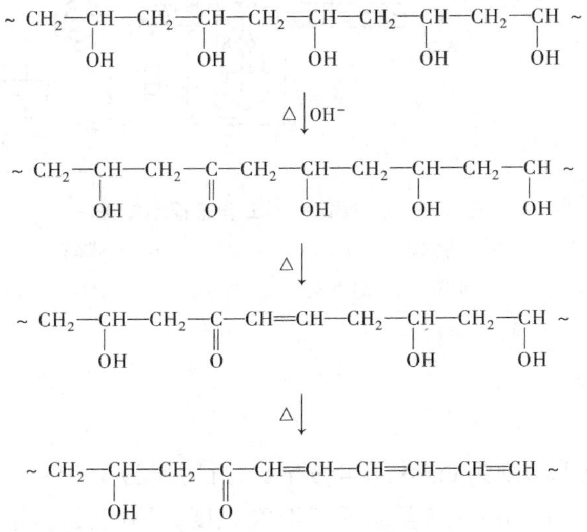

~ CH₂—CH—CH₂—CH—CH₂—CH—CH₂—CH—CH₂—CH ~
         | | | | |
         OH   OH   OH   OH   OH

△ | OH⁻

~ CH₂—CH—CH₂—C—CH₂—CH—CH₂—CH—CH₂—CH ~
         | ‖ | | |
         OH   O   OH   OH   OH

△ |

~ CH₂—CH—CH₂—C═CH—CH₂—CH—CH₂—CH ~
         | ‖ | |
         OH   O   OH   OH

△ |

~ CH₂—CH—CH₂—C—CH═CH—CH═CH—CH═CH ~
         | ‖
         OH   O

图 7-4 高温碱性条件下聚乙烯醇凝胶化的历程

聚乙烯醇长链分子中所含羰基数量越多,上述反应就进行得越快。因为羰基的强电负性对 α-碳原子上的氢具有强烈影响,使之比一般碳原子上的氢活泼,所以双键的形成总是从含有 α-氢原子的链节开始。随着聚乙烯醇长链分子中所含共轭双键的增长,它的颜色越来越深,柔性相应变小,刚性则随之增加。此时碱性(OH⁻)对于上述反应是一个明显的促进因素。

再进一步加热,聚乙烯醇将不仅发生脱水反应,还将发生大分子主链的断裂,使平均相对分子质量下降,同时生成各种带醛基的低分子物,如乙醛、巴豆醛、苯甲醛等。

研究表明,聚乙烯醇的热裂解分两步进行。第一步在 200℃ 左右,主要发生脱水;第二步在260~280℃,发生大分子的主链断裂。这两步过程的活化能分别为 37.2kJ/mol 和 46.2kJ/mol。

第三节　聚乙烯醇纤维的生产

一、纺丝原液的制备

目前大规模生产中都以水为溶剂配制聚乙烯醇(PVA)纺丝原液,其工艺流程如下:

$\boxed{\text{PVA}}$ →水洗→脱水→ $\boxed{\text{精 PVA}}$ →溶解→混合→过滤→脱泡→ $\boxed{\text{纺丝原液}}$

1. 水洗和脱水

水洗的目的是降低聚乙烯醇物料中醋酸钠含量,使之不超过 0.05%~0.2%,否则将使纤维在热处理时发生碱性着色。通过水洗,还可以除去物料中一部分相对分子质量过低的聚乙烯醇,改善其相对分子质量的多分散性。另外,水洗过程中,聚乙烯醇发生适度膨润,有利于溶解。

水洗过程中主要调节水洗温度和洗涤水量。如在长网式水洗机上主要依靠调节洗涤水的温度以控制洗涤后的聚乙烯醇中的醋酸钠含量;在网槽结合式水洗机上则以调节洗涤水用量为主,水洗温度一般不超过 30~40℃,耗水量约为 10t/t(聚乙烯醇)。

聚乙烯醇水洗后需经挤压脱水,以保证水洗后聚乙烯醇的醋酸钠含量和稳定的含水率。前者为了避免纤维热定型时的碱性着色,后者则为了避免溶解时的浓度控制发生困难。其控制指标为含水率或压榨率。

$$含水率 = \frac{湿\ PVA(质量) - 干\ PVA(质量)}{湿\ PVA(质量)} \times 100\%$$

$$压榨率 = \frac{湿\ PVA(质量) - 干\ PVA(质量)}{干\ PVA(质量)} \times 100\%$$

通常精聚乙烯醇的含水率控制在 60%~65%,相应压榨率约为 70%。当水洗后的聚乙烯醇的膨润度过大,或水洗温度过高时都将使水洗后的聚乙烯醇的脱水过程发生困难。

图 7-5 为长网式水洗机。投料口设在车头的一侧,通过链板送入料斗,均匀铺展在长网上。中间段为喷淋式水洗,被铺在不锈钢长网上的聚乙烯醇随长网移动,洗涤水从上部淋下,透过聚乙烯醇铺层后流入下部接受槽。洗涤水借助于泵的循环与物料逆向做多次循环使用。长网式水洗机的尾部为压榨脱水装置和物料送出部分,脱水装置采用三对压辊,借助于调节压辊压力以控制精聚乙烯醇的含水量。

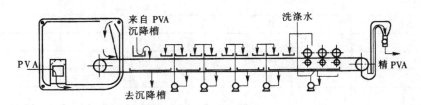

图 7-5　长网式聚乙烯醇水洗机

2. 溶解

水洗后的聚乙烯醇经中间储存和称量分配后被送入溶解机,用热水溶解。湿法纺丝用的聚乙烯醇水溶液浓度为 14%~18%;干法纺丝用的原液浓度则为 30%~40%。有时在聚乙烯醇溶解的同时还要添加适量的添加剂,以满足生产不同种类聚乙烯醇纤维的需要。

在实际生产中,聚乙烯醇的溶解一般都在常压下于 95~98℃进行。根据配制溶液浓度的不同,溶解时间可在 2~8h 内变化。溶液浓度越大,溶解所需时间越长。

原液黏度是溶解过程中需要严格控制的参数。对于平均聚合度为 1750±50 的聚乙烯醇,配成浓度为 15% 的水溶液后,测得其黏度为 135s;浓度为 16% 的水溶液其黏度为 180s。

3. 混合、过滤和脱泡

溶解后的聚乙烯醇纺丝原液还不能马上用于纺丝成形,必须在恒定温度(96~98℃)下进行混合、过滤和脱泡。混合一般在一个大容量的设备中进行;过滤多采用板框式压滤机;脱泡目前仍以静止式间歇脱泡为主,如采用高效连续脱泡,则必须在饱和蒸汽的保护下进行,以防表层液面蒸发过快而结皮。

二、纺丝成形

聚乙烯醇纤维既可采用湿法纺丝成形,也可采用干法纺丝成形。一般湿法成形用于生产短纤维,干法成形用于制造某些专用的长丝。

1. 湿法纺丝成形

与其他湿法成形的化学纤维相似,聚乙烯醇纺丝原液被送至纺丝机,由供液管道分配给各纺丝位,经计量泵、烛形过滤器送至喷丝头,自喷丝孔挤出后成为纺丝细流,在凝固浴中凝固为初生纤维,经进一步后处理而得成品纤维。

(1)凝固浴组成:聚乙烯醇湿法纺丝用的凝固浴液有无机盐水溶液、氢氧化钠水溶液以及某些有机溶液等。

无机盐在水中生成的离子对水分子有一定的水合能力。在聚乙烯醇以无机盐水溶液为凝固剂的湿法成形中,纺丝细流中的水分子被凝固浴中的无机盐离子所攫取,从而使之不断地脱除,细流固化成为初生纤维。无机盐水溶液的凝固能力主要取决于无机盐离解后所得离子的水合能力和凝固浴中无机盐的浓度。表 7-2 是某些无机盐对聚乙烯醇水溶液的凝固能力。

表 7-2　某些无机盐对聚乙烯醇水溶液的凝固能力

盐类分子式	凝固价[1](n^{-1})	盐类水溶液的饱和浓度 M /mol·L^{-1}	最大凝固能力 ($n^{-1} \times M$)
$(NH_4)_2SO_4$	1.00	4.15	4.15
Na_2SO_4	1.43	2.43	3.47
K_2SO_4	1.43	0.72	1.02
$ZnSO_4$	0.71	3.25	2.31
$CuSO_4$	0.71	1.53	1.09
$MgSO_4$	1.00	3.14	3.14
$Al_2(SO_4)_3$	1.00	2.24	2.24
$NaCl$	0.32	5.40	1.73

[1]在 10mL、0.05mol/L 的电解质水溶液中,滴入 5% 聚乙烯醇水溶液并加以搅拌,生成白浊时聚乙烯醇水溶液的加入量。

按表7-2中所列的各种无机盐离解后所得离子的凝固能力以Na_2SO_4和K_2SO_4最大;按各种盐在水中的溶解度,又以$(NH_4)_2SO_4$为最大,Na_2SO_4次之。由于Na_2SO_4价廉易得,又可直接取自粘胶纤维厂的副产物,所以一般聚乙烯醇湿法纺丝均使用接近饱和浓度的硫酸钠水溶液组成的凝固浴。

以硫酸钠水溶液为凝固剂所得聚乙烯醇纤维的截面呈弯曲的扁平状。借助显微镜可以看到明显的皮芯差异,皮层致密,芯层则较为疏松,如图7-6所示。这是由于从喷丝孔吐出的聚乙烯醇原液细流进入硫酸钠凝固浴时,首先与浴液直接相接触的细流最外层迅速脱水凝固,形成一极薄的表皮层,继而随着细流中水分的不断透过表皮层向外扩散,凝固层逐渐增厚,形成所谓的皮层。在细流中水分不断向外扩散的同时,凝固浴中的硫酸钠也透过皮层进入细流内部,即发生双扩散现象。当原液细流

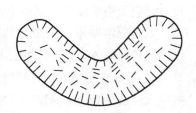

图7-6 以硫酸钠为凝固浴所得
聚乙烯醇纤维的截面

中的硫酸钠含量达到使细流中剩余聚乙烯醇水溶液完全凝固所需的临界浓度时,这部分尚未凝固的原液会迅速全部固化,形成空隙较多、结构疏松的芯层。因为皮层的形成总是先于芯层,而皮层的存在限制了形成芯层时所产生的体积收缩,所以芯层固化时不可避免地要使截面发生变形,在不改变周长的情况下,使截面积缩小。

以氢氧化钠水溶液组成的凝固浴,其凝固历程不是以脱水为主,而是因大量氢氧化钠进入原液细流后,使聚乙烯醇水溶液发生凝胶化而导致凝固。

目前生产普通用途的聚乙烯醇纤维主要采用硫酸钠水溶液为凝固剂,氢氧化钠等低凝固能力的凝固剂仅用于生产某些特殊用途的聚乙烯醇纤维。

(2)以硫酸钠水溶液为凝固剂的湿法纺丝工艺参数:

①凝固浴中硫酸钠含量:凝固浴中硫酸钠的浓度过低时,成形过程缓慢,稳定性差,所得纤维强度降低、伸度增加。反之,如采用饱和浓度的硫酸钠水溶液为凝固浴,成形中析出的结晶硫酸钠会损伤丝条,并会影响正常的凝固浴循环系统。实际生产中,常采用接近饱和浓度的硫酸钠水溶液为凝固浴。当凝固浴温度为45℃时,浴中硫酸钠含量为400~420g/L,相应的饱和浓度为430g/L。

②凝固浴酸度:凝固浴在凝固原液细流的同时,还要中和原液中的醋酸钠,以保证纤维的色泽。凝固浴的酸度通常用全酸度表示,其中包含硫酸和醋酸,而以硫酸来计算。通常在原液中醋酸钠含量为0.2%时,相应凝固浴的酸度为0.23~0.24g/L。过高或过低都容易使纤维在后加工中着色。

③凝固浴中硫酸锌含量:硫酸锌呈弱酸性,它是由强酸弱碱生成的盐,其饱和水溶液的pH约3.35。凝固浴中含有少量硫酸锌对控制纤维色相有明显作用,对凝固浴的凝固能力影响不大。但含量过高时也会降低凝固能力,使纤维成形稳定性变差。凝固浴中硫酸锌含量一般控制在10g/L以下。

④凝固浴温度:浴温升高,纤维成形过程中的双扩散加剧,浴液的凝固能力增强。但随着浴温的升高,聚乙烯醇在浴液中的溶胀性也相应增大。因此,当这种效应显著时,提高浴温不仅无

助于增强凝固能力,反而使原液细流的凝固速度减缓。这一转折温度约为48℃,所以实际生产中,凝固浴温度常控制在43~45℃。

⑤浴中浸长:浴中浸长与凝固剂的凝固能力等密切相关。浸长不足会导致成形不稳定,并影响后加工过程。以硫酸钠水溶液为凝固浴的纺丝过程,丝条在浴中的停留时间应不少于12s,相应的浴中浸长不宜短于1.8m。当喷丝头孔数很多时(如3万孔以上),浸长还应再长些。

⑥凝固浴循环量:在纺丝过程中,为使浴液组成维持基本不变,必须及时补充新鲜浴液,同时排出被稀释的浴液。通常将凝固浴进出口的浓度差称为浓度落差。浓度落差越小,凝固浴的循环量越大,这对成形的均匀性虽然有利,但因凝固浴流动使不稳定性也增大,对成形过程有害。以硫酸钠水溶液为凝固浴的聚乙烯醇湿法纺丝,凝固浴浓度的允许落差一般在10~12g/L,相应的浴液流速为5m/min以下。

⑦喷丝头拉伸:在湿法纺丝中,由于纺丝原液的黏度较低,成形速率较慢,喷丝头拉伸多取负值。喷丝头负拉伸有利于成形过程的稳定,初生纤维的结构也比较均匀。一般随着凝固剂凝固能力的降低,所取喷丝头负拉伸值应有所减小。在以硫酸钠水溶液为凝固浴的聚乙烯醇湿法纺丝中,喷丝头拉伸率为-10%~-30%。

(3)硫酸钠凝固浴的回收:在成形过程中,从纺丝原液脱出的大量水分进入凝固浴;丝条从凝固浴中引出时,又要从浴中带走一定量的浴液。为了使生产持续稳定进行,凝固浴中增多的水分应予除去,消耗掉的硫酸钠、硫酸等应予补充,以维持凝固浴总量和组成的稳定。同时对凝固浴的温度给予必要的调整。这些就是凝固浴回收的任务。图7-7是聚乙烯醇纤维生产中常用的凝固浴回收流程图。

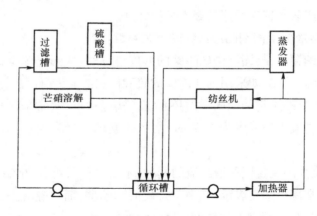

图7-7 凝固浴循环示意图

(4)纺丝设备:聚乙烯醇纤维常用的湿法纺丝机有立式和卧式两种型式,其中以卧式为主。图7-8是卧式纺丝机流程示意图。全机有六个纺丝位,分布在纺丝机两侧。卧式纺丝机一般采用24000孔的大喷丝头。

2. 干法纺丝成形

聚乙烯醇干法纺丝主要用于生产长丝。其纤维具有线密度低、截面结构均匀、强度高、伸度低、模量高、染色性能好以及外观和手感近似蚕丝等特点。

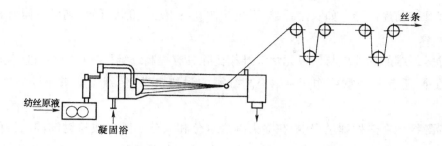

图7-8 卧式纺丝流程示意图

聚乙烯醇干法纺丝中,原液浓度一般为30%~40%。较高的原液浓度可使纺丝时所应挥发的水分量相对减少,以提高纺丝速度,由于原液浓度较高,使原液制备以及纺前准备等比较复杂。同时由于水的蒸发潜热较大,纺丝时所需热量较之其他干法纺丝的合成纤维多,纺丝速度也相应较低(一般只有数十米),喷丝头孔数较少,故生产能力较之湿法纺丝低得多。

为了增加溶剂的挥发性,借以提高纺丝速度,有人建议在水中添加适量甲醇、乙醇或丙酮等有机溶剂,借以提高水的相对挥发度,以提高纺丝速度。但随着添加量的增加,原液稳定性和可纺性变差。

三、后加工

聚乙烯醇纤维后加工一般包括拉伸、热定型、缩醛化、水洗、上油、干燥等工序。生产短纤维还包括丝束的切断或牵切;生产长丝则还需要加捻和络筒等。与其他化学纤维生产过程相比,通常聚乙烯醇纤维生产中还需要进行缩醛化处理,以进一步提高其耐热水性。但对某些专用纤维则可省去缩醛化工序,如帘子线、水溶性纤维等。

1. 拉伸

拉伸过程中,纤维大分子在外力作用下沿纤维轴向择优排列,取向度和结晶度都有明显提高。在实际生产中,聚乙烯醇纤维的拉伸一般是在不同介质中分段进行的。其所能承受的最大拉伸倍数10~12倍。

(1)导杆拉伸:导杆拉伸是离浴的丝条在导丝杆和第一导丝盘之间完成的拉伸。拉伸率较小,一般为15%。此时不是主要拉伸。

(2)导盘拉伸:导盘拉伸是在纺丝机上两个不同转速的导丝盘之间进行的拉伸。导盘拉伸主要是为下一步进行较高温度下的湿热拉伸做准备,一般在室温空气介质中进行,拉伸率在130%~160%。

(3)湿热拉伸:湿热拉伸是在第二导丝盘和干燥机之间进行的拉伸。拉伸温度较高(>90℃),拉伸介质为接近该温度下饱和浓度的硫酸钠水溶液。拉伸率控制在80%以下,否则进一步的干热拉伸将难以进行,对成品纤维的品质将带来不利影响。

(4)干热拉伸:湿法纺丝纤维的干热拉伸在210~230℃下进行;干法纺丝纤维则在180~230℃下进行。干热拉伸倍数随纺丝方法和前段拉伸情况而异。例如,对已经进行多段预拉伸的湿法纺丝得到的纤维,干热拉伸率一般为50%~80%。对未经预拉伸的干法纺丝纤维,干热拉伸倍数视纤维用途而异。如衣用纤维,干热拉伸 6~8 倍;工业用纤维,则可拉伸至 8~12 倍。

2. 热处理

聚乙烯醇纤维的热处理与一般化学纤维相比除具有提高纤维尺寸稳定性、进一步改善力学性能的目的外,还有一个重要作用——提高纤维的耐热水性,使纤维能够承受后续的缩醛化处理。

聚乙烯醇纤维在热处理过程中,在除去剩余水分和大分子间形成氢键的同时,纤维的结晶度可达 60% 左右。随着结晶度的提高,纤维中大分子的自由羟基减少,耐热水性即水中软化点得到提高。见表 7-3。

表 7-3 聚乙烯醇半成品纤维水中软化点与结晶度的关系

水中软化点/℃	30	40	55	75	83	90
纤维结晶度/%	19.1	29.6	33.8	53.2	57.6	60.6

聚乙烯醇纤维的热处理有湿热处理和干热处理两种形式。实际生产中以热空气作为介质的干热处理为多。长丝束状聚乙烯醇纤维的干热处理温度以 225~240℃ 为好,相应的热处理时间为 1min 左右。短纤维的干热处理时间较长,为 6~7min,温度以 215~225℃ 为宜。热处理中给予适当的热收缩,也有利于提高纤维的结晶度和水中的软化点,一般控制收缩 5%~10%。

3. 缩醛化

纺丝、拉伸和热处理后的聚乙烯醇纤维已具有良好的力学性能。但纤维的耐热水性仍较差,在接近沸点的水中,其收缩率过大。为了改进纤维的耐热水性,需要进行缩醛化处理。

(1)缩醛化反应:指聚乙烯醇大分子上的羟基与醛作用,使羟基封闭的反应。工业生产中最常用的醛是甲醛。聚乙烯醇缩甲醛纤维有较好的耐热水性,在水中的软化点达到 110~115℃。除弹性、染色性能较差外,其他性能指标与未经缩醛化处理的纤维接近。

缩醛化反应中,甲醛与聚乙烯醇大分子上的羟基主要发生分子内缩合:

$$\sim CH_2—CH—CH_2—CH \sim + HCHO \xrightarrow{\ H^+\ }$$
$$\qquad\qquad OH \qquad\quad OH$$
$$\sim CH_2—CH—CH_2—CH \sim + H_2O$$
$$\qquad\qquad O——CH_2—O$$

为描述缩醛化进行的程度,生产上常使用缩醛度这一概念,其定义为:

$$缩醛度(摩尔分数) = \frac{进入缩醛化反应的羟基数}{大分子上原来所含全部羟基数} \times 100\%$$

常用的缩醛度的测定方法有分解滴定法、增重法等。

缩醛化反应主要发生在纤维大分子中未参加结晶的自由羟基上。随缩醛度的提高,纤维大分子中的自由羟基数逐渐减少,纤维的耐热水性增强。

(2)缩醛化过程的主要参数:聚乙烯醇纤维生产中,一般常用甲醛为缩醛化剂,硫酸为催化剂,硫酸钠为阻溶胀剂,配成一定浓度的水溶液喷淋在短纤维上,或使长丝束反复通过缩醛化浴进行反应。生产中常用的缩醛化浴的组成为:

	短纤维	长丝束
HCHO	25g/L±2g/L	32g/L±2g/L
H_2SO_4	225g/L±3g/L	315g/L±4g/L
Na_2SO_4	70g/L±3g/L	200g/L±10g/L

实际生产中,缩醛化温度一般控制在70℃左右。温度过低,缩醛化反应慢,缩醛度低;温度太高,甲醛损失量增大,劳动条件恶化。缩醛化时间的长短因生产形式而异,如喷淋式的缩醛化时间为20~30min,浸没式为10~12min。缩醛度一般为25%~30%。

第四节　水溶性聚乙烯醇纤维

水溶性聚乙烯醇纤维是一种功能性差别化纤维。它不仅具有理想的水溶温度、强度和伸度,有良好的耐酸、耐碱、耐干热性能,而且溶于水后无味、无毒,水溶液呈无色透明状,在较短的时间内能自然分解,对环境不产生任何污染,是优良的绿色环保产品。

早在20世纪30年代,最初被开发出来的聚乙烯醇纤维,就是利用它能溶于水这个特点,在德国试制成医用手术用纱和外科缝合线。在第二次世界大战中,美国用聚乙烯醇纤维制成敷设水雷用的降落伞。20世纪50年代末,日本的水溶性纤维产量已占聚乙烯醇纤维总产量的20%。近20年日本在该领域的开发应用处于世界领先,可乐丽公司于1996年首次得到完全不用水的、无污染方法生产的水溶性聚乙烯醇纤维。

我国从20世纪70年代末开始了水溶性聚乙烯醇纤维的研制工作,原北京维尼纶厂和原上海石化公司维纶厂成功开发了70℃左右水溶性聚乙烯醇纤维,并已形成规模生产,现已有溶解温度为40~90℃的各种水溶性聚乙烯醇纤维品种供应国内外市场。

一、水溶性聚乙烯醇纤维的原料

普通聚乙烯醇具有较高的聚合度和醇解度,在柔性主链上含有大量羟基,分子间和分子内形成大量氢键,物理交联点多,密度高,导致聚乙烯醇纤维结晶度高,不利于水分子的渗入。若提高水溶性必须减弱大分子间的亲和力,其一般方法有降低羟基含量和增加羟基间的距离两种。

聚乙烯醇随着聚合度的增加,纤维疏水性增加,水溶温度相应提高。所以,采用低聚合度的聚乙烯醇进行纺丝,可得到水溶温度较低的纤维。但聚合度降低,可纺性变差。日本专利中使用低聚合度(小于800)组分与高聚合度(大于1000)组分进行混合纺丝,制得的纤维可纺性及水溶性都比较理想。

聚乙烯醇的醇解度对纤维水溶性的影响也很大。残余乙酰基将妨碍大分子的紧密排列,使结晶性变差,水溶温度降低。但是,残余乙酰基的存在,会影响初生纤维的拉伸性能,使断丝、毛丝增多,还会影响纤维着色,因此水溶性聚乙烯醇的醇解度应有一适当水平。

另外,还可以引入共聚组分,改变聚乙烯醇分子链的化学结构和规整度,降低分子间、分子内羟基作用,以提高其水溶性。如将醋酸乙烯酯等乙烯酯类单体和具有能产生羧酸及内酯环的单体(如丙烯酰胺)共聚得到乙烯酯类聚合物,在甲醇或二甲基亚砜(DMSO)溶液中皂化,可以得到改性聚乙烯醇。

二、水溶性聚乙烯醇纤维的制备方法

1. 湿法纺丝

湿法纺丝以水为溶剂,芒硝溶液为凝固浴,选择合适的聚合度和醇解度的聚乙烯醇,以适宜的工艺条件,可制得水溶温度较高的水溶性纤维。此法的优点是产量高、成本低。其缺点是工艺难度大,难以生产不含 Na_2SO_4 而能溶于 80℃ 以下水中的聚乙烯醇纤维,我国多采用湿法纺丝工艺生产水溶温度在 70~90℃ 的水溶性聚乙烯醇纤维。对于不能水洗的水溶性聚乙烯醇纤维也可采用有机溶剂进行湿法纺丝。专利中介绍使用聚合度为 1700、醇解度为 95% 的聚乙烯醇,溶剂为二甲基亚砜(DMSO),在质量比为 75/25 的甲醇/DMSO 的混合物中凝固成形,可制得低于 45℃ 的水溶性聚乙烯醇纤维。

2. 干法纺丝

将高浓度的聚乙烯醇溶液喷入热空气中,使溶剂蒸发而凝固成丝,再经干热牵伸、热处理而得到水溶性聚乙烯醇纤维。此法的优点是纺丝工艺简单,适宜于生产多品种的水溶性聚乙烯醇长丝,特别适宜生产常温水溶性聚乙烯醇纤维。但此法产量低、成本高。

3. 半熔融纺丝

聚乙烯醇的熔点与其分解温度非常接近,不能直接进行熔纺,可以采用增塑熔融纺丝。若加入一定量的水使聚乙烯醇增塑,而后在 120~150℃ 下使其成为半熔化状态,以很大的压力从喷丝头中压出,接着在空气中冷却凝固。有人曾用甘油增塑的 PVA-1799 制得 30℃ 水溶性的聚乙烯醇纤维。

4. 硼酸凝胶纺丝

将添加了硼酸的聚乙烯醇凝胶液细流,在 NaOH 和 Na_2SO_4 凝固浴中进行成形、交联。交联的纤维在湿热条件下经拉伸、中和、水洗、干燥、干热拉伸、热处理而制得。纤维中的交联可使其在中等湿度的大气中具有较好的稳定性,而在水中将很快发生水解而脱开,因此对其水溶性不发生影响。

5. 冻胶纺丝

日本可乐丽公司最新开发的新型冻胶丝方法是用溶解性能相当好的有机溶剂溶解聚乙烯醇作为纺丝原液,从喷丝孔挤出的细流在含有有机溶剂的凝固液中,迅速冷却成凝胶状,使原液细流在溶剂被除去之前即形成稳定的结构。这种方法可得到低醇解度、高强力、低收缩、不易发生粘连的聚乙烯醇纤维。该方法的特点是在整个流程中无水存在,且在一个封闭系统中完成,体系中溶液被完全回收循环利用,无废液排出,不污染环境。可乐丽公司已使用此法成功地生产了新型水溶性聚乙烯醇纤维 K-Ⅱ,其水溶温度在 0~100℃。

三、水溶性聚乙烯醇纤维的应用

把水溶性聚乙烯醇纤维作为中间纤维与其他纤维混纺,纺织加工后溶出水溶性聚乙烯醇纤维,可以制得高支、轻薄的高档纯毛面料,高档麻织品;水溶性聚乙烯醇纤维可用于织物经纱上浆,具有上浆均匀、化学结构稳定、耐腐蚀性好、工艺简单易行等优点;用水溶性聚乙烯醇纤维作纬纱织造后在热水中溶去纬纱,制成无纬毛毯;水溶性非织造布可以作为服装行业绣花的基布,加工完后在热水中处理掉非织造布,即可保留绣制的花型。

第五节　高强度聚乙烯醇纤维

自 1984 年公布了第一篇有关通过凝胶纺丝制备高性能聚乙烯醇纤维的专利以来,已有不少研究成果相继发表。例如,以乙二醇、二甲基亚砜/水为溶剂,将平均聚合度($\overline{DP}$)为 1700~5000 的无规聚乙烯醇配置成凝胶状溶液,或者用硼酸交联聚乙烯醇水凝胶,可制成模量和强度分别为 50~70GPa 和 1.8~2.8GPa 的高强度聚乙烯醇纤维;以 $\overline{DP}$ 为 1000~12900、间规聚乙烯醇含量为 58%~64% 的富含间规聚乙烯醇为原料聚合物,以 DMSO/水为溶剂凝胶纺丝,或者用盐酸水溶液中和聚乙烯醇水凝胶以及用 N-甲基吗啉氧化物/水混合物为溶剂,凝胶纺丝等均可制成模量 29~50GPa、强度 1.9~2.5GPa 的高强度聚乙烯醇纤维。日本可乐丽公司多年来一直致力于新型聚乙烯醇纤维的研究与开发,1996 年 4 月公开了他们研究开发高强度聚乙烯醇纤维的成果,1996 年 10 月建成月产 10t 的中试装置,1998 年 4 月开始工业规模生产商品名为“库拉纶-Ⅱ(Kuralon-Ⅱ)”的聚乙烯醇高强度纤维,其强度约 14cN/dtex。

与聚乙烯纤维相比,虽然聚乙烯醇纤维的理论强度和模量分别约 208cN/dtex 和 1980cN/dtex,但因其大分子中侧羟基可形成分子间或分子内氢键,使分子间作用力增大,在纺丝成形和后拉伸过程中聚乙烯醇大分子由折叠链向伸直链的转变过程更加困难。因此如何解决这一问题是制备高性能聚乙烯醇纤维的关键技术之一。

一、高强度聚乙烯醇纤维的制备方法

超高相对分子质量聚乙烯(UHMWPE)纤维的出现,进一步促进了人们对高性能聚乙烯醇纤维的研究与开发。从纤维成形角度考虑,高强度聚乙烯醇纤维的成形一般多采用溶液纺丝法,如湿法、干法、干湿法以及凝胶纺丝等。常用的聚乙烯醇溶剂如二甲基亚砜、二甲基甲酰胺(DMF)、乙二醇、丙三醇、水或混合溶剂等,而凝固剂主要有甲醇、乙醇、丙酮、十氢萘等。

湿法加硼纺丝方法是制备高强度聚乙烯醇纤维较早采用的工艺技术,最早由日本仓敷人造丝公司于 20 世纪 60 年代末提出。在水溶液中聚乙烯醇易形成分子内和分子间氢键,使聚乙烯醇大分子呈无规线团状而相互缠结,容易产生胶粒并使溶液黏度增大,甚至形成凝胶。硼、铜、钛等化合物在适当条件下能与聚乙烯醇形成交联,可抑制纺丝过程中聚乙烯醇大分子结晶,有利于初生纤维的后拉伸。在 PVA/水纺丝原液中加入硼酸,使其与聚乙烯醇形成交联结构,可有效抑制聚乙烯醇分子内或分子间氢键的形成以及减小大分子缠结程度等。

例如,以碱性盐溶液为凝固剂湿法成形,硼酸交联,经中和、水洗、拉伸及热处理,最后可制成强度约13cN/dtex、耐120℃热水的高强度聚乙烯醇纤维。水洗时,结合在聚乙烯醇纤维上的硼酸很容易被除去。

为制备高强度聚乙烯醇纤维,目前多采用高聚合度的聚乙烯醇为成纤聚合物。例如,以平均聚合度为30000的聚乙烯醇为成纤聚合物,以聚乙二醇和丙三醇为溶剂凝胶纺丝,脱溶剂和热拉伸后可得强度达16cN/dtex的聚乙烯醇纤维;若以高聚合度聚乙烯醇凝胶纺丝,再经硼酸交联和高倍拉伸,则可制成强度高达23cN/dtex左右的高强度聚乙烯醇纤维;查(Cha)等以平均聚合度为5000的聚乙烯醇作原料,以DMSO/H_2O=80/20混合物为溶剂,配置成浓度为6%的纺丝原液,凝胶纺丝后低温甲醇凝固成形,然后分别在160℃和200℃下两级拉伸45倍,制成最大强度和模量分别为2.8GPa和64GPa的聚乙烯醇纤维。但也有报道认为,可利用聚乙烯醇所特有的极性羟基基团,采用较低相对分子质量的聚乙烯醇制备高强度纤维,如以平均聚合度为1500的聚乙烯醇作原料聚合物,以丙三醇为溶剂,凝胶纺丝后经近20倍的热拉伸,可制成强度和模量分别约为14cN/dtex和36.5cN/dtex的高强度聚乙烯醇纤维。

在凝胶纺丝过程中,提高聚乙烯醇的相对分子质量和降低纺丝原液浓度对制备高强高模纤维是有利的。相对分子质量增大,纤维中大分子末端数减少,有利于完善纤维的微观结构;而降低原液浓度,则可有效地减小大分子缠结程度,有利于在后拉伸过程中使纤维形成具有伸直链特征的微观结构。

聚乙烯醇大分子的立体规整度对纤维强度和模量有很大影响,高间规度聚乙烯醇的凝胶纺丝与普通聚乙烯醇基本相同,但高间规聚乙烯醇分子间更易形成氢键而妨碍高倍拉伸,如能克服氢键障碍,就可制成高性能聚乙烯醇纤维。间规聚乙烯醇的熔点较高,如间规含量64%聚乙烯醇的熔点约265℃,比常规聚乙烯醇高30℃左右,更具产业价值。

1997年,日本可乐丽公司开始试销商品名为"库拉纶-Ⅱ(Kuralon-Ⅱ)"的高强度聚乙烯醇纤维,其强度约15cN/dtex(1.8GPa),预计目前该纤维品种的产量已达20000t/年。可乐丽公司采用如图7-9所示的"溶剂湿法冷却凝胶纺丝"技术制备高强度聚乙烯醇纤维,即首先将高相对分子质量聚乙烯醇溶解在有机溶剂(如二甲基亚砜)中配制成纺丝原液,纺丝成形后细流在另一种有机溶剂(如甲醇)浴中低温骤冷固化成凝胶原丝,脱除溶剂后得到横截面为圆形、结构均匀的初生纤维,经拉伸、热处理,使纤维大分子高度取向和结晶,制成高强度聚乙烯醇纤维。由图7-10可见,库拉纶-Ⅱ纤维具有规整的圆形横截面,纤维结构也比较均匀。日本把这种纺丝方法称为"世界上首次工业化的新型湿法纺丝方法",把库拉纶-Ⅱ纤维称为"跨时代的新合纤"。

国内在聚乙烯醇纤维纺丝方法等方面也开展了一些有意义的研究工作,如东华大学与上海石化股份公司合作进行的高强高模聚乙

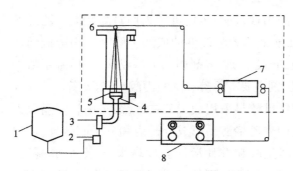

图7-9 溶剂湿法冷却凝胶纺丝工艺示意图

1—原料釜 2—纺丝泵 3—过滤器 4—喷丝头
5—冷却 6—导线辊 7—干燥 8—拉伸

(a) 常规聚乙烯醇纤维

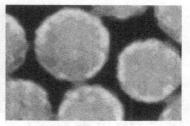
(b) 库拉纶-Ⅱ

图 7-10 聚乙烯醇纤维横截面光学显微镜图

烯醇凝胶纺丝研究；四川大学与中国石化集团公司开展的聚醋酸乙烯酯（PVAc）醇解直接纺丝工艺研究；北京服装学院的湿法交联纺丝工艺研究等都取得了较大进展。其中，聚醋酸乙烯酯醇解直接纺丝技术是部分醇解的聚醋酸乙烯酯/甲醇溶液为纺丝原液纺丝成形，在凝固浴中醇解的同时快速凝胶化，所得凝胶状初生纤维经高倍拉伸后可制成高强度聚乙烯醇纤维。纺丝过程中聚醋酸乙烯酯大分子侧基（—OCOCH$_3$）进行醇解反应并形成羟基（—OH），通过硼化交联、凝胶等物理化学作用可以控制聚乙烯醇初生纤维不发生结晶，以便在后拉伸及热处理过程中形成比较理想的取向和结晶态结构，制成高强高模纤维。聚醋酸乙烯酯醇解纺丝制备高强度聚乙烯醇纤维的技术独具特色，受到学术界和产业界的关注。

二、高强度聚乙烯醇纤维的应用及发展前景

高强度聚乙烯醇纤维有良好的亲水性、黏结性、抗冲击性以及加工过程中易于分散等特性，所以作为增强材料在水泥、石棉板材、陶瓷建材及聚合物基复合材料等方面已有广泛应用。

用高强度聚乙烯醇纤维增强混凝土和建筑材料可有效地改善材料的抗冲击、抗弹性疲劳及防龟裂等性能。用高强度聚乙烯醇纤维制成的土工布抗拉强度高，抗蠕变性好，耐磨、耐化学腐蚀、耐微生物及导水性优良，在工程施工中可起到加筋、隔离、保护、排水及防漏作用，可用于各种水坝以及公路、铁路、桥梁、隧道、淤浆、沙地等工程的压沙隔水、加固、铺垫、稳固基础以及防水隔离等，能显著提高施工质量，降低工程成本。用环氧树脂将高强度聚乙烯醇纤维黏合成杆状物代替混凝土中的钢筋，用作土木建筑工程材料，可大大降低建筑构建的自重。尽管高强度聚乙烯醇纤维的抗张强度和模量尚不如开夫拉（Kevlar）、超高相对分子质量聚乙烯（UHMWPE）纤维等，但其断裂比功大、粘接性好、价格低廉等，在防护复合材料方面有可能部分替代价格较高的开夫拉纤维等。由于高强度聚乙烯醇纤维的断裂强度、抗冲击强度、耐气候性和耐海水腐蚀性等都比较好，适宜用作各种类型渔网、渔具、渔线、绳缆等，在海洋捕鱼及运输工具等方面有很好的应用市场。

虽然目前有关高强度聚乙烯醇纤维的研究与开发已经取得了很大进展，实验室规模试制的纤维强度和模量最高可达 4GPa 和 115GPa 左右，但与 UHMWPE 纤维相比，纤维性能和生产技术等都还有很大差距。就化学结构而言，聚乙烯醇与聚乙烯的差异就在于前者含有羟基，羟基使聚乙烯醇具有较高熔点的同时，也使聚乙烯醇分子内和分子间易形成氢键，因此如何发挥和抑制羟基的作用，仍然是研究与开发高性能聚乙烯醇纤维的重要课题。

👉 **思考题**

1. 以 PVA 为原料生产维尼纶要经过哪些过程？

2. 对 PVA 进行水洗的目的有哪些？

3. NaAc 的存在是如何使纤维着色的？

4. 生产维尼纶的凝固浴由哪些物质组成,各有何作用？

5. 凝固浴的浓度、温度对纤维成型有何影响？

6. 简述维尼纶生产中热处理的作用。

7. 维尼纶生产中后处理的目的是什么,采取了哪些措施？

8. 缩醛化浴有哪些组分,各有何作用？

9. PVA 的聚合度和醇解度对水溶性聚乙烯醇纤维的纺丝及所得纤维的性能有何影响？

10. 举例说明水溶性聚乙烯醇纤维的用途。

主要参考文献

[1]肖长发,等. 化学纤维概论[M]. 北京:中国纺织出版社,1995.

[2]董纪震,等. 合成纤维生产工艺学(下册)[M]. 北京:纺织工业出版社,1993.

[3]王曙中,王庆瑞,刘兆峰. 高科技纤维概论[M]. 上海:中国纺织大学出版社,1999.

[4]Masayosi Suzuki et al. Influne of molecular weight and syndiotacticity on the structure of high-performance poly(vinyl alcohol) fibers prepared by gel spinning[J]. J. Appl. Polym. Sci., 2002,86:1970.

[5]肖长发,张宇峰. 聚乙烯醇纤维轴向压缩变形结构研究[J]. 高分子学报,2002, (6):791.

[6]樱木功. PVA 纤维の开发动向"ビニロンとりラロンK—Ⅱ"[J]. 纤维学会志,2000, 56(8):232.

第八章　聚氯乙烯纤维

第一节　概述

一、聚氯乙烯纤维的发展概况

聚氯乙烯(Polyvinyl chloride,PVC)纤维是由聚氯乙烯树脂纺制的纤维,我国简称氯纶。早在 1913 年克拉特(F. Klatte)用热塑挤压法制得第一批 PVC 纤维,但此工艺以后并未应用。1930 年德国 I. G 公司的休伯特(E. Hubert)和帕博斯特(Pabst)、内希特(Necht)把 PVC 溶于环己酮中,进而在含 30%醋酸的水溶液中用湿法纺丝制得了服用的聚氯乙烯纤维,随后,正式以商品名皮斯发森(Pece Fasern)开始生产。在当时的技术条件下,这种生产方法的难度较大,故发展很慢。到 20 世纪 50 年代初 PVC 纤维才作为一种工业产品出现。

聚氯乙烯纤维具有原料来源广泛、价格便宜、热塑性好、弹性好、抗化学药品性好、电绝缘性能好、耐磨、成本低并有较高的强度等优点,特别是纤维阻燃性好,难燃自熄,限氧指数 LOI 高达 37.1%。但由于聚氯乙烯纤维耐热性差,对有机溶剂的稳定性和染色性差,从而影响其生产发展,与其他合成纤维相比,一直处于落后状态。近年来,出现了所谓第二代聚氯乙烯纤维,其耐热性比传统的聚氯乙烯纤维有很大提高。同时随着生活水平的提高,人们的安全意识越来越强,对于床上用品、儿童及老人睡衣、室内装饰织物、消防用品、飞机、汽车、轮船内仓用品等,很多国家都提出了阻燃要求。聚氯乙烯纤维作为阻燃纤维材料通过原料与生产技术的改进与提高,将广泛应用于消防、军队、宇航、冶金、石化等特种行业。

二、聚氯乙烯纤维的性能和用途

1. 聚氯乙烯纤维的性能特点

聚氯乙烯纤维的独特性能就在于其难燃性。聚氯乙烯纤维的限氧指数 LOI 值为 37.1%,在明火中发生收缩并碳化,离开火源便自行熄灭,其产品特别适用于易燃场所。

聚氯乙烯纤维对无机试剂的稳定性相当好。室温下在大多数无机酸、碱、氧化剂和还原剂中纤维强度几乎没有损失或很少降低。

聚氯乙烯纤维具有良好的保暖性。由于聚氯乙烯纤维导热性小且易积聚静电,其保暖性比棉、羊毛还要好。

聚氯乙烯纤维的主要缺点是耐热性差,只适宜于 40~50℃ 以下使用,65~70℃ 软化,并产生明显的收缩。其次是耐有机溶剂性差和染色性差,虽不能被多数有机溶剂溶解,但能使其溶胀,一般常用的染料很难使聚氯乙烯纤维上色,所以生产中多数采用原液着色。

聚氯乙烯纤维的性能如表 8-1 所示。

表 8-1　PVC 纤维的性能

项目		短纤维		长丝
		普通	强力	
断裂强度/cN·dtex^{-1}	标准状态	2.3~3.2	3.8~4.5	3.1~4.2
	润湿状态	2.3~3.2	3.8~4.5	3.1~4.2
干湿强度比/%		100	100	100
钩接强度/cN·dtex^{-1}		3.4~4.5	2.3~4.5	4.3~5.7
打结强度/cN·dtex^{-1}		2.0~2.8	2.3~2.8	2.0~3.1
伸长率/%	标准状态	70~90	15~23	20~25
	润湿状态	70~90	15~23	20~25
回弹率/%(伸长3%时)		70~85	80~85	80~90
杨氏模量/cN·dtex^{-1}		17~28	34~57	34~51
杨氏模量/kg·mm^{-2}		200~300	400~600	450~550
密度/g·cm^{-3}		1.39		

2. 聚氯乙烯纤维的用途

聚氯乙烯纤维的产品有长丝、短纤维以及鬃丝等,以短纤维和鬃丝为主。在民用方面,主要用于制作各种针织内衣、毛线、毡子和家用装饰织物等。由聚氯乙烯纤维制作的针织内衣、毛衣、毛裤等,不仅保暖性好,而且具有阻燃性。另外由于静电作用,对关节炎有一定的辅助疗效。在工业应用方面,聚氯乙烯纤维可用于制作各种在常温下使用的滤布、工作罩、绝缘布,覆盖材料等。另外,用聚氯乙烯纤维制作的防尘口罩,因其静电效应,吸尘性特别好。聚氯乙烯鬃丝主要用于编织窗纱、筛网、绳索等。另外,日本帝人公司研究人员发现,聚氯乙烯纤维与人体摩擦后会产生大量负离子,他们正试图利用这一特性开发保健产品。

第二节　聚氯乙烯的制备及其性能

一、氯乙烯的制备

聚氯乙烯的单体为氯乙烯。目前氯乙烯的合成,按其所用的原料来分,有以下三种方法。

1. 乙炔法

乙炔法是以氯化汞为催化剂,使乙炔与稍过量的氯化氢反应生成氯乙烯的方法,也称电石法。

$$HC\!\equiv\!CH + HCl \xrightarrow[\text{氯化汞}]{100\sim250℃} H_2C\!=\!CHCl$$

目前我国大多数企业沿用电石法小型装置生产氯乙烯。该法生产技术成熟,设备简单,原料利用率高。但是电石法存在许多弊病:如老式小规模生产装置质量难以保证,原料氯气靠电解获得,规模小、电力成本高,产生大量熟石灰等工业残渣和废料,污染严重。

2. 乙烯法

乙烯法是随着石油工业而发展起来的一种合成氯乙烯的新方法。由于乙烯的制取比乙炔更便宜和方便,所以目前世界氯乙烯的生产已大量采用此法,尤其是按二步法进行的氧氯化法,被认为是当前最经济和先进的生产方法。此法使用催化剂为混有氯化钾或其他碱金属氧化物的氧化铜,载体为硅藻土或氧化硅胶。反应一般在沉化床中进行,转化率可达99%。其反应式如下:

$$2H_2C=CH_2+4HCl+O_2 \longrightarrow 2CH_2Cl-CH_2Cl+2H_2O$$

$$CH_2Cl-CH_2Cl \xrightarrow[2.0MPa]{510\sim530℃} CH_2=CHCl+HCl$$

氧氯化法首先是乙烯与干燥氯化氢和氧气(或空气)反应生成1,2-二氯乙烷(EDC)和水,一般收率为96%~98%。第二步反应为1,2-二氯乙烷热裂解生成氯乙烯和氯化氢。

3. 乙烯乙炔法

该方法一般是将石脑油裂解生成的、基本含有等摩尔的乙烯和乙炔的混合物进行精制,使乙烯和乙炔与其他馏分分离,再与氯化氢化合,使乙炔生成氧乙烯,随后把它分离出来。余下的气体继续与氯气化合,使乙烯生成1,2-二氯乙烷,回收后热裂解生成氯化氢和更多的氯乙烯。

$$CH_2=CH_2+Cl_2 \longrightarrow CH_2Cl-CH_2Cl$$

$$CH_2Cl-CH_2Cl \longrightarrow HC_2=CHCl+HCl$$

综合反应式为:

$$CH_2=CH_2 + CH\equiv CH + Cl_2 \longrightarrow 2CH_2=CHCl$$

二、氯乙烯的聚合

聚氯乙烯聚合工艺可分为悬浮聚合法、乳液聚合法、本体聚合法、微悬浮聚合法四种。

氯乙烯很容易在光、热、γ射线和各种引发作用下发生聚合。目前工业生产主要采用引发剂作用下的悬浮聚合法,这是一种典型的游离基型聚合。只有少数特殊用途的聚氯乙烯采用其他聚合方法。

氯乙烯悬浮聚合常用的引发剂为偶氮二异丁腈(AIBN)或过氧化二碳酸二异丙酯(IPP),加入量一般为单体量的0.02%~0.1%,分散剂为明胶或聚乙烯醇,加入量为单体量的0.5%~2.0%,分散介质采用水。聚合在强烈的机械搅拌下进行,相对分子质量由反应温度控制,反应温度越高,产品的平均相对分子质量越低。一般成纤用聚氯乙烯的聚合度要求为1000~1500,为此,聚合温度可取45~60℃。为了增大氯乙烯在分散介质中的浓度,聚合需要在压力下进行。所加压力一般为490~686kPa,聚合时间为10~15h。

对不同的制品需加入诸如增塑剂、紫外线吸收剂、填充剂、润滑剂、颜料、防霉剂和热稳定剂等助剂以改善聚氯乙烯制品的使用性能。也可通过共混、共聚和接枝等改性方法,制取各种聚氯乙烯功能纤维和改性品种。

目前,无论是树脂生产技术还是产品质量都有很大提高,原料路线已开始从乙炔路线向乙烯路线方向转换,产品品种不断增加,生产能力也迅速增加,质量不断提高,已基本能满足制品生产的需要。

三、聚氯乙烯的结构和性能

1. 聚氯乙烯的结构

采用游离基型聚合制取聚氯乙烯,由于分子的极性效应,一般都以头尾连接,因而氯原子在长链分子上的分布主要在 1,3 位置。

$$—CH_2—CH—CH_2—CH—CH_2—CH—CH_2—CH—$$
$$\quad\quad\quad | \quad\quad\quad\quad | \quad\quad\quad\quad | \quad\quad\quad\quad |$$
$$\quad\quad\quad Cl \quad\quad\quad Cl \quad\quad\quad Cl \quad\quad\quad Cl$$

当然也可能夹杂有少量头头(尾尾)连接的,氯原子处于 1,2 位置。

随着聚合条件的改变,可以改变所得聚合物的立体规整性。随着聚合温度的降低,可使所得聚氯乙烯的立体规整性提高,使其纤维的结晶度也随之提高,纤维的耐热性和其他一系列力学性能也可获得不同程度的改善。

2. 聚氯乙烯的性质

(1)聚氯乙烯的物理性质:用悬浮聚合所得到的聚氯乙烯为白色颗粒状固体,粒径为 50~150μm。由乳液聚合法所得到的颗粒则较小,粒径仅为 1~3μm。为了增进其溶解性能,有时纤维生产中采用这两种聚合方法得到的聚氯乙烯树脂的混合物为原料。

聚氯乙烯耐热性极低,当温度达到 65~70℃时即发生明显的热收缩。没有明显的熔点,其流动温度为 170~220℃,而分解温度为 150~155℃,在该温度下会有少量 HCl 放出,促使其进一步分解,故必须加入碱性的稳定剂中和 HCl 而抑制其催化的裂解反应。因而聚氯乙烯不仅不能采用熔体纺丝法纺丝,即使采用温度较低的热塑挤压法纺丝,也必须加入适当的热稳定剂。

聚氯乙烯是无定形高聚物,有少量微晶存在,结晶区的密度为 $1.44g/cm^3$,非晶区的密度为 $1.389\sim1.390g/cm^3$,聚氯乙烯的密度为 $1.39\sim1.41g/cm^3$。

聚氯乙烯大分子结构中具有不对称因素,所以具有很强的偶极矩,这就使聚氯乙烯纤维具有保暖性和静电性。

(2)聚氯乙烯的化学性质:聚氯乙烯对各种无机试剂的稳定性很好,对酸、碱、还原剂或氧化剂,都有相当好的稳定性,它和有机溶剂之间不发生化学反应,但有很多有机溶剂能使它发生有限溶胀。聚氯乙烯易发生光老化,当其长时间受到光照时,大分子会发生氧化裂解。

(3)聚氯乙烯的溶解性能:聚氯乙烯很难在一般的溶剂中溶解。适宜于纺制纤维的聚氯乙烯树脂的溶剂有:二氯乙烷、四氯乙烷、氯苯、环己酮、四氢呋喃、二甲基甲酰胺、环氧丙烷以及环氧氯丙烷等,另外,它还可溶于二硫化碳和丙酮、苯和丙酮、二硫化碳和甲乙酮等有机物组成的混合溶剂中。

为了增进聚氯乙烯的溶解性,可通过补充氯化,使聚合物的含氯量从 56.5% 增至 63%~65%,得到的产物为氯化聚氯乙烯树脂,亦即通常所说的过氯乙烯树脂;还可通过共聚的方法,如85%氯乙烯和15%醋酸乙烯共聚,60%氯乙烯和40%丙烯腈共聚。这种经改性后的产物,分子链结构的规整性下降,使分子间的作用力有所减弱,因而能溶解于丙酮中。

第三节　聚氯乙烯纤维的生产

聚氯乙烯纤维的生产量虽然不大,但各国用于生产聚氯乙烯纤维的方法却多种多样。下面介绍聚氯乙烯纤维的典型生产方法和纤维新品种以及改性聚氯乙烯纤维。

一、氯纶

氯纶的生产工艺有湿法纺丝和干法纺丝两种,产品均为短纤维。所用溶剂(或捏和剂)是丙酮,工艺流程如下:

1. 湿法纺丝工艺流程

聚氯乙烯→捏和(溶胀)→溶解→过滤→调温→纺丝→集束→水洗→拉伸→上油→干燥(热定型)→卷曲→切断→短纤维

2. 干法纺丝工艺流程

聚氯乙烯→捏和(溶胀)→溶解→过滤→调温→纺丝→集束→拉伸→热定型→上油→切断→干燥→短纤维

如前所述,纤维级的聚氯乙烯不能溶解于丙酮,为了获得纺丝原液,首先使聚氯乙烯树脂在丙酮中充分溶胀,这一操作在生产上叫作捏和。捏和温度由室温逐渐升至 40~50℃,它取决于丙酮的含水率(应不大于 0.5%)。捏和时间一般取 4.5~6.0h,这取决于配制浆液的浓度。浓度越大,捏和时间越长。为了改善所得纤维的热稳定性,在捏和操作中于投料的同时可添加少量热稳定剂。若制取有色纤维,也可在捏和投料的同时加入适量着色剂。

捏和终了所得到的浆液是一种高黏度的冻胶体,其流动性小,不能直接用于纺丝成形,因此需加热,降低黏度,增加流动性,以获得必要的可纺性。这一过程在生产上常称为溶解。溶解是将捏和后的浆液通过套管加热器,迅速加热至 90~95℃。由于丙酮在常压下于 56℃ 即发生沸腾,所以升温溶解过程必须在加压下进行。随着温度的升高,浆液黏度显著降低,进一步经过过滤即可用于纺丝。

聚氯乙烯湿法纺丝所用凝固浴为丙酮水溶液,浴中丙酮含量控制在 20%~22%,浴温保持在35℃左右,纺丝速度一般取 16~20m/min,丝条在凝固浴中的停留时间 10~12s。得到的初生纤维经水洗后再进行拉伸。

聚氯乙烯干法纺丝时的套筒温度取 80~120℃,卷取速度 100~200m/min。套筒长度可为3.5~6m。卷取速度越高,套筒长度应越长。借助于热空气流使丙酮挥发而使原液细流凝固成纤维。纺丝套筒中的热空气被引出后进行冷凝或用活性炭吸附以回收丙酮。为了保证生产安全,套筒内空气中的丙酮含量不得接近丙酮的爆炸极限(2.15%~13%,丙酮的体积分数)。

为了进一步提高由湿法或干法纺丝所得初生纤维的力学性能,均须将其拉伸 4~5 倍。拉伸一般分两段进行,拉伸介质常采用 95~98℃的热水。通常头道拉伸约完成总拉伸倍数的40%~45%。

热定型过程在湿法纺丝生产中是与干燥过程结合在一起进行的,干法生产中则单独进行。为了保证定型效果,已经定型纤维的干燥宜在较低温度(50~60℃)下进行。

聚氯乙烯除能溶于一定溶剂中用湿法或干法纺丝外,还可用热塑挤压法制取较粗的鬃丝(33.3~111dtex)。为此,应先将聚氯乙烯树脂和增塑剂、稳定剂以及着色剂等均匀混合,而后加入螺杆挤出机中,通过分段加热,使物料升温至200℃左右,并借助于螺杆的挤压作用,使之压出机头成为丝条,在水浴中凝固成形,随后再在沸水中拉伸 4~5 倍,最后经热定型和干燥即得成品。

二、配采-U

配采-U(PeCe-U)是德国巴斯夫(BASF)公司生产的聚氯乙烯纤维的商品名。采用以四氢呋喃为溶剂,并采用漏斗形凝固浴槽的湿法纺丝工艺进行生产。纺丝方法如图8-1 所示。

纺丝原液中含15%聚氯乙烯,凝固浴是四氢呋喃的水溶液,浴温 15.5℃,纺丝速度 21.8m/min。初生纤维水洗后被拉伸 4 倍,最后卷绕成筒或切断成短纤维。

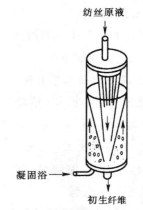

图 8-1　配采-U 纺丝方法示意图

这种纤维的横截面呈近似圆形的不规则形状,成品含氯量为 53.1%,比聚氯乙烯的理论含氯量(56.8%)稍低。

三、罗维尔

罗维尔(Rhovyl)是法国罗迪阿赛塔(Rhodiaceta)公司研制成功的聚氯乙烯纤维。工业生产中使用体积分数均为 50%的丙酮和二硫化碳为混合溶剂,纺丝原液的浓度约为 35%。在溶液制备中还需加入使纤维耐光与耐热的添加剂,如水杨酸苯酯或取代的二苯甲酮(耐光作用)与有机钙化合物(耐热作用)。纺丝采用干纺法,环形干法成形工艺如图 8-2 所示。

在这种具有封闭循环的甬道中,丝条经过加热区蒸出溶剂后离开甬道,而溶剂蒸气则在冷却区冷凝成液体状态排出。带有部分溶剂的循环气流在预热区重新加热后返回纺丝区。纺丝速度可高达 300m/min。初生纤维在 97.5℃的热水中拉伸 3.6 倍后即为成品。

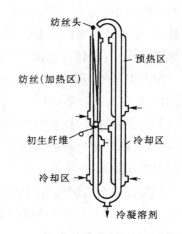

图 8-2　罗维尔纺丝方法示意图

四、天美纶

天美纶是日本帝人公司于 1959 年实现工业化的聚氯乙烯纤维的商品名。溶剂是质量分数分别为 60% 及 40% 的苯与丙酮的混合液。由于该溶剂的溶解能力比罗维尔法采用的溶剂弱一些，而所用聚氯乙烯的平均聚合度比一般的稍高一些（$\overline{DP}$ 为 1400~1600），因而溶解前需先在低温下捏和，接着再经过滤和急速加温，以增进其流动性，而后进行纺丝。纤维成形采用干纺法，初生纤维经 4 倍左右的拉伸，随后再进行热定型。若生产耐热短纤维，还需经热松弛处理，以使纤维的沸水收缩率下降，但与此同时，纤维的强度有较大降低，断裂伸长却大大增加。

五、新品种聚氯乙烯纤维

1. 列维尔（Leavil）

这种纤维也称第二代聚氯乙烯纤维，它是由高间规度的聚氯乙烯树脂制得的纤维。由于分子链结构的规整性好，使所得纤维具有一定的结晶度，结晶度的增加使纤维的玻璃化温度从 75℃ 提高至 100℃ 以上，所以相应制品的耐热性及对有机溶剂的稳定性也大为提高，其起始收缩温度可达 130℃。这种聚氯乙烯纤维首先由意大利蒙泰纤维公司于 1967 年开始工业化生产。

将高间规度的聚氯乙烯树脂溶解于环己酮中，溶解温度 137℃，配成浓度约 18% 的纺丝原液。经过滤和脱泡后，即可用于纺丝。

列维尔的成形采用湿纺法，凝固浴为 50% 水、24% 环己酮和 26% 乙醇的三元混合浴。浴温控制在 60℃ 左右。初生纤维用 100℃ 的热水洗涤，同时进行 7 倍以上的拉伸，接着进行上油、紧张热定型和干燥。随后，纤维经卷曲，并被装入汽蒸定型箱中进行松弛热定型。通过汽蒸，纤维的结晶度由拉伸后的 25%~29% 提高至 35%~40%。

目前列维尔主要用于与其他纤维混纺，以获得某种难燃的性能。如混入 20%~40% 列维尔织成的各种地毯，具有良好的自熄性。列维尔的混纺织物，是制作睡衣的好材料。

2. 新型聚氯乙烯纤维 L-9

这种纤维是采用低沸点溶剂，按干纺法制取的、具有一种新结构的聚氯乙烯纤维。在制造过程中，聚合物粒子中的微晶区完全被破坏，这就使纺丝溶液具有较低的黏度（约低 2 个数量级）。由这种溶液所纺制的纤维具有较高的取向度，纤维的力学性能得到大大改善（表 8-2）。

表 8-2　L-9 纤维和标准聚氯乙烯纤维的力学性能

性能	L-9 纤维	标准 PVC 纤维	提高/%
初始模量/cN·dtex^{-1}	105	85	24
断裂强度/cN·dtex^{-1}	22	16	38
断裂伸长/%	85	105	—
热收缩率/%（98℃）	0	0	0
打结强度/cN·dtex^{-1}	2.1	1.5	40
磨断次数	2600	1600	62

L-9 纤维具有内孔结构,这种结构的优点是使纤维的比表面大大增加。L-9 纤维的比表面可达 2500~15000m²/kg,而羊毛比表面约为 150m²/kg,真丝约为 15 00m²/kg,这样大的比表面,同周围空气的接触增加,而且热交换界面层的厚度大大增加,因而其热阻特别大;另外这种具有内孔结构的纤维虽没有使吸湿性得到改善,但提高了吸水性,可不断地传递气态或液态的水分;因聚氯乙烯纤维吸收水蒸气的性能差,阻碍热量的疏散,所以热阻不受水的传递或相对湿度的影响。综上所述,L-9 纤维制成的衣料具有很好的屏蔽效应,若贴身穿,在散发热量的各种劳动场合和广泛的气候环境中,都有热舒适的感觉,并且具有导湿功能。

六、改性聚氯乙烯纤维

1. 过氯纶

这是一种以氯化聚氯乙烯树脂为原料生产的纤维。用丙酮为溶剂制取纺丝原液,通常用湿法纺丝。这种纤维在法国叫克莱维尔(Clevyl);在俄国叫赫洛林(Klttorin),我国叫过氯纶。

生产这种纤维用的树脂氯化聚氯乙烯(CPVC)是由聚氯乙烯经氯化而制得。目前,CPVC 的生产方法有四种:在卤烃中进行的溶液或悬浮聚合、水相悬浮氯化、气固相氯化及用液氯进行的光催化氯化。我国多采用溶液法,悬浮法、气固相氯化法也有发展。

采用溶液法生产氯化聚氯乙烯先使聚氯乙烯悬浮在四氯乙烷或氯苯中,而后通入氯气氯化。当聚合物的含氢量由 56.55% 增至 63%~65% 时,即相当于每三个聚氯乙烯链节上再补充一个氯原子,便成为如下结构的聚合物,即为氯化聚氯乙烯。

$$\left[CH_2-CH-CH_2-CH-CH_2-\underset{Cl}{\overset{Cl}{C}}\right]_n$$

氯化聚氯乙烯外观呈白色或浅黄色粉末,是聚氯乙烯的一个改性品种,其氯的质量分数较聚氯乙烯增加 5%~8%,在结构上分子的不规整性增大,结晶度下降,分子链的极性增强,因而使其热变形温度上升。氯化聚氯乙烯产品的使用温度最高可达 93~100℃,较聚氯乙烯提高 30~40℃,具有很好的耐热性、耐化学腐蚀性,能抗酸、碱、盐、脂肪酸盐、氧化剂及卤素等的化学腐蚀,同时氯化聚氯乙烯的抗张强度、抗弯强度较聚氯乙烯也有改进。与其他高分子材料相比,氯化聚氯乙烯具有优异的耐化学腐蚀性、耐热变形性、可溶性、耐老化性、高阻燃性等特点,被广泛用于建筑行业、化工、冶金、造船、电器、纺织等领域,应用前景十分广阔。其不足之处是氯化聚氯乙烯脆性大,其脆性可通过共混改性加以改进。

将上述树脂溶于丙酮,配成浓度 26%~28% 的纺丝原液,经纺前准备即可纺丝。生产长丝和短纤维时,通常都采用传统的湿法纺丝。凝固浴为丙酮的水溶液,浴中丙酮含量为 4%~13%,浴温为 12~15℃,纺丝速度一般取 15~55m/min。

氯化聚氯乙烯纤维能用丙酮为溶剂进行生产是其一大优点。然而这种纤维的性能并不比聚氯乙烯纤维好。它的一些性能指标如表 8-3 所示。

氯化聚氯乙烯纤维可作渔网、工作服、工业滤布、不燃烧降落伞、海底电缆外套。用氯化聚

表 8-3　氯化聚氯乙烯纤维主要性能指标

项目	指标
密度/g·cm⁻³	1.47
断裂强度/cN·dtex⁻¹	1.15~1.59
延伸度/%	130~140
回潮率/%	0.1~0.15
起始收缩温度/℃	65~70

氯乙烯纤维制作的内衣可防治风湿性关节炎等。

2. 偏氯纶

这是一种以偏二氯乙烯为主体、少量的氯乙烯与丙烯腈或醋酸乙烯酯共聚而成的三元共聚物为原料所制得的纤维,商品名为萨纶(Saran)。

偏二氯乙烯工业化生产包括氯乙烯的氯化反应生成 1,1,2-三氯乙烷(TCE),TCE 碱解脱氯化氢制得偏二氯乙烯两个主要过程。反应简述如下:

$$CHCl=CH_2+Cl_2 \longrightarrow CHCl_2—CH_2Cl$$

$$CHCl_2—CH_2Cl \xrightarrow{NaOH} CCl_2=CH_2+HCl$$

共聚物的相对分子质量约为 20000。由于该共聚物的溶解性比聚氯乙烯更差,且它的熔点高于分解温度,所以常用热塑挤压法进行纺丝。挤压纺丝时的温度可取 180℃。纺丝采用立式挤出机,使喷丝板与冷却浴距离缩小,以免结晶,冷却浴为 10~15℃的水。冷却后的纤维在室温下的空气中进行 5 倍的拉伸。

纺丝前需加入合适的稳定剂和增塑剂,生产有色丝时,还需混入染料。

由于偏氯乙烯在高温下与含铁合金接触时有分离出氯化氢的倾向,与熔体接触的部件必须使用含镍的特殊合金。

聚偏氯乙烯纤维的密度较高(1.68~1.75g/cm³),热稳定性优于聚氯乙烯纤维,其他性能与聚氯乙烯纤维近似。

3. 维氯纶

聚乙烯醇—聚氯乙烯(PVA—PVC)共混阻燃纤维是由聚氯乙烯乳液和聚乙烯醇溶液共混,经乳液纺丝而制得。其日本商品名为柯泰纶(Cordelan),我国定名为维氯纶。

众所周知,聚乙烯醇纤维(维纶)是强度高、耐磨损,耐热、耐气候性及吸湿性良好的纤维,但其耐热水性、热可塑性、弹性及染色性不够好,因此,在一定程度上影响了它在纺织领域中的应用,聚氯乙烯纤维(氯纶)有热塑性好、弹性和阻燃性好、成本低等优点,但其耐热性差,染色性也不好。将聚乙烯醇与聚氯乙烯共混,制成新的维氯纶,则可兼具聚乙烯醇纤维与聚氯乙烯纤维的优点。维氯纶与氯纶和维纶的性能比较如表 8-4 所示。

聚氯乙烯是热塑性的疏水性高聚物,聚乙烯醇则是水溶性高聚物,两者不能直接混合,即使用一般的聚氯乙烯乳液与聚乙烯醇溶液混合,也不能得到稳定的纺丝原液,必须采用聚乙烯醇与聚氯乙烯两者的接枝共聚物作为两相的增溶剂,就能制得适合于乳液纺丝的聚氯乙烯乳液,

表 8-4　维氯纶与氯纶和维纶的性能比较

物理性能		维氯纶	维纶	氯纶
强度/cN·dtex⁻¹	干态	2.64~3.08	3.35~5.31	1.76~2.29
	湿态	1.76~2.12	2.82~4.85	1.76~2.29
打结强度/cN·dtex⁻¹		1.5~2.0	2.5~4.0	1.8~2.3
伸长/%	干态	20~30	15~26	70~90
	湿态	25~30	16~27	70~90
伸长3%回弹率/%		90~95	75~85	70~85
初始模量/MPa		5000~7000	3000~3500	2000~3000
密度/g·cm⁻³		1.32	1.25~1.30	1.39

方法是在聚乙烯醇溶液中进行氯乙烯的乳液聚合。在生成氯乙烯均聚物的同时,由子链转移作用,会在聚乙烯醇分子上接枝氯乙烯,生成 PVA—PVC 接枝共聚物,因而制得与聚乙烯醇有亲和性的聚氯乙烯乳液。纺丝用共混原液是聚乙烯醇浓溶液中加入 35%~50% 的聚氯乙烯乳液。

维氯纶生产采用湿法纺丝,凝固浴是硫酸钠溶液,也可用加硼的纺丝原液在碱性凝固浴中纺丝成形过程中聚乙烯醇被凝固,聚氯乙烯被盐析,聚氯乙烯乳胶粒均匀地分布在聚乙烯醇基体中,在随后的热拉伸过程中,聚乙烯醇沿纤维轴取向和结晶,聚氯乙烯乳胶粒发生连续化,从而形成两相连续结构。

维氯纶中有一半以上的聚乙烯醇,为提高其耐水性,也需进行缩醛化。维氯纶形态结构的特点是没有紧密的皮层结构,因而不具有皮芯层结构。聚乙烯醇与聚氯乙烯两相间有巨大的相界面,使得缩醛化能在较纯聚乙烯醇纤维更缓和的条件下进行。

维氯纶具有优良的阻燃性和染色性,热性能可与商品维纶相媲美,纤维的上染率和缩水率都能达到服用纤维的要求。适于制作窗帘、幕布及各种衣料。如果只是聚乙烯醇与聚氯乙烯共混,其纤维的阻燃性只能达到一般水平,限氧指数(LOI)为 26% 左右。如在纤维制造过程中混入少量的阻燃剂 SnO_2,可使纤维的 LOI 达 36% 以上,达到高阻燃性纤维的要求。

4. 腈氯纶

腈氯纶是用氯乙烯或偏二氯乙烯与丙烯腈的共聚物经湿法或干法纺丝而制成的。除氯乙烯或偏二氯乙烯、丙烯腈等单体外,一般选用烷基或烯基磺酸盐(如丙烯酰胺甲基丙烷磺酸钠)作为第三单体,以改善纤维的染色性能;从化学结构上看,腈氯纶中既有用于制造腈纶的聚丙烯腈链节,又有用于制造含氯纤维的聚氯乙烯或聚偏二氯乙烯链节,所以它兼有这两种纤维的优点,即不但具有腈纶的质轻、高强、保暖等优良的纺织性能,而且具有含氯纤维的阻燃性。其纤维及织物可用分散染料或阳离子染料染色,广泛应用于生产高档绒毛织物、人造毛皮、室内装饰品、童装及特种防护用服、工业用滤布等,是阻燃纤维中最重要的品种之一。

腈氯纶纺丝亦分为干法纺丝和湿法纺丝。干法纺丝常用溶剂有二甲基甲酰胺和丙酮。其特点是纤维性能好,产量高。但溶剂的汽化量大,能耗较高,操作较复杂。湿法纺丝所用的溶剂有二甲基甲酰胺、二甲基乙酰胺、二甲基亚砜、硝酸、硫氰酸钠和丙酮,其特点是操作简单,但速度和产量低。国内外开发了许多阻燃腈氯纶品种。

卡纳卡纶(Kanccaron)是日本钟渊公司于1957年开发的腈氯纶,是世界上产量最大、规格最多的阻燃纤维品种。

勒夫纶(Lufne)是日本钟纺公司于1977年开始工业化生产的阻燃纤维品种。

韦利克纶FR(Velicren)是意大利斯尼亚(SNIA)公司1965年开发的阻燃腈氯纶中的代表性产品。纤维的阻燃性是通过丙烯腈同含卤素的单体——偏二氯乙烯共聚和加入五氧化二锑来实现的。由于限氧指数(LOI)为26%~29%,用于结构适当的织物中有良好的阻燃性,无论是在热空气还是热水中尺寸稳定性均好,日光光照降解不明显,类似于腈纶,手感舒适,悬垂性好,能适应各种加工设备,回弹性好,染色容易且色牢度好。20世纪90年代,我国抚顺腈氯纶化学厂从意大利斯尼亚公司引进腈氯纶韦利克纶生产线,生产能力为年产5000t。

思考题

1. 聚氯乙烯纤维的性能特点及用途是什么?
2. 简述聚氯乙烯纤维的生产工艺。

主要参考文献

[1]董纪震,等. 合成纤维生产工艺学[M]. 北京:纺织工业出版社,1993.

[2]L. I. 纳斯. 聚氯乙烯大全(第一卷)[M]. 王伯英,译. 北京:化学工业出版社,1983.

[3]徐兆瑜. 聚氯乙烯生产、市场和技术新进展[J]. 塑料,2004,33(1):64.

[4]臧己,王锐. PVA—PVC共混纤维[J]. 北京服装学院学报,1994,14(2):12.

[5]郑丽凤,徐丽. 浅谈氯化聚氯乙烯的生产现状和发展[J]. 中国氯碱,2002,(4):14.

[6]杨镇声. 氯偏共聚物的应用及工艺技术[J]. 化工设计,2001,11(5):11.

[7]汪建萍. 我国聚氯乙烯工业现状及发展方向[J]. 浙江化工,2000,31(1):20.

[8]张建春,钟铮. 腈氯纶阻燃纤维生产技术及应用[J]. 纺织导报,2000,(2):12.

[9]张成德. 偏氯乙烯的应用[J]. 浙江化工,2002,33(4):22.

[10]郑东朝,曹连宝,许宏. 阻燃型维氯纶纤维的生产开发[J]. 金山石油化纤,1995,(4):4.

[11]张东生. 世界PVC供需结构发生变化[J]. 国际化工信息,2004,(6):10.

[12]管延彬. 氯化聚氯乙烯的发展概况[J]. 聚氯乙烯,2002,(1):4.

[13]肖长发,等. 化学纤维概论[M]. 北京:中国纺织出版社,1997.

第九章　聚氨酯弹性纤维

第一节　概述

一、聚氨酯弹性纤维的发展概况

聚氨酯弹性纤维是指以聚氨基甲酸酯为主要成分的一种嵌段共聚物制成的纤维,简称氨纶。国外商品名有莱卡[Lycra(美国)]、内欧纶[Neolon(日本)]、多拉丝弹[Dorlastan(德国)]等。

聚氨酯弹性纤维最早由德国拜耳(Bayer)公司于1937年试制成功,但当时未能实现工业化生产。1958年美国杜邦(Du Pont)公司也研制出这种纤维,并实现了工业化生产。最初的商品名为斯潘德克斯(Spandex),后来更名为莱卡(Lycra),意为像橡胶一样的纤维。由于它不仅具有像橡胶丝那样的弹性,而且还具有一般纤维的特征,因此作为一种新型的纺织纤维受到人们的青睐。20世纪60年代初,聚氨酯弹性纤维的生产出现高潮,发展速度较快。60年代末及70年代,由于生产技术、成本核算、推广应用以及聚酰胺弹力丝的高速发展对聚氨酯弹性纤维市场的冲击等原因,其发展速度较为缓慢。进入80年代,随着加工技术的进步,包芯纱、包覆纱、细旦丝等新产品不断涌现,使聚氨酯弹性纤维的用途逐步扩大,进入了第二个高速发展时期。我国聚氨酯弹性纤维的开发较晚,但发展速度很快。在20世纪80年代末和90年代初先后从日本东洋纺公司引进技术设备,在烟台和连云港建成两个年产300t聚氨酯弹性纤维的干法纺丝氨纶厂,2010年两厂经多次扩建,产能分别达到22千吨和14千吨。2010年底我国干纺氨纶企业数量已经上升到30家,总产能达到336千吨/年。国内干法氨纶制造设备近年来技术不断提升。其中郑州中远氨纶工程技术公司开发成功连续聚合工艺全套制造技术,并已装备了国内多家氨纶企业,且已出口国外,对推动国内氨纶制造设备实现国产化起到了很好的示范作用。国内熔纺氨纶发展也很快,2010年底已有36家熔纺氨纶企业,总产能达35.6千吨/年。品种以15旦、12旦和30旦细旦丝为主。

2012年底,中国氨纶产能达到48万吨,稳居世界第一大氨纶生产国,国内氨纶已处于供过于求的局面。行业已从快速发展阶段过渡到平衡发展阶段,行业盈利水平处于历史低点。未来差别化氨纶将更受市场青睐。表9-1是我国近年氨纶企业的产能和产量。

表9-1　我国近年氨纶企业的产能和产量　　　　　　　　单位:万吨

年度	2001	2002	2003	2004	2005	2006	2007	2008	2009	2010	2011	2012	2013
产能	2.51	3.44	9.52	16.46	20.67	22.89	26.46	31.21	32.81	36.86	46.11	48.00	—
产量	1.7	2.41	5.45	10	11.05	15.8	20.5	20.9	23.4	27.43	26.17	30.89	38.97

二、聚氨酯弹性纤维的结构和性能

1. 聚氨酯弹性纤维的结构及弹性产生机理

一般的聚氨基甲酸酯均聚物并不具有弹性。目前生产的聚氨酯弹性纤维实际上是一种以聚氨基甲酸酯为主要成分的嵌段共聚物纤维。

在嵌段共聚物中有两种链段,即软链段和硬链段。软链段由非结晶性的聚酯或聚醚组成,玻璃化温度很低($T_g = -70 \sim -50℃$),常温下处于高弹态,它的相对分子质量为 $1500 \sim 3500$,链段长度 $15 \sim 30nm$,为硬链段的 10 倍左右。因此在室温下被拉伸时,纤维可以产生很大的伸长变形,并具有优异的回弹性。硬链段采用具有结晶性且能发生横向交联的二异氰酸酯,虽然它的相对分子质量较小($M = 500 \sim 700$),链段短,但由于含有多种极性基团(如脲基、氨基甲酸酯基等),分子间的氢键和结晶性起着大分子链间的交联作用,一方面可为软链段的大幅度伸长和回弹提供必要的结点条件,另一方面可赋予纤维一定的强度。正是这种软硬链段镶嵌共存的结构才赋予聚氨酯纤维的高弹性和强度的统一,所以聚氨酯纤维是一种性质优良的弹性纤维。

由于聚氨酯弹性纤维链结构中的软链段可为聚醚或聚酯,又有聚醚型聚氨酯弹性纤维和聚酯型聚氨酯弹性纤维之分。如杜邦(Du Pont)公司的莱卡(Lycra)、我国烟台和连云港氨纶厂的产品均属聚醚型,而德国拜耳的多拉丝弹(Dorlastan)和美国橡胶公司的韦纶(Vyrene)则属聚酯型。

2. 聚氨酯弹性纤维的性能

由于聚氨酯弹性纤维具有特殊的软硬镶嵌的链段结构,其纤维特点如下。

(1)线密度低:聚氨酯弹性纤维的线密度范围为 $22 \sim 4778dtex$,最细的可达 $11dtex$;而最细的橡胶丝约 180 号(约合 $156dtex$),比前者粗十余倍。

(2)强度高:聚氨酯弹性纤维的断裂强度,湿态为 $0.35 \sim 0.88dN/tex$,干态为 $0.5 \sim 0.9dN/tex$,是橡胶丝的 $2 \sim 4$ 倍。

(3)弹性好:聚氨酯弹性纤维的伸长率达 $500\% \sim 800\%$,瞬时弹性回复率为 90% 以上,与橡胶丝相差无几。

(4)耐热性较好:聚氨酯弹性纤维的软化温度约 $200℃$,熔点或分解温度约 $270℃$,优于橡胶丝,在化学纤维中属耐热性较好的品种。

(5)吸湿性较强:橡胶丝几乎不吸湿,而在 $20℃$、65% 的相对湿度下,聚氨酯弹性纤维的回潮率为 1.1%,虽较棉、羊毛及锦纶等小,但优于涤纶和丙纶。

(6)密度较低:聚氨酯弹性纤维的密度为 $1.1 \sim 1.2g/cm^3$,虽略高于橡胶丝,但在化学纤维中仍属较轻的纤维。

(7)染色性优良:由于聚氨酯弹性纤维具有类似海绵的性质,因此可以使用所有类型的染料染色。在使用裸丝的场合,其优越性更加明显

另外,聚氨酯弹性纤维还具有良好的耐气候性、耐挠曲、耐磨、耐一般化学药品性等。但对次氯酸钠型漂白剂的稳定性较差,推荐使用过硼酸钠、过硫酸钠等含氧型漂白剂。再有,聚醚型的聚氨酯弹性纤维耐水解性好;而聚酯型的聚氨酯弹性纤维的耐碱、耐水解性稍差。

三、聚氨酯弹性纤维的用途

聚氨酯弹性纤维在针织或机织的弹力织物中得到广泛应用。归纳起来其使用形式主要有以下四种：裸丝、包芯纱、包覆纱、合捻纱。

1. 裸丝

裸丝是最早开发的聚氨酯弹性纤维品种。裸丝的拉伸与回复性能好，且不用纺纱加工便可用于生产，因此具有成本低的优点。由于裸丝的摩擦系数大，滑动性差，直接用于织造织物的不多，一般适宜在针织机上与其他化纤长丝交织。主要纺织产品有：紧身衣、运动衣、护腿袜、外科用绷带和袜口、袖口等。

2. 包芯纱

以聚氨酯弹性纤维为芯纱，外包一种或几种非弹力短纤维(棉、毛、腈纶、涤纶等)纺成的纱线。芯层提供优良的弹性，外围纤维提供所需要的表面特征。例如棉包芯纱，除了弹性好以外，还保持了一般棉纱的手感和外观，其织物具有棉布的风格、手感和性能，可以制出多种棉型织物；毛包芯纱的服装面料不仅要有一般毛织物的外观和良好的保暖性，而且织物的回弹性好，穿着时伸缩自如，增强了舒适感，并能显现出优美的体型。包芯纱是聚氨酯弹性纤维中应用最广泛的纱线品种。

3. 包覆纱

包覆纱又称为包缠纱。它是以聚氨酯弹性纤维为芯，用合成纤维长丝或纱线以螺旋形的方式对其予以包覆而形成的弹力纱。包覆纱的手感比较硬挺，纱线较粗，织造的面料比较厚实。

包覆纱又可分为单包覆纱和双包覆纱两种。单包覆纱是在聚氨酯弹性纤维外层包上一层长丝或纱线。由于施加于芯纱上的包覆圈数较少，在高伸长的弹性织物上有时会出现露芯现象，主要用于袜子、纬编内衣等弹力织物。双包覆纱是在聚氨酯弹性纤维外层包覆两层长丝或纱线，且两层包裹方向相反。由于外层纤维以相反的螺旋角对称包裹，纱线不用再加捻就可以达到成纱弹力的平衡。双包覆纱的加工费用较高，主要用于护腿、弹力带、袜子口、连袜裤等弹力织物。

4. 合捻纱

合捻纱又称合股纱。它是在对聚氨酯弹性纤维牵伸的同时，与其他无弹性的两根纱并合加捻而成。如果使这种纱线退捻，在使张力减弱的同时对整个纱线施加较轻的冲击，使各纱线间相对移动达稳定状态，最后导致弹性纤维进入纱芯中，其他无弹性的纱成为外包层，合捻纱结构得以稳定。利用这种方法也可以生产各种花式捻线或三合一的合捻纱。

合捻纱多用于织造粗厚织物，如弹力劳动布、弹力单面华达呢等。优点是条干均匀、产品洁净。缺点是手感稍硬，弹力纤维有的露在外面，使染色时容易造成色差，一般不用于深色织物。

第二节 聚氨酯的合成

一、主要单体及合成

1. 二异氰酸酯的合成

生产聚氨酯弹性纤维一般选用芳香族二异氰酸酯,以满足硬链段的硬度。常用的芳香族二异氰酸酯有二苯基甲烷-4,4′-二异氰酸酯(MDI)或2,4-甲苯二异氰酸酯(TDI)。现以二苯基甲烷-4,4′-二异氰酸酯为例,介绍其合成过程。

二苯基甲烷-4,4′-二异氰酸酯可以用苯胺与甲醛反应缩合,生成二苯基甲烷二胺,再将其光气化,得到粗MDI,其反应原理如下:

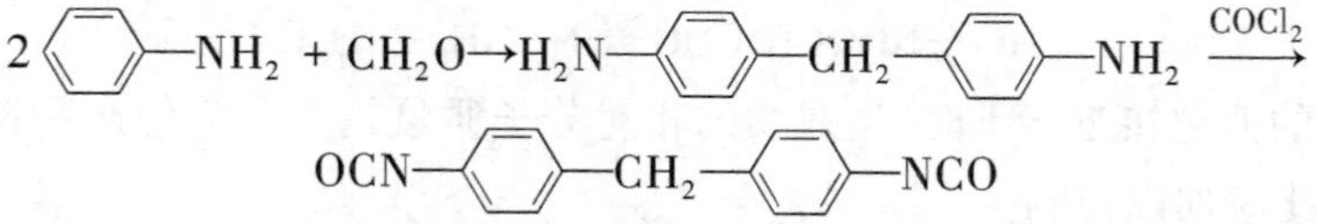

二苯基甲烷-4,4′-二异氰酸酯为白色或淡黄色固体,可燃烧,凝固点为37.8~38.2℃,沸点为190℃,相对密度为1.1907。MDI有自聚倾向,易生成二聚体,储存时室温应在15℃以下,最好在冷冻(-5~5℃)条件下储运。MDI精品储存温度与可储存时间的关系如表9-2所示。

表9-2 MDI精品储存温度与可储存时间的关系

储存温度/℃	0	5	20	30	70
可储存时间/d	90	30	15	4	1

2. 聚醚二醇的合成

聚醚二醇是组成聚氨酯中的软链段之一,其相对分子质量越大,聚合物的极性越小,分子链越柔软,一般相对分子质量控制在1500~3500。常用的合成聚氨酯的聚醚二醇有:聚四氢呋喃醚二醇(又称聚四亚甲基醚二醇和多缩正丁醇)、聚氧乙烯醚二醇、聚氧丙烯醚二醇等。

聚四氢呋喃醚二醇由四氢呋喃开环聚合而得。四氢呋喃为五元环,环的张力小,只能在强酸、路易斯酸催化条件下进行阳离子聚合。20世纪80年代人们开始采用高效催化剂——杂多酸用于四氢呋喃的开环聚合,取得了成功。反应式如下:

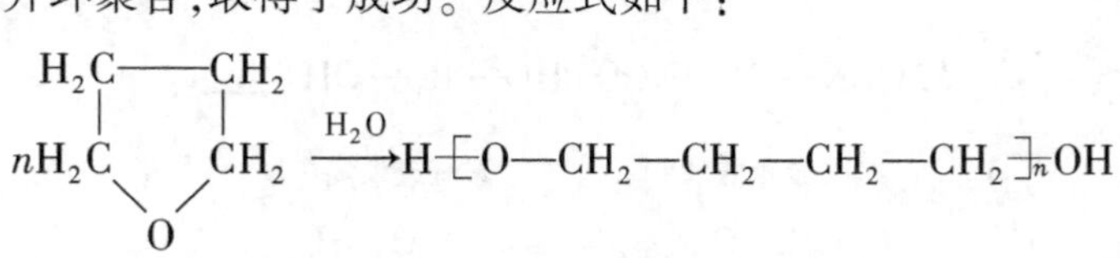

氧化乙烯的聚合是采用环氧乙烷为原料,在水和碱催化剂的存在下进行的,即:

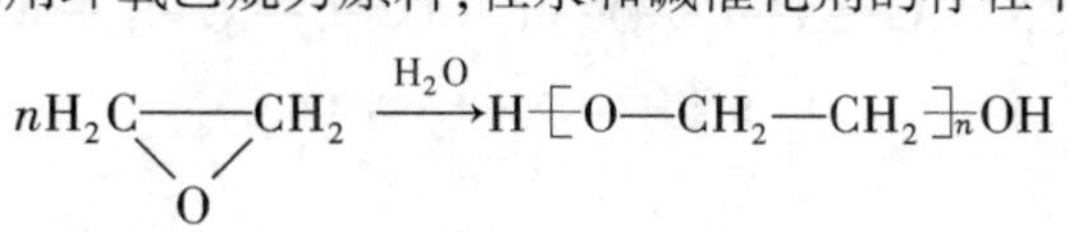

也可以用环氧丙烷为原料,制得聚氧丙烯:

$$n\text{HC}\underset{\text{O}}{\overset{\text{CH}_3}{\diagdown}}\text{CH}_2 \xrightarrow{\text{H}_2\text{O}} \text{H}\underset{n}{\overset{\text{CH}_3}{\underset{\qquad\qquad}{[\text{O}-\text{CH}-\text{CH}_2]}}}\text{OH}$$

由于聚氧丙烯比聚氧乙烯多了一个侧甲基,所以它的疏水性稍好。

3. 聚酯二醇的合成

聚酯二醇也是组成聚氨酯的软链段之一。常用的合成聚氨酯的聚酯二醇有:聚己二酸乙二醇酯、聚己二酸乙二醇丙二醇酯、聚己二酸丁二醇酯等。合成聚酯二醇常用的二元羧酸有己二酸、苯二甲酸等,常用的二元醇有1,4-丁二醇、1,6-己二醇、乙二醇、1,2-丙二醇等。也可以采用混合二元醇,如乙二醇和1,2-丙二醇的混合物。二元醇和二元羧酸在加热条件下,缩聚生成聚酯二醇和水。聚酯合成反应通式如下:

$$(n+1)\text{HO}-\text{R}-\text{OH}+n\text{HOOC}-\text{R}'-\text{COOH}\longrightarrow$$
$$\text{HO}[\text{ROOCR}'\text{COO}]_{\overline{n}}\text{R}-\text{OH}+2n\text{H}_2\text{O}$$

当$n/(n+1)$的值越接近于1时,生成物的相对分子质量越大。为使产物符合要求,二元醇和二元酸的摩尔比应加以控制。

4. 扩链剂

扩链剂是含有活泼氢原子的双官能团低相对分子质量的化合物,大多数扩链剂选用二胺、二醇、肼等。常用的二胺有间苯二胺、乙二胺、1,2-二氨基丙烷等,用芳香族二胺所制的纤维耐热性高,脂肪族二胺所制的纤维强力和弹性好。二元醇有1,4-丁二醇、乙二醇、丙二醇、二乙二醇等,制成的纤维力学性能略差。肼制成的纤维耐光性较好,但耐热性有所下降。

二、聚氨酯嵌段共聚物的制备

用于干法纺丝、湿法纺丝和熔体纺丝的聚氨酯嵌段共聚物都为线型结构,其合成过程一般分两步完成。

第一步为预聚合,即用1mol的聚醚或聚酯与2mol的芳香族二异氰酸酯反应,生成分子两端含有异氰酸酯基(—NCO)的预聚体。

第二步采用扩链剂与预聚物继续反应,生成相对分子质量为20000~50000的线型聚氨酯嵌段共聚物。其聚合反应式一般可表示如下:

1. 预聚体的制备

$$2\text{OCN}-\text{R}_2-\text{NCO}+\text{HO}-\text{R}_1-\text{OH}\longrightarrow$$

二异氰酸酯　　　　　聚醚或聚酯

$$\text{OCN}-\text{R}_2-\overset{\text{H}}{\underset{|}{\text{N}}}-\overset{\text{O}}{\underset{||}{\text{C}}}-\text{O}-\text{R}_1-\text{O}-\overset{\text{O}}{\underset{||}{\text{C}}}-\overset{\text{H}}{\underset{|}{\text{N}}}-\text{R}_2-\text{NCO}$$

预聚体(OCN—R₃—NCO)

2. 扩链反应

(1)用二元醇作扩链剂:

$$nOCN—R_3—NCO+nHO—R_4—OH \longrightarrow$$

预聚体　　　　　　小分子二元醇

$$\left[O-\overset{\overset{\displaystyle O}{\|}}{C}-\overset{\overset{\displaystyle H}{|}}{N}-R_3-\overset{\overset{\displaystyle H}{|}}{N}-\overset{\overset{\displaystyle O}{\|}}{C}-O-R_4 \right]_n$$

聚酯型聚氨酯

（2）用二元胺作扩链剂：

$$nOCN—R_3—NCO+nH_2N—R_5—NH_2 \longrightarrow$$

预聚体　　　　　　小分子二元醇

$$\left[N-\overset{\overset{\displaystyle O}{\|}}{C}-\overset{\overset{\displaystyle H}{|}}{N}-R_3-\overset{\overset{\displaystyle H}{|}}{N}-\overset{\overset{\displaystyle O}{\|}}{C}-\overset{\overset{\displaystyle H}{|}}{N}-R_5 \right]_n$$

聚脲型聚氨酯

第三节　聚氨酯弹性纤维的生产

一、纺丝成形

聚氨酯弹性纤维的工业化纺丝方法有：干法纺丝、湿法纺丝、熔体纺丝和反应纺丝等四种方法。这四种纺丝方法的流程如图9-1所示。

1. 干法纺丝

干法纺丝是目前世界上应用最广泛的聚氨酯弹性纤维的纺丝方法。干法纺丝产量约为世界聚氨酯弹性纤维总产量的80%。美国杜邦公司、德国拜耳公司都采用干法纺丝。

采用干法纺丝时，其聚合物中的硬链段多采用二苯基甲烷4,4′-二异氰酸酯；软链段选用聚四氢呋喃的为多。若以聚酯型的二元醇为原料，虽可以降低产品成本，但纺丝时的脱溶剂将有一定困难。常用的溶剂有：二甲基甲酰胺、二甲基乙酰胺、二甲基亚砜和四氢呋喃等，以前两者为多。二甲基甲酰胺的沸点较低，便于干法纺丝时的溶剂挥发，但在纺丝及溶剂回收的常压蒸馏中，易氧化裂解为二甲基胺和甲酸，这两种物质均为聚氨酯大分子链的封端剂，所以要采用离子交换法将其去除，或采用减压蒸馏法使氧化裂解作用降到最低限度。二甲基乙酰胺在常压下蒸馏时比较稳定，可以省去裂解产物的纯化工序。

制备纺丝原液时，先称取一定量的聚氨酯嵌段共聚物和溶剂置入溶解装置中，在适当加温和搅拌下聚合物溶解，制成浓度为25%～35%的溶液，再经混合、过滤、脱泡等工序，制成性能均一的纺丝原液。然后由纺丝泵在恒温下定量将纺丝原液压入喷丝头，从喷丝孔挤出的原液细流进入直径30～50cm、长3～6m的纺丝甬道。在甬道内热空气流的作用下，丝条细流内的溶剂迅速挥发，并被热空气流带走，丝条中聚氨酯浓度不断提高直至凝固。与此同时，丝条被拉伸变细，单丝线密度一般在6～17dtex。干法纺制聚氨酯弹性纤维一般采用多根单丝或组合多根单丝生产工艺。在纺丝甬道的出口处，单丝经组合导丝装置按设计要求的线密度组成丝束。根据

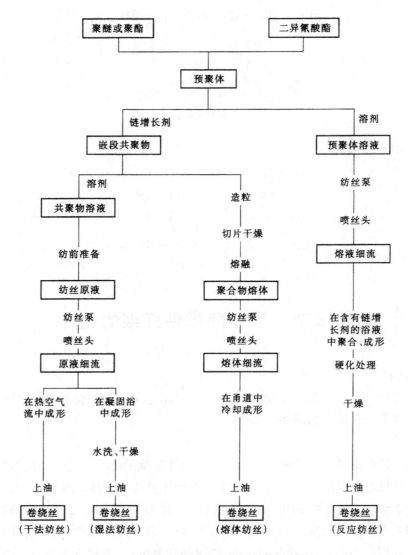

图 9-1　聚氨酯弹性纤维纺丝流程示意图

线密度的不同,每个纺丝甬道可同时生产1~8束弹性纤维丝束。卷绕前还要给纤维上油,以避免纤维发生黏结和后加工中产生静电。图9-2是干法纺丝工艺流程示意图。

2.	*湿法纺丝*

图9-3是聚氨酯弹性纤维湿法纺丝工艺流程示意图。经溶解、混合、过滤、脱泡后的纺丝原液由纺丝泵打入喷丝头,从喷丝孔挤出的原液细流进入由水和15%~30%溶剂组成的凝固浴中,原液细流中的溶剂向凝固浴扩散,细流中聚氨酯浓度不断提高,逐步从凝固浴中析出形成初生纤维。纤维在凝固浴出口按所需线密度集束,并加捻成圆形截面的多股丝,然后经若干个萃取浴洗去纤维中残存的溶剂,并在加热辊上进行干燥、控制收缩热定型、上油等工序,最后卷绕在单独的简管上。一条湿法纺丝生产线往往可以同时生产100~300根多股丝。

采用湿法纺丝时,必须配备凝固浴的调制、循环、回收设备,不仅工艺流程复杂,厂房建筑和

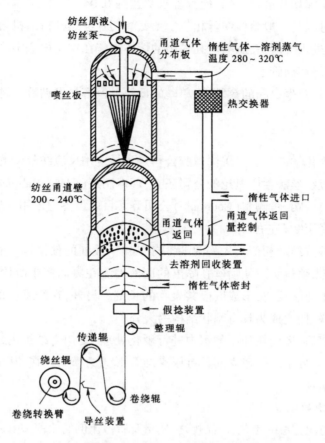

图 9-2　聚氨酯弹性纤维干法纺丝工艺流程示意图

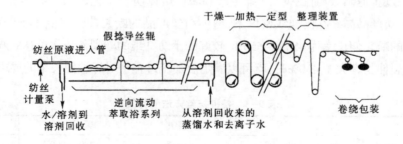

图 9-3　聚氨酯弹性纤维湿法纺丝工艺流程示意图

设备投资费用较大,而且纺丝速度低,因此生产成本较高。目前湿法纺丝的产量约占氨纶总产量的 10%,其中以聚酯型聚氨酯弹性纤维为主

3. 熔体纺丝

这种纺丝方法的设备费用、原料费用和生产费用都是最经济的。但它只能适用于热稳定性良好的聚氨酯嵌段共聚物,如采用二苯基甲烷-4,4′-二异氰酸酯、聚酯和 1,4-丁二醇聚合而成的聚氨酯嵌段共聚物。

纺丝前先将聚氨酯切片进行干燥,使其含水率达到 0.04% 以下,以避免高温下的水解和热裂解反应。其纺丝过程与一般熔体纺丝相似。聚氨酯切片经螺杆挤出机熔融后,分配至各纺丝位,经纺丝泵计量后进入喷丝头,从喷丝孔喷出的熔体细流在纺丝甬道中冷却成形,同时被拉长变细,经上油后被卷绕在筒管上。

采取熔体纺丝时,对聚氨酯的热敏性、单丝的低模量及容易发粘等问题,都需要着重考虑并加以解决。

4. 反应纺丝

反应纺丝也称为化学纺丝法。美国橡胶公司是最早应用反应纺丝法的公司,其氨纶的商品名为韦纶。采用反应纺丝法生产氨纶的公司还有:环球制造(Globe Mannfacturing)公司、耐火橡胶(Firestone Rubber)公司、考陶尔(Courtaule)公司等。目前世界上采用反应纺丝法生产的氨纶所占比例已逐年下降至 2% 左右。

反应纺丝法与湿法纺丝相似。先将两端含有二异氰酸酯的预聚体与有机溶剂配成纺丝原液,由纺丝泵定量挤入喷丝头。从喷丝孔喷出的原液细流在凝固浴中凝固的同时,与凝固浴中的扩链剂二元胺发生化学反应,形成嵌段共聚物的长链。另外,在纤维内的大分子间也会产生一定程度的横向交联,使之成为具有网状结构的大分子。

初生纤维经卷绕后,还应在加压的水中进行硬化处理,使初生纤维内部尚未充分反应的部分继续发生交联,在大分子之间建立起具有尿素结合形式的横向连接,从而转变为具有三维结构的聚氨酯嵌段共聚物。

5. 几种纺丝方法的比较

表 9-3 是各种纺丝方法的工艺、产品规格、质量及所占比例的比较。由表可见,由于干法纺丝产品质量好,是当前聚氨酯弹性纤维的主要生产方法。反应纺丝和湿法纺丝由于纺速低、成本高、污染环境,正在逐步退出聚氨酯弹性纤维生产领域。熔体纺丝工艺的最大特点是可以纺制细旦丝,其强度比干纺产品高。在同样线密度下,熔体纺丝产品的断裂伸长率低于干纺产品。较好的熔体纺丝纤维的断裂伸长率为 450%~550%,较好的干纺纤维的断裂伸长率可达 600% 以上。但一般认为纤维断裂伸长率大于 450% 时,就可以满足后加工过程中对纤维伸长率的要求。

表 9-3　各种纺丝方法的比较

项目	干法	湿法	熔体纺丝法	反应法
纺丝速度/m·min⁻¹	200~600	50~150	400~1000	50~150
纺丝温度/℃	200~230	≤90	160~220	—
线密度范围/dtex	22.2~1244	44~440	22~1100	44~380
占氨纶总产量比例/%	80	10	8	2
产品质量	品质最好	品质尚可	—	品质尚可
代表厂家	美国杜邦 德国拜耳 日本东洋纺	日本富士纺	日本日清纺 日本钟纺 日本帝人	美国环球
环境影响	污染较大	污染严重	基本无污染	污染严重
生产成本	成本高	成本高	成本低	成本高

由于结构上的原因,熔体纺丝聚氨酯弹性纤维的回弹性比干纺产品低。为了提高熔体纺丝聚氨酯弹性纤维的回弹性,可向纺丝聚合物熔体中添加预聚体。即,将熔体纺丝工艺设计的端基为异氰酸酯基的预聚体加到熔体中,以增大氨基甲酸酯大分子的交联度,修补高温下断裂的大分子链段,改善纤维的回弹性和耐热性。总之,熔体纺丝生产工艺简单、投资少、成本低、基本无污染,而且随着熔体纺丝技术的进步,熔体纺丝聚氨酯弹性纤维的品质将得到进一步提高,预计短期内会得到较快的发展。

二、后加工

1. 包芯纱的加工

包芯纱的品种、规格很多,其加工方法有环锭纺、气流纺、涡流纺、静电纺等。加工方法不同,其加工设备也有较大区别。在诸多方法中以环锭纺的应用最为广泛。图 9-4 是在经过改装的环锭细纱机上纺制氨纶包芯纱的示意图。一般的改装方法是在普通的细纱机上加装氨纶丝的喂入机构以及预牵伸机构。

工作时,将氨纶筒子置于喂入辊上,经过预牵伸机构(包括预牵伸区和喂入区)和 V 形槽导轮,自前罗拉皮辊后方的集棉器处喂入,与牵伸后的非弹性短纤维须条相合并,同时经过集棉器及前罗拉。当芯纱脱离前罗拉的握持点后,由于细纱纺纱张力小于芯纱所受的拉伸张力,使芯纱发生回缩。外包覆纤维由环锭回转的加捻作用形成纱鞘。即得到弹力包芯纱。

氨纶丝的预牵伸是在喂入辊与预牵伸辊之间进行的。其牵伸倍数与氨纶丝的线密度有关,如表 9-4 所示。

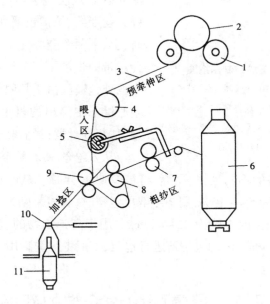

图 9-4 氨纶包芯纱纺制示意图

1—喂入辊 2—氨纶丝筒 3—氨纶丝 4—预牵伸辊 5—导丝轮 6—粗纱筒管
7—后罗拉 8—中罗拉 9—前罗拉 10—导丝钩 11—锭子

表 9-4　氨纶丝线密度与预牵伸倍数的关系

氨纶丝线密度/dtex	44	76	150
预牵伸倍数/倍	3~4	3.5~4.5	4~5

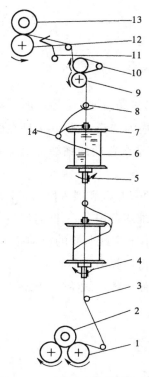

图 9-5　双层氨纶包覆纱纺制示意图

1—喂入辊　2—氨纶丝　3—导丝器　4—带子
5—空心锭子　6—包覆丝　7—双边筒子　8—气圈
9—牵伸辊　10—压伸　11—往复导丝器　12—卷取辊
13—包覆纱筒子　14—衬锭

预牵伸倍数太低,将影响包芯纱的弹性;预牵伸倍数过高,氨纶丝容易断头,而且对纺织加工也会带来一定困难。预牵伸辊的线速度比前罗拉要高出5%左右,即氨纶丝在喂入区是超喂的,这不仅可以减少牵伸断头,而且能使氨纶丝具有良好的包覆性能。

成品纱的弹性主要取决于芯纱预牵伸的倍数;成品纱的强力主要由鞘纤维决定。当纱线受到的外力在成品纱的弹性范围内时,纱线表现为低负荷伸长。在到达伸长极限以后,如继续受外力作用,则外包鞘就要受到使纤维发生位移的拉力,其抗拉值的大小,表现为成品纱的强力。

2. 包覆纱的加工

包覆纱一般是在空心锭子纺纱机上纺制的,图9-5是双层包覆纱的纺纱原理图。全机共分弹力丝喂给、拉伸包覆和松弛卷取三部分。工作时,上、下两个空心锭子(单层包覆时为一组),在传送带的带动下,以相反的方向回转,空心锭子中的外包覆丝由于其回转而被引出,并包覆在从空心锭子中穿出的氨纶芯纱上。包覆纱经牵伸辊、往复导丝器,最后被卷绕成筒。

从氨纶丝喂入辊至牵伸辊为牵伸区。作为芯纱的氨纶丝根据包覆纱的不同规格、用途,将被牵伸2~4倍。从牵伸辊至卷绕辊为松弛区,通常单层包覆时,收缩率为5%~10%,用棉纱双层包覆时,收缩率则为10%~50%。外包覆的非弹性长丝或短纤维纱的线密度一般为22~44dtex。用于高弹织物的包覆纱,其芯纱较粗,牵伸倍数较大,外包覆丝与芯纱成70°的包缠角进行包覆;一般中弹织物用纱的包缠角则为35°。

第四节　聚氨酯弹性纤维的新品种

随着科研工作的进展和生产技术的进步,聚氨酯弹性纤维新产品不断涌现,应用领域不断拓宽。

一、耐高温聚氨酯弹性纤维

日本钟纺公司在 80% 的聚己二酸己二醇酯和二苯基甲烷-4,4′-二异氰酸酯(MDI)及 1,4-丁二醇组成的聚合物中,加入 20% 的聚己二酸丁二醇酯和 MDI 合成的预聚体,得到的熔纺聚氨酯纤维,具有较好的耐热性能。

日本旭化成公司用脂肪族聚碳酸酯二醇、1,6-己二醇和 1,5-戊二醇的混合醇与 MDI 合成的聚氨酯,采用干法纺丝,得到的纤维的伸长率为 618%,具有较好的耐高温性能。

日本可乐丽公司用含有 1,9-壬二醇或聚碳酸酯二醇的混合二醇,制取得熔纺聚氨酯纤维,具有优异的耐高温性能。

美国韦诺恩(NOVEON)公司采用聚四氢呋喃二醇、MDI、芳香族低分子二醇制取的熔纺聚氨酯纤维,可以在 130℃ 下染色,具有良好的耐高温性能。

日本东洋纺开发的艾斯帕(エスパ)T-765 是一种干纺的高耐热性、耐化学品的聚氨酯纤维。它是不易变黄、脆化,耐光、耐洗涤、耐煤气,具有优异的耐伸缩疲劳性且透明的聚氨酯纤维。它可以与聚酯纤维混纺和在高温下染色,在干热及湿热处理时具有较高的稳定性。

二、耐氯、耐水解聚氨酯弹性纤维

由于普通聚氨酯纤维结构上的原因,使其不耐氯,不耐水解。当前有 25% 的聚氨酯弹性纤维用于制造游泳衣,因此研究耐氯、耐水解的聚氨酯弹性纤维是急需解决的问题。聚酯型聚氨酯纤维有较好的耐氯性,但其耐真菌性能比较差,故人们努力研究耐氯性聚醚型聚氨酯纤维。

水中含有的活性氯不仅充满纤维的表面,并且扩散到纤维的内部,使醚键氧化断裂,导致纤维脆化、强度下降直至纤维断裂。在纤维中添加活性氯中和剂,如络合氧化物、氢氧化镁、氢氧化锌和氢氧化铝,再用聚烷基硅氧烷和含磷酸酯的矿物油处理,这样,在醚键断裂之前,纤维中含有的氧化物微粒子,可捕捉到活性氯,防止醚键破坏,提高纤维的耐氯性。

旭化成公司研制的耐氯、耐水解聚醚型聚氨酯纤维是向聚氨酯中添加用高级脂肪酸或硅烷偶联剂处理过的水合碳酸铝镁盐,再经熔体纺丝制取聚氨酯纤维。它可以在 (3×10^{-4})% 的 NaCl 的水溶液中浸渍 68h,仍然保持 50% 的强度。未改性的聚氨酯纤维在上述的 NaCl 的水溶液中浸渍 29h,才可保持 50% 的强度。

杜邦公司以聚(2,2-二甲基-1,3-癸二酸二丙酯)、MDI、1,3-二氨基环己烷、1,2-乙二胺合成的聚氨酯,再经干法纺丝制取聚氨酯纤维,它可以在 pH 为 3 的 70℃ 含氯的热水中浸渍 1h,仍保持 40% 的强度。普通的聚氨酯纤维在同样的条件下强度已经下降到零。杜邦公司生产的 T-259 型聚氨酯纤维制成的游泳衣,其耐氯性能是普通聚氨酯纤维制成的游泳衣的 4 倍。

三、耐潮、耐菌的聚氨酯弹性纤维

东洋纺采用聚己二酸乙二醇丁二醇共聚酯和 MDI 制成的预聚物,用 1,2-丁二醇扩链并添加 2,3,5,6-四氯代烷-4-甲磺基吡啶,再经干法纺丝纺制的聚氨酯纤维织物经 20 次洗涤后,其抗菌性能仍符合日本工业标准的要求。在 70℃ 和相对湿度为 95% 的条件下,保持 14 天后,其强度仍保持 90%,而一般的聚氨酯纤维织物的强度保持率仅有 30%。

富士纺公司研究出一种抗菌吸臭的聚氨酯纤维。在氨基甲酸酯纺丝溶液中加入环糊精包囊杀菌剂和 Zn、Cu 或 Ni 的二价金属硅酸盐粉末组成的添加剂,再经干法纺丝制取聚氨酯纤维,灭菌率可达到 99.5%。

四、具有良好低温性能的聚氨酯弹性纤维

旭化成公司研制了一种新型催化剂,用于合成含有支链的 2,3-丁二醇的生产。再用 2,3-丁二醇合成含有支链的聚醚二醇来生产聚氨酯纤维,其纤维模量较低,可制作适于老年人和幼儿穿着的服装;在低温下有良好的低温性能,可用于制作冰上运动服。

日本大赛路公司采用聚己二酸戊四醇酯与 ε-己内酯进行酯交换的产物,与 MDI 反应合成聚氨酯,再经熔体纺丝制取聚氨酯弹性纤维,其弹性回复率可达 75%~90%,具有良好低温性能的聚氨酯弹性纤维,主要用于制作运动装。

可乐丽公司采用壬二酸、1,4-丁二醇和 MDI 合成预聚体,用 3-甲基-1,5-戊二醇扩链得到热塑性聚氨酯,再共混一定量的聚氧化乙烯硅氧烷,得到具有良好低温性能的聚氨酯弹性纤维,该纤维在 0℃ 时伸长 50% 条件下的弹性回复率为 97%,而用 1,4-丁二醇扩链的聚氨酯纤维在同样条件下的弹性回复率仅为 40%。

另外,还有含有四氯邻苯二甲酸、亚磷酸酯等阻燃剂的阻燃型聚氨酯弹性纤维;含有聚有机硅氧烷的滑爽型聚氨酯弹性纤维;与传统添加 TiO_2 生产消光聚氨酯弹性纤维不同,将对苯二甲酸丁二酯的结晶聚酯和热塑性聚氨酯共混经熔体纺丝制取的消光纤维等。

👉 思考题

1. 简述聚氨酯纤维具有高弹性的机理。
2. 为什么熔纺氨纶的回弹性不及干纺氨纶?

主要参考文献

[1]肖长发,等. 化学纤维概论[M]. 北京:中国纺织出版社,1997.

[2]郭大生,王文科. 熔纺聚氨酯纤维[M]. 北京:中国纺织出版社. 2003.

[3]邬国铭,等. 高分子材料加工工艺学[M]. 北京:中国纺织出版社,2000.

[4]张曙光. 中国氨纶业的近忧远虑[N]. 中国纺织报,2004,(11)4.

[5]我国氨纶生产技术状态. 精细化工原料及中间体,2012,(3)42-43.

[6]2013 年中国氨纶现状分析. 中国报告大厅,www.chinabgao.com.

[7]2009-2011 年我国氨纶纤维产能发展趋势分析——访中国化纤信息中心特聘专家顾超英,锦桥纺织网,2011-04-22.

第十章　高性能纤维

第一节　概述

随着科学技术的发展与进步,新的纤维品种不断涌现,特别是随着航空航天、新能源、海洋、生物医学、通讯信息、军工等高科技产业的迅速发展,对纤维材料性能的要求越来越高,也促进了对新型纤维的研究与开发。高性能纤维是近些年来纤维高分子材料领域发展迅速的一类特种纤维,它是具有高强度、高模量、耐高温、耐气候、耐化学试剂等所谓高物性纤维的统称。高性能纤维品种很多,如碳纤维、芳香族聚酰胺纤维、芳香族聚酯纤维、芳杂环聚合物纤维、高强高模聚烯烃纤维以及无机和金属纤维等都属于高性能纤维范畴。

"诺梅克斯(Nomex)"是美国杜邦(Du Pont)公司于 1960 年研制出的一种间位型芳香族聚酰胺纤维,学术名为聚间苯二甲酰间苯二胺(PMIA)纤维。自 1972 年开始,日本帝人公司也开始生产商品名为"克内克斯(Conex)"的 PMIA 纤维。PMIA 纤维具有良好的防火、耐热、耐化学试剂性能,可用于航天飞行员的宇航服、赛车运动服、防火工作服、耐高温滤布等。"开夫拉(Kevlar)"即聚对苯二甲酰对苯二胺(PPTA)纤维,是杜邦公司 1981 年开始批量生产的另一种对位型芳香族聚酰胺纤维。1986 年荷兰阿克苏(AKZO)公司也开发出商品名为"特瓦纶(Twaron)"的 PPTA 纤维。此外,对位共聚型芳香族聚酰胺纤维如帝人公司的"特克诺拉(Technora)"、俄罗斯的"特纶(Terlon)"、"阿莫斯(Armos)"纤维等也都各有特色,在不同领域获得应用,但产量都小于 PPTA 纤维。

开夫拉(Kevlar)的出现,推动了高强、高模和耐高温有机高性能纤维的研究与发展。由于对位型芳香族聚酰胺的聚合和纺丝工艺复杂,所以科学家自然会想到能否像脂肪族聚酯那样,开发可熔融纺丝成形的芳香族聚酯(即聚芳酯,PAr)纤维。经过多年努力,若干商品聚芳酯纤维问世,但因工艺过程复杂、生产成本高等原因多数都已停产,目前产业化的只有塞拉尼斯(Celanese)公司与可乐丽公司合作在日本生产的"维克特纶(Vectran)"。维克特纶纤维的强度和模量与 PPTA 纤维相似,但吸水率低,干、湿环境中物性差异小,尺寸稳定性强,耐热和耐磨损性好,耐化学试剂特别是耐酸性优异。

经过约 20 年的努力,塞拉尼斯公司于 1983 年开始批量生产聚 2,2′-间亚苯基-5,5′-二苯并咪唑(简称聚苯并咪唑,PBI)纤维,它具有很多突出的特性,如抗燃性、热稳定性、吸湿性、耐强酸强碱性以及良好的纺织加工性和穿着舒适性等。

自 1960 年代末期出现芳香族聚酰胺纤维后,人们就一直在探索开发性能更加优异的高强、高模及耐高温有机纤维。根据液晶高分子伸直链结构模型,结合芳杂环类聚合物如聚苯并咪唑(PBI)的研究成果,科学家提出线型芳杂环高分子量液晶聚合物分子设计构想。经过十余年的努力,于20世纪80年代初期合成出芳杂环液晶聚合物——聚苯并双噁唑(即聚对亚苯基苯并双噁唑,PBO),其后美国道(Dow)化学公司与日本东洋纺公司联合开发高性能PBO纤维,1998年东洋纺公司正式生产商品名为"柴纶(Zylon)"的PBO纤维。PBO纤维具有比对位型芳香族聚酰胺纤维更高的比强度、比模量和耐高温性能,被视为航空航天业先进结构复合材料的新一代超级纤维。荷兰阿克苏诺贝尔(AKZO Nobel)公司于1998年也开发出类似于PBO的新纤维,即聚(2,5-二羟基-1,4-亚苯基吡啶并二咪唑)纤维,简称"PIPD"或"M5"纤维,它是由2,3,5,6-四氨基吡啶和2,5-二羟基对苯二甲酸缩聚后经液晶纺丝及热处理等制成的一种高性能纤维。PIPD纤维大分子链的几何形状与PBO相似,但其径向有较强氢键作用,使得纤维具有较高的剪切和横向模量及较好的抗轴向压缩性能。

作为耐热性纤维的一个品种,虽然聚酰亚胺纤维不如芳香族聚酰胺纤维发展那样快,但因其性能独特,也受到人们重视。聚酰亚胺是指主链上含酰亚胺环的一类聚合物,其中以含酞酰亚胺结构的聚合物更为重要。聚酰亚胺的纺丝成形多采用湿纺或干纺工艺,溶剂如二甲基甲酰胺(DMF)、N-甲基吡咯烷酮(NMP)等。目前商品聚酰亚胺纤维还比较少,其中"P84"是商品化最早的聚酰亚胺纤维,于1980年代中期由奥地利兰精(Lenzing,现为美国Inspec Fibers)公司研制成功。它是由二苯酮四羧酸二酐与二异氰酸二苯甲酯及二异氰酸甲苯酯合成聚酰亚胺,干法纺丝制成纤维:

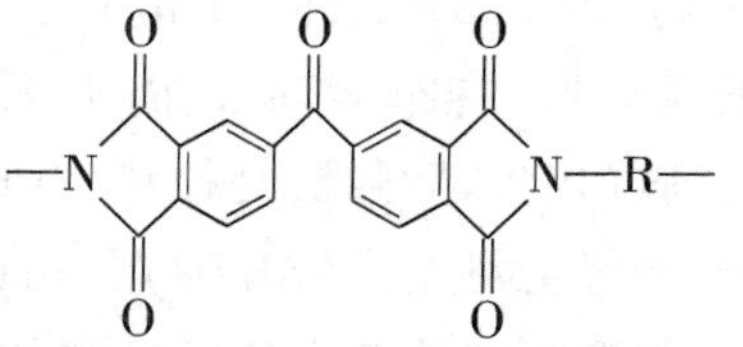

若用三羧酸二酐或二羧酸代替四羧酸二酐与二异氰酸酯反应,则所得产物为聚酰胺—酰亚胺。1971年法国逢-普朗克(Phone-Poulenc)公司开发出聚酰胺—酰亚胺纤维"克密尔(Kermel)",由罗地亚纤维(Rhodia Performance Fibers)公司生产,其化学结构为:

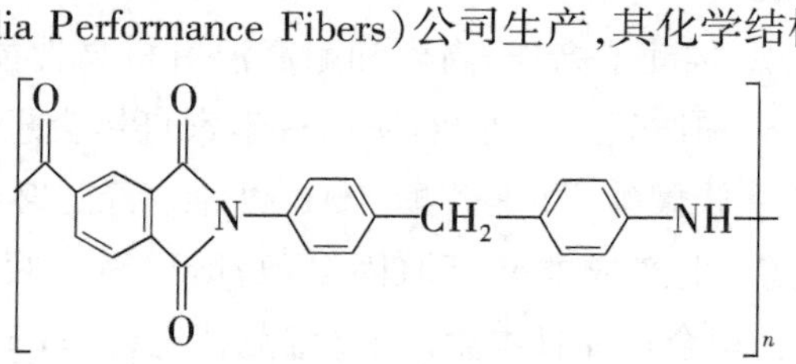

克密尔纤维呈淡黄色,耐热性和耐化学药品性类似间位型芳香族聚酰胺纤维,但耐紫外光性较差,应避免在强紫外光照射条件下使用。克密尔纤维在高温防护服、手套、绝热地毯、高温过滤材料等方面都有应用。

通常的化学纤维具有线型大分子结构,而德国巴斯夫(BASF)公司1980年代开发的"巴斯菲尔(Basofil)"纤维则是一种具有三维网状结构的三聚氰胺—甲醛(即密胺—甲醛)树脂纤维,由密胺、密胺衍生物和甲醛反应得到树脂经干法纺丝制成:

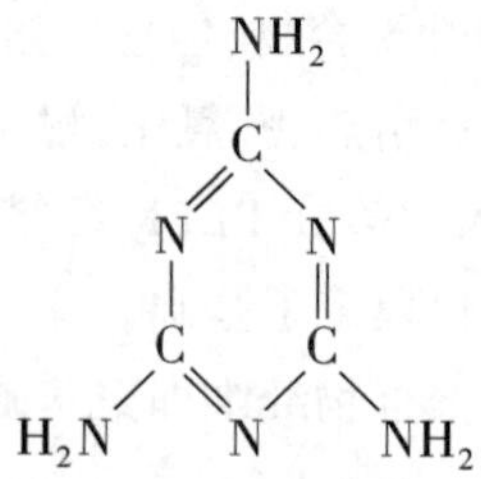

1996 年实现巴斯菲尔纤维的工业规模生产,纤维强度 2~4cN/dtex,模量 6N/tex,断裂伸长率 15%~20%,限氧指数 32%,密度 1.4g/cm³,连续最高使用温度约 190℃,在 200℃热空气中处理 1h 后收缩率小于 1%,暴露在火焰下不熔融,也不产生熔滴,耐有机试剂性优异,但在 20%盐酸或硫酸中浸渍 28 天后,纤维强度损失约 52%。该纤维主要用于防火和隔热制品、填充材料、耐热过滤材料等。

1969 年,美国金刚砂(Carborundum) 公司采用线型树脂纺丝成形再交联技术,制成具有三维网状结构的酚醛树脂纤维"克诺尔(Kynol)",它具有热固性树脂的特点,不溶不熔,耐燃性突出。其后日本也试制出类似纤维,商品名为"克诺尔诺沃洛伊德(Kynol novoloid)":它是一种无定形交联的酚醛树脂纤维,具有优良的热和电绝缘性,突出的耐酸、碱及有机试剂性,密度 1.27g/cm³,容易碳化制成活性碳纤维。克诺尔纤维可用于耐燃防护制品、隔热、耐低温、工业密封、包装、过滤以及填充材料等。

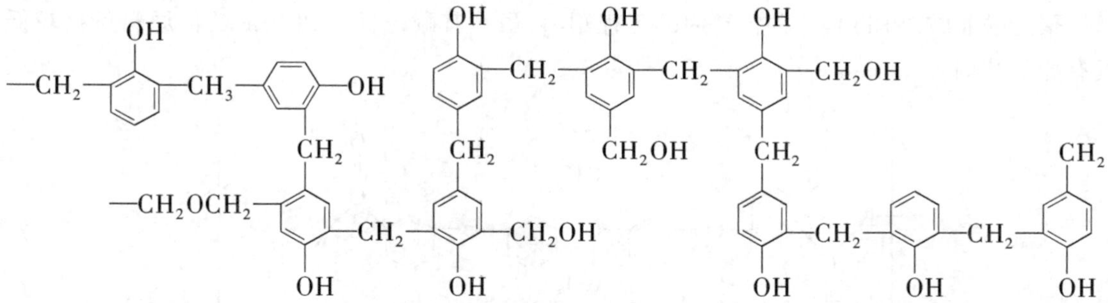

聚醚醚酮(PEEK)是一种重要的热塑性芳香族聚合物,由 4,4′-二氟苯酮、对苯二酚和碳酸钠在二苯砜溶剂中聚合而得:

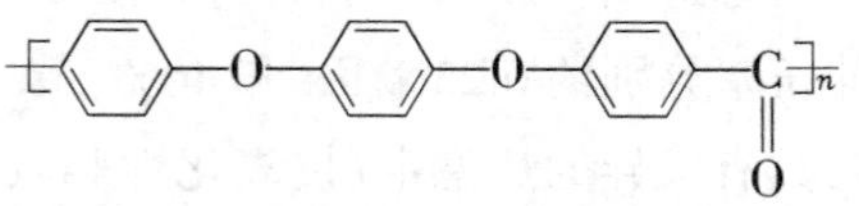

1970 年代末期,英国帝国化学工业公司(ICI) 开始工业规模生产 PEEK 树脂,目前则由 1993 年从 ICI 分出的威格斯(Victrex)公司生产。最初 PEEK 主要用于注射模塑。ICI 和英国利兹(Leeds)大学的研究表明,PEEK 在高性能纤维方面有很好的应用前景。PEEK 单丝的制备可采用高温(370℃以上)熔纺成形所得纤维直径为 0.4~1.0mm,强度 0.3~0.4N/tex,断裂伸长率 30%~40%,180℃空气中热收缩率小于 2%。到 1980 年代中期,随着合成技术的进步,纤维级 PEEK 的质量得到提高,可以纺制 5~15dtex 的复丝,纤维强度和断裂伸长率分别提高和降低到 0.65N/tex 和 25%以下,而热收缩率则小于 1%,同时 PEEK 单丝的质量也得到很大改进。参与 PEEK 纤维开发的公司有希艾克斯(ZYEX)、帝人、科莎 (Kosa)、莎士比亚(Shakespeare)、力士

浪(LUXILON)等。虽然 PEEK 是热塑性聚合物,但它的熔点(T_m)和玻璃化转变温度(T_g)都较高,使其具有很多独特性能,主要表现在耐热、抗氧化、耐化学腐蚀、耐水解、耐磨、抗蠕变和抗冲击等方面。我国四川大学、天津工业大学等在 PEEK 纤维方面的研究工作也取得较大进展,为进一步实现高性能 PEEK 纤维的国产化奠定了基础。

另一种值得关注的热塑性芳香族聚合物纤维即聚苯硫醚(PPS)纤维,它是由对二氯苯与硫化钠缩聚而成:

$$\left[\!\!\left[\begin{array}{c}\end{array}\!\!\right]\!\!-S\right]_n$$

PPS 大分子是通过苯环与硫原子连接而成的,所以它同时具有 PEEK 和聚苯醚(PPO)的特点,是一种用途较广的热塑性树脂。最早的 PPS 纤维是由菲利普纤维(Phillips fibers)公司于 1973 年采用熔融纺丝技术研制成功的,商品名为"瑞顿(Ryton)"。其后,拜耳、帝人、东洋纺、东丽、塞拉尼斯等公司也相继研究和开发 PPS 纤维。PPS 纤维熔点约 285℃,与常规合成纤维相近,不能用作耐高温纤维使用,将其在 204℃ 热空气中分别处理 2000h、5000h 和 8000h 后,其强度保持率分别为 90%、70% 和 60%。尽管 PPS 纤维的限氧指数约 34%,但因大分子中硫原子容易被氧化,所以 PPS 对氧化剂较敏感,耐光性也较差。PPS 纤维耐化学试剂性优异,特别是耐非氧化性酸和热碱液的能力突出,在耐热、防腐等方面有很好的应用前景。

聚醚酰亚胺(PEI)是一种较常用的工程塑料,虽然其耐热性不如 PEEK,但原料价格较低,具有如下结构:

商品 PEI 纤维已由帝人和阿考迪斯(Acordis)公司等开发成功。PEI 是无定形聚合物,熔纺成形所得纤维的强度和断裂伸长率分别约 0.25N/tex 和 40%,最高使用温度 190℃,限氧指数达 45%,高于 PEEK 和 PPS 纤维,具有优异的热稳定、抗氧化性和较好的耐化学试剂性,可用作耐热、耐腐蚀性气体的过滤、防护材料等。

1975 年荷兰 DSM 公司采用凝胶纺丝—超拉伸技术开发出具有优异抗张性能的超高分子量聚乙烯(UHMWPE)纤维,打破了只能由刚性高分子制取高强、高模纤维的传统局面。DSM 公司申请专利后,立即受到业界极大关注。其后,美国、日本等先后开发出类似的产品。UHMWPE 纤维的比强度和比模量在有机纤维材料中是最高的,断裂伸长率比碳纤维、PPTA 纤维及钢丝等大,抗冲击性仅次于聚己内酰胺(PA6)纤维而优于聚酯、PPTA 和碳纤维,受高速运动物体冲击时,所能吸收的能量是 PPTA、PA6 纤维的 2 倍左右。UHMWPE 纤维主要不足是熔点低、易蠕变、与热固性树脂黏结性差。

　　高性能聚乙烯纤维的出现,也促进了其他柔性高分子量聚合物纤维的研究与开发,如可乐丽公司于 1996 年采用"溶剂湿式冷却凝胶纺丝"技术开发的"库拉纶 K-Ⅱ(Kuralon K-Ⅱ)"商品高强度聚乙烯醇(PVA)纤维,其强度和模量分别为 15cN/dtex 和 330cN/dtex,断裂伸长率为 6%,主要用于水泥增强材料、聚合物基复合材料、绳索和管类、防护织物等。

　　聚四氟乙烯(PTFE)俗称塑料王,最早由 ICI 公司生产,用于制作塑料。1960 年代,杜邦公司采用乳液纺丝技术研制出商品名为"特氟纶(Teflon)"的 PTFE 纤维,其密度 2.1~2.3g/cm³,强度 0.10~0.25N/tex,断裂伸长率 13%,摩擦系数 0.01~0.05,吸湿率为 0,限氧指数高达 98%,使用温度范围-180~260℃。除熔融金属钠和液氟外,特氟纶纤维能耐其他所有化学试剂,在王水中煮沸也不发生变化。它的热稳定性和耐磨性优异,可用于防护织物、人造血管和气管、不粘绷带或胶布、过滤和耐磨制品、防腐材料、熨烫垫褥等。

　　在高性能纤维发展过程中,碳纤维一直占有突出位置。碳纤维的开发已有很长历史,目前碳纤维的生产技术已得到较快发展,新品种不断问世,质量提高,产量增加,价格日趋下降,应用领域得到拓宽。近年来气相生长碳纤维(VGCF)的研究也取得很大进展,它是以过渡族金属 Fe、Ni 及其合金等为催化剂,氢气为载气,直接使低碳烃化合物高温热解制成碳纤维。VGCF 制备工艺简单,不需纺丝、预氧化、碳化等过程,纤维具有高导电性、高导热性、核屏蔽性、高耐热性、生物亲和性等特性,可用作贮能(如贮 H₂)、核反应堆屏蔽、人工脏器、超微电器材料以及各种复合材料的增强材料等,有很好的发展前景。

　　此外,含硅、含铝和含硼等陶瓷及金属高性能纤维的研究与开发也都取得了令人瞩目的进展。这类纤维都具有优异的耐热性、高比强度和高硬挺度以及优良的抗轴向压缩性能等,在高科技领域发挥着重要作用。

　　经过几十年的不懈努力,我国高性能纤维的研究与产业化开发也取得了很大进步。例如,2012 年江苏航科复合材料科技有限公司建成国内首条 25t T800 碳纤维生产线,在高性能碳纤维产业化方面实现了突破,中复神鹰碳纤维公司自主开发的国际主流工艺干—湿法纺 SYT45(相当于 T700 级)高性能碳纤维首次在中国国际复合材料展上亮相;2011 年烟台泰和新材料股份有限公司(烟台氨纶股份有限公司)生产出合格的对位型芳香族聚酰胺纤维;2012 年中国纺织工业联合会组织专家对苏州兆达特纤科技有限公司完成的"年产 1000t 对位芳纶产业化"项目进行了鉴定,2012 年烟台泰和新材料股份有限公司新建 3000t 生产线;2011 年四川省科技厅组织专家对四川辉腾科技有限公司完成的"50 吨/年杂环芳香族共聚酰胺纤维(芳纶Ⅲ)工业化生产技术"项目进行了鉴定;超高分子量聚乙烯纤维发展较快,目前已建成包括干法纺丝路线的多条产业化生产线,产能已超过 6000t,产量超过 3000t,纤维产品大量出口;已建成聚苯硫醚 PPS 树脂和纤维的主要生产基地包括:四川得阳新材料、江苏瑞泰科技中化集团昊华西南化工、中石化天津石化等单位,为应对 PM2.5 标准的实施,江苏瑞泰科技有限公司于 2011 年研究开发出三叶形聚苯硫醚短纤维,并于 2012 年实现批量生产和销售;中科院长春应用化学研究所是国内最早从事聚酰亚胺纤维研究的单位之一,于 2010 年自主研发设计建成年产 300t 工业化装置,所得聚酰亚胺纤维综合性能达到国际先进水平,2012 年底形成年产 3000t 的生产能力;华东理工大学、东华大学、上海交通大学、哈尔滨玻璃钢研究所等分别对 PBO 的合成、纺丝成形、纤维增强复合材料及其应用等进行了小试研究,试制出抗张强度 5.0~5.5GPa、模量 240GPa 的高强度、高模量 PBO 纤维;我国在聚四氟乙烯纤维研制方面取得很大进展,纤维产能达到 700t/年左右,约占世界聚四氟乙烯纤维总产量的 1/3;2011 年安徽皖维高新材料股份有限公司以较高聚合度和立构规整度的 PVA 为原料,采用湿法凝胶含硼碱性纺丝工艺等技术,成功制得高强度 PVA 纤维,产能达到 $4×10^4$ 吨/年;玄武岩纤维是以天然玄武岩矿石为原料于 1450~1500℃熔融后通过铂铑合金漏板高速拉制而成的纤维,具有耐高温、隔音、隔热、抗振、耐酸碱、阻燃、防爆、化学惰性和生态友好等特性,我国玄武岩纤维生产技术已与俄罗斯、乌克兰等国处于相近水平,预计到 2020 年总产量将占全球的 70%以上。

高性能纤维实际上是一种技术密集、投资巨大的工业产品,特点是性能突出,而生产工艺复杂,用途较专一,市场小,产量低,价格往往是普通纺织纤维的几倍或几十倍,甚至上百倍。常规纺织纤维如 PA6 和 PET 等聚合、纺丝成形等工艺技术已经成熟,熔融纺丝速度可达 5000m/min 甚至更高,而高强高模或耐热、耐化学试剂纤维的生产工艺过程要复杂得多。例如,纺制对位型芳香族聚酰胺纤维需以硫酸或磷酸为溶剂,成本很高;UHMWPE 的凝胶纺丝速度很低,一般在每分钟数十米范围,还需解决溶剂回收问题等;虽然维克特纶是通过熔融纺丝制成的,但为提高纤维强度和模量,纺丝后需进行固相聚合;制造碳纤维除需高品质原丝外,还要经过预氧化和 2000℃左右碳化等。上述加工过程都比较复杂且缓慢,所以加大了生产成本。最初高性能纤维作为商品销售时,由于价格高,市场小,用途受到限制,与每年数以百万吨计的民用纺织纤维相比,其销售量显得微不足道。然而,这类特种纤维的用途主要在高科技领域,其使用高性能纤维的首要目的在于提高和强化制品或装置的性能。例如,在医学、竞技体育或军事等方面,为了拯救生命、赢得比赛或提高防御能力,使用高性能纤维时首先考虑的是其性能可否满足要求,而价格往往非第一要素。

纵观纤维一百多年的发展历史,从天然纤维到粘胶纤维,进而到合成纤维如聚酰胺、聚酯、聚丙烯腈纤维等,乃至近几十年来相继出现的各种高性能纤维,进一步表明纤维材料与人类文明社会的发展密切相关,而现代科学技术的发展亦离不开纤维工业的进步。

本章将围绕几种有代表性的高性能纤维如芳香族聚酰胺纤维、芳香族聚酯纤维、芳杂环类聚合物纤维、高性能聚乙烯纤维及碳纤维等介绍纤维的制备方法、结构与性能、应用及发展趋势等。

第二节　芳香族聚酰胺纤维

芳香族聚酰胺(Aramid)是指酰胺键直接与两个芳环连接而成的线型聚合物,用这种聚合物制成的纤维即芳香族聚酰胺纤维。在我国芳香族聚酰胺纤维的商品名为芳纶。

聚对苯二甲酰对苯二胺(PPTA)纤维是芳香族聚酰胺纤维中最有代表性的高强度、高模量和耐高温纤维。该纤维最早由杜邦公司试制成功,商品名为"开夫拉(Kevlar)"。PPTA 纤维具有优良的力学性能,应用范围十分广泛。据悉,迄今杜邦公司为开发和生产开夫拉纤维已投入数亿美元经费。荷兰的阿克苏公司自 1986 年也开始生产 PPTA 纤维,商品名为"特瓦纶(Twaron)",从此打破了杜邦公司独家垄断 PPTA 纤维的局面。1988 年,杜邦与阿克苏公司近十年之久的关于 PPTA 纤维生产专利权的争执终于结束,阿克苏公司的特瓦纶被允许有限度地进入美国市场。

在新工艺,新技术方面,日本爱知县尾张纤维技术中心 1999 年起解决了 PPTA 纤维耐紫外光差、染色困难、伸缩性有限等问题,使其可用于制作秋冬和春季外套,具有防伤害功能,包括耐切割性、耐擦伤性和耐火伤性都良好,受到用户好评。杜邦公司发明了含 9% 硫的 PPTA 纤维,其中含有磺酸取代的聚苯胺,不仅纤维强度高,还具有优良的导电性。阿克苏公司也开发了含硫的高强、高模纤维,用作高强、高模的导电纤维。

此外,由日本帝人公司 20 世纪 60 年代后期开始试制、1987 年实现工业规模生产的商品共聚型芳香族聚酰胺纤维"特克诺拉[Technora(テクノ-ラ-)]",其抗疲劳和耐化学药品性优于 PPTA 纤维,在轮胎帘子线等方面具有较强的竞争力。

聚间苯二甲酰间苯二胺(PMIA)纤维即芳纶 1313 是杜邦公司 1960 年研制成功、1967 年开始生产的一种间位型芳香族聚酰胺纤维,其商品名为"诺梅克斯(Nomex)",其最突出的特点是耐热性和耐燃性好。1972 年帝人公司也开始生产商品名为"克内克斯(Conex)"的 PMIA 纤维。1996 年,杜邦和帝人两家公司在香港合资成立公司,生产主要面向中国市场的 PMIA 纤维,商品名为"梅特麦克斯(Metamax)",原诺梅克斯和克内克斯商标停止在中国使用。

一、聚对苯二甲酰对苯二胺纤维

1. 制备方法

合成聚对苯二甲酰对苯二胺纤维所需的单体主要为对苯二胺(PPD)和对苯二甲酰氯(TCL),合成反应式如下:

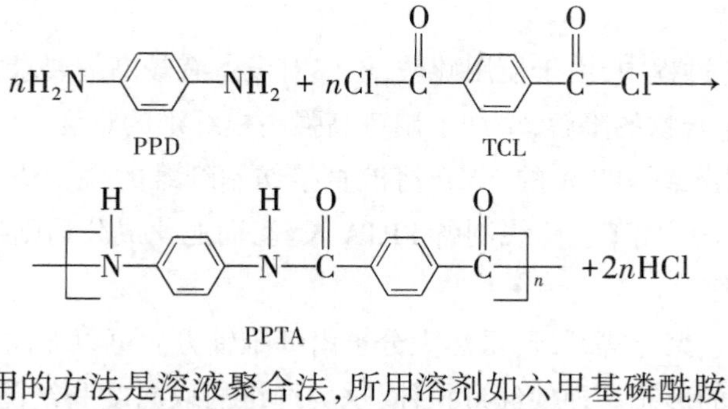

在上述反应中常用的方法是溶液聚合法,所用溶剂如六甲基磷酰胺(HMPA)、二甲基乙酰胺(DMAc)、N-甲基吡咯烷酮(NMP)或 HMPA/NMP 混合溶剂。聚合时首先将对苯二胺溶于溶剂中,边搅拌边加入等摩尔比的对苯二甲酰氯,并严格保持反应体系无水。反应温度 0~20℃。反应结束后,加水使聚合物沉淀,经分离、粉碎和干燥,制成固态成纤 PPTA。采用混合溶剂有利于提高产物相对分子质量,但由于 HMPA 可能是致癌性物质,所以也有采用其他溶剂体系的方法。例如,阿克苏公司曾采用 NMP/CaCl$_2$ 混合溶剂路线合成 PPTA。为获得高聚合度的 PP-

TA,CaCl₂ 的添加量需在 10% 以上。

将 PPTA 溶解在适当溶剂中,在一定条件下溶液显示液晶性质。这种液晶态聚合物溶液称为溶致性液晶。液晶态时,溶液体系具有浓度高而黏度低的特点。目前 PPTA 的纺丝成形多采用以浓硫酸为溶剂的溶液液晶纺丝即干—湿法纺丝技术,最高纺速可达 2000m/min 左右。处于液晶态的刚性大分子受剪切作用在喷丝孔道中沿流动方向发生高度取向,而纺丝细流离开喷丝板后的解取向作用远小于柔性大分子,初生纤维可不经拉伸只需充分水洗和热处理即可成为成品纤维。

温度和浓度对 PPTA/H₂SO₄ 溶液体系各向异性的程度有很大影响,如图 10-1 所示,浓度越低,温度的影响越显著,温度过高,则导致 PPTA 大分子间的有序性破坏,大分子链段可旋转,溶液转变为各向同性。处于液晶态的 PPTA 溶液体系,在静止时呈半透明,色泽较深;搅拌时因刚性棒状大分子的排列连续发生变化,折射率变化使得溶液出现乳白色光泽。同时溶液的黏度及密度发生突变,在热分析图上出现吸热峰(图 10-2)。

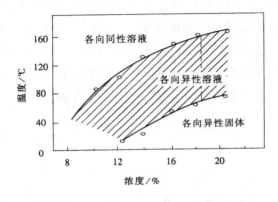

图 10-1　PPTA([η]=3.8)/H₂SO₄(100%)
溶液体系温度与浓度的关系

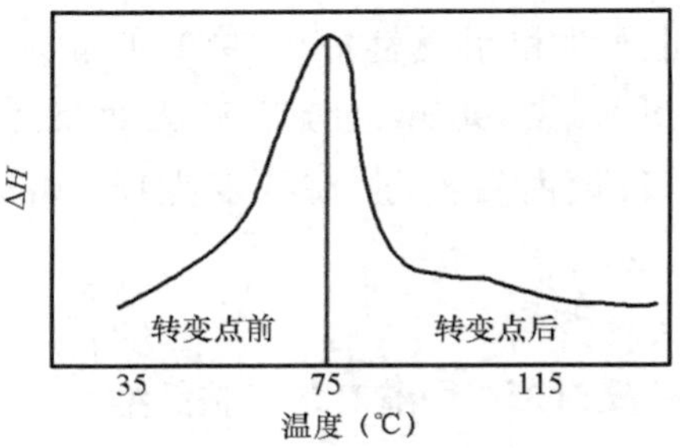

图 10-2　18%PPTA/H₂SO₄ 溶液 DSC 曲线

在 PPTA 纤维制备过程中,由于使用硫酸,不仅对设备有较高的要求,而且硫酸的存在还会引起纺丝过程中成纤聚合物的降解,增加了制备高强高模纤维的难度。因此,为简化工艺过程,化纤工作者开发出利用成纤 PPTA 的 NMP 溶液直接纺制纤维的一步法工艺,目前帝人和德国赫斯特(Hoechst)公司采用此工艺路线制备 PPTA 长丝,而旭化成公司则生产短纤维。

2. 纤维结构与性能

常规脂肪族聚酰胺、聚酯等纤维,虽然大分子沿纤维轴方向可以取向,但取向的大分子多呈折叠、弯曲或相互缠结的形态。即使经过拉伸,这类纤维的取向度和结晶度也比较低,而 PPTA 大分子刚性很强,链缠结少,流动取向效果显著,纺丝成形并经适当热处理后可获得具有较高取向度和结晶度的纤维。图 10-3 为 PPTA 溶液及纤维偏光显微镜(POM)、扫描电子显微镜(SEM)、小角 X-射线散射(SAXS)及用透射电子显微镜(TEM)得到的电子衍射(EDM)结果。显然,在溶液状态下可明显观察到偏光各相异性的特征,而在 SAXS 图上基本观察不到因晶区和非晶区的存在而出现的长周期迹象,表明 PPTA 纤维具有单相结构。

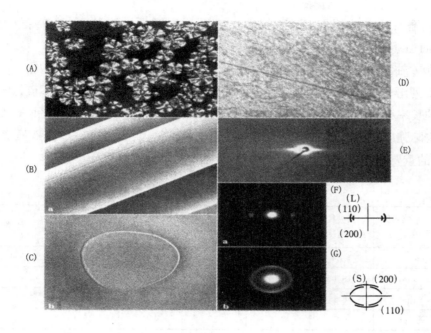

图 10 -3　PPTA 溶液及纤维 POM、SEM、SAXS 及 EDM 结果

（A）—PPTA／100％H$_2$SO$_4$，9.8％（质量分数）溶液，20℃，POM 图　（B）、（C）—纤维
表面及断面 SEM 图　（D）—PPTA／100％H$_2$SO$_4$，20％（质量分数）溶液，90℃，POM 图
（E）—SAXS 图　（F）、（G）—EDM 图，纤维断面 45°，a 纤维轴向，b 垂直纤维轴向

　　PPTA 纤维的结晶属单斜晶系，晶胞参数：a = 0.780 nm，b = 0.519 nm，c = 1.290nm（纤维轴），$\alpha = \beta = \gamma = 90°$，$Z = 2$（单位晶胞中的链节数），$\rho_c = 1.50 g/cm^3$（结晶密度）。

　　通过广角 X-射线衍射（WAXD）的研究表明，经 400～500℃下张力热处理后，PPTA 纤维结晶度提高，晶粒尺寸增大，纤维的取向程度增大。

　　表 10-1 列出热处理后 PPTA 纤维主要结构参数变化。

表 10-1　400～500℃热处理后 PPTA 纤维的主要结构参数变化

热处理温度/℃	结晶度/%	晶粒尺寸/nm				晶区取向/%	晶粒平均取向角/（°）
		（010）	（110）	（200）	（002）		
处理前	80	1.41	3.39	3.62	—	92	—
处理后	90	1.85	4.96	4.13	—	95	—
处理前	65	—	4.30	4.30	16	—	18.8
处理后	75	—	7.60	5.80	36	—	14.5

　　有关 PPTA 纤维的结构模型很多，普遍认为：

（1）纤维中存在由伸直分子链聚集而成的原纤；

（2）在纤维横截面上存在着皮、芯结构上的差异；

（3）纤维中原纤之间存在微孔；

（4）沿纤维轴向存在周期长度约 $150 \sim 250nm$、与结晶 c 轴呈 $0 \sim 10°$ 夹角的褶裥结构（Pleated sheet structure）；

（5）晶胞 b 轴沿纤维径向选择性取向。

表 10-2 列出 PPTA 纤维与其他几种纤维的主要性能指标。PPTA 纤维不仅强度高,而且模量大,断裂伸长率小,纤维表现出很强的刚性。PPTA 纤维理论强度约 $207cN/dtex$,而从表 10-2 中可见,其实际强度仅为 $20cN/dtex$ 左右,与理论值相差很大,如何进一步提高强度仍是 PPTA 纤维研究中的重要课题。

表 10-2 纤维性能比较

项目 \ 纤维	开夫拉(Kevlar)29	开夫拉(Kevlar)49	高强碳纤维	E-玻璃纤维	聚酯纤维	聚酰胺纤维
密度/$g \cdot cm^{-3}$	1.44	1.44	1.80	2.54	1.38	1.14
抗张强度/$cN \cdot dtex^{-1}$	19.4	19.4	16.7	8.5	8.1	8.3
抗张模量/$cN \cdot dtex^{-1}$	406	882	1235	265	88	44
断裂伸长率/%	3.8	2.4	1.3	4.0	13	19

PPTA 纤维大分子的刚性很强,分子链几乎处于完全伸直状态,这种结构不仅使纤维具有很高的强度和模量,而且还使纤维表现出良好的热稳定性。PPTA 纤维的玻璃化转变温度(T_g)约 $345℃$,在高温下不熔,收缩亦很少。将其在 $160℃$ 热空气中处理 $400h$ 后,纤维强度基本不变;随着温度不断提高,纤维逐渐发生热分解或碳化;在约 $500℃$ 以上,碳化速度明显加快;若在氮气环境下,开始热分解或碳化的温度较在空气中高 $50 \sim 60℃$;纤维虽可燃烧,但离开火源后有自熄性,限氧指数为 20%。

PPTA 纤维对普通有机溶剂、盐类溶液等有很好的耐化学药品性,但耐强酸、强碱性较差。它对紫外线比较敏感,不宜直接暴露在日光下使用。

PPTA 纤维的反复拉伸性能好,而抗弯曲疲劳性较脂肪族聚酰胺和聚酯纤维差;尺寸稳定性在纤维中堪称第一;与橡胶的相容性(黏结性)介于脂肪族聚酰胺与聚酯纤维之间。

二、特克诺拉

1. 制备方法

特克诺拉成纤聚合物是由对苯二胺、3,4′-氧化二苯胺(3,4′-ODA)及对苯二甲酰氯在 N-甲基吡咯烷酮等酰胺类溶剂中反应制成:

$$nH_2N-\!\!\!\bigcirc\!\!\!-NH_2 + mH_2N-\!\!\!\bigcirc\!\!\!-O-\!\!\!\bigcirc\!\!\!-NH_2 +$$

PPD   ODA

$$(n+m)Cl-\overset{O}{\overset{\|}{C}}-\!\!\!\bigcirc\!\!\!-\overset{O}{\overset{\|}{C}}-Cl \xrightarrow{-HCl}$$

TCL

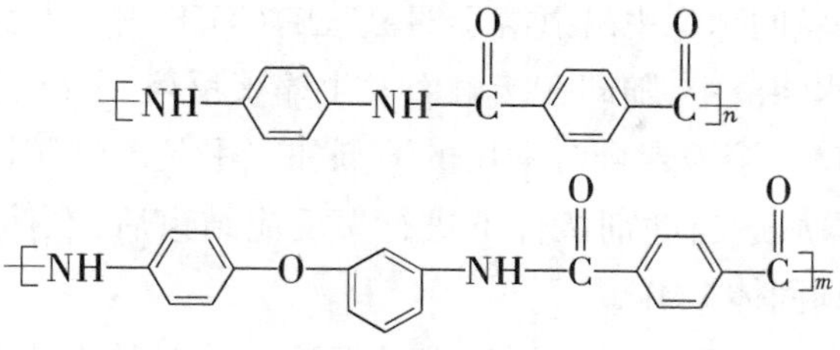

Technora

反应产物能溶于聚合溶剂中,聚合结束后,各向同性的聚合物溶液不需分离可直接作为纺丝溶液湿法成形,但初生纤维强度很低,仅 1.7cN/dtex 左右,需高温下拉伸处理。其工艺流程如下:

单体→溶液聚合→湿法纺丝→洗涤→拉伸→特克诺拉纤维

2. 纤维结构与性能

在特克诺拉纤维 WAXD 图上观察不到清晰的衍射斑或弧,即纤维的结晶取向程度较低,但结晶度和纤维大分子的取向程度与 PPTA 纤维相当,微晶尺寸较小,结构较致密。

表 10-3 列出特克诺拉纤维的基本性能。它的密度低于 PPTA 纤维,强度相近,其抗疲劳性、弯曲性优于 PPTA 纤维。

特克诺拉纤维受热不熔,可在 200℃ 以下长时间使用,但在 500℃ 左右发生分解。它的耐化学药品性非常突出,对酸和碱都具有良好的耐腐蚀性,并显示出优于 PPTA 纤维的抗热氧化性。

表 10-3 特克诺拉纤维性能

色泽	金黄	色泽	金黄
单丝直径/μm	12	断裂伸长率/%	4.4
密度/g·cm^{-3}	1.39	热分解温度/℃	500
抗张强度/cN·dtex^{-1}	22	含水率/%	2
弹性模量/cN·dtex^{-1}	503		

三、聚间苯二甲酰间苯二胺纤维

1. 制备方法

聚间苯二甲酰间苯二胺的合成可采用界面聚合或溶液聚合,由间苯二胺(MPD)和间苯二甲酰氯(TCL)反应而成:

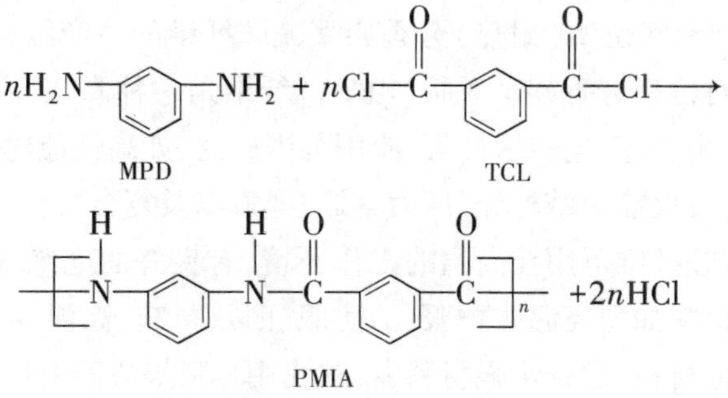

MPD   TCL

PMIA

$+2n$HCl

采用界面聚合时,可将间苯二甲酰氯溶于四氢呋喃(THF)中,然后加入处于强烈搅动状态下的间苯二胺和碳酸钠水溶液中,随即在接触面发生缩聚反应。反应结束后使体系冷却,经分离、洗涤和干燥即得PMIA。溶液聚合时常用的溶剂如二甲基乙酰胺(DMAc)或二甲基甲酰胺(DMF),反应在低温并添加适当助剂条件下进行。反应结束后,在体系中加水使聚合产物沉淀、分离、洗涤、干燥,得到固体PMIA。

PMIA的纺丝成形可采用干法、干—湿法以及湿法。前两种方法主要用于制取长丝,后一种方法则适于纺制短纤维。杜邦公司的诺梅克斯采用干法或干—湿法,而帝人公司的克内克斯为湿法。所用纺丝溶剂一般为含有氯化物的酰胺类溶剂,如含氯化钙的DMF或DMAc。

2. 纤维结构与性能

借助WAXD法研究PMIA纤维的结果表明,其结晶属三斜晶系,晶胞参数:$a = 0.527nm$, $b = 0.525nm$, $c = 1.130nm$(纤维轴),$\alpha = 111.5°$, $\beta = 111.4°$, $\gamma = 88.0°$, $Z = 1$, $\rho_c = 1.47g/cm^3$。

PMIA纤维的T_g为260~270℃,热分解温度为400~430℃,具有优良的耐热性和耐燃性,在260℃热空气下连续暴露1000h后,强度保持率为65%~70%;在370℃发生明显劣化,但不熔融;限氧指数为26%~30%,高温分解时产生的气体主要为CO和CO_2,仅CO可燃,但其释放量明显少于其他纤维(表10-4)。

表10-4 400℃时纤维热分解产生的气体组成

纤维品种	分解气体量(mg/L)				
	CO	CO_2	NH_3	HCN	H_2S
克内克斯(Conex)	536	370	0	0	0
聚酯纤维	1166	510	0	0	0
聚酰胺纤维	1030	135	12	0	0
聚丙烯腈纤维	1633	0	499	250	0
聚氯乙烯纤维	1967	615	0	0	0
棉	4000	3300	0	0	0
羊毛	1000	1500	600	130	480

四、应用及发展前景

目前对位型(高强)和间位型(耐热)芳香族聚酰胺纤维的生产国有美国、荷兰、爱尔兰、日本、俄罗斯及德国等。对位型芳香族聚酰胺(PPTA)纤维是一种高强、高模和耐高温纤维,具有优良的韧性、抗疲劳性、耐摩擦、电绝缘性等,应用范围广泛,如高性能轮胎帘子线、强力传送带、防护制品、降落伞、机翼或火箭引擎外壳、压力容器、绳索以及复合材料的增强材料等。

间位型芳香族聚酰胺纤维可用在高温的工作环境,有良好的电绝缘性能,耐辐照和化学性能稳定,在耐高温纺织材料如耐高温防护服、消防服、耐热衬布、高温烟道过滤材料以及耐高温工业用纸、阻燃纺织装饰材料、橡胶增强材料、石棉代用材料等方面有广泛应用。

第三节 芳香族聚酯纤维

与对位型芳香族聚酰胺相比,芳香族聚酯(即聚芳酯,PAr)的分子极性较弱,可以熔融形成热致性液晶,所以是一类重要的成纤热致性液晶聚合物。热致性液晶聚芳酯多为棒状刚性分子,其溶解性能差,熔点高,熔融时大分子链的形态变化少、熵变小,直接合成高分子量的聚芳酯比较困难,通常需采用两步法工艺:首先均相溶液或本体聚合,得到中等分子量的聚芳酯,然后在接近并低于所得聚芳酯熔点的温度下进行热处理,即固相缩聚。因此,如何改进固相聚合工艺和提高固相聚合效率,是制取高性能聚芳酯纤维的重要课题。

聚芳酯的均聚物刚性很强,熔点高,在加热熔融成为液晶相之前很容易热分解,难以加工。因此,为降低熔点和改善加工性能,通常可在刚性聚芳酯大分子主链中引入柔性基团、不对称或非线性组分等合成共聚芳酯,进行纺丝成形或塑料加工。共聚芳酯的综合性能突出,不但可用于制作高性能纤维,也可通过注射、挤出等热加工方式制成其他形态的制品,是一种实用价值很高的热塑性聚合物。

低分子液晶的发现可追溯到19世纪末,而高分子液晶的出现则始于20世纪中叶。1950年,艾莱奥特(Elliott)和安布罗斯(Ambrose)发现聚氨基甲酸酯的氯仿溶液具有胆甾型液晶性质,从此开始在聚合物材料领域引入了液晶概念。图10-4为液晶分子形态示意图。其中,向列型液晶分子呈棒状,分子间相互平行排列并沿分子链长轴方向择优取向,属一维有序液晶,而近晶型和胆甾型液晶基本都是二维有序的,大分子的相对运动困难。一般成纤液晶聚合物为向列型液晶聚合物,而其他两种液晶聚合物不适宜用作成纤聚合物。将热致性液晶聚芳酯加热熔融并使其处于各向异性的液晶态,液晶态熔体在喷丝孔道中做剪切流动时刚性大分子沿流动方向高度取向,而熔体细流离开喷丝孔道后几乎不发生解取向,所以初生纤维具有稳定的取向态结构,无须后拉伸,经热处理(固相聚合)后即可制得成品纤维。一些商品聚芳酯纤维品种如可乐丽公司的"维克特纶(Vectran)"、住友化学公司的"依克诺尔(Ekonol)"、依斯特曼(Eastman)公司的"X-7G"等先后问世,但由于生产成本等原因,目前工业规模生产的聚芳酯纤维品种主要为Vectran。Vectran纤维的力学性能可与对位型芳香族聚酰胺纤维媲美。

 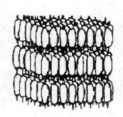 

(a)向列型　　　　　(b)近晶型　　　　　(c)胆甾型

图10-4 液晶分子形态结构示意图

一、制备方法

聚芳酯的种类很多,其中聚对羟基苯甲酸(PHBA)是较早合成出的一种芳香族聚酯均聚物,由对乙酰氧基苯甲酸(ABA)缩聚而成,反应式如下:

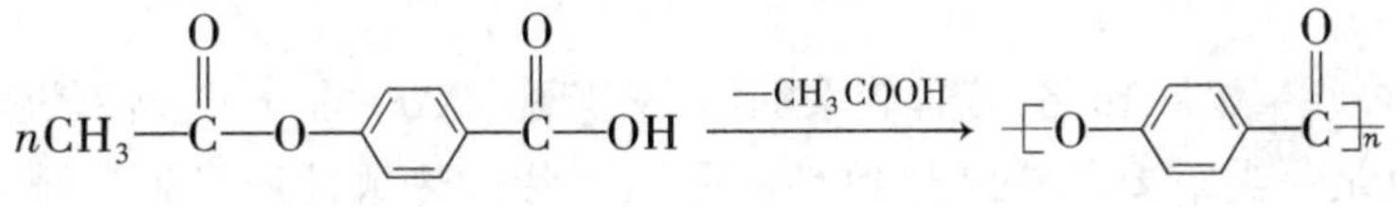

但因 PHBA 刚性太强,熔点(超过600℃)高于分解温度,不溶于普通有机和无机溶剂,只能采用类似陶瓷烧结的方法成形,工艺过程复杂,所以 PHBA 均聚物在纤维方面的实用价值不大。

为改进聚芳酯的熔融纺丝加工性能,常用的方法包括在芳香族聚酯大分子主链中引入取代基、柔性烷基、共聚结构等,适当降低主链的刚性和结晶程度,使共聚芳酯的熔点即由固体转变为液晶的转变温度降至400℃以下,从而可制成具有较好实用价值的成纤共聚芳酯。

依斯特曼公司用对乙酰氧基苯甲酸(ABA)与聚对苯二甲酸乙二醇酯(PET)反应制成了商品共聚芳酯即 X-7G,反应式如下:

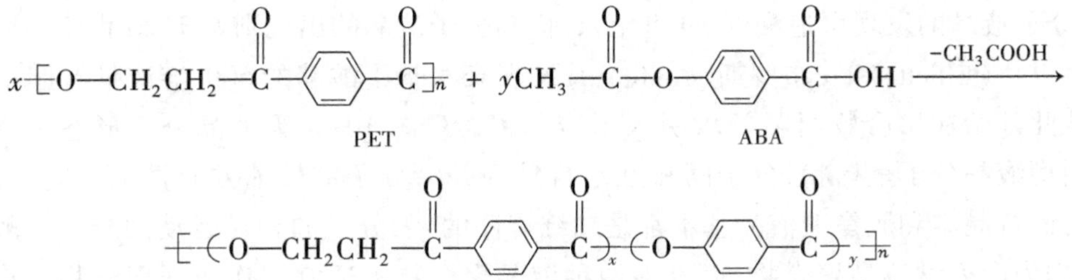

X-7G 的共聚比(ABA/PET)有60/40和80/20两个品种。

克赛达(Xydar)是由美国达特克制造(Dartco Manufacturing)公司于1980年代开发的液晶共聚芳酯,它也是较早工业化生产的聚芳酯品种,由对乙酰氧基苯甲酸,4,4'-二乙酰氧基联苯和对苯二甲酸熔融聚合而成,反应式如下:

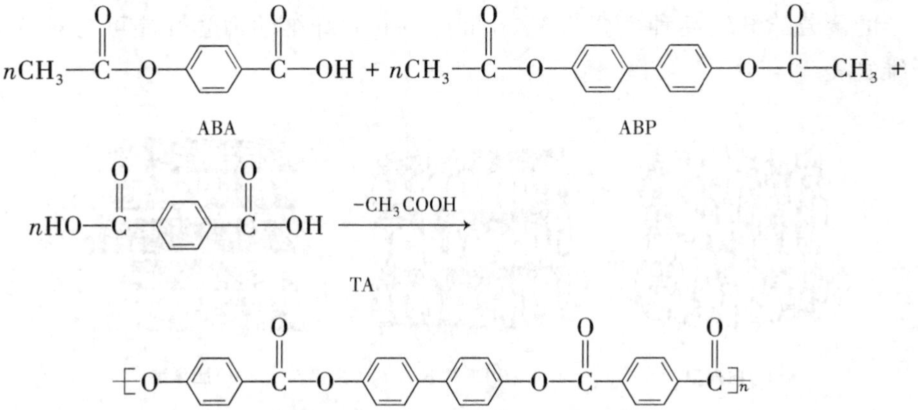

克赛达有多个品种,主要用作树脂。1987 年,达特克制造公司与美国联合信号(Allied Signal)纤维公司联合研制出一种以克赛达为原料聚合物的新型液晶纤维,其强度和模量分别为 158.7~176.4cN/tex(18~20g/旦)和 123.5 N/tex(1400g/旦),纤维的抗蠕变性好,在 250℃空气中放置 7 天强度不变,最高使用温度为 350℃。

依克诺尔(Ekonol)是金刚砂(Carborundum)公司于 1970 年试制成功的一种共聚芳酯的商品名。1972 年住友化学公司与金刚砂公司合资建立了日本依克诺尔公司,对该品种进行了更为深入的研究开发,确立了新的技术路线。依克诺尔(Ekonol)由对乙酰氧基苯甲酸、p,p′-二乙酰氧基联苯、对苯二甲酸及间苯二甲酸(IA)缩聚而成:

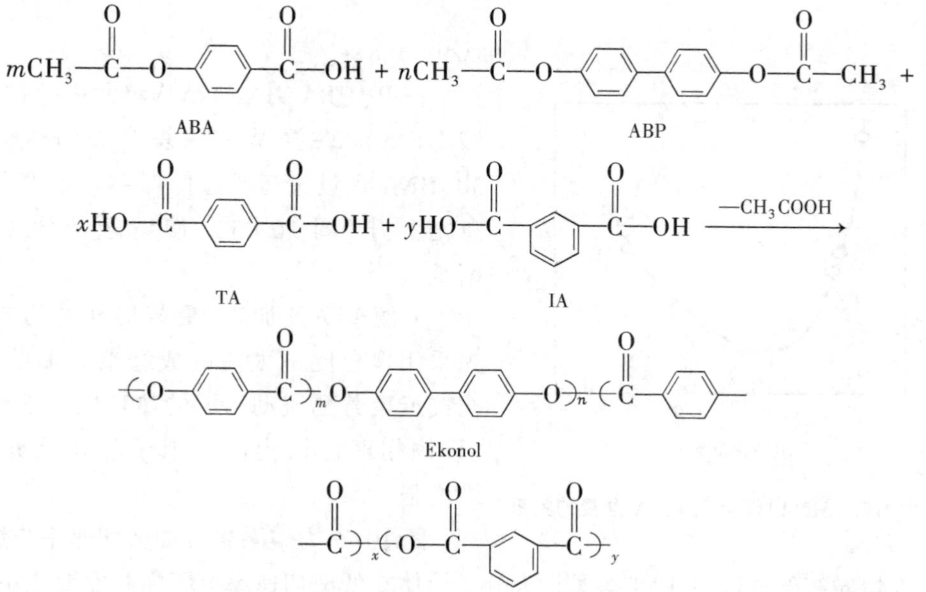

ABA   ABP

TA   IA   —CH₃COOH→

Ekonol

共聚物中 ABA/ABP/TA/IA 约为 10/5/4/1,加入 IA 的目的在于改进聚芳酯的纺丝加工性能。

聚(对羟基苯甲酸/6-羟基-2-萘甲酸)[P(HBA/HNA)]是塞拉尼斯公司开发成功的一种共聚芳酯,其后可乐丽公司与塞拉尼斯公司在日本合作生产商品名为"维克特纶(Vectran)"的 P(HBA/HNA)纤维,它也是目前正在工业规模生产的主要聚芳酯纤维品种。P(HBA/HNA)是由对乙酰氧基苯甲酸和 6-乙酰氧基-2-萘甲酸(ANA)反应而成,反应式如下:

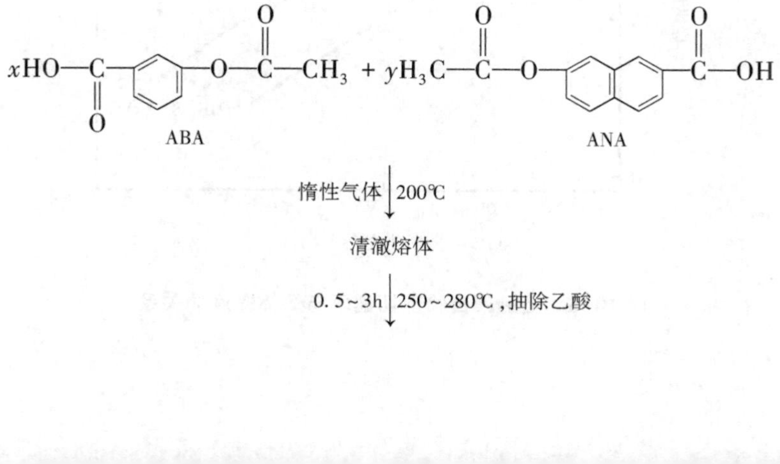

ABA   ANA

惰性气体 ↓ 200℃

清澈熔体

0.5~3h ↓ 250~280℃,抽除乙酸

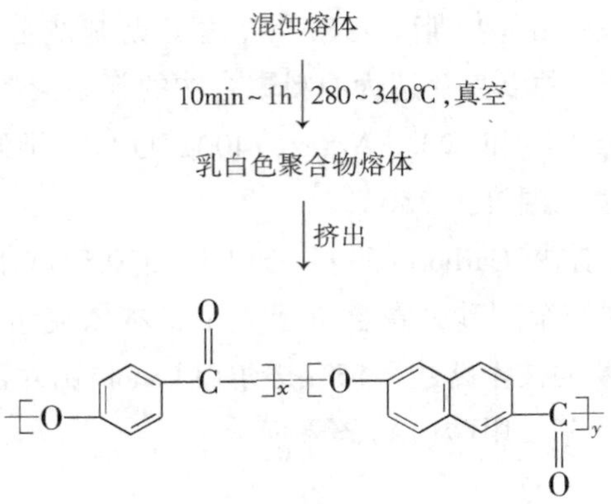

混浊熔体

10min~1h | 280~340℃,真空

乳白色聚合物熔体

挤出

P(HBA/HNA)

在 P(HBA/HNA)结构单元中,对羟基苯甲酸(HBA)/6-羟基-2-萘甲酸(HNA)约 70/30,HNA 含量过高或过低都会导致聚合物熔点急剧上升(图 10-5),使熔融纺丝成形变得困难。

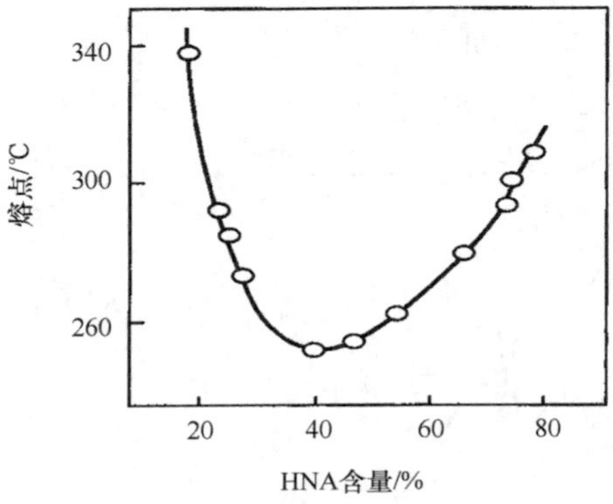

为便于纺丝加工,聚芳酯纤维的成形一般先采用聚合度不太高的成纤聚芳酯纺丝,然后在接近聚芳酯流动温度的热环境下进行热处理(即固相聚合),提高纤维相对分子质量,使纤维增强。

图 10-5 P(HBA/HNA)熔点与 HNA 含量的关系

图 10-6 为熔融聚合物剪切速率与熔体黏度的关系。在熔融纺丝过程中,PET 等柔性大分子熔体在低剪切速率范围内黏度变化小,而熔融液晶聚合物如 P(HBA/HNA),其黏度随剪切速率的增大几乎呈线性减小,表现出很强的非牛顿性,有利于高黏度熔融液晶聚合物的纺丝成形。

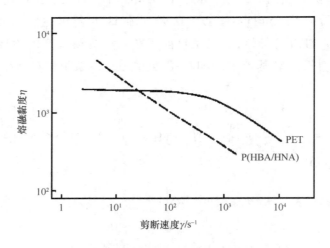

图 10-6 熔融聚合物剪切速率与熔体黏度的关系

图 10-7 为熔融纺丝过程中纺丝细流沿纺程的直径变化。对于柔性大分子 PET,熔体自喷丝孔挤出后沿纺程约 30cm,纺丝细流较快细化,其后至卷绕纤维直径逐渐减小;而 P(HBA/HNA)共聚芳酯的纤维成形,纺丝细流离开喷丝板沿纺程约 10cm,纤维迅速固化且直径减小接近恒定值,并形成纤维大分子的取向态结构。在热致性液晶聚芳酯的纺丝过程中,一般观察不到柔性聚合物因弹性效应所表现出的孔口胀大现象。对 P(HBA/HNA)熔融纺丝过程的研究表明,孔口胀大效应与剪切应力有直接关系,当剪切应力超过约 0.8N/cm(8×10^{4}dyn/cm)后,就观察不到孔口胀大现象。

如图 10-8 所示,与溶液纺丝成形的液致性液晶芳香族聚酰胺纤维相比,由于熔融纺丝为聚合物的本体纺丝,无须脱溶剂,所以聚芳酯纤维的强度几乎不受线密度的影响,容易制成线密度大的高性能纤维。

聚芳酯纤维成形后的热处理即固相聚合对纤维力学性能影响很大。这是因为,热处理可使纤维状聚芳酯进一步发生聚合反应,提高纤维大分子的相对分子质量,从而达到强化纤维力学性能的目的。聚芳酯纤维的固相聚合需在惰性气体或水蒸气保护下于接近和低于聚芳酯熔点下进行。开发初期,聚芳酯纤维的热处理时间很长,后发现在纤维表面涂敷碱金属卤化物等可大大缩短热处理时间,提高热处理效率。聚芳酯纤维的热处理不同于普通化学纤维的热处理,对工艺条件的控制要求十分严格,所以虽然这种纤维为熔体纺丝成形,省去溶液纺丝中的溶剂回收等,但纤维生产成本仍然较高。

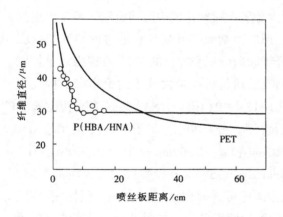

图 10-7 熔融纺丝成形纤维直径沿纺程的变化

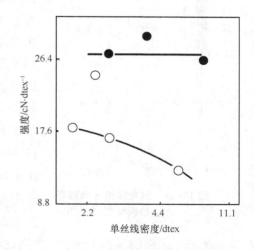

图 10-8 线密度与纤维强度的关系
●—Vectran ○—PPTA

二、纤维结构与性能

图 10-9 是用偏光显微镜(POM)观察维克特纶熔融成形物的结果。图 10-9(a)中的花纹形貌是典型的向列型液晶聚合物组织结构所特有的。由图 10-9(b)可见,在垂直于液晶聚合物的挤出方向,存在着取向的带状结构,同时还可发现皮层的取向度较高,而芯层则未沿挤出方向取向。图 10-10 是具有高度取向和伸直链结构特征的聚芳酯纤维的透射电子显微镜(TEM)结果,其中微电子衍射图的摄像区域(直径)小于 1μm,为 20~100nm,可见纤维中的原纤结构沿纤维轴方向取向排列。

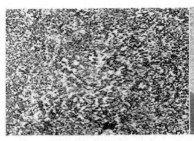
(a) 熔融无取向物

(b) 低取向熔融挤出物

图 10-9　维克特纶熔融无取向物 POM 结果

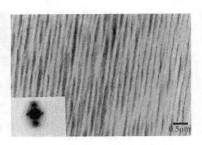
图 10-10　维克特纶 TEM 结果

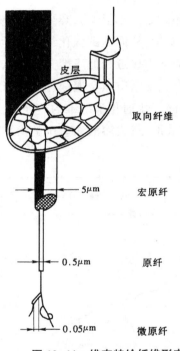

图 10-11　维克特纶纤维形态
结构模型示意图

图 10-11 是维克特纶纤维形态结构模型示意图。这一模型将聚芳酯纤维分成三种不同层次的原纤结构单元,即 50nm 左右的微原纤、500nm 的原纤和直径 5μm 左右的宏原纤。该模型对描述单轴取向的高性能纤维和液晶聚合物熔融模型及挤出材料的结构有重要参考价值。

P(HBA/HNA)纤维的研究表明,虽然沿纤维轴向 P(HBA/HNA)大分子的规整度较低,但仍有一定程度的纤维径向有序,经强化热处理后大分子的三维有序程度明显增大。由于 P(HBA/HNA)共聚芳酯具有向列型液晶性质,因此熔体纺丝过程中刚性大分子在喷丝孔道中剪切流动时表现出很强的流动取向效应,而纺丝细流离开喷丝孔道时的解取向效应很弱,大分子沿纤维轴向呈近乎伸直的状态,有很强的单轴取向性。与共聚物相比,纺丝后纤维大分子的聚集态结构发生了很大变化,图 10-12 为 P(HBA/HNA)共聚芳酯初生纤维的 WAXD 及其示意图。分析可知,在子午线方向出现 $d=0.677nm$、$d=0.307nm$ 和 $d=0.209nm$ 三个衍射,在赤道线方向出现 $d=0.448nm$、$d=0.257nm$ 及较弥散的 $0.320nm$ 衍射,另外在第一层线方向还可观察到 $d=0.316nm$ 衍射。子午线方向的三个衍射沿垂直于子午线方向逐渐扩展成弧状,表明沿分子链方向大分子排列的有序程度很低。赤道线及第一层线的几个衍射表明,在垂直于分子链的两个方向上存在着某种程度的有序结构。对上述 P(HBA/HNA)初生纤维进行 100~300℃、40h 的热处理后发现,在 100℃ 处理试样的 WAXD 图上,几乎观察不到纤维结构变化的迹象;230℃ 处理的试样,(hk0) 面衍射由弧状向点状转变,面间距(d_{hk0})也发生了变化,与初生纤维相比,大分子在空间排列的三维有序性增强;如进一步强化热处理条件,则纤维 WAXD 图发生较明显变化,如图 10-13 所示,经 265℃、40h 处理后,分别在纤维 WAXD 图的赤道线方向出现 6 个、子午线方向 3 个及第一层线 2 个衍射。

在热处理过程中,P(HBA/HNA)纤维子午线(001)三个面衍射的强度和位置几乎未发生变化,表明子午线的衍射主要取决于共聚单体的比例。对羟基苯甲酸(HBA)和6-羟基-2-萘甲酸(HNA)均聚物的结晶均属斜方晶系,每个晶胞中含有两个单体单元。显然,P(HBA/HNA)共聚芳酯纤维的结晶不是由 HBA 和 HNA 两种均聚物结晶混合而成的所谓"混晶",而是一种典型的共晶结构。

图 10-14 为 P(HBA/HNA)纤维的差示扫描量热分析(DSC)谱图。容易看出,在初生纤维及 140℃以下处理试样的谱图上,于280℃附近出现放热峰,这一放热峰在 230～250℃ 处理试样的谱图上基本消失,而吸热峰的位置则向高温一侧漂移,形状亦随处理温度升高而钝化,峰面积减小,在 275℃以上处理试样的谱图上已观察不到明显的吸热峰。就均聚物而言,一般随热处理条件的强化,材料结构的缺陷减少,而对于 P(HBA/HNA)共聚芳酯,初生纤维的结晶基本处于取向无定形状态。随热处理进行,在垂直于结晶 c 轴(纤维轴)的两个方向,大分子的空间排列状态趋于规整化,HBA 和 HNA 两种组分形成共晶,结晶度随热处理温度升高而趋于增大。经 230℃ 处理,纤维的 DSC 谱图上,吸热峰面积即结晶度最大。在 230～250℃,共聚芳酯大分子由共晶状态逐步向 HBA 序列富集的状态转变,所以因结晶熔融而形成的吸热峰逐渐减小、弥散或钝化。从晶胞参数的变化可知,随处理温度升高,P(HBA/HNA)纤维晶胞 a 轴变短,b 轴变长,即共聚芳酯纤维的结晶逐渐向接近于对羟基苯甲酸(HBA)均聚物结晶结构方向转变。通过以上讨论可知,对 P(HBA/HNA)共聚芳酯初生纤维进行适当的热处理,对于完善纤维结构是必要的。

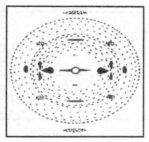

图 10-12 P(HBA/HNA)初生纤维 WAXD 及示意图

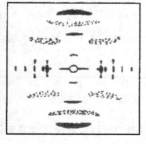

图 10-13 热处理后 P(HBA/HNA)纤维 WAXD 及示意图

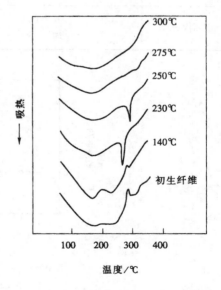

图 10-14 P(HBA/HNA)纤维 DSC 谱图

表 10-5 列出维克特纶和 PPTA 纤维的力学性能的对比结果。与 PPTA 纤维相比,维克特纶的主要特点包括:吸水率极低,干、湿环境下的物性差异小;耐湿热老化性能突出,如图 10-15

所示,在反复干湿处理过程中纤维尺寸稳定性极强;耐磨性好,耐热强度保持率高;纤维的减振性强,消声快(图10-16);耐切割能力是PPTA纤维的2~3倍、聚酯纤维的10倍左右;耐化学试剂性,特别是耐酸性好;尽管为熔纺纤维,但遇热不产生熔滴,有自熄火性,分解温度在400℃以上。

表10-5 维克特纶与PPTA纤维的性能参数

项目		维克特纶	PPTA纤维
密度/g·cm^{-3}		1.41	1.44
分解温度/℃		>400	>400
吸水率/%	20℃,相对湿度65%	0.05	4.28
	20℃,相对湿度100%	0.27	8.72
	抗张强度/cN·dtex^{-1}	23.2	18.7
	弹性模量/cN·dtex^{-1}	529	492
	断裂伸长/%	3.9	3.9
	结节强度/cN·dtex^{-1}	7.0	5.6
	钩接强度/cN·dtex^{-1}	19.0	18.8
收缩率/%	干热200℃,15min	0	0.05
	300℃,15min	0.10	0.16
	400℃,15min	3.18	0.20
	湿热100℃,15min	0	0.38
耐热强度保持率/%	干热250℃,10h	76	56
	湿热120℃,100h	79	43
磨断次数/次	罗拉磨断	1317	145
	加捻磨断	23681	945

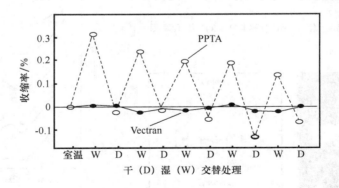

图10-15 干湿交替处理过程中纤维尺寸的变化

D—40℃×16h　　W—25℃×8h水中

与对位型高性能芳香族聚酰胺纤维相似,虽然聚芳酯纤维大分子的刚性强且处于伸直链状态,但由于纤维径向分子间作用力较弱,受到轴向压缩或轴向冲击载荷作用时,纤维结构中首先某些结晶晶面发生滑移,导致纤维产生变形带状结构(图 10-17),最终使纤维破坏。通常,在受到压缩载荷作用时,在具有片晶结构的结晶性材料中电子密度高的晶面容易成为滑移面。对于高分子材料,滑移面往往为含大分子链的晶面,而芳香族聚合物纤维,滑移面一般为含芳香环结构的晶面。

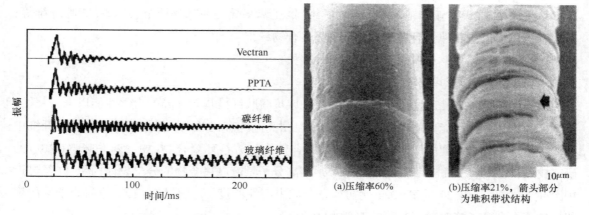

<table>
<tr><td>图 10-16　纤维振动衰减曲线</td><td>(a)压缩率60%　　(b)压缩率21%,箭头部分
　　　　　　　　　　　　为堆积带状结构
图 10-17　维克特纶轴向压缩变形后 SEM 结果</td></tr>
</table>

三、用途及发展前景

作为新型的高性能纤维,不仅需要其在结构与性能方面具有特点,而且更重要的是其能否有良好的应用前景和市场。决定纤维用途的重要因素是纤维的性能与价格比。对位型芳香族聚酰胺纤维的重要应用领域即高性能轮胎帘子线,所以聚芳酯纤维能否在轮胎帘子线方面与芳香族聚酰胺纤维竞争,自然而然受到关注。塞拉尼斯公司用维克特纶进行轮胎帘子线的应用试验,但结果并不理想。这是因为车辆在行驶过程中高速旋转的轮胎与路面接触摩擦而引起温度升高,含酯键的聚芳酯纤维长时间在高温环境下受橡胶基质中微量胺及水的作用易发生热劣化,所以不适宜用作轮胎帘子线。其后,可乐丽公司的试验结果表明,维克特纶的耐疲劳性较差。此外,由于聚芳酯纤维的产量小,生产成本较高,与开夫拉相比,纤维价格不占优势。虽然诸如 X-7G、依克诺尔等聚芳酯纤维都已实现工业规模生产,但由于上述等原因,现已停产,目前工业规模生产的商品聚芳酯纤维主要为维克特纶。

为了与对位型芳香族聚酰胺纤维竞争,就应尽量发挥聚芳酯纤维在性能方面的特点。例如,用开夫拉增强的复合材料常常因纤维吸水而导致材料的力学性能劣化,为此杜邦公司开发了开夫拉 149,吸湿及模量都得到改进。与之相比,虽然维克特纶模量次之,但几乎不存在吸湿性问题,在湿态环境条件下应用仍有优势;聚芳酯纤维强度几乎不随线密度增大而降低,有利于改善纤维材料的耐磨损性;聚芳酯纤维的耐酸性强,在酸性环境下使用较 PPTA 纤维有利。因此可以说,由于聚芳酯纤维有其独具的特点,预计在不断发展的高性能纤维领域中能够稳占一席之地。

目前维克特纶的主要用途包括:高性能绳索、帆布、网类、光纤张力构件、印刷线路板基布及各种防护材料、耐磨材料、复合材料的增强材料等。

第四节　芳杂环类聚合物纤维

除芳香族聚酰胺、芳香族聚酯纤维外,近年来高性能芳杂环类聚合物纤维的研究与开发也取得很大进展,如聚对亚苯基苯并双噁唑纤维、聚亚苯基吡啶并咪唑纤维、聚苯并咪唑纤维等,本节着重介绍上述几种有代表性的芳杂环类聚合物纤维。

一、聚对亚苯基苯并双噁唑纤维

自 20 世纪 60 年代末发现线型刚性链芳香族聚酰胺纤维具有优异的力学性能以来,科学工作者就一直在寻找性能更加优异的高强、高模且耐高温的有机纤维。根据液晶高分子在纤维中的伸直链构象和高密度的取向有序结构,再结合传统的芳杂环聚合物,如聚苯并咪唑(PBI)的研究成果,乌尔夫(Wolfe)等提出了线型芳杂环高分子量液晶聚合物的分子设计构想,并经过近10 年的努力,终于在 20 世纪 80 年代初首先合成出特性黏度 $[\eta]$ 超过 20dL/g 的高分子量的聚芳杂环液晶高分子聚对亚苯基苯并双噁唑(PBO)。

PBO 纤维是 20 世纪 80 年代美国为发展航天航空事业而开发的复合材料用增强材料,是含杂环芳香族聚酰胺家族中颇有发展前景的一个成员,被誉为 21 世纪超级纤维,其抗张强度可达5.8 GPa,抗张模量可达 280GPa,而密度约 1.56g/cm³,限氧指数为 68%,最高使用温度和热分解温度分别为 350℃和 650℃,具有优异的阻燃性、耐溶剂性、耐磨性等,纤维呈黄色的金属光泽。以"柴纶(Zylon)"命名的商品 PBO 纤维已经上市。

1. 制备方法

(1) PBO 的合成:PBO 的合成可由熔融聚合或溶液聚合一步制得,4,6-二氨基间苯二酚盐与对苯二甲腈或对苯二甲酸二苯酯熔融缩聚可得 PBO,但常用的方法是以含有适量五氧化二磷(P₂O₅)的聚磷酸(PPA)为溶剂,采用溶液缩聚法,由对苯二甲酸(TA)或对苯二甲酰氯(TCL)和 4,6-二氨基-1,3-间苯二酚盐酸盐(DAR)合成 PBO,PPA 既是溶剂,也是缩聚催化剂。除PPA 外,也可以甲基磺酸(MSA)或 N-甲基吡咯烷酮(NMP)以及混合物为聚合反应介质。其合成路线如下:

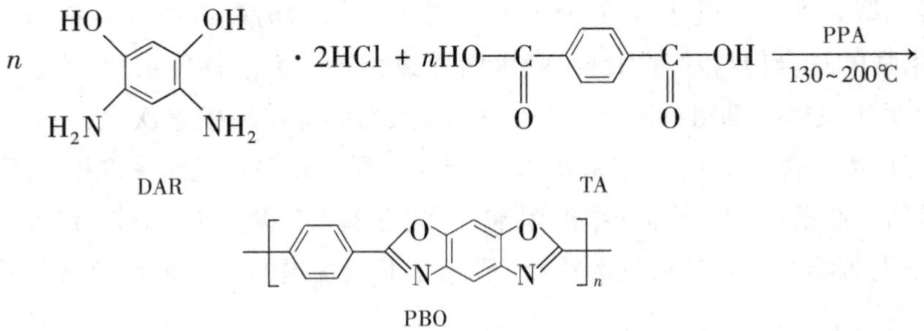

高纯度单体是制备高分子量 PBO 聚合物的基础,若单体纯度低,不能保证等摩尔比,特别是 DAR 过量,则很难获得较高分子量的 PBO。反应过程中,在生成 PBO 的同时,小分子 H₂O 也

同时生成,去除 H_2O 也是加快反应速度和提高相对分子质量的关键。反应中生成的 H_2O 通过体系中的 P_2O_5 吸收,因此控制 P_2O_5 浓度至关重要。虽然提高反应温度可加快反应速度,但聚合物色泽随之也会加深,所以反应温度一般不超过200℃。

早期的 4,6-二氨基-1,3-间苯二酚盐酸盐是以间苯二酚为原料合成的,即以间苯二酚为原料,乙酰化后制成间二乙酰氧基苯,硝化后制成 4,6-二硝基间苯二酚(DNR),再经还原后得到以盐酸盐形式存在的 4,6-二氨基 1,3-间苯二酚,合成路线如下:

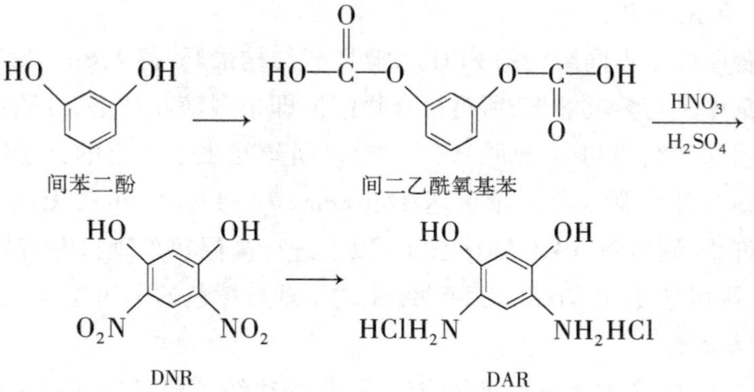

但这一路线制得的产物收率不高,PBO 聚合物相对分子质量较低,纺丝成形比较困难,不能充分发挥干—湿法纺丝可实现高倍喷丝头拉伸的特点,而且在制备 4,6-二硝基-1,3-间苯二酚时硝化反应会在 2 位、4 位、6 位同时发生,产生多种副产物,不但影响反应收率,且含有 2 位硝化产物易引起爆炸。20 世纪 80 年代末道化学公司的莱森克(Lysenko)发明以三氯苯为起始原料进行合成,在硝化前后对 2 位进行保护,这样在合成过程中不会生成异构体,收率很高,对实现 PBO 工业化生产起到很大作用。其反应路线是以 1,2,3-三氯苯为原料,经硝化制成 4,6-二硝基-1,2,3-三氯苯,再经碱的醇溶液脱除 HCl 制成 4,6-二硝基-2-氯-1,3-间苯二酚,最后还原制成 DAR,即:

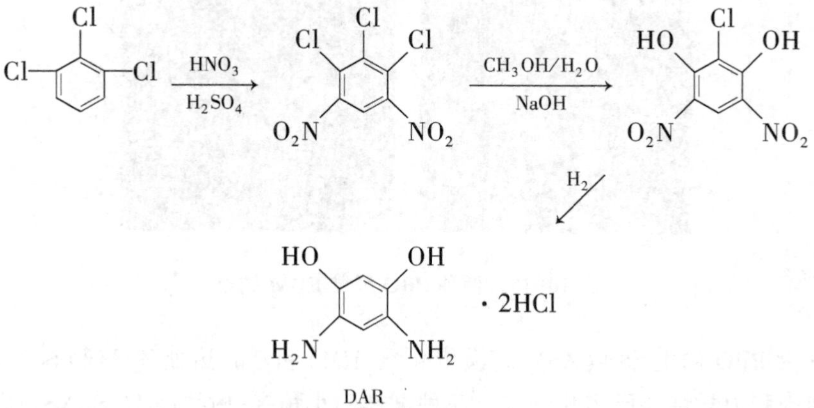

上述反应第一步为硝化亲电反应,主要发生在 4,6 位;第二步为亲核水解反应,根据硝基和氯原子定位效应以及被取代概率几方面分析,2 位上的氯最不易水解。该中间体在催化氢化条件下,硝基被还原成 NH_2,氯被还原为氢,从而得到目标产物 4,6-二氨基-1,3-间苯二酚。此方法成功地减少了副产物的生成,每一步反应的产率都可达 90% 以上,与传统方法相比具有很大

的优越性。

（2）纺丝成形：最初的PBO纺丝成形是采用湿法，但湿法纺丝的喷丝头拉伸比小，很难制得理想的PBO纤维，所以改用类似聚对苯二甲酰对苯二胺PPTA纺丝成形的方法即干—湿法纺丝，得到较好的结果。如将PBO溶于PPA中制成浓度为15%~20%的液晶溶液于90~120℃进行干—湿法纺丝，在纺丝挤出压力作用下溶液大分子沿流动方向高度取向并在水浴中凝固成形，随后纤维经中和、水洗、干燥和430℃左右的热拉伸处理等制成的PBO纤维，其强度和模量分别可达4.9GPa和317GPa。

道化学公司曾研究了不同结构的PBO，发现顺式结构最好，将4,6-二氨基间苯酚与对苯二甲酸在多磷酸溶剂中进行溶液缩聚，所得聚合物溶液即呈现液晶状态，经脱泡和过滤等以后可直接进行干—湿法纺丝制得初生纤维（AS纤维）。纺丝时由于刚直的分子链经过空气层时已高度取向，因此AS纤维的强度和模量可达37cN/dtex和1144cN/dtex，无须再经后拉伸。但若想制备高模量的纤维，则可将AS纤维在600℃以上进行高温热处理，所得高模量（HM）纤维的强度不变，而模量则可达1760cN/dtex，两种纤维均呈现金黄色的金属光泽。

2. 纤维结构与性能

PBO溶解在PPA中形成溶致性液晶溶液，干—湿法纺丝成形后在水浴中PPA被洗除，得到PBO初生纤维，经热处理后可制成高模量纤维。图10-18是用TEM得到的两种PBO纤维的电子衍射（EDM）图像，根据弗拉蒂尼（Fratini）等提出的PBO结晶结构模型，对衍射点进行了晶面标识。沿赤道线方向可观察到较强的衍射斑和条纹状层线，而偏离轴线的衍射显得比较弥散。值得注意的是赤道线方向较强的衍射斑和条纹状层线不因热处理而变化。研究表明，条纹状的衍射层线可能与结晶沿纤维轴发生畸变有关。赤道线方向的衍射斑非常强，表明沿纤维轴向PBO大分子紧密敛集和取向。

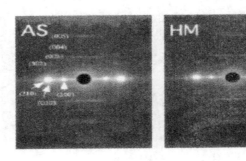

图10-18　两种PBO纤维EDM结果

图10-19为PBO初生纤维（AS）、高模量纤维（HM）和延时热处理纤维（600℃真空20min，纤维的部分结构和力学性能已劣化，EHT）三种试样的小角X-射线散射（SAXS）图。可见，在初生纤维SAXS图中赤道线有一明显的散射条纹，如图10-19（a）所示，它与伸长变形后的微孔和/或多重原纤结构的散射有关。

热处理后纤维的SAXS变为四点图，如图10-19（b）所示，而延时热处理后四点图进一步明显，如图10-19（c）所示。通过分析SAXS和WAXD结果，拉恩（Ran）等提出图10-20所示PBO

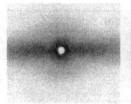  

(a)AS　　　　　　　(b)HM　　　　　　　(c)EHT

图 10-19　PBO 纤维 SAXS 图

纤维结构模型。图中倾斜的层状结构与纤维成形和拉伸过程中沿纤维径向纺丝溶液流动速率不同有关。假设在未固化纺丝细流中的结晶过程中,产生层状堆砌结构,其中每个层片由一个很好取向的 PBO—PPA 溶剂化结构和一个取向较差的相互交叉缠结的 PBO—PPA 结构组成。随着纺丝细流的凝固成形,PPA 被除去,纤维中形成结晶的 PBO 层片和略有扭曲的取向较差的层片,因此两种层片之间发生不同的取向或转变。其中取向较差的分子构象对纤维大分子的总体取向态结构影响不大。在取向较差的层片结构中存在着大分子链末端以及其他缺陷,所以产生一较小的密度起伏。图 10-21 为具有上述纽带结构 PBO 纤维的结构模型示意图。其中,深色区代表高度取向区(顶端和底部),浅色区代表与含大分子链末端和轻微扭曲 PBO 分子的较差取向区。

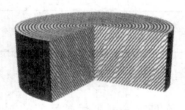

图 10-20　PBO 纤维结构模型

表 10-6 为商品 PBO 纤维主要性能指标。PBO 纤维的限氧指数为 68%,在有机纤维中阻燃性最高,从燃烧实验中看到,接触火焰时不收缩,移去火焰后,也不存在燃烧痕迹,纤维织成布后其布料柔软性不变,不脆不曲,耐屈折性好,接近聚酯纤维,具有良好的纺织加工性能。

图 10-21　具有纽带结构的 PBO 纤维结构模型示意图

表 10-6　商品 PBO 纤维(Zylon)性能指标

项　　目	单　　位	通用型(AS)	高模型(HM)
单丝线密度	dtex	1.5	1.5
密　　度	g/cm³	1.54	1.56
抗张强度	GPa	5.8	5.8
	cN/dtex	37	37
	KSI[①]	840	840
抗张模量	GPa	180	270
	cN/dtex	1150	1720
	MSI[②]	26	39

续表

项　目	单　位	通用型(AS)	高模型(HM)
断裂伸长	%	3.5	2.5
回潮率	%	2.0	0.6
熔　点	℃	无	无
空气中分解温度	℃	650	650
热膨胀系数	$10^{-6}/℃$	—	-6
限氧指数	%	68	68
100kHz 介电常数	—	—	3.0
耗散因子	—	—	0.001

①KSI 为每平方英寸的千磅数;
②MSI 为每平方英寸的百万磅数。

在具有一系列优越性能的同时,PBO 纤维性能还存在不足之处:一是其压缩性能较差,压缩强度仅为 0.2~0.4GPa,研究表明造成这种现象的原因是 PBO 纤维的微纤结构在压应力作用下,易产生纠结带,最终导致纤维微纤化,而改进的方法是在制备纤维过程中,消除体系浓度剧烈起伏变化以及通过注入、共聚等方法改善微纤之间的相互作用;其二是 PBO 纤维与树脂基体的黏结性能差,这主要是由于其分子链呈刚性、纤维表面光滑且化学活性低,改性的方法包括:等离子体处理、溶剂表面微纤(溶胀)化、化学接枝、共聚和共混等。

3. 应用及发展前景

与芳香族聚酰胺纤维相比,PBO 纤维具有更高的抗张强度和抗张模量,同时还具有优异的阻燃性、热稳定性以及抗蠕变性能、耐化学介质性能、耐剪、耐磨性能,纤维纤细,手感好,可进行各种后加工处理,如制成连续纤维、精纺细纱、布、缝合织物、短切纤维、浆粕等,可制作高强绳索以及高性能帆布、高性能复合材料的增强材料、压力容器、防护材料如防弹衣、头盔、安全手套、防火服和鞋类、耐热毡、特种传送带等。

今后围绕 PBO 纤维的研究工作将集中在如何合成更高相对分子质量的 PBO;改进和完善纤维成形技术和工艺过程,降低 PBO 纤维的生产成本;纤维表面处理技术,改进耐光性能等。

二、聚亚苯基吡啶并咪唑纤维

近二十年来,有关高性能刚性聚合物纤维的研究和开发取得了很大进展,如聚对亚苯基苯并双噻唑(PBT)和聚对亚苯基苯并双噁唑(PBO)两种纤维都具有十分突出的力学特性,抗张模量达 300GPa 左右,约为 PPTA 纤维 3 倍,但与其优异抗张性能相比,PBT 和 PBO 纤维的轴向压缩性能较差。纤维材料的压缩性能主要取决于纤维大分子间的相互作用程度。通常纤维扭转模量可作为表征大分子间相互作用程度的一个量度。由于纤维大分子链间为较弱的范德华力作用,所以 PBO 和 PBT 纤维的扭转模量都较低,约 1GPa。在 PPTA 纤维结晶结构中,大分子链间在特定方向上是通过氢键相连接的,因此 PPTA 纤维扭转模量较高,约 2GPa。因此,如何增强大分子链间的相互作用,已成为进一步强化刚性聚合物纤维力学性能的重要课题。阿克苏诺贝尔(AKZO Nobel)研究中心经过十多年努力研制成功一种新型刚性聚亚苯基吡啶并咪唑系聚合物纤维,即聚(2,5-二羟基-1,4-亚苯基吡啶并二咪唑)(PIPD)纤维(或简称 M5)。PIPD 是由 2,6-二羟基对苯二甲酸与 2,3,5,6-四氨基吡啶合成的刚性溶致性液晶聚合物,经湿法或干—湿法纺丝成形、拉伸及热处理等制成高性能 PIPD 纤维。由于沿纤维径向即大分子间存在特殊的氢键网络结构,所以 PIPD 纤维不仅具有类似 PBO 纤维的优异抗张性能,而且还显示出优于 PBO 纤维的抗压缩性能。PIPD 纤维的限氧指数(LOI)值超过 50%,不熔融,不燃烧,具有良好的耐热和耐燃性能,可用于轻型先进复合材料、硬质和软质防弹装甲、高强度缆索、高性能织物或纺织品以及有机高性能耐燃材料等,PIPD 纤维由荷兰麦哲伦国际(Magellan Systems International)公司生产。

1. 制备方法

(1) PIPD 的合成:2,3,5,6-四氨基吡啶(TAP)是合成 PIPD 的重要单体之一,可由 2,6-二氨基吡啶(DAP)经硝化、还原后制成:

$$\text{DAP} \xrightarrow[\text{②}H_2/H_3PO_4]{\text{①}NHO_3\ H_2SO_4/SO_3} \text{TAP}$$

合成 PIPD 时,TAP 需经盐酸化处理并以盐酸盐形式参与聚合反应。若 TAP 以磷酸盐形式参与反应,不但可避免盐酸腐蚀作用,还可加快聚合反应速度,但易发生氧化作用。

由 2,5-二羟基对苯二甲酸二甲酯(DDTA)水解后可制成另一单体即 2,5-二羟基对苯二甲酸(DHTA):

$$\text{DDTA} \xrightarrow[\text{②}NaOH\ H_2O]{\text{①}30\%H_2O_2} \text{DHTA}$$

PIPD 的合成过程与 PBO 相似,可将 TAP 和 DHTA 两种单体按比例加入聚合介质多聚磷酸中,脱除 HCl 后逐渐升温至 180℃,反应 24h,得到 PIPD:

$$n\ \text{TAP} + n\ \text{DHTA} \xrightarrow{\text{HPPA}} \text{PIPD}$$

另外,也可由 TAP 盐酸盐和 DHTA 反应,得到黄色 TAP·DHTA 复合物或称 TD 盐,然后再在 PPA 中聚合反应制成 $M_w = 60000 \sim 150000$ 的成纤 PIPD。

PIPD 在 PPA(P_2O_5 含量为 80.5% ~ 83%,其余为水)中最大溶解浓度为 19%。浓度为 18% 的 PIPD 溶液在 180℃时具有向列型液晶性质。使 PIPD 溶液冷却至 110℃左右,溶液中出现结晶,溶液结晶的熔点约 140℃。在特定条件下,可以制成具有很高结晶度的结晶溶剂化 PIPD 纤维。

（2）纺丝成形：聚合反应后所得 PIPD/PPA 溶液的重均分子量 60000～150000，调制 PIPD 浓度为 18%、溶液温度 180℃，以水或多聚磷酸水溶液为凝固剂，干—湿法纺丝可制成 PIPD 初生纤维。其中，实验用喷丝孔直径范围 65～200μm，喷丝头拉伸比取决于喷丝孔直径，可达 70 倍，所得纤维直径约 8～14μm。初生 PIPD 纤维经水洗除去多聚磷酸和干燥后，在非氧化气氛下于 400℃进行约 20s 的定张力热处理，最终制成高强高模 PIPD 纤维。

2. 纤维结构与性能

以 10℃/min 升温速率，由室温升至 700℃，通过 WAXD 分析发现，在 PIPD 溶液中存在两种结晶溶剂化相：室温条件下为结晶溶剂化相Ⅰ（XS1），温度在 85～115℃时出现结晶溶剂化相Ⅱ（XS2）。当溶液温度在 135℃以上，可观察到向列型液晶相，表明 PIPD 溶液体系是非热力学平衡体系。

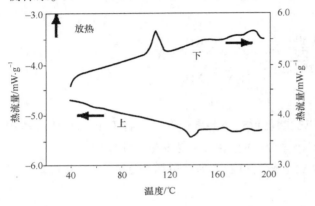

图 10-22 PIPD/PPA 溶液 DSC 曲线

为进一步研究溶液相转变行为，用 DSC 以 0.2℃/min 速率测定 PIPD/PPA 溶液升温和降温曲线，得图 10-22 所示结果。在升温曲线上 137℃附近有一吸热峰，而降温曲线上则对应出现 108℃左右的放热峰，同时在 147℃附近还有一微弱放热峰。从 DSC 曲线转变峰的峰形可以判断，这些转变峰与 PIPD 溶液结晶的熔融和转变有关，而不是 T_g。其中，结晶峰与较高温度下向列型液晶相转变为结晶溶剂化相有关。升温和降温过程中转变温度的差异可能与试样在降温过程中过冷程度有关。

图 10-23 为 18%PIPD/PPA 溶液流变实验结果。在降温曲线上，转变温度出现在 120℃左右，而升温曲线上转变温度提高约 20℃，与 DSC 结果吻合，进一步证实在 PIPD 溶液中向列型液晶相和结晶溶剂化相的存在。

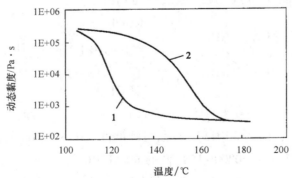

图 10-23 PIPD/PPA 溶液动态黏度与温度的关系

1—降温曲线　2—升温曲线

在 PIPD 纺丝细流冷却固化过程中,发生向列型液晶相向结晶溶剂化相的转变,冷却主要发生在干—湿法纺丝空气层及凝固浴中,溶液冷却的同时在水浴中固化成形。

图 10-24 为固化并经 80℃水洗后不同 PPA 含量初生 PIPD 纤维的 WAXD 曲线。最下方纤维为固化后未经水洗的纤维,PPA 含量最高,为 44%。可见,经水洗后 $2\theta \approx 18°$ 附近衍射峰逐渐消失,而 $2\theta \approx 10°$ 附近衍射峰增强。

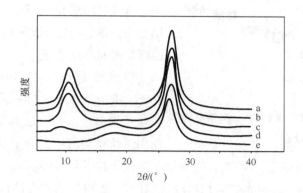

图 10-24 不同水洗程度 PIPD 纤维 WAXD 曲线

a—PPA 含量<0.06% b—0.14% c—4.4% d—28% e—44%

要制取高性能纤维,需对水洗后的纤维进行必要的热处理。如图 10-25 所示,随热处理温度升高,初生 PIPD 纤维赤道线方向第一层线衍射峰位置发生明显偏移,即向 2θ 增大或面间距减小方向变化,而高角度一侧衍射峰的位置略有变化。研究表明,初生 PIPD 纤维具有结晶水合结构,在热处理过程中这种结构逐步转变为自由水—PIPD 结晶结构。由图 10-26 可见,400℃热处理后 PIPD 纤维的结晶度和结晶取向度都有很大提高。

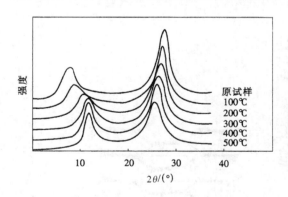

图 10-25 不同温度热处理 PIPD 纤维 WAXD 曲线

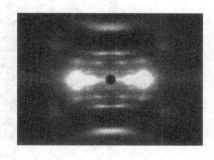

图 10-26 热处理 PIPD 纤维 WAXD 图

用 WAXD 法研究的结果表明,因条件不同 PIPD 可出现两种不同形式的结晶结构:晶胞中含一个单体单元的三斜结晶和含两个单体单元的单斜结晶。三斜和单斜结晶晶胞参数:

三斜结晶: $a = 0.668nm$, $b = 0.348nm$, $c = 1.202nm$, $a = 84°$, $\beta = 110°$, $\gamma = 107°$。

单斜结晶: $a = 1.249nm$, $b = 0.348nm$, $c = 1.201nm$, $a = 90°$, $\beta = 107°$, $\gamma = 90°$。

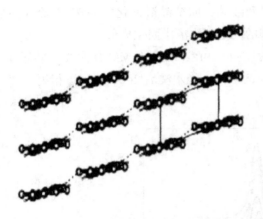

图 10-27　具有一维氢键网络 PIPD 三斜结晶结构在 a—b 平面投影

三斜晶胞体积小于单斜晶胞。三斜和单斜结晶结构的主要区别在于 PIPD 大分子的氢键网络结构。图 10-27 为具有三斜结晶结构 PIPD 大分子在 a—b 平面投影。对于这种结构,氢键网络仅靠沿对角平面的大分子所连接,即与单斜结晶结构的二维氢键网络相比(图 10-28),形成的氢键网络是一维的,显然二维氢键网络结构更有利于增强纤维的抗压缩性能。

纤维成形过程中,PIPD 纺丝溶液温度为 180℃,此时溶液处于向列型液晶态,纺丝细流自喷丝孔挤出进入空气层和凝固浴后,在卷绕张力作用下纺丝细流中大分子发生取向作用。在此过程中纺丝细流被冷却,向列型液晶相转变为结晶溶剂化相,同时纤维固化成形并被水洗,结晶溶剂化相中的 PPA 被水取代,因此初生 PIPD 纤维具有二维有序的水合结构,其中 PIPD 大分子沿垂直主链的两个方向较有序堆砌,而在沿主链方向取向程度不高。随着热处理的进行,在 PIPD 大分子间以氢键键合的水分子被逐渐从水合结构中除去。在足够高的热处理温度下,所有水分子都被从纤维的水合结晶结构中除去,使具有二维氢键网络结构特征的三维有序结晶结构得以发展,成为 PIPD 纤维结晶结构。若热处理温度过低或处理时间过短,则由结晶水合结构向 PIPD 纤维结晶结构的转变是可逆的。

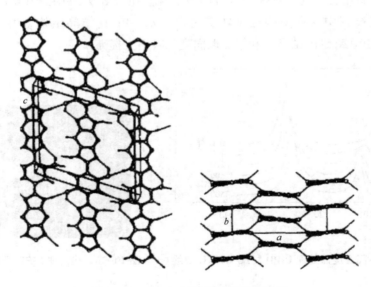

图 10-28　PIPD 纤维结晶结构示意图

如图 10-29,热处理后 PIPD 纤维力学性得到明显改善,纤维初始模量约为初生纤维的两倍,几乎观察不到屈服现象。

与其他高性能纤维类似,压缩变形后的 PIPD 纤维中也出现变形带状结构,但变形程度较

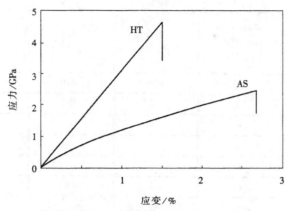

图 10-29　两种 PIPD 纤维应力—应变曲线

小。由图 10-30 可见,对于单向碳纤维增强环氧树脂复合材料,压缩变形率为 1.5% 时试样中出现典型的突变性断口,即外力超过其屈服应力后发生脆性破坏。在相同实验条件下,即使压缩变形率达 25%,PIPD 纤维复合材料仍保持较完整形态。

(a)压缩率为 1.5% 的碳纤维材料　　(b)压缩率为 25% 的 PIPD 纤维材料

图 10-30　压缩变形单向纤维/环氧树脂复合材料 SEM 结果

由表 10-7 可见,PIPD 纤维初始模量远高于其他高性能纤维,并且具有较高的压缩强度,可进行编织、针织及无纺加工等,其纤维复合材料具有良好的韧性和抗冲击性能。

表 10-7　PIPD 纤维与其他高性能纤维性能比较

纤维	Twaron—HM(高模 PPTA 纤维)	C—HS(高强碳纤维)	PBO 纤维	PIPD 实测值	PIPD 预期值
拉伸强度/GPa	3.2	3.5	5.5	5.3	9.5
断裂伸长率/%	2.9	1.4	2.5	1.4	>2
初始模量/GPa	115	230	280	350	400~450
压缩强度/GPa	0.48	2.1	0.42	1.6	2
压缩应变率/%	0.42	0.9	0.15	0.5	0.5
密度/g·cm^{-3}	1.45	1.8	1.56	1.7	1.7
回潮率/%	3.5	0	0.6	2	2

续表

纤维	Twaron—HM(高模PPTA纤维)	C—HS(高强碳纤维)	PBO纤维	PIPD实测值	PIPD预期值
空气中热降解起始温度/℃	450	800	550	530	530
LOI/%	29		68	>50	>50
电导性	-	++	-	-	-
抗冲击性	++	--	++	++	+++
抗破坏性	+			++	+++
编织性能	+	--	+/-	+	+
耐紫外线性	-	++	--	++	++

注 表中+表示较好;++表示好;+++表示很好;-表示较差;--表示差。

如前所述,水对 PIPD 纤维结晶结构有重要影响。如图 10-31 所示,PIPD 纤维抗张模量与其含水率之间基本呈线性反比关系,但对 PIPD 纤维/环氧树脂复合材料的研究表明,含水率对材料压缩强度无明显影响,甚至略有增大。

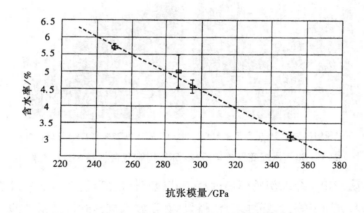

图 10-31 PIPD 纤维含水率与纤维抗张模量的关系

热释放速率(RHR)即在一定外部热环境条件下,材料因分解等释放热量的速率可作为表征材料耐热及耐火性的指标。图 10-32 为 PIPD 和 PPTA 两种纤维制品的 RHR 曲线。可见,在同样外部热量(热流量为 75kW/m²)作用下,PIPD 纤维的 RHR 峰值仅为 50kW/m² 左右,而 PPTA 纤维接近 300kW/m²,表明 PIPD 纤维具有 PBO 纤维那样十分突出的耐火性。

对于轻量化材料,比模量和比强度是重要的性能参数。图 10-33 为几种常见工业用纤维的比模量和比强度。容易看出,PIPD 纤维单位质量抗张性能最为突出,意味着该纤维在先进纤维复合材料方面有很好的应用前景。

3. 应用及发展前景

PIPD 纤维具有特殊的氢键网络结构,力学性能突出,耐热及耐燃性优良,与热固性树脂基体黏结性好,是一种较理想的高性能纤维,作为增强材料可用于制作各种聚合物基纤

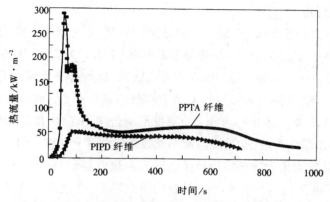

图 10-32 PIPD 和 PPTA 纤维制品 RHR 曲线（外部热流量 75kW/m²）

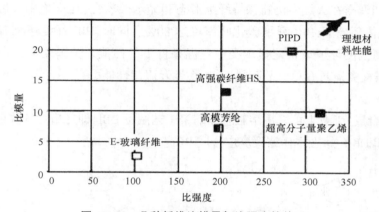

图 10-33 几种纤维比模量与比强度的关系

维复合材料。

在汽车方面,目前小型车使用的液化石油气容器多为圆柱形钢瓶,若用 PIPD 纤维缠绕复合制成汽车用液化石油气容器,使用压力可达 7MPa、温度为-43~97℃,而重量仅为同类型钢瓶的 1/10;若根据汽车空间结构特点将容器制成特殊形状,可有效利用汽车行李厢空间;用单向 PIPD 纤维复合材料制成的汽车用抗冲击加固材料,如宽×高×厚为 50mm×30mm×2mm 的矩形桁条,不仅具有增强汽车结构的作用,而且还能有效吸收汽车被撞击的能量。

利用 PIPD 纤维高比模量和高比强度以及热绝缘性等特点,可制作火箭发动机液态氧容器(10MPa、-196℃);空间飞行器低温绝热支撑材料;人造卫星太阳能面板的衬背板等。体育器材方面,如用 PIPD 纤维复合材料制成的曲棍球棒已经问世,它对高速运动球体有良好的衰减阻尼特性,质量轻,击球感好,在高尔夫球杆、网球拍等方面也有很好的应用前景。由于碳纤维具有导电性,作为纤维金属碾压材料(Fiber Metal Laminates,FML)(在厚约 0.3mm 铝片中嵌入纤维/树脂复合材料碾压而成)在某些方面的应用受到限制,PIPD 纤维的电绝缘、力学性能优异,有望在某些方面取而代之。PIPD 纤维还可用于制作防弹装甲、防护纺织品等。随着基础研究和开发应用的不断深入,预计 PIPD 纤维将有更大的发展。

三、聚苯并咪唑纤维

在美国国家科学基金会的资助下,20 世纪 60 年代初,佛吉尔(H. Vogel)和马韦尔(C. S. Marvel)首次发表了用 3,3′,4,4′-四氨基联苯胺(TAB)和间苯二甲酸二苯酯(DPIP)合成聚 2,2′-间亚苯基-5,5′-二苯并咪唑(PBI)的研究成果,这种芳香族聚苯并咪唑具有突出的耐热和抗氧化性能。其后,塞拉尼斯公司与美国空军材料试验所(AFML)合作开发 PBI 纤维,用于制作火箭收回的降落伞。自 1983 年开始,塞拉尼斯公司用 TAB 和 DPIP 为原料单体合成聚苯并咪唑,以二甲基乙酰胺为溶剂,采用溶液纺丝技术批量生产 PBI 纤维。1985 美国联邦贸易委员会将 PBI 纤维认定为由含咪唑结构单元的芳香族聚合物制成的纤维。除美国外,英国、法国、日本及前苏联等也都相继开展了 PBI 纤维的研究工作,开发出一些类似产品,但产量都不大。我国在 20 世纪 70 年代也曾经试制过这种纤维。

PBI 纤维在空气中不燃烧,具有优良的耐高温特性,在 580℃ 空气或 700℃ 氮气中不分解、也不熔融,短时间暴露在火焰中仍能保持纤维形态和显示柔软性,在火焰中最后成为坚硬的残碳物。在惰性气体环境下,PBI 纤维碳化收率可达 80%。同时,PBI 纤维还具有优良的耐低温性能,即使在液氮温度环境下仍能显示类似室温条件下的性能。美国化学协会的研究结果表明,PBI 纤维比诺梅克斯具有更好的耐热性、抗燃性及服用性能。

1. 制备方法

(1) PBI 的合成:工业上可采用熔融本体缩聚工艺制备 PBI,即在惰性气体保护下按一定比例使单体 TAB 和 DPIP 熔融本体缩聚反应合成 PBI:

TAB
相对分子质量 = 214.5
熔点 = 175~178℃

DPIP
相对分子质量 = 318.31
熔点 = 136~137℃

PBI
相对分子质量 = (308.03)$_n$
无熔点,高温碳化

苯酚

上述缩聚反应分两个阶段进行。第一阶段为预缩聚,反应温度 270~300℃,反应时间 1~2h,除去副产物苯酚和水得到泡沫状预聚体,将其冷却和粉碎后再在真空下于 375~400℃ 固相聚合 2~3h,制成黄棕色粒状 PBI 树脂。

PBI 的相对分子质量可用特性黏数 $[\eta]$ 表示,将 0.4g PBI 溶解在 100mL 97% 硫酸中,用坎农—芬斯克(Cannon-Fenske)黏度计于 25℃ 恒温浴中测定,由下式计算 $[\eta]$:

$$[\eta] = \frac{\ln\eta_\tau}{0.4}$$

式中:$\eta_\tau = t_1 k_1 / t_2 k_2$,其中 t_1 是溶液流动时间,t_2 是溶剂流动时间,k_1、k_2 为仪器常数。PBI 特性黏数与相对分子质量的关系可用如下经验式求出:

$$[\eta]_{H_2SO_4} = 1.35326 \times 10^{-4} M^{0.73287}$$

聚合第一阶段预聚体的 $[\eta]$ 值在 0.19~0.25 范围,聚合结束后可达 0.9 左右。

由于 PBI 熔点高并难溶于普通溶剂,所以其纤维成形、塑料加工等比较困难。为此,可通过化学方法在 PBI 大分子主链上引入其他结构基团,如苯并醌酰亚胺、苯并噁唑、三唑、噁二唑及苯并噻唑等,可改进 PBI 纺丝、成形等加工性能。

(2)纺丝成形:图 10-34 为 PBI 纤维生产工艺流程示意图。

PBI 的纺丝溶剂主要有硫酸/水溶液、DMF、DMSO 和(DMAc)等,其中 DMAc 较理想,是适宜的纺丝溶剂。制备纺丝溶液时,将粒状 PBI 加入 DMAc 中,边搅拌边加热到 250℃左右,聚合物全部溶解,配制成质量浓度约 25%、室温下黏度约 150Pa·s(1500P)的纺丝溶液。为防止纺丝溶液因氧化交联而出现凝胶现象,需要在溶解及纺丝过程中保持非氧化条件。在存放过程中溶液中的 PBI 可发生结晶并析出,导致纺丝溶液不稳定,所以可在纺丝溶液中添加 1%~2%氯化锂,可抑制 PBI 结晶,提高溶液稳定性,纺丝成形后水洗时纤维中的氯化锂被除去。

虽然 PBI 可以湿法纺丝成形,但塞拉尼斯公司采用的是干法纺丝工艺。纺丝前需进行过滤和脱泡,除去溶液中杂质、凝胶状物质和气体,然后储存供纺丝使用。如图 10-35 所示,纺丝溶

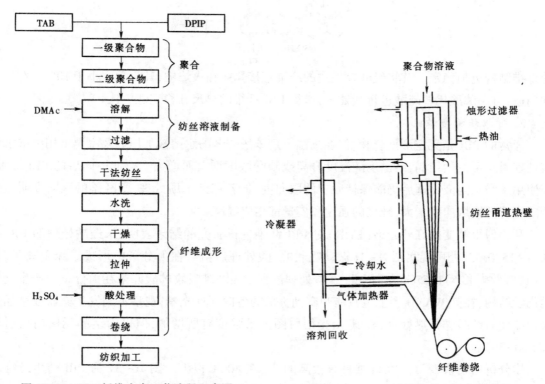

图 10-34　PBI 纤维生产工艺流程示意图　　　　图 10-35　PBI 干法纺丝工艺示意图

液经计量泵、烛形过滤器进入喷丝头，在喷丝孔道中发生剪切流动后进入充满逆行循环热氮气（或二氧化碳）流的纺丝甬道，纺丝细流中的溶剂被氮气带走冷凝回收，而纺丝细流本身被浓缩并固化成形，在纺丝甬道底部卷绕得到初生纤维。由于初生纤维的强度低而伸长大，不能满足实用要求，还需进行必要的拉伸等后加工处理。

由于高温拉伸时残存在 PBI 初生纤维中的溶剂容易气化而导致产生"爆米花状"纤维等，所以拉伸前必须对纤维进行水洗和干燥，除净残存的溶剂和水。

PBI 初生纤维的拉伸可分两级进行，如一级拉伸比为 1.5～3.5 倍，二级拉伸比为 1.05～1.5 倍，二级拉伸的温度要高于一级拉伸。为防止发生氧化降解等，拉伸需在 400～500℃ 高温氮气环境下进行。

PBI 纤维耐热抗燃性好，但在火焰中会发生收缩，因此拉伸后的纤维还需用硫酸进行稳定化处理，在纤维大分子中形成咪唑环结构的盐，热处理时这种盐发生结构重排，在苯环上形成磺化基团：

$$\xrightarrow[H_2O]{2\%H_2SO_4}$$

$$\xrightarrow{\text{热处理}}$$

使纤维结构更加稳定。若将经酸处理过的纤维直接暴露在火焰中，其收缩率小于 10%。对于特殊用途，可用磷酸代替硫酸进行酸处理，所得 PBI 纤维的热尺寸稳定性更佳。

2. 纤维结构与性能

通常的 PBI 是无定形聚合物，但在高温下用苯酚或苯酚水溶液加压以及室温下用甲酸水溶液处理时均可发生结晶，结晶度随温度升高或苯酚浓度增大而增大。拉伸取向后的 PBI 纤维，即使用苯酚水溶液处理后仍能保持原有的取向度，但若用纯苯酚处理，则纤维的取向度明显降低。随着纤维取向度增大，纤维的强度和模量都相应提高。

利用傅里叶变换红外光谱（FTIR）对 PBI 纤维进行研究的结果表明，未经酸处理的 PBI 纤维，在 1530cm^{-1} 处可观察到 N—H 振动吸收峰，酸处理后由于在大分子中形成了咪阳离子，使 N—H 吸收峰移至 1565cm^{-1}。因此，在酸处理过程中被纤维吸收的酸并未在大分子中产生交联类化学结构，在其 WAXD 图上也只能观察到弥散的各向同性光晕，观察不到发生交联或结晶迹象。即使对纤维进行热处理，在其 X 光衍射图上虽强度有所增加，但仍为结晶无取向衍射环（图 10-36）。

热分析的结果表明，PBI 纤维具有很高的 T_g，在 400℃ 以上。图 10-37 为 PBI 初生纤维动态力学谱图，其中主(δ)松弛转变温度约 465℃，其他三个次级转变温度分别为 -90℃、20℃ 和

290℃。δ转变与纤维的玻璃化转变对应,而最低温一侧的δ转变则可能与大分子链节中两个苯并咪唑环发生转动有关。

PBI 纤维为金黄色,经酸处理后纤维密度由 1.39g/cm³ 提高到 1.43 g/cm³ 左右,其主要性能指标如表 10-8 所示。PBI 纤维手感柔软,吸湿性强于棉、丝及普通化学纤维,因此其织物具有良好的服用舒适性。

PBI 具有突出的耐高温和耐低温性能,如将 PBI 纤维在 500℃氮气中处理 200min,由于相对分子质量增大及发生交联等,其 T_g 可提高到 500℃左右;即使

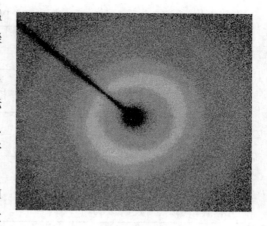

图 10-36 PBI 纤维的 WAXD 图

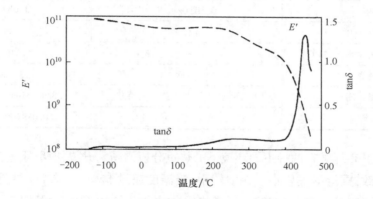

图 10-37 PBI 初生纤维动态力学谱图

在-196℃时 PBI 纤维仍有一定韧性,不发脆;如图 10-38 所示,将 PBI 纤维暴露在 300℃高温环境下 24h 后,其热收缩率仅为 3%。

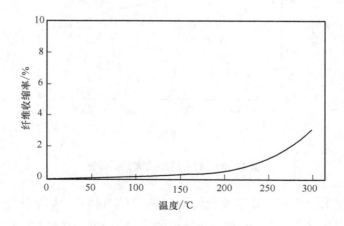

图 10-38 热处理温度与纤维收缩率的关系

表 10-8 PBI 纤维的主要性能指标

物理性能	英制	法定制
线密度	1.5 旦	1.7dtex
抗张强度	2.7g/旦	2.4dN/tex
初始模量	32.0g/旦	28.0dN/tex
断裂伸长率	28.0%	28.0%
卷曲度(短纤维)	28.0%	28.0%
含油率	0.25%	0.25%
密度	1.43g/cm³	1.43g/cm³
回潮率(65%相对湿度,20℃)	15%	15%
沸水收缩率	<1.0%	<1.0%
205℃干热收缩率	<1.0%	<1.0%
比热容	0.3BTU/lb°F	1.0K/kg·℃
限氧指数(LOI)	>41%	>41%
表面比电阻(65%相对湿度,21℃)	—	$1\times10^{10}\Omega/cm$
纤维色泽	金黄	金黄
标准纤维长度	1.5英寸,2英寸,3英寸,4英寸	38mm,51mm,76mm,102mm
热导率	0.022BTU/(h·ft·°F)	0.038W/(h·m·℃)

图 10-39 为 PBI 纤维在两种不同环境下的热重分析谱图。升温初期,重量损失主要因纤维中吸附水蒸发所致,重量损失较小。在空气中,当温度超过 525℃左右,纤维重量损失急剧增大,而在氮气中,即使温度达到 1000℃,纤维的残余重量仍在 50%以上,保持着较好的纤维形态和基本性能。

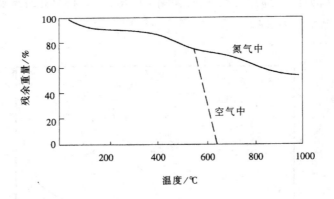

图 10-39 PBI 纤维热重分析谱图

在 570℃和 900℃之间,PBI 纤维氧化降解时释放的气体中,大部分为 CO_2(84.3%)和水(14.3%),其余为 CO(1%)、NO_x(0.4%)和微量的 HCN、$(CN)_2$/CH_3CN 混合物及 SO_2 等。在 570℃以下,分解的气体主要为 CO_2(70%)、H_2O(29.5%)、CO(0.3%)以及上述微量含氮化合

物。在惰性气体中降解时,PBI 纤维的分解产物为水、甲烷、丙烯及苯氰、氰氢酸等。

PBI 纤维具有良好耐化学试剂性,包括耐无机强酸、强碱和有机试剂,在不同温度下将 PBI 纤维放置在 75% 浓硫酸蒸气中 3h 后其强度变化如图 10-40 所示。可见,即使经 400℃以上高温硫酸蒸气处理,PBI 纤维的强度仍可保持初始强度的 50% 左右。此外,PBI 纤维耐蒸汽水解性很强,如将 PBI 纤维在 182℃高压蒸汽中处理 16h 后,其强度基本不变。

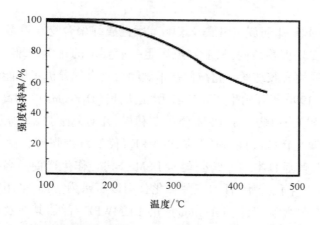

图 10-40　硫酸蒸气温度与 PBI 纤维强度保持率的关系

由于咪唑能吸收可见光并发生光降解,特别是在氧存在时这种现象更加明显,所以 PBI 纤维可发生光降解,耐光性较差。但若在惰性气体环境下,即使在室外暴露 16 周,PBI 纤维强度也基本不变。PBI 纤维为金黄色,其 T_g 在 400℃以上,加之大分子之间因氢键而有较强的相互作用,所以染色性能不好,用常规方法染色效果差,所以常用原液染色法。

3. 应用及发展前景

PBI 纤维耐热、抗燃性能突出,限氧指数高,在空气中不燃烧,也不熔融或形成熔滴,有良好的耐化学试剂性和吸湿性以及手感,因此在耐热、防火纺织品,如安全防护服、抗燃纺织品、耐酸耐碱滤布等方面有很好的用途。虽然 PBI 纤维的力学性能一般,但能满足大多数纺织加工的要求。从防护制品的安全性、舒适性和成本等方面综合考虑,实用的各类防护纺织品大多是由 PBI 纤维混纺织物制成的。例如,将 PBI 纤维与对位芳香族聚酰胺纤维按 60:40 比例混纺制成的消防服,已成为塞拉尼斯公司标准的高附加值产品。

PBI 纤维的抗燃特性突出,可用来制作防火服、飞行服、赛车服、救生服以及钢铁、玻璃等制造业的工作服等。由于 PBI 纤维的吸湿性好,用它制成的防护服穿着舒适。高温环境下 PBI 纤维不燃烧,无毒无烟,可用于飞机、潜艇及列车等的内饰材料,如装饰品、窗帘、地毯、座椅布、盖布及各种带状物等。在工业上,利用 PBI 纤维的耐热抗燃、耐化学试剂等特点,制成的滤布或织物可用于工业产品过滤、废水及淤泥类过滤、粉土捕集、烟道气和空气过滤、高温或腐蚀性物料的传输、石棉代用品等。

虽然 PBI 纤维具有许多突出的特性,但由于其价格较贵,限制了它的广泛应用,因此如何降低生产成本和产品价格,进一步提高 PBI 纤维与其他类似纤维品种的竞争力,也是塞拉尼斯公司需要研究的课题。

第五节　超高相对分子质量聚乙烯纤维

一、概述

通常条件下,聚烯烃、脂肪族聚酰胺及聚酯等柔性成纤聚合物在熔融或溶液纺丝成形及后处理过程中,大分子多呈折叠结构,只能制成满足一般要求的化学纤维。1975 年荷兰 DSM 公司以十氢萘为溶剂,采用凝胶纺丝—超拉伸技术试制出具有优异抗张性能的超高分子量聚乙烯(UHMWPE)纤维,从 1990 年开始生产商品名为"迪尼玛(Dyneema)"的高性能聚乙烯(HPPE)纤维。1985 年联合信号公司购买了 DSM 公司专利权,并对制造技术加以改进,以矿物油为溶剂开发出商品名"斯佩克特拉(Spectra)"的 HP—PE 纤维,纤维强度和模量都超过了杜邦公司的"开夫拉(Kevlar)";其后日本东洋纺公司与 DSM 公司合作生产商品名为"迪尼玛"的 HP—PE 纤维;从 20 世纪 80 年代开始,日本三井石化公司以石蜡为溶剂,采用凝胶挤压—超拉伸技术研制和生产商品名为"特克米纶(Tekmilon)"的 UHMWPE 纤维,其纺丝溶液浓度高达 20%~40%,但残余石蜡不易除净,纤维蠕变较大,近年来工艺有一定改进。目前国外 UHMWPE 纤维的主要生产厂家包括 DSM 公司、赫尼维尔(Honeywell)公司、DSM—东洋纺公司、三井石化公司等,总产量约 3000t。国内在 UHMWPE 纤维方面的研究始于 20 世纪 80 年代,先后由中国纺织科学研究院、东华大学、天津工业大学、总后勤部军需装备研究所、北京合成纤维技术研究所等单位完成了小试工作。目前在国内已形成产能数千吨规模的 HPPE 纤维生产线。

二、制备方法

聚乙烯(PE)大分子链呈平面锯齿形构象,结晶密度小,分子链柔性强,在有机纤维材料中理论强度和理论模量是最高的,因此早在 20 世纪 30 年代科研工作者就开始了有关 HPPE 纤维的研究。为实现 PE 纤维的高强化,首先要减少纤维结构的缺陷如分子末端、分子间及自身的缠结、折叠等,使大分子处于伸直的单相结晶状态。

减少分子末端数量的有效方法是增加相对分子质量。近年来,随着高分子合成技术的进步,相对分子质量在 1000 万以上的 PE 也已实现工业规模生产。目前制造高性能纤维所使用的 PE,其平均分子量一般在 1×10^6 以上,即所谓 UHMWPE。通常,PE 相对分子质量(M)与纤维强度(σ)的关系可用如下经验式表示:

$$\sigma \propto M^k \qquad (k = 0.2 \sim 0.5)$$

显然,纤维强度随相对分子质量增加而增大。然而,随相对分子质量增加,纤维成形过程中大分子缠结程度亦随之明显增大,宏观上表现为熔体黏度急剧升高,很难利用常规熔体纺丝技术纺丝成形。稀溶液时 PE 大分子间容易发生相对滑移,使初生纤维在拉伸过程中的有效拉伸性变差;浓度过高,大分子缠结程度大,不利于拉伸过程中大分子链的解缠和伸直。既要保证大分子有足够高的相对分子质量,又要尽量减少大分子的缠结,使大分子在拉伸过程中能够由折叠链状态转变为伸直链结构。为此,人们进行了大量研究工作,提出了许多有意义的方法。

1. 纤维状结晶生长法

如图 10-41 所示,将超高相对分子质量聚乙烯 UHMWPE/二甲苯稀溶液(浓度 0.4%~0.6%,100~125℃)置于由两个同心圆筒构成的结晶化容器中,使溶液发生泊肃叶流动,在旋转内筒(转子)表面形成凝胶膜并与加入的晶种接触,同时以结晶生长速度将凝胶膜连续卷绕成纤维状结晶。由于纤维的卷取与内圆筒的旋转方向相反,纤维状结晶的生长受到轴向张力作用,因此纤维具有图 10-41(b)所示的串晶结构。若对卷取后的纤维状结晶进一步施以热拉伸,则串晶中折叠链片晶部分可转变成伸直链结构,最后所得纤维的强度和模量可达 48cN/dtex 和 1200cN/dtex,但因溶液浓度低,结晶生长速度缓慢(0.3~0.6m/min)以及纤维的线密度、缺陷等难于控制,该方法工业实施的难度很大。

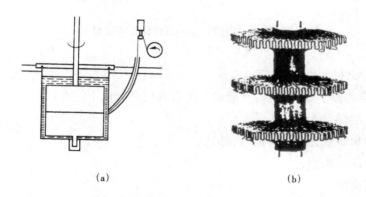

(a)　　　　　　　　　(b)

图 10-41　纤维状结晶装置及串晶结构示意图

2. 单晶片—超拉伸法

该方法在研究折叠链拉伸变形机理方面很早就为人们采用,使 UHMWPE 稀溶液(0.05%~0.2%)缓慢冷却或等温结晶化得到 PE 单晶,将单晶聚集并压制成片状物进行 200 倍以上超拉伸,最后拉伸物的强度和模量可达 45cN/dtex 和 2100cN/dtex。该方法主要用于实验室规模的基础研究。

3. 凝胶挤压—超拉伸法

将 UHMWPE 溶液缓慢冷却制成凝胶状球晶,通过模口挤压成形并进行总拉伸倍数 150~200 的超拉伸,可制成直径为毫米级的高强度 PE 纤维,其工艺过程比较复杂,一般只在纺制粗旦 PE 纤维时才有意义。

4. 凝胶纺丝—超拉伸法

DSM 公司采用凝胶纺丝—超拉伸技术比较好地解决了 HPPE 纤维工业化生产的关键性技术问题,其制备原理是以十氢萘、石蜡油、矿物油等碳氢化合物为溶剂将 UHMWPE 调制成半稀溶液(浓度 4%~12%),由喷丝孔挤出后骤冷成为凝胶原丝,经萃取、干燥后进行 30 倍以上的热拉伸,制成具有伸直链结构、高强高模 PE 纤维。目前工业规模生产的 HPPE 纤维均采用凝胶纺丝—超拉伸工艺。图 10-42 为其工艺流程示意图。

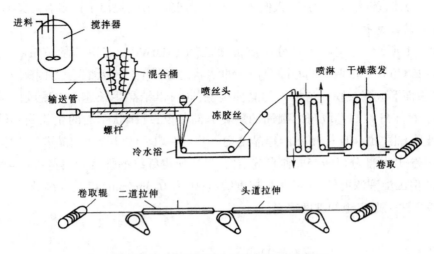

图 10-42　凝胶纺丝—超拉伸工艺示意图

三、纤维结构与性能

就高性能纤维的分子结构而言,一般成纤聚合物应具有以下特点:

(1)构成主链的键强大;

(2)大分子构象线性化,具有伸直链结构;

(3)大分子横截面积小;

(4)链缠结程度低;

(5)分子链中分子末端数少。

通常,纤维的力学性能取决于大分子主链中最弱的键合。碳—碳双键和叁键的键强都高于单键。对碳—碳键而言,单键、双键和叁键的键角分别为 112°、122°和 180°,显然含不饱和键的分子有利于制成高性能成纤聚合物,但合成含不饱和键的高分子量聚合物的技术难度较大。同样,如果每个大分子的横截面积越小,即单位纤维横截面积上所能容纳的分子数量越多,则所得纤维的抗张性能越好。因此,作为高性能成纤聚合物,大分子线性化和具有横截面对称性是必要的。如图 10-43 所示,PE 是典型的柔性大分子,非晶态时大分子易呈无规线团状,缠结程度大,而结晶时则易形成折叠链结构,纤维受外力作用时,主要由少数连接晶区与非晶区的缚结分子承受外力作用,很容易断裂,所以其实际强度远低于理论强度(表 10-9)。

在通常环境温度和压力下,由线型 PE 溶液或熔体得到的结晶为具有折叠链结构的斜方晶系结晶。将线型 PE 稀溶液等温结晶,可得到具有折叠链结构的 PE 单晶片,在接近和低于熔点温度下进行拉伸,PE 折叠链可转变为伸直链结构。制备伸直链结构 PE 的另一途径是在高温和高压下使 PE 结晶,也可制成具有伸直链结构的 PE 单晶。

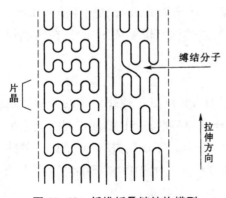

图 10-43　纤维折叠链结构模型

表 10-9 纤维理论强度和理论模量

纤维品种(缩写)	分子横截面积/nm²	理论强度/cN·dtex⁻¹	实际强度/cN·dtex⁻¹	理论模量/cN·dtex⁻¹	实际模量/cN·dtex⁻¹
聚乙烯(PE)纤维	0.193	328	7.9	2448	88
聚己内酰胺(PA6)纤维	0.192	299	8.4	1240	44
聚甲醛(POM)纤维	0.185	233	—	374	—
聚乙烯醇(PVA)纤维	0.228	208	8.4	1984	221
聚对苯二甲酰对苯二胺(PPTA)纤维	0.205	207	22.1	1323	882
聚对苯二甲酸乙二醇酯(PET)纤维	0.217	205	8.4	902	141
聚丙烯(PP)纤维	0.348	192	7.9	373	106
聚丙烯腈(PAN)纤维	0.303	173	4.4	735	75
聚氯乙烯(PVC)纤维	0.294	149	3.5	—	40

在高温(熔点以下)或高压条件下,PE 可发生晶型转变,即由常规斜方晶系转变为六方晶系。图 10-44 为斯佩克特拉 900 纤维试样的升温 DSC 曲线,图 10-44 中(a)和(b)分别为试样在定长和自由状态(将纤维剪碎)下测定的结果,可观察到三个明显的吸热峰。其中,自由状态下[图 10-44(b)]峰 1(约 144℃)对应着由伸直链构成的斜方结晶熔融,而定长状态下[图 10-44(a)]峰 2(约 155℃)和峰 3(约 159℃)分别与斜方结晶转变为六方结晶和六方结晶熔融有关。

以煤油为溶剂的凝胶纺丝、不同拉伸倍数 UHMWPE 纤维 DSC 曲线如图 10-45 所示。对于 20 倍以下的拉伸纤维,随拉伸倍数增大,纤维中折叠链结构向伸直链结构转变,纤维结晶的三维有序程度增强,结晶度增大,主转变峰明显向高温一侧漂移,但观察不到晶型转变现象。当拉伸倍数超过 20 倍以后,DSC 曲线变得复杂,峰形变宽,出现肩峰,这种变化在拉伸 40 倍试样 DSC 曲线上更为突出,表明在此阶段的拉伸过程中,不仅发生了由折叠链向伸直链的转变,而且 PE 晶型也发生了相应变化。

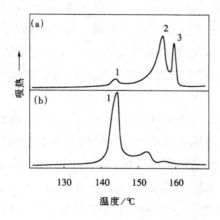

图 10-44 Spectra900 纤维 DSC 谱图

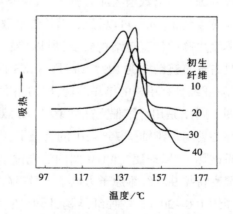

图 10-45 不同拉伸倍数 UHMWPE 纤维 DSC 谱图

图 10-46 为三种纤维的 WAXD 图。容易看出,初生纤维[图 10-46(a)]为典型的结晶无定形结构,虽然 PE 是一种柔性强、易形成折叠链结晶结构的大分子,其纺丝溶液流经喷丝孔道时会发生某种程度的流动取向,但由于 UHMWPE 相对分子质量大,弹性效应强,纺丝细流离开喷丝孔道时解取向效应显著,因此在未拉伸纤维的 WAXD 图中只能观察到各向同性的衍射环。随拉伸进行,WAXD 图上赤道线附近衍射强度迅速增大,而子午线附近衍射强度减小,其中最强的衍射为位于 $2\theta \approx 21.9°$ 和 24° 附近的斜方晶(110)和(200)面衍射。在高倍拉伸纤维的 WAXD 图和衍射强度曲线上,还可观察到(210)、(020)、(310)以及层线方向的(011)、(111)、(201)和(211)面衍射。此外,在最强的(110)面衍射内侧,即使在较低拉伸倍数(如 5 倍以上)纤维的 WAXD 图上也能观察到位于 $2\theta = 19.5°$ 左右的衍射,它与 PE 单斜结晶有关。

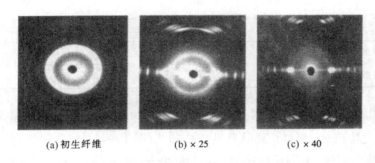

(a) 初生纤维　　　　　(b) ×25　　　　　(c) ×40

图 10-46　不同拉伸倍数 UHMWPE 纤维 WAXD 图

由施尔(Sherrer)方程,利用 WAXD 强度曲线可计算微晶尺寸,即:

$$D_{hkl} = \frac{\lambda \times \dfrac{180}{\pi}}{(H^2 - 0.01)^{1/2} \times \cos\theta}$$

式中:λ 为 X-射线波长;θ 为与(hkl)对应的 Bragg 衍射角;D_{hkl} 为垂直于衍射面的微晶尺寸;H 为(hkl)衍射峰的半高宽;0.01 为衍射仪的校正系数。

研究表明,在以煤油为溶剂、汽油为萃取剂的凝胶纺丝—拉伸得到的 UHMWPE 纤维中,其微晶尺寸随拉伸倍数增大而有所增大,拉伸 40 倍纤维在结晶 C 轴方向的微晶厚度约 50nm,而其侧向宽度约 10nm。可以想象,随拉伸倍数增大,折叠链吸收能量熔融—重排—再结晶向三维有序程度更高的伸直链结构转变,所以伴随着此过程,纤维的结晶度以及微晶尺寸相应增大。对于具有伸直链结构的 PE 纤维,用 SAXS 仪观察不到长周期,红外光谱中也不出现旁式吸收带,表明纤维具有单相的结晶结构,即结晶度接近 100%。

图 10-47 是用纤维偏光显微镜(POM)观察拉伸 40 倍 UHMWPE 纤维的结果。可见,在纤维中存在着与纤维轴呈 75°~80° 的折皱带,由于位于折皱带的大分子沿纤维轴的取向态结构受到严重破坏,所以即使在 POM 图的消光位也能观察到明亮的视野[图 10-47(b)]。图 10-48 为斯佩克特拉 900 纤维原子力电子显微镜(AFM)的观察结果,在原试样[图 10-48(a)]中可看到直径约 100~200nm 的原纤结构,同时还存在与纤维轴约呈 45°~60° 折皱变形带,其宽度在 50nm 以上。若将纤维在 100℃ 热空气中处理 30min 后,如图 10-48(b)所示,原纤结构趋于致密

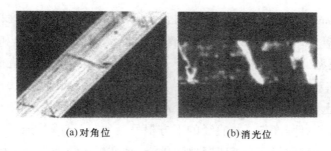

(a)对角位 (b)消光位

图 10-47 拉伸 40 倍 UHMWPE 纤维 POM 图

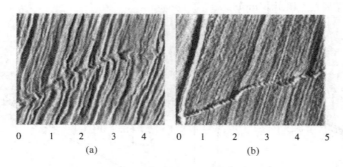

(a) (b)

图 10-48 Spectra 900 纤维 AFM 图(尺寸/μm)

化,而变形带依然存在。

通常高强高模型高性能纤维都具有伸直链结构,大分子沿纤维轴方向高度取向和结晶,使纤维显示出优异的抗张性能,但这类纤维在垂直于拉伸轴方向分子间作用力弱,受到轴向压缩作用时因晶面滑移而产生变形带,导致纤维损伤和破坏,因此研究变形机理,对于合理使用以及探索改进高性能纤维抗轴向压缩性能的途径都是有意义的。图 10-49 为凝胶纺丝—拉伸 120 倍 UHMWPE 纤维经轴向压缩后的 POM 结果,可见沿拉伸方向有许多几乎均匀分布的变形带,变形带与拉伸轴(纤维轴)的夹角因拉伸条件不同而出现两种情况,即 75°~80°[图 10-49(a)]和 90°[图 10-49(b)],对应着两种不同的变形机理。

(a) (b)

图 10-49 轴向压缩 UHMWPE 纤维 POM 图

纤维的抗张强度取决于主价键和次价键的键强,而实际过程中结构缺陷对纤维强度的影响更为突出,所以强度的理论计算值与实测值往往差异较大。

特莫尼亚(Termonia)等根据动力学理论建立了纤维断裂模型。该模型假设化学键的断裂速率随其所受应力增大而增大,纤维中主价键和次价键分别与共价键和范德华力相对应,图 10-51 是利用该模型计算得到的各种相对分子质量 PE 纤维的应力—应变曲线,显然,PE 纤维的最大强度随其相对分子质量增大而增大。

直径(线密度)也是影响纤维力学性能的重要因素,图 10-51 为 PE 纤维直径与强度的关系。从图中看出,PE 纤维强度与纤维直径的平方根呈反比,将直线外推至零,纵轴截距即极限强度为 26GPa。图中纤维的强度是基于断裂活化能,通过测定纤维大分子中侧向键能(分子间作用力)得到的,其数值约 $60 \sim 75 kJ/mol$,明显低于主价键 C—C 的键能(约 300kJ/mol),也低于张力作用下 PE 的解离能(113kJ/mol)。

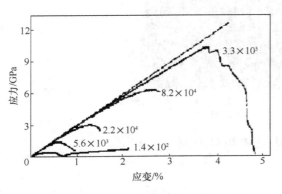

图 10-50　各种相对分子质量 PE 纤维
应力—应变曲线计算值

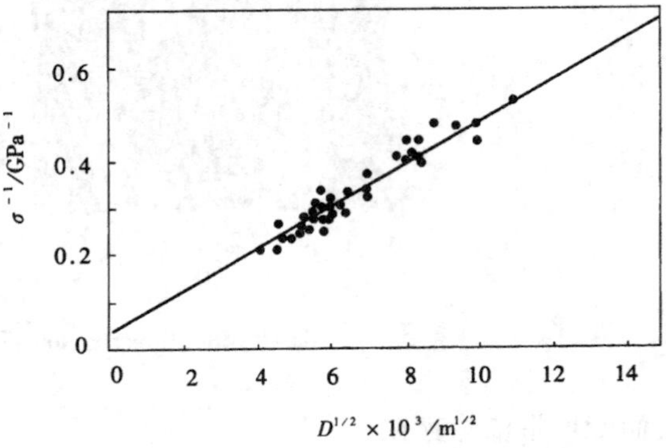

图 10-51　PE 纤维强度(σ)与直径(D)的关系

图 10-52 是不同制备方法所得 PE 纤维强度与模量平方根的关系。与固态挤出、熔体纺丝和区域拉伸相比,凝胶纺丝所得纤维的缺陷少,较易制成高强高模纤维。

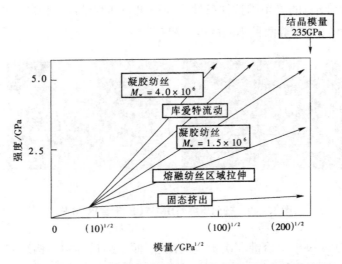

图 10-52　各种制备方法所得 UHMWPE 纤维强度与模量的关系

要制取具有伸直链结构的 HPPE 纤维,拉伸过程是必不可缺的。初生纤维的可拉伸性和拉伸的有效性是能否获得高性能纤维的重要因素,它们与大分子链的缠结程度有关。降低链缠结程度的有效方法是降低纺丝溶液的浓度,而对于熔体或浓溶液,则很难控制链缠结程度。对 PE 而言,溶液中大分子链缠结的密度正比于 PE 的浓度(ϕ),而最大拉伸倍数(λ_{max})则正比于大分子链节数量的平方根,反比于链缠结密度,所以用 λ_{max} 对 $(1/\phi)^{1/2}$ 作图应为线性关系。图 10-53 为不同温度条件下 PE 纺丝溶液浓度与所得初生纤维最大拉伸倍数的关系。

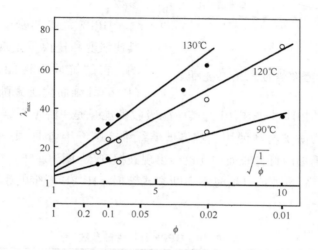

图 10-53　不同温度下 PE 纺丝溶液浓度(ϕ)与初生纤维最大拉伸比(λ_{max})的关系

图 10-54 为拉伸倍数与纤维强度和模量的关系,强度和模量几乎随拉伸倍数增大而线性增大。

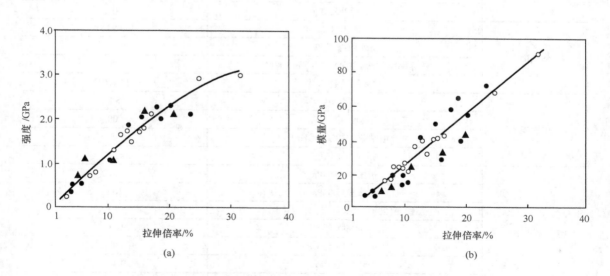

图 10-54　拉伸倍数与 UHMWPE 纤维强度和模量的关系

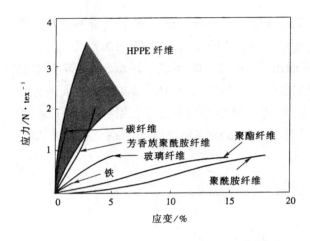

图 10-55 几种类型纤维的应力—应变曲线

由图 10-55 可见,HPPE 纤维的抗张强度和模量分别在 2.2~3.5GPa(25~40g/旦)和 52~156CPa(600~1800g/旦)范围,超过高强型碳纤维,断裂伸长率为3%~6%,大于芳香族聚酰胺(如 PPTA)纤维、碳纤维和玻璃纤维,意味着使其断裂时需要更大的断裂能。表 10-10 列出 HPPE 纤维的主要性能参数。

HPPE 纤维的密度小(约 $0.97g/cm^3$),其比强度和比模量是现有纤维材料中最高的。它的抗冲击性能仅次于聚己内酰胺(PA6)纤维而优于聚酯纤维、PPTA 纤维和碳纤维,受到高速运动物体冲击作用时,其所能吸收的能量是 PPTA 纤维、PA6 纤维的 2 倍左右,表明它更适于作为防护材料使用。若将玻璃纤维或碳纤维弯曲,则容易折断,很难打结。PPTA 纤维在打结或弯曲时纤伸长面往往也会出现破损现象(图 10-56),而 HPPE 纤维的钩接强度和结节强度都较高,弯曲或打结时不会断裂或破损。HPPE 纤维的摩擦系数小,耐磨性优

表 10-10 HPPE 纤维性能参数

耐水和耐化学药品性	回潮率	0
	水浸蚀	无
	耐酸性	好
	耐碱性	好
	耐常规化学药品性	好
	耐紫外光性	好
热性能	熔点/℃	144~155
	沸水收缩率/%	<1
	热导率(纤维轴方向)/W·(m·K)$^{-1}$	20
	热膨胀系数/K^{-1}	$-12×10^{-6}$
电性能	电阻/Ω	>4
	介电强度/kV·cm^{-1}	900
	介电常数(22℃,10GHz)	2.25
	损耗角正切值	$2×10^{-4}$
力学性能	抗张强度/GPa	3
	抗张模量/GPa	100
	蠕变(22℃,20%负荷)/%·d^{-1}	$1×10^{-2}$
	轴向压缩强度/GPa	0.1
	轴向压缩模量/GPa	100
	剪切强度/CPa	0.03
	剪切模量/GPa	3

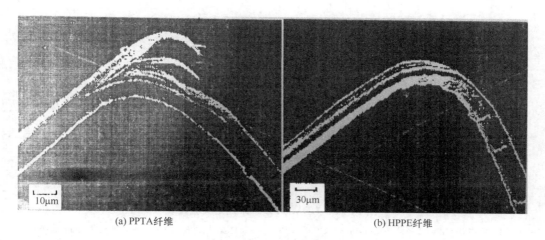

(a) PPTA纤维   (b) HPPE纤维

图 10-56 单纤维弯曲表面形态

于其他产业用纤维,可进行各种纺织加工,它还具有良好的耐紫外线辐照性能,在日光下照射1000h 后强度保持率为 70%,而同样条件下 PPTA 纤维仅为 30%左右。此外,HPPE 纤维具有优良的耐化学试剂性以及不吸水、电磁波透过性强等。

虽然 HPPE 纤维大分子具有高度的取向和结晶结构,熔点比常规聚乙烯纤维高 $10 \sim 20℃$,但耐热性仍然较差,熔点较低,为 $144 \sim 155℃$。例如,在硅油浴中纤维自由收缩状态下的熔点为144℃,而将其包埋在环氧树脂中测定时,则为 155℃。将迪尼玛 SK60 纤维在 130℃热空气中处理 3h 后,其强度和模量保持率约 80%。HPPE 纤维的另一不足是易发生蠕变,图 10-57 为在80℃、500MPa 条件下 UHMWPE 纤维的蠕变行为。可见,纺丝成形时所用溶剂对最终纤维的蠕变行为有很大影响,链烷烃类溶剂的挥发性差,使所得纤维在较短时间内即产生较大的蠕变,而用挥发性较强的溶剂纺制的迪尼玛 SK 60 纤维,则表现出较好的抗蠕变行为。通过紫外、电子或离子辐照、表面氧化、接枝处理等使 PE 大分子间形成交联结构或在纤维表面引入极性基团,可改进纤维的抗蠕变性、与热固型树脂基体的黏结性等。从图 10-58 可见,用紫外线照射交联后 UHMWPE 纤维的抗蠕变性能有了明显的改善。此外,若将 UHMWPE 纤维浸在 80℃的吡咯

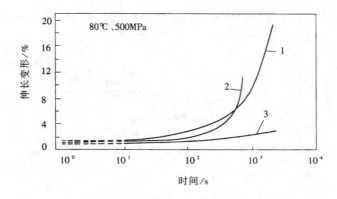

图 10-57 UHMWPE 纤维蠕变行为

1—煤油为溶剂凝胶纺纤维　2—石蜡为溶剂凝胶纺纤维　3—迪尼玛 SK 60

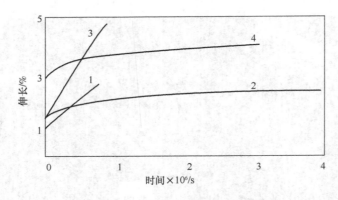

图 10-58　UHMWPE 纤维蠕变实验曲线

1—未交联,张力 0.5GPa　2—紫外交联 3min,张力 0.5GPa　3—未交联,张力 0.7GPa　4—紫外交联 3min,张力 0.7GPa

单体中,使吡咯发生聚合反应并沉积在纤维表面,纤维表面的聚吡咯(PPy)不仅可有效增加纤维的表面积,改进纤维与环氧树脂的黏结性能,而且由于 PPy 是一种具有共轭结构的刚性大分子,沉积在纤维表面后可以抑制 PE 纤维大分子的热运动,提高纤维/树脂复合材料的耐热性。

四、应用及发展前景

HP—PE 纤维具有质量轻、高强度、高模量、耐化学试剂、耐气候、高能量吸收、耐切割、电绝缘、防水、可透过 X-射线等特性,已被广泛用于防弹服、装甲车外壳、雷达罩、绳索、电缆增强材料、体育用品、纤维增强复合材料等方面。

UHMWPE 纤维受冲击作用时应变波的传递速度很高,能够迅速消耗弹丸冲击能量并向四周扩展,是目前理想的防弹纤维材料之一。织物结构是影响 UHMW—PE 纤维材料防弹效果的重要因素。平纹织物的交织点较多,能够减少弹丸冲击作用下纱线的侧移,因而表现出比斜纹织物和缎纹织物更好的防弹性能,但由于纱线间隙的存在,不能完全消除纱线的侧移。为此,联合信号公司开发出一项单向排列技术,将纤维束经导丝辊展开后浸胶(通常为热塑性基体),在 0°和 90°两个方向正交排布,形成用于软质防弹的有膜结构和用于硬质防弹的无膜结构。

对于防弹材料,决定防弹效果的关键因素之一是材料对子弹的能量吸收,图 10-59 为纤维

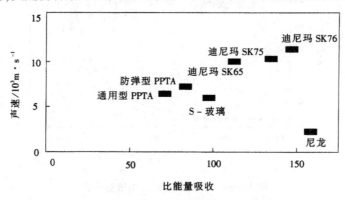

图 10-59　各种纤维比能量吸收与声速的关系示意图

材料的能量吸收与声速的关系示意图。可见,UHMWPE 纤维的声速和比能量吸收都很高,子弹的冲击能可迅速分散到周围较大面积上,从而缩小了"背凸"的凹陷深度,减轻非贯穿性伤害。我国开发的 UHMWPE 纤维防弹片材,当面密度为 $7kg/m^2$ 时,可有效抵挡"五四"式手枪"五一"铅芯弹在 5m、7m、10m 射距的弹击;面密度为 $8kg/m^2$ 时,可防御"七九"微型冲锋枪"五一"铅芯弹在 5m、7m、10 m 射距的弹击;实验时靶片背材(通常是用橡皮泥模拟的人体躯干模型)上弹击后留下的凹陷深度均小于 17mm,低于 GA 141—2001 标准规定的 25mm 标准。

在防弹头盔方面,同样防护等级的头盔,UHMWPE 纤维制品比对位型芳香族聚酰胺纤维轻 30%～50%,所以用 UHMWPE 纤维制成的头盔可以减轻佩戴者的疲劳程度和不舒适感,有利于集中精力执行任务。防弹头盔的生产工艺较之软质防弹片材复杂,需将无膜结构的正交铺层 UHMWPE 纤维预浸料裁剪成适当的形状,放入特定的模具中压制。

用 UHMWPE 纤维制成的轻型复合装甲,具有优良的防破甲和防穿甲性能,适用于装甲车、防弹运钞车、军用头盔、胸甲、盾、飞机、船艇、汽车等的复合装甲。警车用的防弹板主要用于阻挡 9mm 子弹的穿透,迪尼玛防护板面密度仅 $6.5kg/m^2$,在警车车门安装这种防弹板时无需改变门枢或车门。

UHMWPE 纤维防护织物可用于防切割、防刺、防链齿等,例如,用迪尼玛纤维制成的防护手套具有良好的防切割性,其击剑套服的防刺能力达 1000N,高于规定要求的 800N;用迪尼玛纤维制成的摩托车头盔,可比传统材料的质量减轻 300～400g。

UHMWPE 纤维在绳索及其制品如高强度水上浮绳、船只的拖引绳、抛锚绳、渔网、拖网等方面已有很多应用。图 10-60 为各种纤维自重断裂长度示意图。HPPE 纤维的密度小,强度高,自重断裂长度远大于其他纤维,达到 400km 左右。HPPE 纤维质量轻和伸长小的特点可以减弱绳索断裂时的"后冲"效应,提高其使用过程中的安全可靠性。

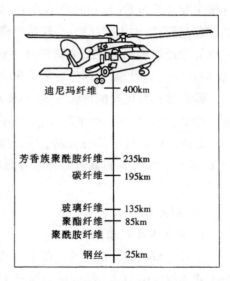

图 10-60　各种纤维自重断裂长度示意图

在体育用品方面,UHMWPE 纤维可用于船体增强板、船帆、风筝、运动服装等。低温时 UHMWPE 纤维为负膨胀,极低温下具有高绝缘性和比钢高的热导率,可将其用于超导、电力、车辆、医疗等方面的增强材料;用 UHMWPE 纤维制成的大型海水养殖网箱,由于其伸长率小,可减小网箱变形,降低因海流、风浪所造成的养殖容积损失。

有关 UHMWPE 纤维的研究与开发应用,今后的重点是研究新的纺丝方法,提高生产效率和降低成本,完善纤维结构,进一步强化纤维的力学性能,抑制蠕变,改进纤维与热固性树脂基体的黏结性,不断扩大其在航空航天、光缆增强材料、复合材料、耐压容器等方面的应用。UHMWPE纤维已是当今高性能纤维的第三大品种,其生产技术和纤维品种发展很快,在高技术领域有着其他材料不可替代的作用。

第六节　碳纤维

一、概述

最早的商业用途碳纤维(CF)可追溯到爱迪生(Thomas Edison)用棉纤维和竹纤维碳化后制白炽灯的灯丝,而真正有实用价值的碳纤维则始于20世纪50年代。1959年,美国联合碳化公司(UCC)以粘胶纤维为原丝制成商品名为"海菲勒—色内尔(Hyfil—Thornel)"的粘胶基碳纤维;1962年,日本碳素公司实现低模量(LM)聚丙烯腈基碳纤维的工业化生产;1963年,英国航空材料研究所(RAE)开发出高模量聚丙烯腈基碳纤维;1965年,日本群马大学试制成功以沥青或木质素为原料的通用型碳纤维;1970年,日本吴羽化学公司实现沥青基碳纤维的工业规模生产;1968年,美国金刚砂(Carborundum)公司研制出商品名"凯诺尔(Kynol)"的酚醛纤维,1980年以酚醛纤维为原丝的活性碳纤维投放市场。

习惯上将1000~2300℃范围内碳化得到的纤维称为碳纤维,而2300℃以上碳化得到的纤维称为石墨碳纤维(GPCF)。石墨碳纤维在结构上类似石墨,有金属光泽,导电性好,杂质少,含碳量超过98%。

按力学性能可将碳纤维分成高强型(HT)、高模型(HM)和通用型(GP)等;按原料划分,碳纤维主要有纤维素(以粘胶纤维为主)基、聚丙烯腈基、沥青基及酚醛树脂基等几种;按功能分类,则有受力结构用碳纤维、活性碳纤维、导电碳纤维、耐燃碳纤维、耐磨碳纤维等。碳纤维是由有机纤维经固相反应转变而成的纤维状聚合物碳,是一种非金属材料。它不属于有机纤维范畴,但从制法上看,又不同于普通无机纤维。

碳纤维具有优异的抗张性能,模量高、强度大,抗疲劳和耐化学试剂,有很好的耐热和导热、导电性能,但其抗冲击性能较差,一般不单独使用,常作为增强材料与聚合物、金属、陶瓷等基体复合制成高性能纤维复合材料。碳纤维复合材料质地强而轻,耐高温、耐腐蚀和耐辐射,在航空航天、军事、工业、体育器材等许多方面有广泛用途。

二、制备方法

1. 粘胶基碳纤维

粘胶纤维的化学成分为纤维素。纤维素属多糖类有机化合物,结构单元是 β-D-葡萄糖,分子式为 $(C_{12}H_{10}O_5)_n$,结构单元通过1,4-苷键相连构成线型纤维素大分子,结构单元中三个羟基赋予纤维素较强的亲水性,而1,4-苷键则是纤维素发生热分解的基本功能基。粘胶纤维是一种重要的再生纤维素纤维,不经熔融可分解成碳的残渣,是工业上最早被用作碳纤维原丝使用的化学纤维。热处理过程中,粘胶纤维中未脱掉羟基的链节转变为左旋葡萄糖,进而再转变为焦油,而脱掉羟基的链节则向碳四残链片转化,最后成为乱层石墨结构。

以粘胶纤维为原丝制备碳纤维时,首先将纤维洗净并浸渍适量的催化剂,在低于300℃空气中进行稳定化处理,再在惰性气体保护下于800~1500℃进行高温碳化,制成含碳量90%以上的粘胶基碳纤维。为使所得碳纤维具有良好的力学性能以及有利于后续工序的进行,通常是在适当张力作用下对原丝实施短时间碳化处理。要获得高模量碳纤维,还需在2500～3000℃高温下进行石墨化处理,以便得到含碳量接近100%的石墨碳纤维。浸渍适当催化剂后,在热处理过程中可降低纤维素热分解活化能,促进脱除羟基和抑制左旋葡萄糖形成,有利于提高碳化收率和提高碳纤维质量。在制备过程中,可通过调整纤维所受张力来控制纤维的收缩率,使纤维大分子在碳化过程中保持较高的取向度,提高最终碳纤维的强度。碳化过程中纤维内逸出的气体主要有H_2O、CO、CO_2、焦油及低分子烃类等。焦油的生成不仅降低纤维的碳化收率,而且会污染纤维,影响碳纤维的质量和生产过程的稳定性,所以在碳纤维制备过程中,控制氧化炉和碳化炉的温度分布是提高碳纤维质量的关键。粘胶基碳纤维制备工艺过程如下:

$$\boxed{粘胶纤维} \longrightarrow \boxed{洗净} \longrightarrow \boxed{浸渍催化剂} \longrightarrow \boxed{稳定化处理} \longrightarrow \boxed{碳化}$$

粘胶基碳纤维具有密度较小、柔性较强、易于深加工等特点,在某些方面得到很好应用,但因原丝含碳量低、碳化时挥发物多且易产生对纤维组织有损伤作用的气孔以及碳化收率低、能耗大等,一直未能得到较大发展。目前研究和生产粘胶基碳纤维的主要国家有俄罗斯、白俄罗斯、乌克兰、美国、印度及我国等,粘胶基碳纤维的总产量仅占世界碳纤维总量的1%左右。

2. 聚丙烯腈基碳纤维

聚丙烯腈基碳纤维最早由日本大阪工业技术试验所进藤等于20世纪50年代末研制成功的,其制备工艺及纤维化学结构变化如图10-61和图10-62所示。

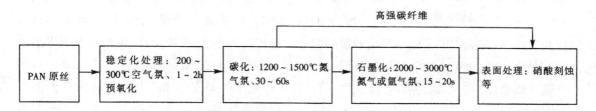

图 10-61 聚丙烯腈基碳纤维制备工艺示意图

将聚丙烯腈(PAN)原丝制成高性能碳纤维的过程可分为三个阶段:

(1)预氧化,PAN原丝在张力作用下于200～300℃进行预氧化,使热塑性的PAN转变为非塑性的环状或梯形聚合物;

(2)碳化,预氧化后纤维在惰性气体(常为氮气)保护下于1300℃左右进行碳化处理,碳化过程中纤维处于不受张力或低张力状态,非碳元素不断从纤维中逸出,碳纤维收率约为原丝质量的50%;

(3)石墨化,根据要求,对所得纤维在1500～3000℃内进一步处理,以改进沿纤维轴向结晶序态和取向态结构。

继1962年日本碳素公司实现通用型聚丙烯腈基碳纤维(PANCF)工业化生产后,英国皇家航空研究中心(RAE)很快开发出PAN系高性能碳纤维(HPCF)。20世纪60年代中期,PANCF复合材料在英国用于航空涡轮发动机叶片的试验受挫。随后,PANCF的发展中心逐渐由英国移向航空航天工业发达的美国。1970年之后,空间科学技术的迅速发展促使美国和PAN资源

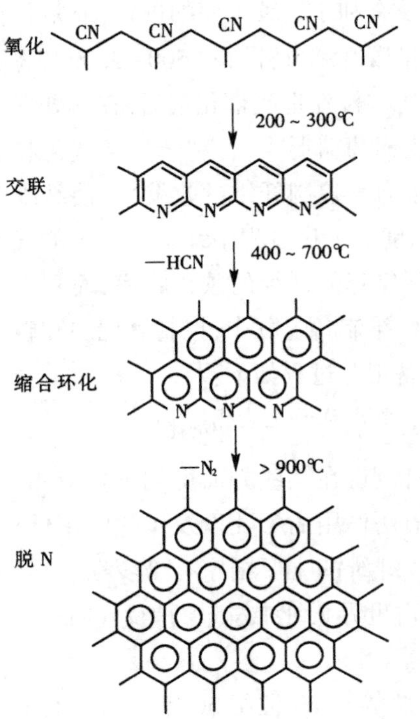

图 10-62　PAN 基碳纤维制备过程中化学反应示意图

丰富的日本兴起一股生产碳纤维(CF)热,从而加速了 PANCF 的发展。在纤维性能方面,PANCF 已从石墨碳纤维发展到高强型碳纤维和超高强型碳纤维,目前所使用的高强型和超高强型碳纤维中约 90% 为聚丙烯腈基碳纤维。

PAN 基碳纤维具有高强、高模、耐高温、耐腐蚀、导电等特点,世界总生产能力已超过 4 万吨,仅次于 PPTA 纤维,是高性能纤维中的第二大品种。国外 PAN 基碳纤维的主要生产商为日本的东丽、东邦人造丝、三菱人造丝三大集团和美国的卓尔泰克(ZOLTEK)、阿克苏(AKZO)、阿尔迪拉(ALDILI)及德国的西格里碳素(SGL)公司等,其中日本三大集团约占世界生产能力的 75%。PAN 基碳纤维在航空航天、交通运输、体育与休闲、机械电子、石油化工、能源、海洋、军事等领域有广泛应用。

3. 沥青基碳纤维

沥青是一种以缩合多环芳烃化合物为主要成分的烃类混合物,也含少量氧、硫或氮的化合物,色黑而有光泽,密度为 $1.15 \sim 1.25 \mathrm{g/cm^3}$,相对分子质量分布较宽,软化温度为 $100 \sim 200 \mathrm{℃}$。在室温下,沥青为固体,玻璃态时具有较强的弹性,软化温度以上则表现出明显的黏性。沥青资源丰富,含碳量高,可从石油或煤焦油的副产品中提取,也可由聚氯乙烯裂解而得。用于制备碳纤维的原料沥青,工业上主要为石油系沥青和煤系沥青。根据沥青光学性质的不同,又有光学各向同性沥青和光学各向异性沥青(即中间相沥青)之分。各向同性沥青适宜制备低模量碳纤维,而各向异性沥青可用于制取高性能碳纤维。各向异性沥青包括潜在中间相(在纺丝过程中形成中间相)沥青和预中间相(在碳化过程中形成中间相)沥青。

纺丝沥青不仅要具有良好的纺丝流变性能,还应在不熔化等热处理过程中显示一定的活性而容易碳化及石墨化。纺丝沥青的调制方法较多,如连续平衡闪蒸法、减压蒸馏法、溶剂萃取法、氢化热处理法和催化脱氢热处理法等。一般光学各向同性纺丝沥青的调制常采用闪蒸法、减压蒸馏法及溶剂萃取法等,而中间相沥青的调制目前仍是沥青系高性能碳纤维的重要研究课题。图 10-63 为沥青基碳纤维制备工艺示意图,图 10-64 为化学反应示意图。

沥青的纺丝方法有熔融法、离心法、熔喷法及涡流法等。熔融法适于纺制高性能长丝,对原料要求严格,设备投资和技术难度较大,目前仍处于发展和完善阶段;利用离心鼓产生的离心力将熔融态沥青甩出并拉伸制取纤维的方法即离心法,主要用于制取短纤维;熔喷法是将熔融的沥青挤出成为细流状,再通过高速热气流使之拉伸细化,最后可制成超细短纤维;涡流法是在熔融沥青从喷丝板喷出的同时,沿沥青细流切线方向吹出高速热气流,使细流拉伸固化并卷曲,该方法生产能力较高,适于制备具有不规则卷曲状的沥青短纤维。沥青纤维横截面依喷丝孔形状而定,一般为圆形,也有三叶形(Y)、十字形等非圆截面,也可纺制成中空纤维。

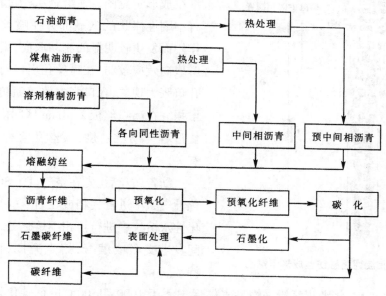

图 10-63　沥青基碳纤维制备工艺示意图

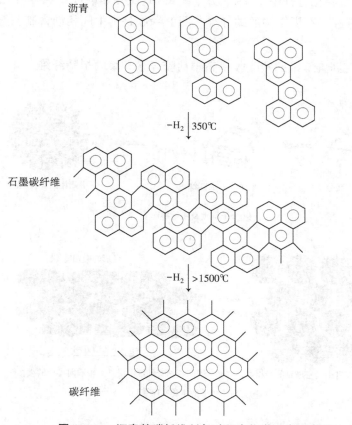

图 10-64　沥青基碳纤维制备过程中化学反应示意图

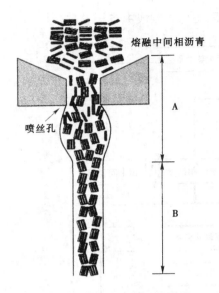

熔融中间相沥青

喷丝孔

A

B

图 10-65 中间相沥青熔融纺丝成形示意图

图 10-65 为中间相沥青在熔融纺丝过程中纤维成形示意图。在熔融纺丝过程中,中间相沥青中刚性棒状的微晶部分在喷丝孔道中受剪切作用而发生较明显的流动取向,离开喷丝孔后其解取向效应较弱,在喷丝孔出口附近也能观察到孔口胀大现象,孔口胀大效应随纺丝温度升高而增强。在离喷丝板 2~4mm 区间内纺丝细流的细化过程与纺丝速度、喷丝孔直径及冷却条件等有关。

沥青纺丝后,先在空气、O_2、SO_3 或 NO_2 等氧化性气氛中进行气相或在 HNO_3、H_2O_2、HCl 等氧化性水溶液中进行液相不熔化处理,使沥青分子间发生交联或缩合,熔点升高,而具有热硬化特性。

经不熔化处理后,将沥青纤维在惰性气体保护下于 1000~1500℃ 进行碳化处理,使其转变成具有乱层石墨结构的碳纤维;若在更高温度(如 2500~3000℃)下进一步热处理,即可获得石墨碳纤维。在碳化和石墨化过程中,纤维大分子中的 H、O 等非碳原子经各种化学变化后被排出,沥青纤维成为具有乱层石墨结构的碳纤维。图 10-66 是由中间相沥青制备石墨碳纤维的结构变化示意图。

如表 10-11 所示,沥青纤维的碳化收率高于粘胶纤维和聚丙烯腈纤维。

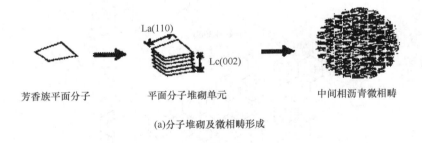

芳香族平面分子   平面分子堆砌单元   中间相沥青微相畴

La(110)

Lc(002)

(a)分子堆砌及微相畴形成

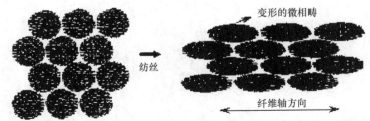

变形的微相畴

纺丝

中间相沥青中紧密堆砌的微相畴   中间相沥青纤维中沿纤维轴取向排列的微相畴

纤维轴方向

(b)剪切作用下微相畴有序变形

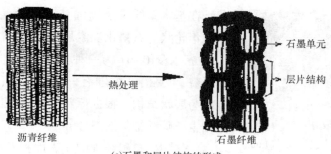

（c）石墨和层片结构的形成

图 10-66　由中间相沥青制备碳纤维的结构变化示意图

表 10-11　原丝的碳化收率

原丝种类	分子式或元素组成	含碳率/%	碳化收率/%（CF/原料）	碳化收率/%（CF中碳/原丝中碳）
纤维素纤维	$(C_6H_{10}O_5)_n$	45	21～40	45～85
聚丙烯腈纤维	$(C_3H_3N)_n$	68	40～60	60～85
沥青纤维	C、H	95	80～90	85～95

　　制备工艺条件不同,所得沥青基碳纤维的性能也不同。从力学性能上划分,可将沥青基碳纤维分为通用型(GP)、高性能型(HP)以及介于 GP 和 HP 之间的中等性能型等几类。通用型沥青基碳纤维(GP—PCF)为光学各向同性碳纤维,力学性能较差,而高性能沥青基碳纤维(HP—PCF)则为光学各向异性碳纤维,抗张强度和模量等力学性能优异,两者的主要差异在于后者纺丝沥青为中间相或潜在中间相型沥青。高性能沥青基碳纤维可与 PAN 基碳纤维媲美,用作先进复合材料的增强材料,而通用型沥青基碳纤维的价格低廉,在民用、工业方面等有广泛用途,如用作隔热材料、耐磨制动材料、耐腐蚀材料、导电和屏蔽材料、音响材料、水泥增强材料等。

　　尽管沥青基碳纤维具有原料易得、碳化收率较高等特点,但要制备高性能沥青基碳纤维,其工艺过程复杂,技术难度较大,所以在高性能碳纤维方面还不能取代聚丙烯腈基碳纤维的主导地位。

4. 气相生长碳纤维

　　气相生长碳纤维(VGCF)实际是一种以铁或铁—镍合金等超微细粒子为催化剂、氢氧为载体,在高温下直接由低碳烃混合气体(甲烷、一氧化碳、苯或苯和氢等)析出的非连续纤维状碳。其制法主要有基板引晶法和气相流动法,前者是将载有催化剂的陶瓷或其他材质的基板放进1100℃左右的反应体系中,再导入氢气和烃类气体混合物,使之在基板上形成不规则的纤维状碳;后者是把由催化剂和气态烃类、氢气组成的混合气体通入高温反应体系,由气相直接析出短纤维。气相生长碳纤维是由高度取向炭素层和热分解炭素层组成。高度取向炭素层与金属超细微粒直接接触而成形,其长度方向的生长速度很快,远大于普通晶须的生长速度,每秒约数十微米,径向生长速度与热处理温度及烃类化合物的浓度有关,一般小于 $1\mu m/s$。热分解炭素层

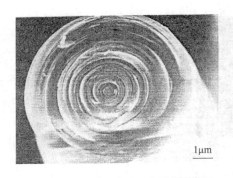

图 10-67　气相生长碳纤维横截面形貌

是在基本碳纤维层周围基于化学气相沉积原理而形成的年轮状易石墨化炭素层,它是气相生长碳纤维的主要成分。图 10-67 为一种典型气相生长碳纤维的横截面形貌,可见沿纤维轴有一空心结构,空心外侧沿纤维径向为层状结构。根据原料及制备工艺条件不同,所得气相生长碳纤维的形态各异。

气相生长碳纤维的比表面积及长径比大,容易石墨化。在 3000℃高温环境下热处理后,几乎全部石墨化,纤维具有优异的力学性能。石墨化处理后亚微细型气相生长碳纤维的抗张强度高达 20GPa,约相当于日本东丽公司 T1000 型碳纤维强度(约 7GPa)的 3 倍(但仍仅为理论强度的 11.1%),而弹性模量可达 980GPa,接近其理论弹性模量(1000GPa);比电阻仅为 60μΩ·cm 左右,接近石墨晶体(40μΩ·cm);导热系数约为金属铜的 4 倍;热稳定性好,在空气环境下可耐 700℃高温,在惰性气氛中可耐 3000℃高温。

虽然气相生长法碳纤维目前仍处于研制阶段,但由于其工艺简单、无须纺丝成形、不熔化和碳化处理,纤维直径变化范围大,原料资源丰富,成本低廉,被认为是一种很有发展前景的高性能和高附加值的不规则短碳纤维,在贮能(贮 H_2 等)材料、屏蔽材料、医用材料、超微电器材料以及复合材料等方面有望得到很好的应用。

5. 碳纳米管

碳纳米管是单层或多层石墨片围绕中心轴按一定螺旋角度卷曲而成的无缝纳米级管状碳。1991 年日本 NEC 的李吉马(Lijima)用真空电弧蒸发石墨电极,并利用高分辨率透射电子显微镜对产物进行分析,首次发现直径 4~30nm、长度微米级的碳的多层管状物即多壁碳纳米管(MWNT),也称巴基管(Bucky tube)。1993 年,通过在电弧放电中加入过渡金属催化剂,NEC 和 IBM 研究小组同时成功地合成了单壁碳纳米管(SWNT)。1996 年,美国诺贝尔奖获得者斯玛雷(Smalley)等合成了成行排列的单壁碳纳米管束,每一束中含有许多直径分布很窄的碳纳米管,同年我国科学家实现了碳纳米管的大面积定向生长。理想的碳纳米管是由石墨层卷成的无缝、中空的管体,石墨层可以从单层到上百层。单壁碳纳米管的直径约数纳米,最小可达 0.5nm,与 C_{36} 分子的直径相当,碳纳米管的长度可达数百纳米至数微米。多壁碳纳米管的直径约数纳米至数十纳米,长度约在微米数量级,最长可达数毫米,层间距 0.34nm。由于碳纳米管具有较大长径比,所以可将其视为准一维纳米材料。

为了寻求管径均匀、结构缺陷少、杂质含量低、成本较低而产量较高的碳纳米管制备方法,人们进行了不懈努力,发明了许多制备方法。其中,电弧放电法和催化热裂解法是应用较多的方法。电弧放电法是生产富勒烯(Fullerene,一系列纯碳组成的原子簇的总称,由非平面五元环、六元环等构成的封闭式空心球形或椭球形结构的共轭烯如 C_{60}、C_{70} 等,是继石墨、金刚石后又一类碳的同素异形体)的传统方法。在真空反应室中充满一定压力的惰性气体,以表面积较大的石墨棒(直径约 20mm)为阴极,表面积较小的石墨棒(直径约 10mm)为阳极,电弧放电过程中阴极和阳极石墨之间保持约 1mm 间隙,阳极石墨棒不断被消耗,在阴极上沉积有碳纳米管、富勒烯、石墨颗粒、无定形碳和其他形式的碳微粒,同时在电极室壁上沉积由富勒烯、无定形碳等碳微粒形成的烟灰。电弧放电法制备的碳纳米管一般为尺寸较小的多壁碳纳米管,由于阴极沉积物沉积时的温度很高(电弧能产生高达4000K的高温),使所得碳纳米管的缺陷较多,而且容易与其他副产物如无定形碳、纳米微粒等杂质烧结成一体,对其后的分离和提纯不利。由于传统的电弧法只能制备MWNT,为了制备SWNT,在电弧法基础上李吉马(Lijima)发明了复合电极电弧催化法。其原理与电弧法相似,只是在阴极石墨棒中心钻一小洞,在其中填充粉末状金属催化剂,用含金属催化剂的石墨棒通过电弧放电制备SWNT。研究发现,在600℃以镍—镱为催化剂时其产率超过70%,而在室温产率仅30%~40%。该方法简单易行,成本较低,但所得SWNT纯度不高、无序、易缠结,并含较多无定形碳和金属微粒等。

碳氢化合物催化裂解法又称化学气相沉积(CVD)法,是近年来研制SWNT备受关注的方法之一。由于碳纳米管的形貌与碳纤维相似,人们自然而然地考虑到通过催化分解碳氢化合物气体来制备碳纳米管,图10-68为制备工艺示意图。在一个平放管式炉中放入作为反应器的石英管,将一瓷舟放在石英管中,瓷舟底部铺有一薄层覆在石墨粉或硅胶微粒上的金属催化

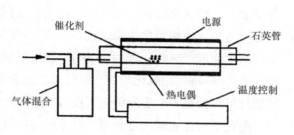

图10-68 CVD法制备碳纳米管工艺示意图

剂或纯金属粉末催化剂,反应混合气体(如含2.5%~10%乙炔的氮气)以0.15~0.59C_2H_2/h的速率通过催化床,反应温度在770~1080K范围,反应时间根据催化剂用量、混合气体流速和反应温度而定,催化剂种类和制备方法、载体、乙炔含量和流速、温度等对产物的数量、质量、内外径、长度等都有影响。反应中所用金属催化剂多为覆在石墨、硅胶、分子筛上的铁、钴、镍、铜、铬或其合金。研究表明,以铁和钴为催化剂时所得碳纳米管的含量较高,质量较好。该方法所得碳纳米管的长度可达50μm,产量大,粗产品中碳纳米管含量高,制备方法简单易控,重复性好,但与电弧法类似,产物中同时还存在其他结构的碳如无定形碳、碳纤维、纳米级石墨微粒等,需进一步纯化。此外,制备碳纳米管的方法还有激光蒸发法、等离子体法、热解聚合法、离子辐射法等。

碳纳米管导电性极强,场发射性能优良,兼具金属性和半导体性,韧性很好,强度比钢高100倍,密度只有钢的1/6。因为性能奇特,又被科学家称为未来的"超级纤维",已成为研究热点。由于碳纳米管自身的独特性能,决定了它在高新技术诸领域有着诱人的前景。利用碳纳米管奇异的电学性能,可将其用于大规模集成电路、超导线材,也可用于电池电极和半导体器件等;碳纳米管的力学性能突出,不仅有很高的抗张强度,而且有极好的柔韧性,可用于金属、塑料、纤维、陶瓷等复合材料领域;它也是迄今最好的贮氢材料,并可用作多种反应催化剂的优良载体。

6. 碳纤维表面处理

碳纤维被单独使用的场合不多,主要用作复合材料的增强材料。经高温处理后的碳纤维含碳量高,表面惰性较强,复合固化时与基体之间的黏结性差,所得聚合物基碳纤维复合材料的层

间剪切强度约 50~60MPa,而一般作为工程结构材料使用时要求层间剪切强度在 80MPa 以上,所以必须对碳纤维表面进行处理。通过表面处理,可增加碳纤维表面含氧极性基团的数量和提高纤维表面的粗糙程度,从而可以提高其与树脂基体的黏结强度。此外,为避免成品碳纤维在加工等过程中起毛损伤,还需用含树脂的丙酮或甲乙酮溶液等对碳纤维进行上浆处理。

未经处理的碳纤维表面除 C 原子外,主要有 O、N 以及微量 Si、S、Na 等元素。通过表面处理,可以改变碳纤维表面官能团的种类和数量,使含氧量明显增加,从而改进纤维与树脂基体之间的黏结性能。碳纤维的表面处理方法包括氧化、电化学氧化、低温等离子体处理、表面化学涂层等。

氧化法包括气相氧化和液相氧化。气相氧化法是通过气相介质如空气、氧气、臭氧等对碳纤维表面进行氧化处理,可连续进行,工艺过程简单,但需严格控制氧化条件,否则易使纤维力学性能劣化。液相氧化法是通过硝酸、酸性过锰酸钾、酸性重铬酸钾、次氯酸钠等或混合溶液对碳纤维表面进行氧化处理,液相氧化处理比气相氧化缓和,对碳纤维表面刻蚀和裂解的程度较小。此外,若将气相氧化与液相氧化结合起来即气—液双效氧化处理,不仅可有效提高聚合物基碳纤维复合材料的层间剪切强度,而且在改善碳纤维本身抗张性能方面也具有某些效果。

电化学氧化处理法是利用碳纤维的导电性,在溶解酸、碱、盐或混合物等电解质水溶液中,以碳纤维为阳极,以石墨、镍、铜等为阴极,依靠电解分解产生的活性态氧对碳纤维进行处理而导入极性基团,达到改进碳纤维复合材料力学性能的目的。电化学氧化处理的效果主要与电解质种类及浓度、温度、电解电压、电流、时间等有关,该方法具有处理时间较短、工艺过程较易控制、效果均匀稳定等特点,在工业上已得到较多应用。

等离子体是指含大量正负带电粒子的电离气体,整体上呈电中性。不同放电方式所得等离子体的性质及其应用特点有很大区别。例如,利用带电体尖端(如刀状或针状尖端和狭缝式电极等)形成不均匀电场而放电的现象称为电晕放电,在大气压下电晕放电产生的等离子体称为热等离子体;若在真空条件下密封容器中的两个电极形成电场,随着气体越来越稀薄,分子间距及分子或离子的自由运动距离也越来越长,在电场作用下发生碰撞而形成等离子体并会发出辉光,这种辉光在放电条件下形成的等离子体称为冷等离子体。低温等离子体中粒子的能量一般为几至几十电子伏特,大于高分子材料的结合键能(几至十几电子伏特),完全可以破坏有机大分子的化学键而形成新键,但远低于高能放射性射线,只涉及材料表面,不影响基体性能。处于非热力学平衡状态下的低温等离子体中,电子具有较高的能量,可以断裂材料表面分子的化学键,提高粒子的化学反应活性(大于热等离子体),而中性粒子的温度接近室温,这些优点为热敏性高分子材料表面改性提供了适宜的条件。低温等离子体技术具有工艺简单、操作方便、加工速度快、处理效果好、环境污染小、节能等优点,在碳纤维、芳纶、超高分子量聚乙烯纤维及玻璃纤维表面改性中得到应用。低温等离子体表面处理所用的气体如 O_2、SO_2、CO 等活性气体或 He、N_2、Ar 等惰性气体以及其他有机化合物。研究表明,通过低温等离子体既能清洁表面,又能发生化学变化,从而可使碳纤维复合材料层间剪切强度提高 2~10 倍。关于等离子体处理碳纤维表面的机理,有人认为等离子体改性碳纤维表面是因生成 sp^3 杂化的 C 及—C—O—C—结构,破坏了表面层石墨化结构,形成三维交联结构而提高了纤维表面层的抗剪切能力;也有人认为,低温等离子体生成的活性体与碳纤维表面反应生成游离基,这些游离基在纤维表面层发生氧化、交联、分解及接枝作用,增强了纤维与聚合物基体的黏结性能,从而提高了复合材料的层间剪切强度。图10-69为一种电化学阳极氧化和等离子体处理碳纤维表面模型示意图。如图10-69(b)所示,阳极氧化是一种较缓和的处理,不改变碳纤维表面的结晶尺寸,刻蚀只发生在界面层之间,而较强的氧化处理如等离子体处理,使碳纤维表面层发生部分剥落,基面上的芳环键被破坏。因此,等离子体处理可有效改进碳纤维与环氧树脂等之间的黏结强度。此外,通过对碳纤维表面进行化学涂层、接枝聚合、生长晶须等也都可以不同程度地改变碳纤维表面性质和形态,提高碳纤维复合材料的界面结合强度。

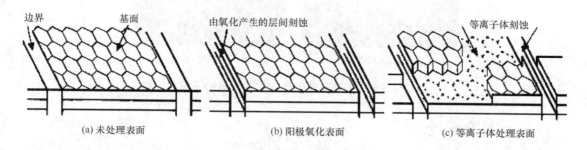

(a) 未处理表面 (b) 阳极氧化表面 (c) 等离子体处理表面

图 10-69　阳极氧化和等离子体处理碳纤维表面模型示意图

三、纤维结构与性能

虽然金刚石和石墨都是由碳原子形成的,但它们的结晶结构不同,物理性质有很大差别。如图10-70所示,金刚石是典型的三维有序结构材料。在金刚石结晶中,每个碳原子与周围相邻的4个碳原子以共价键形式相互连接,构成一种坚实的正四面体结构。石墨结晶具有层状结构特点,是典型的二维有序材料。在石墨结晶中,每一层面内,每个碳原子与其相邻的3个碳原子以共价键形式相结合,构成平面网状结构,而层与层之间则通过范德华力相连接,因此石墨层片间容易滑移,质地较软。

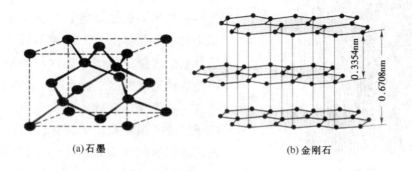

(a)石墨 (b)金刚石

图 10-70　金刚石和石墨结构示意图

碳纤维并不具备理想的石墨点阵结构,属于乱层石墨结构,如图10-71所示,在 WAXD 和 SAXS 图上观察不到通常单轴取向结晶性合成纤维材料的那种结晶取向衍射点或斑以及两相结构所特有的散射斑即长周期。在乱层石墨结构中,石墨层片是基本的结构单元,若干层片组成微晶,微晶堆砌成直径数十纳米、长度数百纳米的原纤,原纤则构成碳纤维单丝,其直径约数微米。实测碳纤维石墨层的面间距约 0.339~0.342nm,比石墨晶体的层面间距(0.335nm)略大,各平行层面间的碳原子排列也不如石墨那样规整。图 10-72 为碳纤维乱层石墨结构示意图。

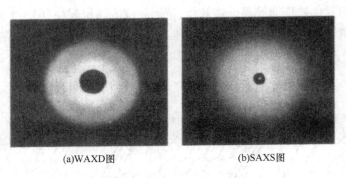

(a)WAXD图   (b)SAXS图

图 10-71 沥青基碳纤维 WAXD 和 SAXS 图

0.335nm

图 10-72 碳纤维乱层石墨结构示意图

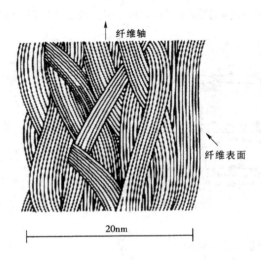

纤维轴

纤维表面

20nm

图 10-73 PAN 基碳纤维带状结构示意图

如图 10-73 所示,假设每根碳纤维单丝均为一定直径的圆柱体,圆柱体中堆积着相互交织和沿圆柱体轴向取向的波浪形微细带状微晶体,而这些微晶体的长度和伸直度决定了纤维的模量。每个带状微晶体由若干褶皱的层片构成,而每个层片则由碳原子类似石墨六角形结构排列而成,因此这种层片也称作石墨层片。在石墨层片的面内,C—C 原子以较强的共价键形式相连接,可以赋予纤维高强和高模的特性,而石墨层片之间则通过较弱的范德华力相结合,抗剪切作用的能力差,但仍具有较好的导电和导热性。带状微晶体的宽度、石墨层片的数量以及厚度等决定了碳纤维的电和热性能。例如,石墨层片越大和取向度越高,则碳纤维的导热性和导电性越好。通过对纤维进行拉伸或热处理可以改进碳纤维微结构的有序程度,从而提高纤维的抗张模量、热导率、电导率和密度。

如图 10-74 所示,在约 1000℃以内,PAN 基碳纤维模量随碳化温度升高而较快增大,即使超过 1000℃以后,模量仍随温度升高而增大,但强度则在约 1200℃附近出现最大值,其后随温度升高而有所降低。

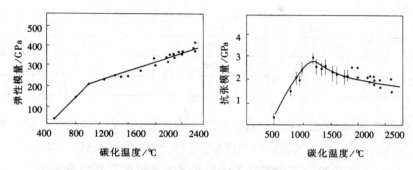

图 10-74　碳化温度与 PAN 基碳纤维模量及强度的关系

根据 C—C 键键能及密度计算得到的单晶石墨强度和模量分别为 180GPa 和 1000GPa 左右,而碳纤维的实际强度和模量远低于此理论值。纤维中的缺陷如结构不匀、直径变异、微孔、裂缝或沟槽、气孔、杂质等是影响碳纤维强度的重要因素。它们来自两个方面,一是原丝中持有的,二是在碳化过程中产生的。原丝中的缺陷主要是在纤维成形过程中产生的,而碳化时由于从纤维中释放出各种气体物质,在纤维表面及内部产生空穴等缺陷。

碳纤维的应力—应变曲线为一直线,伸长小,断裂过程瞬间完成,不发生屈服。碳纤维轴向分子间的结合力比石墨大,所以它的抗张强度和模量都明显高于石墨,而径向分子间作用力弱,抗压性能较差,轴向抗压强度仅为抗张强度的 10%~30%,而且不能结节。表 10-12 和表 10-13 分别为日本东邦人造丝公司"贝斯夫特(Besfight)"PAN 基和"多纳卡博(Donacarbo)"沥青基两种商品碳纤维的主要性能参数。

表 10-12　Besfight 种类与性能

类型	牌号	单丝数/根	密度/g·cm⁻³	抗张强度/MPa	弹性模量/MPa	断裂伸长率/%
高强度	HTA	1,3,6,12	1.77	3650	235	1.5
高伸长	ST—3	3,6,12	1.77	4350	235	1.8
中模量	IM—400	3,6,12	1.75	4320	295	1.5
	IM—500	6,12	1.76	5000	300	1.7
	IM—600	12	1.81	5600	290	1.9
高模量	HM—35	3,6,12	1.79	2750	348	0.8
	HM—40	6,12	1.83	2650	387	0.7
高强、高模	HMS—40	6,12	1.84	3300	400	0.8
	HMS—45	6	1.87	3250	430	0.7
	HMS—50X	12	1.93	3100	490	0.6

表 10-13　Donacarbo 的力学性能

项目	S-230(短纤维)	F-140(长丝)	F-500(长丝)	F-600(长丝)
密度/g·cm⁻³	1.65	1.95	2.11	2.15
抗张强度/MPa	800	1800	2800	3000
弹性模量/GPa	35	140	500	600
断裂伸长率/%	2.0	1.3	0.55	0.50
单丝直径/μm	13~18	11	10	10
比电阻/Ω·cm	1.6×10^{-3}	1×10^{-3}	5×10^{-4}	3×10^{-4}
热分解温度/℃	410	540	650	710
碳含量/%	>95	>98	>99	>99

碳纤维综合性能优异,例如:它既具有碳材料固有的特性,又兼具纺织纤维柔软可加工性;热行为有明显的各向异性,如纤维径向的热膨胀系数比轴向高数十倍,而轴向导热系数约为径向的 20 倍,在-190~50℃温度范围内碳纤维的导热系数随温度升高而有所增大,但当温度进一步升高时导热系数则减小;高模量(~700GPa),高强度(~7GPa);吸能减振,对振动有优异的衰减功能(构件自振频率与比模量平方根成正比);化学性能与碳十分相似,在室温下是惰性的,除能被强氧化剂氧化外,一般酸碱对碳纤维不起作用;在空气中,当温度高于 400℃时碳纤维发生氧化反应,生成 CO_2 和 CO 并从纤维表面逸出,但惰性气氛中碳纤维的耐热性十分突出,在 1500℃以上强度才开始降低;自润滑性好、耐磨损、导电、不蓄热、非磁性、吸附性强、不生锈、耐辐射、屏蔽电磁波、X-射线透过性好、生物相容性好等。

四、应用及发展趋势

1. 碳纤维应用

碳纤维是纤维状的碳材料,其化学组成中碳的含量在 90%以上,高温下不熔融(3500℃以上升华),在各种溶剂中不溶解,所以迄今无法用碳的单质来制备碳纤维。碳纤维既具有元素碳的各种优良性能,如密度小、耐热及热冲击、耐化学腐蚀和导电等,又有纤维的可绕性和优异的力学性能,既可作为结构材料承载负荷,又可作为功能材料发挥作用,在航空航天、汽车、环境工程、化工、能源、交通、建筑、电子、体育器材等方面已得到广泛应用。

(1)航空航天及军事。减轻重量是航空航天技术的关键之一。在航空方面,要使飞机飞得更快、更高和更远,就必须减轻飞机的自重。如果将金属制成的飞机重量减轻一半,则飞行速度可提高一倍,飞行高度可达 40km 或 50km 以上,飞机绕地球飞行一周而无须加油。通常,航天飞行器的重量每减少 1kg,可使运载火箭减轻 500kg。美国 F-18 战斗机主翼外板使用的碳纤维复合材料占整个结构重量的 10%;F-117 隐形轰炸机的主要结构材料均为碳纤维复合材料;AV-8B 垂直起降飞机所用碳纤维复合材料已占整机重量的 1/4,使整机重量减轻 27%;法国有 2000 架超级幻影式飞机装置了碳纤维复合材料方向舵;空中客车 A320 型飞机喷气发动机中采用了碳纤维/环氧树脂材料的旋转反推进器夹层及外壳。民用飞机上复合材料的用量正在不断增长,如波音系列新型 777 飞机的碳纤维复合材料用量较其他波音飞机提高 8 倍。由于先进碳纤维复合材料被大量用作飞机的结构材料,使飞机重量大幅度减轻,整机价格降低,飞行性能得到改善,可靠性提高。据波音公司估算,喷气客机重量每减轻 450g,在整个飞机使用期间可节省约 1000 美元费用。2001 年 9 月空中客车 A300-600 起飞后不久发生事故,最后认为与碳纤维/环氧树脂垂直尾翼以及一架波音 747 飞机的尾流扰动有关,这一结果对碳纤维复合材料用于飞机主承力结构件造成负面影响,波音公司和空中客车公司都不得不大幅削减近两年的飞机交付计划。尽管如此,碳纤维及其复合材料对航空工业的长期发展还是起到积极作用,因为飞机的一些金属零部件正在不断被碳纤维复合材料所取代。可以预计,近期碳纤维在宇航领域不会有大的增长,但中、长期仍会有一定增长。航天领域尤其需要比强度和比模量高、耐摩擦和耐高温的材料,而碳纤维复合材料恰恰充分显示了这方面的优越性。美国 1979 年发射的同步通讯卫星中有 58% 以上零部件(占总重量 45% 以上)采用了碳纤维复合材料,如直径 2.9m 的反射天线、7m 长的太阳能电池框架等。1983 年日本发射的同步通讯卫星中也开始使用碳纤维复合材料制成的抛物线天线装置。宇宙空间气候条件变化莫测,如阳光直射时最高温度可达 100℃ 以上,而背阳环境下可低至 -200℃ 以下,这就要求航天飞行器能够适应温度剧烈变化的空间环境。经过合理设计的碳纤维复合材料其热膨胀系数可接近零,用作宇航材料使用时不仅强度高、模量大,而且还显示出优异的尺寸稳定性。在飞行器表面铺覆或配置耐烧蚀性碳纤维复合材料层,可有效抑制因高速穿过大气层剧烈摩擦产生高温而造成的损害。美国国防部 2002~2005 年对碳纤维的需求量约 350~400t,其中空军需求量最大,约占 55%,而海军和陆军约占 29% 和 14%,主要用于制造各种歼击机、直升机、运输机、无人驾驶空中飞行器和坦克等。同样,减轻重量对改进各种军事装备的性能也起着重要作用,如用碳纤维复合材料取代金属材料制作导弹发动机壳体,可显著提高发动机质量比(炸药与发动机质量之比)等。

(2)交通运输。世界上各种汽车的耗油量约占石油总消耗量的 20% 左右,所以汽车的发展必须考虑节能。减轻车身重量是改进汽车运行性能、提高燃油效率的有效措施。1984 年起美国开始征收汽车轮胎重量税。在汽车工业中应用碳纤维复合材料,除了利用它的高比强和高比模减轻汽车重量外,另一个重要原因是可大大减少汽车零部件数量,从而降低加工和组装费用。美国通用汽车公司已在一些轻型载重汽车上使用 48K 大丝束碳纤维复合材料制成的传动轴,使原来由两件合并成的一个传动轴简化成单件,比钢制传动轴重量减轻 60%。年产 60 万根传动轴,每根传动轴消耗碳纤维 0.68kg,仅此每年需要的碳纤维已超过 400t。目前一些主要汽车生产厂家正着力开发碳纤维复合材料的传动轴、方向盘轴、车架和门框等零部件。随着人口密度不断增大,噪音低、速度快、污染小和能耗少的大型交通工具在城市交通运输方面的作用越来越重要。磁悬浮列车被认为是一种比较理想的高速交通工具。在由日本东京至大阪的磁悬浮列车上,每节车厢长 22m,车厢前、后端共 10m 全部采用碳纤维复合材料,车厢中部则采用铝合金,目的在于屏蔽电磁场,减少磁场对人体的不良作用。此外,与玻璃纤维复合材料(玻璃钢)相比,用碳纤维复合材料制成的舰艇或深海潜水器壳体,具有更为突出的力学性能,如美国橡树岭(Oak Ridge)国家实验室用缠绕成形工艺制成的酷似鲸鱼外形的碳纤维复合材料深海潜水器壳体,可承受 70MPa 外压,而重量仅为钛合金壳体的 2/5。

(3)建筑材料。碳纤维在土木建筑方面日益受到青睐。水泥是建筑材料中用量最大的一种,但水泥脆性强、抗张强度低,为此可利用碳纤维增强水泥或混凝土材料。碳纤维增强水泥包括短纤维和连续纤维增强两类,主要用于高层建筑的外墙墙板。例如,在水泥中添加4%左右短碳纤维,可使水泥韧性提高30%~50%,抗张强度提高约两倍,并且裂纹少,耐腐蚀性好。除非承载墙板外,短碳纤维还可用于房顶防水涂层、电磁屏蔽板和导电板(可消除来自大气放电和雷击静电)、防腐蚀涂层等。用碳纤维取代钢筋,可防止钢筋混凝土的盐水降解及劣化现象,并有效减轻建筑构件重量,方便安装施工,缩短建筑工期。碳纤维还具有振动阻尼特性,可吸收振动波,使材料抗震能力和抗弯强度明显提高。日本东京一所办公大厦使用了32000m² 碳纤维增强混凝土墙板,每块墙板为 1.47m×3.76m,可承受 630kg/m² 风力,大厦整体结构减轻 400t 左右。用于增强混凝土的聚合物基碳纤维复合材料棒材已在美国问世,如商品名"CBARTM"的碳纤维复合材料棒材,具有不腐蚀、不导电,重量仅为钢制的1/4,热膨胀系数更接近混凝土,可在海堤、造纸厂、化工厂、高速公路护栏、房屋地基和桥梁等易腐蚀环境下使用。

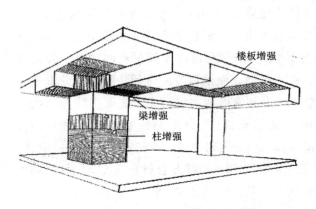

图 10-75　碳纤维复合材料加固建筑构造示意图

碳纤维加固是近年来美国、日本等国家开发的新型土木建筑结构加固增强技术,图10-75 为碳纤维复合材料加固建筑物示意图。该技术采用同向排列的连续碳纤维织物,在常温下用环氧树脂胶粘贴于混凝土结构表面,使两者成为新的整体,共同承载,是一种简捷高效的加固增强方法,且基本不增加结构物负载。

(4)体育运动器材。体育运动器材从一个侧面反映了现代材料科学技术发展的水平。与传统材料相比,碳纤维复合材料的综合性能好,已在高尔夫球杆、鱼竿、球拍、球棒、弓、滑雪和滑水板、赛车、赛艇等方面得到广泛应用。例如,世界碳纤维复合材料鱼竿年产量已超过 1000 万根、高尔夫球杆约 4000 万根、网球拍约 450 万个。用碳纤维复合材料制成的自行车车架已进入实用阶段,而摩托车上使用的碳纤维复合材料部件包括车架、燃料箱、护板等也逐渐增多。研究表明,在鞋底中嵌入碳纤维复合材料夹层可提高运动鞋的稳定性及弹性,用碳纤维复合材料制成的鞋底经 300 万次冲击试验后其弹性基本不变,而普通运动鞋已完全丧失弹性。

(5)其他方面。碳纤维在其他领域也有很多应用。例如,风力发电叶片、飞轮、输油输气管道、压力容器,电子工业方面的电磁屏蔽、高导电性、高导热性制品,海洋或河流方面的防波堤、码头、桥、闸墩、船身、甲板、桅杆制品,也可用于化工防腐材料、摩擦材料和制作挠性剑杆织机的剑头(引纬部件)及剑轮等。

2. 发展趋势

目前碳纤维的发展趋势主要围绕纤维的高强度化、高模量化、大丝束化以及开发新的碳纤维制备技术等。

日本东丽公司生产的 PAN 基碳纤维的质量与产量可代表当今世界水平,1970 年产业化时

T300 产品的抗张强度仅为 3.0GPa 左右,而目前 T300 产品的强度已提高到 3.56GPa 左右,为世界公认的通用级碳纤维。1986 年,东丽公司开发成功 T1000 产品,抗张强度提高到 7.02GPa,较 T300 提高一倍,其目标是进一步提高到 8.56GPa(石墨晶体理论强度 180GPa)。在高压氢气条件下碳弧放电所得石墨晶须的抗张强度达 21GPa,是目前最高的。提高碳纤维抗张强度的关键技术包括:

(1)原丝高纯化和致密化,消除化学和物理结构缺陷;

(2)生产环境洁净化,避免污染而引入表面缺陷,碳纤维缺陷的约 90% 属表面缺陷;

(3)生产工艺最优化,如预氧化时瞬时排除反应热、减缓表面氧化速率制成皮芯结构均一的碳纤维等;

(4)细线密度化,T300 单丝直径为 7.0μm,T1000 为 5.2μm,后者比前者细 25.7%;

(5)细晶化,微晶尺寸越小,纤维抗张强度越高。

超高模量碳纤维的模量已达理论值的 88.2%。碳纤维的含碳量一般在 92%~96%,如 T300 的含碳量为 93.3%(实测值),T800 为 96.0%(实测值);石墨纤维含碳量在 99% 以上,如塞拉尼斯公司的超高模石墨纤维 GY-70,含碳量高达 99.3%。因此,高模量碳纤维的含碳量已接近石墨,是名副其实的石墨纤维。中间相沥青基石墨纤维 ThorneP-120 的模量已达到理论值(1020GPa)的 81.1%;聚丙烯腈(PAN)基石墨纤维 M70J 的模量为理论值的 67.7%;而粘胶基石墨纤维 Thornel-75 仅为理论值的 50.9%。三菱化学公司生产的中间相沥青基碳纤维长丝 K13 C20 的模量已达到 900GPa,为理论值的 88.2%。高模量碳纤维的结构特征是微晶发达、排列有序和择优取向度高,开发石墨纤维需高温技术和高温设备,即石墨化炉。其中,关键技术之一是解决石墨发热体的高温抗氧化问题,使其在 2800~3000℃ 下可连续运行 1 个月以上。因此,石墨发热体的抗氧化和抑制升华是制备高模量碳纤维的关键技术。

由于市场需求量较大、原丝易得以及生产成本较低等,近年来大丝束碳纤维的发展迅猛,年增长率在 20% 以上。对于航空航天领域,需要高性能小丝束碳纤维,即使价格高也可通过材料的轻量化效果来补偿,但对民用工业,价格高限制了碳纤维的广泛应用,需开发价格较低的大丝束碳纤维。大丝束碳纤维的性能可以满足一般民用工业需求,与小丝束碳纤维相比,其性价比有一定优势。目前高性能小丝束 PAN 基原丝生产技术被少数公司垄断,市场供应量少,不能满足需求,而大丝束 PAN 基原丝来源较广,易得。PAN 基原丝的 K 数越大,价格越低。

在高性能碳纤维生产成本中原丝成本约占 50%,因此国外碳纤维生产公司试图从两方面降低原丝成本:

(1)探索开发 PAN 基以外的高性能碳纤维原丝,包括低密度聚乙烯、高密度聚乙烯和聚丙烯以及木质素等;

(2)改进现有 PAN 基原丝制备技术,降低成本,如采用常规 PAN 纤维为原丝、化学改性、辐照稳定化处理等。

在高性能碳纤维生产过程中,预氧化工序所占成本比例约 15%~20%,而且预氧化处理的时间较长,所以缩短生产周期,对降低生产成本有重要意义,如探索采用等离子体技术进行预氧化处理等。碳化和石墨化是制备高性能碳纤维的关键工序,对最终产品的性能有极大影响,其在高性能碳纤维生产成本中所占比例约25%~30%,在这方面的新技术如采用微波处理等已取得进展。

思考题

1. 与常规化学纤维相比,高性能纤维主要有哪些特点?

2. 从分子结构角度分析,为制备高强度和高模量纤维,对成纤聚合物有哪些基本要求?

3. 如何制取具有伸直链结构的高强度和高模量纤维?

4. 与芳香族聚酰胺纤维相比,聚芳酯纤维的主要特点是什么?

5. 简述碳纤维的制备原理。

6. 试述今后高性能纤维的发展趋势。

主要参考文献

[1]J W S Hearle. High-performance fibres[M]. Woodhead Publishing Ltd. ,2001.

[2]K. K. Chawla. Fibrous materials[M]. Cambridge University Press. 1998.

[3]Robert R. Luise. Application of high temperature polymers[M]. CRC Press,Inc. ,1997.

[4]Serge,B. , Xavier,F. Fire Mater[J]. ,2002,26:155.

[5]David R. Salem. Structure formation in polymeric Fibers[M]. Hanser Publishers, Munich, 2000.

[6]肖长发. 聚芳酯纤维发展现状[J],合成纤维工业,1992,(3):39.

[7]肖长发. 聚(对羟基苯甲酸/6-羟基萘-2-酸)纤维结晶结构的研究[J]. 高分子学报,1996,(5):545.

[8]肖长发. 聚苯并咪唑纤维及其应用[J]. 高科技纤维与应用,2003,28(3):5.

[9]肖长发. 聚苯撑吡啶并咪唑纤维研究[J]. 高科技纤维与应用,2004,29(2):7.

[10]肖长发. 超高相对分子质量聚乙烯纤维[J]. 高分子通报,2004,(4):74.

[11]黄玉东. PBO 超级纤维研究进展及其表面处理[J]. 高科技纤维与应用,2001,26(1):11.

[12]肖长发,等,化学纤维概论[M]. 北京:中国纺织出版社,1997.

[13]肖长发. 纤维复合材料[M]. 北京:中国石化出版社,1995.

[14]日本纤维学会. 最新の纺系技术[M]. 东京:高分子刊行会出版,1992.

[15]中国科学技术协会,中国纺织工程学会. 2012-2013纺织科学技术学科发展报告,专题报告"纤维材料工程学科的现状与发展"[M]. 北京:中国科学技术出版社,2014.

推荐图书书目：轻化工程类

书　名	作　者	定价(元)
工具书		
聚酯纤维科学与工程	郭大生　等	100.00
化学助剂分析与应用手册(上、中、下)	黄茂福	550.00
聚酯纤维手册(第二版)	贝聿泷	30.00
英汉化学纤维词汇(第二版)	上海化纤(集团)有限公司　等	80.00
英语化学化工词素解析	陈克宁	28.00
纺织工业节能减排与清洁生产审核	奚旦立	248.00

【"十一五"规划教材】

书名	作者	定价
高分子材料与工程专业实验教程	沈新元	39.80
高分子材料加工工艺学(第2版)	李　光	49.00
高分子材料加工原理(第2版,附光盘)	沈新元	59.00
纤维化学与物理(国家级,附光盘)	蔡再生	38.00
纺织化学(部委级,附光盘)	刘妙丽	44.00
功能纤维及功能纺织品(国家级)	朱　平	34.00
现代科技信息检索(部委级)	滕胜娟	28.00
高分子材料改性(部委级,附光盘)	郭　静	39.80
高分子材料生产加工设备(第2版)	徐德增	45.00
纺织材料实验技术(部委级)	余序芬	48.00

【专业双语教材】

书名	作者	定价
聚合物化学	约翰·W.尼科尔森	35.00
合成纤维("十一五"部委级)	J.E.麦金太尔	35.00
有机波谱分析(英文原音朗读)	R.J.安德森	38.00
有机合成方法(英文原音朗读)	詹姆斯.R.汉森	38.00

【其他】

书名	作者	定价
高分子物理学(第二版)	梁伯润	35.00
高分子化学(第二版)	余木火　等	34.00
化纤机械	薛金秋	30.00
高分子化学和物理	赵振河　等	46.00

高职、高专教材

书名	作者	定价
纤维化学及面料(国家级,附光盘)	杭伟明	28.00
基础化学(第二版)(下册)(部委级,附光盘)	刘妙丽	34.00
纤维纺丝工艺与质量控制(上册)(部委级,附光盘)	杨东洁	45.00
纤维纺丝工艺与质量控制(下册)(国家级)	辛长征	49.00
基础化学(上册)	戴桦根	35.00

【材料新技术丛书】

书名	作者	定价
过滤介质及其选用	王维一　丁启圣	50.00
高分子材料改性技术	王　琛	32.00
超细纤维生产技术及应用	张大省　王　锐	30.00
功能性医用敷料	秦益民	28.00
材料科学中的计算机应用	乔　宁	30.00
形状记忆纺织材料	胡金莲　等	30.00
高性能纤维	马渝茳	40.00

推荐图书书目：轻化工程类

书　名	作　者	定价(元)
先进高分子材料	沈新元	32.00
高分子材料导电和抗静电技术及应用	赵择卿　等	46.00
膜技术前沿及工程应用	彭跃莲	36.00
生物医学纤维及其应用	沈新元	38.00
【实验室理论与操作实务丛书】		
化学实验员简明手册·实验室基础篇	毛红艳	28.00
化学实验员简明手册·化学分析篇	韩润平	30.00
化学实验员简明手册·仪器分析篇	韩华云	30.00
轻纺产品化学分析	[英]Qinguo Fan	34.00
【塑料加工实用技术丛书】		
塑料配方设计与实例解析	王　玮　等	38.00
塑料制品成形设备与模具	金　灿	36.00
塑料制品成形工艺	杨东洁	36.00
塑料制品加工技术	邹恩广	36.00
工程塑料牌号及生产配方	周祥兴	42.00
塑料品种速查手册	张玉龙	40.00
硬质塑料包装容器的生产与设计	郁文娟	38.00
【塑料加工问答丛书】		
塑料注射成形300问	张玉龙　等	28.00
塑料挤出成形350问	张玉龙　等	28.00
塑料吹塑成形350问	张玉龙　等	28.00
塑料模压成形300问	张玉龙　等	30.00
【纺织新技术书库】		
竹纤维及其产品加工技术	张世源	36.00
生态家用纺织品	张敏民	28.00
PTT纤维与产品开发	钱以竑	32.00
腈纶生产工艺及应用	[美] JAMES C.MASSON	40.00
特种功能纺织品的开发	王树根　等	26.00
纺织新材料及其识别	邢声远　等	27.00
熔纺聚氨酯纤维	郭大生　等	48.00
功能纤维与智能材料	高　洁　等	28.00

注　若本书目中的价格与成书价格不同,则以成书价格为准。中国纺织出版社图书营销中心电话:(010)67004422。或登陆我们的网站查询最新书目:

中国纺织出版社网址:www. c-textilep. com